美术史里程碑丛书 / 主编：陈 平

THE FOUR BOOKS ON ARCHITECTURE
ANDREA PALLADIO

建筑四书

〔意〕安德烈亚·帕拉第奥 著

〔英〕R.塔弗诺 R.斯科菲尔德 英译

毛坚韧 中译

北京大学出版社
PEKING UNIVERSITY PRESS

著作权合同登记号 图字：01—2011—3584

图书在版编目（CIP）数据

建筑四书 /（意）安德烈亚·帕拉第奥（Andrea Palladio）著；（英）R.塔弗诺，（英）R.斯科菲尔德英译；毛坚韧中译.—北京：北京大学出版社，2017.11
（美术史里程碑）
ISBN 978-7-301-26569-7

Ⅰ.①建…　Ⅱ.①安…②R…③R…④毛…　Ⅲ.①古建筑—建筑学—文集　Ⅳ.①TU-091.12

中国版本图书馆CIP数据核字（2015）第281050号

The Four Books on Architecture
by Andrea Palladio
First MIT Press paperback edition, 2002
© 1997 Massachusetts Institute of Technology

Simplified Chinese Edition © 2017 Peking University Press
Published by arrangement with the MIT Press, through Bardon-Chinese Media Agency

All rights reserved.

书　　　名	建筑四书 JIANZHU SISHU
著作责任者	〔意〕安德烈亚·帕拉第奥 著　〔英〕R.塔弗诺　R.斯科菲尔德 英译　毛坚韧 中译
责任编辑	谭　燕
标准书号	ISBN 978-7-301-26569-7
出版发行	北京大学出版社
地　　　址	北京市海淀区成府路205号　100871
网　　　址	http://www.pup.cn　　新浪微博：@北京大学出版社
电子信箱	pkuwsz@126.com
电　　　话	邮购部 62752015　发行部 62750672　编辑部 62755910
印　刷　者	北京中科印刷有限公司
经　销　者	新华书店 720毫米×1020毫米　16开本　30.25印张　716千字 2017年11月第1版　2017年11月第1次印刷
定　　　价	138.00元

未经许可，不得以任何方式复制或抄袭本书之部分或全部内容。
版权所有，侵权必究
举报电话：010-62752024　电子信箱：fd@pup.pku.edu.cn
图书如有印装质量问题，请与出版部联系，电话：010-62756370

目　录

中译本说明……………………………………………………………5

英译本导言……………………………………………………………11
《建筑四书》版本列表………………………………………………24
1570年版的木刻图录…………………………………………………28
帕拉第奥建筑术语图解………………………………………………35

《建筑四书》正文

第一书…………………………………………………………………45
第二书…………………………………………………………………115
第三书…………………………………………………………………199
第四书…………………………………………………………………251

注　释…………………………………………………………………387
意英专用词汇表………………………………………………………416
参考文献………………………………………………………………459
索　引…………………………………………………………………471

译后记…………………………………………………………………481

中译本说明

一、中译所依底本有三：1. 塔弗诺与斯科菲尔德（Robert Tavernor & Richard Schofield）译本，英文版，麻省理工学院出版社（The MIT Press），1997年，图版依据该版本（参见英译本导言相关说明），以下称英译或英译本和英译者；2. 1738年韦尔（Isaac Ware）译本（缺初版中的两篇献词），英文版，中译者所用为1965年多弗出版社（Dover Publications, Inc.）的重印本，以下称韦尔本和韦尔；3. 2011年纳布出版社（Nabu Public）发行的意大利文版，为1581年版的影印本，另外中译本付梓前下载了美国国会图书馆所藏1570年初版副本的电子版，纳布版经与其对照，仅某些地方文字换行位置有所不同，以下称原文。

二、初版页码原标于页眉翻口，在中译本中采用斜体数字的边码，标于订口；英译本页码原在页尾标于页脚居中，在中译本中改为依页首采用[ ]内数字的边码，标于翻口；引用《建筑四书》内容时，以罗马数字表示卷次，以阿拉伯数字表示页码，如"II, 75"表示初版第二卷，第75页；木刻图录和索引中所给的页码为英译本页码，不加[ ]。

三、编排原则上依从英译本，前后依次为导言、版本列表、图版目录、术语图解、四书正文、注释、词汇表、文献和索引，保留英译本中"( )"和"[ ]"以及粗体字的用法。英译本注释均以尾注形式附于正文之后，中译者所加注释以脚注形式附于各页，脚注中表示强调者加下划线，以区别于英译本的粗体字；中译者在正文中所给原文与说明，用( )内小字。

四、专名（人名、地名、建筑物名、书名）首次出现在英译者导言和正文中时，以( )内小字给出原文，再度出现则不附。

五、近代人名、地名的翻译，主要参考商务印书馆的《外国地名译名手册》和《（意、英、德、法各语种）姓名译名手册》以及新华出版社的《西班牙语姓名译名手册》，未能见以上资料者，酌情处理。

六、古代人名、地名的翻译，参考罗念生和王焕生所拟古希腊、拉丁译音表并结合习惯的通称，基督教人名参考啸声《基督教神圣谱——西方冠"圣"人名多语同义词典》；古代人名、地名的拼写（尤其从希腊语转为拉丁拼写者）可能有多种，英译本中也有前后不一的情况，又有不同格位的处理，转为现代英语时拼写也不尽相同，中译一般保留原状，酌情加以说明。

七、亲属关系经尽力查证仍难判定者作概称，如uncle译作叔伯，brother-in-law译作姻亲兄弟。

八、人名绰号，以音译加意译，如Horatius Cocles译作独眼英雄贺拉斯；方言土语，尽可能意译；神灵（尤其重要者）因职司属性多样，或设祭缘由不同等而有许多别名，因此以音译，并酌情加解释性意译，仅为提示，如Janus译作门户神雅努斯。

九、西方文化常识内容如著名人物、地方、事件等，译者凭公共资源（其中主要是Wiki网站及其链接）所获知识和对读者熟悉情况的推度，以脚注、( )内小字等形式做不同程度的说明，未免有不尽合理之处，望读者另参考权威解释，更恳请方家批评指正。

十、词汇表的前言做了翻译，以便读者理解英译者的判断原则，词汇表的条目保留原状，以便读者查考，相信英文熟练的读者因此更能有所收获。

十一、《建筑四书》初版没有目录，英译本也只有分卷目录而没有分章目录，中译本将正文的章目整理并附于本说明之后，以方便读者查阅。

十二、本书经英译而迻译，语言难免拗口不流畅，中译者英语水平有限，意大利语更是粗浅，幸以三个版本为依据，在查考文字之外，更对原书所有配图详加研究，力求领会作者原意，愿以此译本抛砖引玉，敬待深谙意大利语、熟悉西方建筑史的专家惠赐更佳译本，将为广大读者和我本人之大幸。

附：《建筑四书》分章目录

致我无上崇敬的最高贵的恩主贾科莫·安加拉诺伯爵大人..................43

第一书..................45
- 致读者的前言..................45
- 第一章　开工之前必须考虑和准备的事项..................46
- 第二章　木材..................47
- 第三章　石材..................48
- 第四章　砂..................48
- 第五章　石灰及其混合..................49
- 第六章　金属..................49
- 第七章　埋设基础的地基类型..................51
- 第八章　基础..................52
- 第九章　不同类型的墙..................52
- 第十章　古人如何造石建筑..................55
- 第十一章　墙体的收分和墙体的构造..................55
- 第十二章　古人采用的五种柱式..................56
- 第十三章　立柱的鼓腹和收分，柱间距和墩柱..................57
- 第十四章　托斯卡纳柱式..................60
- 第十五章　多立克柱式..................66
- 第十六章　爱奥尼亚柱式..................72
- 第十七章　科林斯柱式..................81
- 第十八章　组合柱式..................88
- 第十九章　柱座..................95
- 第二十章　妄作..................95
- 第二十一章　敞廊、入口门厅、大厅、居室，及其形状..................97
- 第二十二章　地坪和顶棚..................97
- 第二十三章　居室的高度..................98
- 第二十四章　拱顶的类型..................99
- 第二十五章　门窗的尺寸..................100
- 第二十六章　门窗的装饰..................101
- 第二十七章　壁炉..................104
- 第二十八章　楼梯及其类型和踏步的级数与尺寸..................106
- 第二十九章　屋顶..................113

第二书..................115
- 第一章　私人建筑应具备的得体或适用..................117

第二章	居室和其他部位的布局	117
第三章	城市住宅的设计	118
第四章	托斯卡纳式中庭	140
第五章	四柱式中庭	143
第六章	科林斯式中庭	145
第七章	覆顶式中庭和罗马人的私人住宅	149
第八章	四柱式厅	152
第九章	科林斯式厅	154
第十章	埃及式厅	157
第十一章	希腊人的私人住宅	159
第十二章	在乡村庄园建房的基地选择	161
第十三章	在庄园上布局建筑	162
第十四章	一些威尼斯贵人的庄园住宅的设计	164
第十五章	属于陆地上一些贵人的庄园住宅的设计	174
第十六章	古人庄园上的建筑	187
第十七章	几个不同基地的方案	189

第三书 199

致最泰定宽宏的萨沃伊公爵埃马努埃莱·菲利贝托殿下 201
致读者的前言 203

第一章	道路	205
第二章	城市街道的规划	206
第三章	城市以外的道路	207
第四章	造桥谨记和选址须知	210
第五章	木桥和架桥时必须遵循的常规	211
第六章	恺撒在莱茵河上架设的桥	211
第七章	奇斯莫内河上的桥	215
第八章	另三种无需在河中立桩墩的木桥的设计	216
第九章	位于巴萨诺的桥	220
第十章	石桥和造桥谨记	222
第十一章	古人建造的几座名桥和位于里米尼的桥的设计	223
第十二章	位于维琴察的巴基廖内河上的桥	226
第十三章	我自己所创造的石桥	227
第十四章	我自己所创造的另一座桥	230
第十五章	位于维琴察的雷特罗内河上的桥	232
第十六章	广场以及建在其周围的建筑	233
第十七章	希腊人的广场	234
第十八章	拉丁人的广场	237
第十九章	古代巴西利卡	240

第二十章	当代巴西利卡及在维琴察的一项设计	243
第二十一章	希腊人的角力练习馆和操练柱廊	246

第四书..251

致读者的前言		253
第一章	建造神庙应选择的基地	255
第二章	神庙的形状及所依循的准则	256
第三章	神庙的外观	257
第四章	五种神庙	258
第五章	神庙的布局	258
第六章	位于罗马的一些古代神庙的设计，首先是和平神庙	260
第七章	复仇者马尔斯神庙	265
第八章	涅尔瓦·图拉真神庙	273
第九章	安东尼努斯与法乌斯提娜神庙	281
第十章	太阳神庙和月亮女神庙	288
第十一章	通常称为高卢契的神庙	291
第十二章	尤皮特神庙	293
第十三章	丁男的福尔图娜神庙	300
第十四章	维斯塔神庙	304
第十五章	马尔斯神庙	307
第十六章	君士坦丁洗礼堂	313
第十七章	布拉曼特的坦比哀多小教堂	316
第十八章	定军者尤皮特神庙	319
第十九章	司雷者尤皮特神庙	322
第二十章	万神庙，现称圆形教堂	325
第二十一章	罗马城外几座意大利神庙的设计，先说巴库斯神庙	337
第二十二章	阿皮亚大道上圣塞巴斯蒂安教堂近旁那座遗迹可见的神庙	340
第二十三章	（位于蒂沃利的）维斯塔神庙	342
第二十四章	卡斯托尔与波卢克斯神庙	347
章二十五章	特雷维下面的神庙	350
第二十六章	位于阿西西的神庙	355
第二十七章	意大利以外几座神庙的设计，先说位于波拉的两座神庙之一	359
第二十八章	位于尼姆的两座神庙，第一座称为方殿	363
第二十九章	位于尼姆的另一座神庙	370
第三十章	罗马城的另两座神庙，先说孔科尔狄娅神庙	376
第三十一章	尼普顿神庙	380

英译本导言

罗伯特·塔弗诺（Robert Tavernor）

维特鲁威与帕拉第奥：古法建筑

15世纪初波焦·布拉乔利尼（Poggio Bracciolini）在瑞士圣加卢斯（St. Gallen，又译圣加伦）修道院图书馆发现了维特鲁威（Vitruvius）的《建筑十书》（De architectura），这份大体准确的抄本，在以后数世纪激荡起历史回声。其文本为一些人提供了真实资料，他们希望了解古代建筑是如何构思和建造的——运用的材料，采取的施工技术，以及设计意图的追求——这些是古罗马废墟只能部分透露出来的。虽然这对建筑的未来走向是一个相当重要的发现，可在当时对设计者来说这不过是一个起点，因为它难以充分理解，没有图解，并采用了一些拉丁语和希腊语混合的晦涩的技术术语。然而它提供了一种方法，使有志于此的爱好者可以解释古代建筑遗迹，测量它们，再用图纸重现其形式，让他们也能够用 *all'antica*（古法）——古代的方式设计建筑。作为以这种方式设计和建造的最多产的建筑师之一，安德烈亚·帕拉第奥（Andrea Palladio，1508—1580）地位显著，因为他发表了古罗马建筑的复原图以及他自己的 *all'antica*（古法）设计，这就是 *I quattro libri dell'architettura*（《建筑四书》）。这部论著成为意大利以外的建筑运动——以他名字命名的帕拉第奥主义（Palladianism）——的主要灵感来源，该运动由他对古典建筑的严格解释筛滤了维特鲁威的著作而发展起来。帕拉第奥主义的魅力在他逝后数百年间生长起来，对西方世界的建筑产生重大影响。

维特鲁威的《建筑十书》著于古罗马奥古斯都时期，可能接近公元前1世纪末。该书分为十卷，其中涉及建筑的规制和实践以及与之相关的器械：第一卷是关于建筑师和建筑的定义以及城市规划；第二卷是关于建筑的起源和所用的材料及施工方法；第三卷和第四卷，关于比例和神庙及立柱类型；第五卷，关于比例和公共建筑；第六卷和第七卷，关于住宅建筑及其细部；第八卷、第九卷和第十卷涉及更广，关于测量和工程。

维特鲁威自己也回顾了希腊人和早期罗马人的建筑和工程成就，他为皇帝（他献书的对象）记述了前人所寻求的自然与建筑之间的和谐，他希望重振这一风尚。他描述了建筑的起源，称它是从森林中简单的木头棚屋萌生出来，并随着文明的日益繁荣发展成了希腊宏伟的石头建筑。维特鲁威格外赞赏希腊式神庙，认为它们代表着几何形状、尺寸和比例的完美统一——各种品质以及反映出这些品质的各种特征，或由此推论它们代表着在自然中和人体中所发现的美。同样，点缀罗马建筑的主要装饰源于希腊，并与人类的各种属性有关：维特鲁威因此将立柱（columns）及其细部分为多立克（Doric）、爱奥尼亚（Ionic）和科林斯（Corinthian）等几种类型，而它们的性格分别是雄壮、端庄和娇柔。这些立柱要成行排列，其间留出间隔；它们要按层次一种垂直累叠在另一种之上，朴素的（托斯卡纳（Tuscan）和多立克）在下面，精致的（科林斯）在上面，爱奥尼亚在中间。他还描述了从 *atria*（中庭）到 *xysti*（操练柱廊）的不同类型建筑物中怎样安排这些立柱，这些建筑物平面上的不同格局，最恰当的房间形状，以及其合适的比例和外观。

维特鲁威关注为建筑制定可辨识的结构和秩序，结果形成了巨大影响。从15世纪中叶起，受到鼓舞的建筑作家们以他为榜样，或翻译他的十书并撰写评注，努力使他的著作更容易理解；或撰写他们自己关于建筑的新论著，结合并扩展他的叙述，往往带有他们自己设计的例子（正如维特鲁威所为）。帕拉第奥的《四书》(Quartro Libri)属于后一类，尽管它不是此类的首创，也未完成（他甚至打算像维特鲁威那样写十卷，而非仅仅四卷），但仍无疑是最能驱使人阅读或细究的书籍之一。因为，不同于他的许多先行者和后继者的出版物，它做到了文字与图像之间有效的平衡：他的写作直接而切中要点，其大胆的大尺幅木刻图同样如此。该书在他生命的最后十年间编纂而成，结合了他对建筑各个方面蕴含多年经验的一手观察。此外从中我们也能得知，造就他成功的职业生涯，成全他实现众多建筑抱负的是他的明确性和自信心。

品行，及帕拉第奥的出身

帕拉第奥的人生之初没有任何个人优势。他于1508年出生在意大利北方著名的大学城帕多瓦(Padua)。他的父亲彼得罗·德拉·贡多拉(Pietro della Gondola, 意为"弄船的彼得罗")，是一名制备和安装磨石的石匠；母亲人称"跛脚"马尔塔(Marta)。相传他出生于11月30日，圣安德烈(St. Andrew)纪念日，他的名字安德烈亚就来自这个日子。因此他的全名是安得烈亚·德拉·贡多拉(Andrea della Gondola)，或随父名就叫安德烈亚·迪彼得罗(di Pietro)。他顶领的那个赫赫名号，安德烈亚·帕拉第奥，是大约三十年后，在他的导师、著名政治家詹乔治·特里西诺伯爵(Count Gian Giorgio Trissino)教化下被授予的。

安德烈亚遇到特里西诺可能是在维琴察(Vicenza)，像帕多瓦一样，那也是一座由威尼斯人统治的城市。他在帕多瓦已完成专门的六年学徒期，十几岁时到了维琴察，继续他作为一名石匠的十八个月培训。在那里，他加入了磐底莫挪(Pedemuro, 意为"稳当踏实的墙")作坊，该作坊参与了当地一些优秀建筑的建设。特里西诺在维琴察郊外的克里科利(Cricoli)为自己建了一座新别墅，一般认为可能是在其建设期间，1537年到1538年间，他遇见了安德烈亚。

特里西诺游历广泛：他曾在罗马待了些年头，是教宗克莱门特七世(Pope Clement VII)的密友，并熟悉拉斐尔(Raphael)以及那个时期其他的主要画家和建筑师的工作。他在克里科利的特里西诺别墅(Villa Trissino)入口立面，显然是基于拉斐尔为一座别墅设计的立面——该别墅位于罗马城北马里奥山(Monte Mario)的山坡上，属于枢机主教朱利奥·德梅迪奇(Cardinal Giulio de' Medici, 后为克莱门特七世)，因后来的居住者而得名马达马别墅(Villa Madama, 意为"夫人别墅")[①]。特里西诺别墅展现了类似 *all'antica* (古法)的装饰——壁柱(pilasters)、壁龛(niches)和山楣式窗(pedimented windows)[②]——尽管夹在两座方塔之间。就在克里科利村，特里西诺成立了他的学院，沿着佛罗伦萨和罗马著名的人文学院的路线，推广古典文学和智识，成为教育维琴察贵族青年的场所。据帕拉第奥的传记作者保罗·瓜尔多(Paolo Gualdo)所述，安德烈亚也受益于特里西诺的学院，因为"特里西诺发现帕拉第奥是一个生气勃勃的年轻人，并具有科学和数学方面的巨大潜能，遂以维特鲁威的训导来培养他，助长他的天赋"。

[①] 指帕尔马公爵夫人玛格丽特（Margaret of Parma, 1522—1586），她先前曾嫁给朱利奥的侄子、佛罗伦萨公爵亚历山德罗·德梅迪奇（Alessandro de'Medici, 1510—1537）。
[②] 平窗头上加楣部和山花的窗顶做法，参见 I, 19 的中译者注①和 I, 52 的中译者注①。

该学院传授三样东西：学业、技艺和美德，正如别墅三个门口上的铭文所宣示的那样。这些追求中的第三项——拉丁文作 virtus，在16世纪拉丁文中转作 virtù——对有抱负的建筑师特别重要，正如后来帕拉第奥所强调的：在其四书每卷的卷首页上，刻画了 Regina Virtus——美德女王——作为技艺之母高踞在上，统辖着内页中对建筑的描述。在古代，美德意味着"卓越品质"和"优秀行为"，由完善的个人所奉行，以助益和提升其公民生活。教育提供了门径，由此学业和对技艺的认识为美德引路。推测起来，一旦安德烈亚吸收了这些课程知识，并被看作具备美德，准备服务于社会的人时，他便由特里西诺改名为"帕拉第奥"了。

看得出来，帕拉第奥这个名字是为安德烈亚保留的，可能出自帕拉斯·雅典娜（Pallas Athena），或依其形象制作的守护神像，称为 Palladium（护城神像）①：罗马人相信是埃涅阿斯（Aeneas，罗马人的始祖）将它带到意大利，它作为智慧和远见的象征，后来护佑着罗马城。另一种可能是随4世纪论农业经济的作家帕拉迪乌斯（Palladius）得名的。无疑，正是威尼托地区（Veneto），特别是围绕着维琴察的肥沃农田，为安德烈亚的众多委托人提供了财富，也为他提供了设计农场庄园及其中心的别墅的机会。更直接的依据是，特里西诺写过一篇史诗，其中描写了一位名为帕拉第奥的大天使，专司建筑和乐器，以之将蛮族逐出了意大利。史诗题为 *L'Italia liberata dai Gotthi*（《意大利挣脱蛮族》），发表于1547年，尽管我们知道特里西诺在遇见安德烈亚之前就开始写作了。因此可以推断，安德烈亚接受古代罗马的精神和行为的课程一旦完成，他就选择采用了这个名字：像特里西诺所虚构的帕拉第奥那样，为了击败迫使罗马文明屈服的"野蛮人"，他将以身作则，引导他的委托人和建筑师同侪（帕拉第奥自己在《四书》中这样说）②。

正是他们那个时代的罗马之劫（despoiling of Rome），以及随之而来的艺术家的北迁，提供了威尼托地区建筑变化发展的动力。在15世纪，佛罗伦萨首倡古典价值的文艺复兴运动。随后罗马城在劫难之后得以恢复，尤其在教宗尼古拉五世（Nicholas V）（15世纪中叶）和尤利乌斯二世（Julius II）（16世纪初叶）的领导下。然而，神圣罗马帝国查理五世皇帝（Emperor Charles V）的军队在1527年对罗马城的灾难性劫掠导致城市萧条，造成聚集在此的艺术精英流散北上。帕拉第奥有幸遇到过部分重要建筑师，因此有机会了解他们以 *all'antica*（古法）探索维特鲁威式建筑的方法。依靠特里西诺的支持，他自己也有条件研究罗马遗迹，并通过他为维琴察的诸多贵族家庭承担的有影响力的设计委托，在意大利北方发展和促进了古典建筑语言。

通过实践经验的教育

作为特里西诺的学生，安德烈亚度过了一段广泛的游学生涯。在1538年到1540年间他随特里西诺住回帕多瓦，在那里遇到阿尔维塞·科尔纳罗（Alvise Cornaro，约 1484—1566），帕多瓦主教管区的行政官及该城艺术和文学团体中的核心人物。科尔纳罗还知悉建筑和古代艺术，他1522年左右在罗马时学过这些知识，师从维罗纳的画家和建筑师乔瓦尼·玛丽亚·法尔科内托（Giovanni Maria Falconetto），随后与后者同回帕多瓦。在该地

---

① 传说从天上降临到特洛伊的帕拉斯神像，特洛伊人相信像在城在，奥德修斯和狄俄墨得斯遂将其盗走，以使特洛伊城陷落。据说神像后来被埃涅阿斯带到西土。
② 参见第一卷致安加拉诺的献词。

科尔纳罗宅邸的基地上，他们接上了一个五开间敞廊，作为他举办演剧活动的永久场地。科尔纳罗后来在旁边又建了另一座小型建筑，他称之为讴德奥（Odeo，意为"歌乐堂"）。这是一个供演奏室内音乐的、建有中央拱顶的八边形房间。它的形式影响了帕拉第奥随后的别墅设计的布局，往往在中央设有一个大的方形或圆形空间。演剧敞廊与讴德奥成直角布置，为帕拉第奥提供了就像在罗马已经复兴的那种重塑古典剧场的一个早期示例。

在逗留帕多瓦期间，帕拉第奥曾短暂返回维琴察出席1539年2月16日在波尔托府邸（Palazzo Porto）举办的一场现代戏剧演出。这是由塞巴斯蒂亚诺·塞利奥（Sebastiano Serlio, 1475—1554）筹办的，他原是一位博洛尼亚的画家，后成为建筑师，曾在布拉曼特（Bramante）、拉斐尔和巴尔达萨雷·佩鲁齐（Baldassare Peruzzi）的梵蒂冈作坊中工作。特里西诺在罗马时结识了塞利奥，他们在罗马之劫后同时北上，塞利奥在威尼斯（Venice）待了一段时间。塞利奥为维琴察的波尔托（Porto）家族设计了一个临时性、半圆形的木构观演厅，前方是舞台，舞台后部有一道巨大的背景拱门（proscenium arch），两边的布景板上刻画了古典戏剧的场景类型——悲剧、喜剧和羊人剧①——像维特鲁威所描述的那样②。这次活动使波尔托家族和维琴察市民们在他们的客人面前极为骄傲，其中一名客人评赞道，维琴察"贤德胜过雅典，伟大胜过米兰，富有胜过威尼斯、她的女主人"。此事件鼓舞了维琴察的贵族们最终于1555年创建了他们自己的学院——奥林匹克学院（Accademia Olimpica）——包括自古代以来第一座永久覆顶的室内剧场，以"褒奖其公民中热爱 *virtù*（美德）之人"。奥林匹克剧院（Teatro Olimpico）是由帕拉第奥按古典剧场设计的，布景正面为古代宫殿立面样式，深受维特鲁威关于剧场描述的影响。该剧院到帕拉第奥去世时尚未完工。

塞利奥一定是在这个时候给帕拉第奥留下了强烈的印象。他不仅向帕拉第奥介绍了自己对古典剧场的诠释，而且很可能是第一个通过他本人收集的以及从他的导师佩鲁齐那儿继承的图纸向帕拉第奥介绍罗马的古代建筑的人。这些图纸有许多收入了塞利奥正在编撰的一部建筑著作《论建筑》（L'architettura）中，该书打算写成七卷，其中五卷分别出版了，余下的他在世时并未继续出版。1584年，那五卷作为遗著结集出版，后又在1619年再版，名为《建筑和透视著作全集》（Tutte l'opere d'architettura et prospettiva）。塞利奥绘制的马达马别墅——特里西诺设计克里科利别墅（Villa Cricoli）立面时所依据的建筑——出现在该书集的第三卷《论古迹》（Delle antiquità）中，该卷1540年在威尼斯出版（同年且稍早于托雷洛·萨拉伊纳（Torello Sarayna）论维罗纳古迹的书《维罗纳城的起源和曼衍》（De origine et amplitudine civitatis Veronae）的出版）；在此之前于1537年出版了第四卷，论五种立柱类型，塞利奥在书中感谢了阿尔维塞·科尔纳罗的指导。

塞利奥的论著是革命性的，因为它摆脱了对维特鲁威的老一套的学术评注，而代之以插图对古今建筑进行说明，包括塞利奥自己的创作：这些图是准确地按比例绘制的平面图，按透视法绘制的建筑正视图，以及建筑的局部。第三卷《论古迹》的出版费用由法兰西国王法兰西斯一世（Francis I）资助，塞利奥遂决定在1541年秋天移居枫丹白露（Fontainebleau）担任国王的建筑顾问，这是一个对法国文艺复兴建筑的发展产生了深远影响的决定。

---

① Satiric，古希腊的一种滑稽短剧，剧中合唱队扮成山林小神萨蹄尔（羊人）。
② 维特鲁威《建筑十书》5.6，参见陈平译本，北京大学出版社，2012年，第114页。

对帕拉第奥来说，威尼斯无疑是魅力难挡的：它不仅是该地区政治上的主导力量，而且是建筑上最美丽的城市。帕拉第奥后来描述它为"罗马人的庄严和辉煌唯一留存的典范"（QL, I, 5），他有机会在这些年里看到三座彼此相邻的重要建筑物正在兴建，从圣马可小广场（Piazzetta San Marco）的一侧开始分别是：造币所（Zecca or Mint）、圣马可图书馆（Library of St. Mark's）和小敞廊（Loggetta），它们在1536年建设项目启动后相隔一年动工。这些建筑物将 all'antica（古法）建筑装饰的严格应用引介到威尼斯，由雅各布·圣索维诺（Jacopo Sansovino, 1486—1570）设计，他在定居威尼斯之前曾在佛罗伦萨和罗马成功执业。图书馆结合了两套立柱系统，一个是以古罗马的方式准确再现的维特鲁威示意的系统，另一个是装饰丰富的次级系统，它调整了表面节奏，并为柱廊（colonnades）提供了视觉深度。威尼斯人非常接受这种做法，他们的建筑感习惯于欢闹的色彩和繁缛的细节。毕竟，帕拉第奥所参考的该城建筑富丽堂皇，更具有拜占庭风情而非罗马趣味。

同一时期，还在帕多瓦的帕拉第奥一定看到过米凯莱·圣米凯利（Michele Sanmicheli, 约1484—1559）的作品。圣米凯利因其筑城设防技能而得到阿尔维塞的远房堂兄弟、驻帕多瓦任指挥官的威尼斯人吉罗拉莫·科尔纳罗（Girolamo Cornaro）的聘用。他在维罗纳所做的一些府邸设计在1530年代早期之后建成，它们比圣索维诺在威尼斯的作品外表装饰上更简单更朴素，例如蓬佩伊府邸（Palazzo Pompei），地面层是沉重的粗面石作立面，上冠一道带素平檐口线脚的护栏（balustrade）①，从护栏上竖起的带槽多立克式半圆倚柱（half-columns）被高大的窗分开，半圆窗头上着重地点着怪诞式头像（grotesque heads）。这是帕拉第奥回到维琴察之后所做的城市建筑的来源之一。

阿尔维塞·科尔纳罗无疑对帕拉第奥的发展产生了直接影响，还为他提供了强大的社会关系。吉罗拉莫之子佐尔宗·科尔纳罗（Zorzon Cornaro）必定会委托帕拉第奥，而阿尔维塞·科尔纳罗与皮萨尼（Pisani）家族的帕多瓦支系有通家之好——韦托尔·皮萨尼（Vettor Pisani）也是帕拉第奥的重要赞佑人。他的表兄弟达尼埃莱·巴尔巴罗（Daniele Barbaro）（他于1540年从帕多瓦大学毕业）及其弟马尔坎托尼奥（Marc'Antonio）也成为帕拉第奥重要的合作者和赞佑人。阿尔维塞·科尔纳罗的领导地位同样是有价值的。他是著名的《论健康节制的生活》（Trattato della vita sobria）②的作者，在书中主张以经验为基础的现实主义和实用人文主义。事实上，他声称他"从古代建筑物中比从神圣的维特鲁威的书中"学到的更多，书本上的智慧和古代建筑的图纸对帕拉第奥的发展虽则有益，然而它们并未取代对建筑物本身的一手经验。无需诧异，经过帕多瓦岁月以后，帕拉第奥下一次较长地暂离维琴察，是在1541年年初加入特里西诺南下罗马的旅程。这是他五游罗马中的第一次，使他能够记录那里以及途中许多最有名的古迹。

对古罗马遗迹的测绘

帕拉第奥的首次罗马之行令他印象深刻：他被"令人惊愕的废墟"（QL, I, 3）深深地感动，尽管需要一些想象力来理解其原先的完整程度，因为它们常常部分被埋在数个世纪的碎片堆之下。即使在残破状态下古代建筑还是"比我最初所想的更值得研究"（QL,

---

① 这种护栏也用作列柱座，即 I, 51 和 II, 27 所说的 piggio。
② 科学史家萨顿（George Sarton, 1884—1956）认为这是近代第一本养生书，见乔治·萨顿《文艺复兴时期的科学观》，郑斌、郑方磊、袁媛译，上海交通大学出版社，2007年，第59页。

I，5），因为他曾在其中探查出可证明"罗马人的 *virtù*（能力）和伟大的清晰有力的证据"（*QL*，I，3）。

在这一次以及后来的旅行中，帕拉第奥绘制了许多详细的图纸，记录的并非古代遗迹的废墟状态而是完整的建筑物，按照他所想象的其建筑师原本设计的样子，作为文明之 *virtù*（作为）的有力象征。他似乎有意回避通过绘画的方式记录建筑物，不像塞利奥那样，往往为了表现建筑物及其细部的效果，按透视缩放来绘图，仿佛它们就是他发现时在原地的那些石块残片。帕拉第奥的工程性图示一律按比例缩放绘制，并以垂直正交的面表示建筑物的主要外观立面。他用阴影表示凹进和凸出的面，而没有采用透视，而且他将剖立面图处理成切过建筑物，仿佛它们是物理模型。用这样的方法，他揭示了闭合墙体的厚度及覆盖它们的装饰，准确而又极少带有艺术家式的评判，以使它们对未来有通用性的参考价值①。此外，他出版的图注明关键尺寸，以表示立柱、楣檐（cornices）和其他细部的位置，并以有序的样式排布在大幅图面上。事实上，帕拉第奥就像一位不偏不倚的科学家那样呈现建筑物，他的建筑物实体剖面图，在其精确性、清晰性和客观性上类似于由提香艺塾（school of Titian）的画家们②为安德烈亚斯·维萨里（Andreas Vesalius）③的《人体构造论》（*De humani corporis fabrica*）一书④所绘制的非凡的解剖图。维萨里（1514—1564）从 1530 年代后期起是帕多瓦大学的解剖学教授，几年后在博洛尼亚（Bologna）的解剖课面向公众开设。他于 1543 年在巴塞尔（Basel）出版的《构造》（*Fabrica*）中，解剖用的尸体被画成活生生地、自觉自愿地将其内部运作暴露给观看者，这与帕拉第奥对建筑物的表现可谓双璧齐辉⑤。

帕拉第奥这种高超的绘图风格，同样有可能是由帕多瓦大学毕业生、学者兼外交家达尼埃莱·巴尔巴罗（1514—1570）培养出来的，他在特里西诺 1550 年亡故之后成为帕拉第奥的指路明灯。达尼埃莱在 1549 年到 1551 年间担任威尼斯驻英格兰和苏格兰的代表，回国后荣膺阿奎莱亚当选宗主教（Patriarch-elect of Aquileia）头衔，这使他能取得收入，却不能担任公职⑥。

可能在 1549 年，帕拉第奥开始为达尼埃莱和他的弟弟马尔坎托尼奥（1518—1595）将一座位于马塞尔（Maser）的原有建筑改建为巴尔巴罗别墅（Villa Barbaro）。后来马尔坎托尼奥成为威尼斯的一名政治领袖，并在那里举荐了帕拉第奥。在此期间，安德烈亚和达尼埃莱在 1550 年代中期共赴罗马，他们在那里会见了枢机主教德斯特（Cardinal d'Este）和皮罗·利戈里奥（Pirro Ligorio），后者是位于蒂沃利（Tivoli）和位于罗马奎里纳尔（Quirinal）山坡上的枢机主教别墅的建筑师。利戈里奥因其绘图技巧和作为一名娴熟的古物学家而获得

---

① 不同于之前艺术家出身的建筑师们，帕拉第奥极具工程敏感性，处理问题理性、客观。
② 一般认为是由提香的学生卡尔卡（Jan Steven Van Calcar，1499—1546）绘制的插图，也有人认为是提香的其他学生所画。
③ 佛兰德斯医生、生物学家、近代人体解剖学的创始人。
④ 该插图版 1543 年由 Andreas Oporinus 出版于巴塞尔，后又在里昂、威尼斯等地出版过不带插图的或带有附录的不同版本。
⑤ 塔弗诺：《帕拉第奥的"实体"：〈建筑四书〉》（"Palladio's 'Corpus': *I Quattro Libri Dell'Architecttura*"），收入论文集《纸上宫殿：文艺复兴建筑论著的兴起》（*Paper Palaces: The Rise of the Renaissance Architecture Treatise*, Edited by Vaughan Hart with Peter Hicks, Yale University Press, New Haven and London, 1998），第 240—244 页。
⑥ 公元 553 年第五次大公会议后，阿奎莱亚教区与罗马教廷间断分裂，出现两个宗主教区，其中之一的教座于 1451 年迁到威尼斯，因此威尼斯贵族出身的达尼埃莱未去实地就任，坐拥这个有名有利却无甚实权的身份，但不能担任共和国的世俗公共职务，而他弟弟马尔坎托尼奥后来则担任了许多公职。

赞誉。他绘制了所谓克利图姆努斯神庙（Temple of Clitumnus）、位于安圭拉拉（Anguillara）和位于帕莱斯特里纳（Palestrina）的古罗马别墅的图纸，帕拉第奥曾借阅并翻绘过。作为交换，利戈里奥用上了帕拉第奥的拉文纳城（Ravenna）的金门（Porta Aurea）测绘图，此外还有位于维罗纳的竞技场。在罗马期间，帕拉第奥还做过一些公共建筑的壮观的复原图，如古代的阿格里帕浴场（Baths of Agrippa）和万神庙（Pantheon）。据文艺复兴艺术家和建筑师的传记作家乔治·瓦萨里（Giorgio Vasari）所述，帕拉第奥可能还有意将来将其出版，虽然有一些或许被标记也为达尼埃莱·巴尔巴罗的维特鲁威评注版配图之用。1556年的巴尔巴罗版《维特鲁威建筑十书》（*Vitruvius*）因其对希腊和罗马建筑及其装饰的精确复原图而引人注目。它树立了建筑出版物的新标准，其木刻图画面的取舍已将感性细节削减到最低程度，以便阐释而不只是润色文字。这些将是帕拉第奥为自己的《四书》所采用的配图的样式，因为实际上巴尔巴罗书中的一些配图是由他绘制的。巴尔巴罗承认帕拉第奥的参与，还特别引证了他对古罗马剧场的考查工作。

[xiii]

帕拉第奥建筑实践所受到的古代和当代影响

古罗马对帕拉第奥建筑的发展有立竿见影的影响。他于1541年为位于维加尔多罗（Vigardolo）的瓦尔马拉纳别墅（Villa Valmarana）和1542年为位于巴尼奥洛（Bagnolo）的皮萨尼别墅（Villa Pisani）所做的设计，采用了他在罗马看到的当代和古代建筑的细部。瓦尔马拉纳别墅有一种特定的由三个开口组成的大门母题，中间的开口，立柱上托着拱券，两侧较低的为平头开口。这种对称的开口布局来源于布拉曼特和拉斐尔所设计的一种窗，塞利奥在他的论著中做过描述，因此被称为 *serliana*（塞利奥窗），由于帕拉第奥及其后继者对它的广泛运用，在英国和美国被称为帕拉第奥窗或威尼斯窗（Palladian or Venetian windows）。在皮萨尼别墅的一个未刊早期设计中，主入口的平面是半圆形，可能是帕拉第奥受到他在别处曾见过的类似轮廓的启发，也就是在罗马浴场（Roman baths）、图拉真市场（Trajan's Market）和布拉曼特的梵蒂冈观景楼庭院（Belvedere Court），又或许是拉斐尔的马达马别墅的建成部分。这个布局重新出现在他后来出版的特里西诺别墅的设计中，为入口的弧形两翼（*QL*, II, 60）。在出版的皮萨尼别墅的配图中，有一间十字形中央主居室，称为 *sala*（大厅），建成筒形拱顶（barrel-waulted）①，拱顶的两端开有巨大的半圆形窗，就像罗马浴场中的那样（它们被称为浴场式热气窗（thermal windows），来自 *thermae*（热水浴），或浴场），这是帕拉第奥建筑中另一个反复出现的元素（*QL*, II, 47）。帕拉第奥在《四书》中（正如塞利奥在他之前所做的那样）肯定了布拉曼特的建筑对他自己的发展有重要意义，并在第四卷中，除古人的神庙之外，还呈现了布拉曼特建在蒙托里奥（Montorio）山坡上精美的坦比哀多小教堂（Tempietto）的两幅图。这是该书收入的唯一一座当代建筑："由于布拉曼特是使善与美的建筑——它从古人的时代到现在已经被隐藏起来——为人所知的第一人，我认为理应将他的作品纳入古人的作品之列"。（*QL*, IV, 64）

维琴察的两个重大项目可能使得帕拉第奥与劫难前的罗马建筑精英有了直接的接触。法院大楼（Palazzo della Ragione），在帕拉第奥参与之后被称为巴西利卡（Basilica），是一座15世纪中期的包覆着两层柱廊的公共建筑。这是一座法庭，建成后不久便部分倒塌了。

---

① 实际上是十字交叉拱，但可能只在正立面和背立面上有浴场式热气窗，而在两个侧立面上没有。

尽管维琴察有优秀的石匠，比如在安德烈亚当过学徒的磐底莫挪作坊中的那些，但他们显然不能满足当地的要求，即要以柱廊围护的新外壳与现有结构结合起来，并改善城市中心这一重要建筑物的外观。因此许多著名建筑师受邀提出合适的设计方案。在到1541年为止的数年间，他们中包括圣索维诺和塞利奥（恰好在后者从威尼斯出发去法国之前），以及来自维罗纳的米凯莱·圣米凯利，还有拉斐尔在罗马的首席助理朱利奥·罗马诺（Giulio Romano, 1492/9—1546），他成了曼图亚（Mantua）① 贡扎加（Gonzaga）宫廷的建筑师，曾为高额咨询费携其方案在1542年来到维琴察。但最终帕拉第奥成功地说服委员会，采纳了自己在磐底莫挪作坊的协作下提交的设计。该方案可能吸收了外来杰出建筑师的一些好想法。这座大楼用石材建造，花了七十多年时间，从1546年到1617年，并在《四书》(III, 41—43)中有详细表达。从外表上看，他的设计足以与圣索维诺的圣马可图书馆设计和塞利奥在其出版的第四卷的一座府邸设计中的塞利奥窗相媲美。不能确定帕拉第奥是否从圣米凯利或朱利奥·罗马诺那里吸取了什么想法，不过朱利奥在曼图亚泰宫（Palazzo Te）的花园立面上采用了塞利奥窗。朱利奥将他在维琴察的第一个大型建筑委托项目让给了帕拉第奥，那是蒂耶内（Thiene）家族的新府邸。该项目从1542年开始酝酿，虽然其设计可能最初是由朱利奥提出的，帕拉第奥还是在自己的《四书》中(II, 12—15)出版了。这也许并不过分，因为朱利奥四年后去世，在此之前他只工作于曼图亚（却不大来维琴察），而帕拉第奥参与了其16年的建设，直到1558年。

长久的建设周期，以及需要现场解决事前无法想到的困难，不可避免地导致帕拉第奥的许多设计被修改或未完成。因此，他在1570年的《四书》中所收入的许多别墅和府邸项目的图示方案，最能代表他的初衷，并为他人——比如两个世纪以后一心想成为帕拉第奥派的人——呈现了值得仿效的范式。

《建筑四书》及其早期接受情况

帕拉第奥建筑的类型和品质是出类拔萃的。他设计的楼宇，从巴西利卡到望族私人宅邸，主导了维琴察；他设计的别墅，成为周围乡村的点睛之笔。在威尼斯与城市中心圣马可小广场一水之隔的壮观地段上，坐落着大圣乔治教堂（San Giorgio Maggiore）和救世主教堂（Redentore）。这些建筑使得近几个世纪以来到访意大利北方的许多游客受到感动，而帕拉第奥决定出版《四书》则使得他长久地为国际所接受。

莱昂·巴蒂斯塔·阿尔伯蒂（Leon Battista Alberti, 1404—1472）是文艺复兴时期撰写建筑论著——《论建筑》(De re aedificatoria)——的第一位建筑师。该书是在印刷术被引进意大利之前于15世纪中叶用拉丁文写作的，因此只有能买得起手抄本、能理解阿尔伯蒂学究气的拉丁文的寥寥几人读过（况且读者只得依靠他的言词，因为阿尔伯蒂未加图例）。阿尔伯蒂死后，1486年在佛罗伦萨虽说出了第一个印刷版本，但是直到1546年它才被译成意大利语，由彼得罗·劳罗（Pietro Lauro）用威尼斯方言翻译。四年后科西莫·巴尔托利（Cosimo Bartoli）出版了佛罗伦萨版本②，他在其中加上了自己的插图，此版本1565

---

① 指意大利城市曼托瓦（Mantova）。
② 此译本在佛罗伦萨出版且以佛罗伦萨方言翻译。意大利长期政治上分裂的局面使各地方言成为思想交流的障碍，而13世纪中叶以后俗语文学的发展，特别是三位佛罗伦萨鸿儒但丁、彼特拉克和薄伽丘的文化贡献，加之出生于威尼斯又在佛罗伦萨、罗马、帕多瓦等地学习、供职的语言学家本博（Pietro Bembo, 1470—1547）的极力倡导，奠定（转下页）

年在威尼斯重印，比帕拉第奥的书的出版仅仅早五年。

就像维特鲁威有影响力的著作一样，阿尔伯蒂的《论建筑》也是由十卷组成并因循类似的体例：他写到了建筑的起源；材料和构造；公共与私人工程；装饰以及与宗教建筑、世俗公共建筑和私人建筑相关的内容；最后还有建筑的修复。一般认为，他的论著最初是对维特鲁威的评述，但在他与维特鲁威晦涩的术语和叙述做斗争的过程中发展出了某些原创性的思想，并根据自己的亲手实践，就建筑这门复杂的技艺得出了自己的结论。他是一位成就广博的学者，其建筑是严格的 all'antica（古法）建筑的样板，不过执业建筑师和工匠还需要以图形对古代建筑类型及其装饰做出说明。

与帕拉第奥最相近的同代人，建筑师贾科莫·巴罗齐·维尼奥拉（Giacomo Barozzi Vignola，1507—1573），出版了《建筑五种柱式的规范》（*La regola delli cinque ordini dell'architettura*），由一篇简短前言和32幅各附有简要说明的图纸组成。该书于1562年出版，通过他努力刻画的五种建筑的柱式，维尼奥拉为其后继者们提供了立柱类型的宝贵的图形规范，对每种类型的各个部分都仔细地进行了辨别，并确定了比例。维尼奥拉自己的一些作品也包括其中。另一个对帕拉第奥有用的示范，如其名称所示，是锡耶纳建筑师彼得罗·卡塔内奥（Pietro Cataneo，1510?—1574?）的《建筑初步四书》（*I quattro primi libri di architettura*），1554年在威尼斯出版。像塞利奥一样，卡塔内奥也与佩鲁齐熟识，可能在1530年左右协助过他的设计项目。卡塔内奥身为筑城工程师，其论著将军事和民用建筑一起考虑。1567年他出版了《锡耶纳的彼得罗·卡塔内奥论建筑》（*L'architettura di Pietro Cataneo Senese*），将论述装饰、水源、几何和透视的四卷新书与已发行的四卷归拢在一起。帕拉第奥认识卡塔内奥，甚至声称卡塔内奥在其《建筑初步四书》中借用了自己所创的柱身匀称收分的拇指线法（rule-of-thumb method）（*QL*，Ⅰ，15）。

[xv]

在帕拉第奥的导师们中，詹乔治·特里西诺、阿尔维塞·科尔纳罗和达尼埃莱·巴尔巴罗都兼备学识和自行建造的实际经验，然而他们都不曾像阿尔伯蒂那样深入研究建筑学。他们也没有通过其论著为想做建筑师的人提供直接的实践指导，不过塞利奥通过其出版物表明了如何将维特鲁威式的古迹观进行调整，以适应16世纪家事和公务的社会需要，凭借其文字和强有力的图像的整合，由本乡本土推广到更广泛的受众，这倒是个诱人的启示。帕拉第奥在《四书》中也采用了相似的方法，然而其大幅面和注尺寸的配图格外精确，这意味着他可以更多地依靠图像，从而避免塞利奥书中常见的那种冗长描述。帕拉第奥的石匠背景意味着他理解想要造房子的人需要说话直接、明确的建筑书籍。因此《四书》谋篇简单，不打算空谈学理，它成功地吸引了工匠，也同样吸引了他们的委托人。

第一卷概述了准备工作、基础、开工前必备的材料，然后进一步描述了建筑的柱式。像塞利奥一样，帕拉第奥描述了在品质上由低到高，从托斯卡纳和多立克到爱奥尼亚、科林斯和组合式（Composite）的五种立柱类型（维特鲁威没提到组合式，而阿尔伯蒂第一个提出这种——他称之为意大利柱式（Italic order）——但略去了托斯卡纳式）。它们的比例关系讲得很简单，他刻意回避不熟悉的希腊"奥语"（jargon），例如将柱身中段的膨凸称

（接上页）了佛罗伦萨方言作为统一的意大利语的基础。16世纪末至17世纪初，佛罗伦萨秕糠学会（Accademia della Crusca）成立并编纂出版了《秕糠学会词典》，后成为意大利语词典的蓝本。阿尔伯蒂的各种方言译本和帕拉第奥的《四书》，都出现在以佛罗伦萨方言作为意大利语"普通话"之前。

为"swelling"（鼓腹）而非维特鲁威用的术语 *entasis*（卷杀）。他以对不同房间类型和建筑物主体部分的说明为该卷做了总结。第二卷帕拉第奥描写了完整的住宅，由希腊和罗马的私人宅邸开始，转而说明他的府邸和别墅设计是如何为自己的委托人对此类先例做调整的。第三卷是关于公共工程——广场、道路、桥梁、巴西利卡——并再一次将古代范例与他自己的项目进行协调。第四卷，除了布拉曼特的坦比哀多小教堂之外，描述的完全是古代宗教建筑，尤其是罗马神庙。

已知到1550年代中期时帕拉第奥已经着手《四书》第二卷的写作，达尼埃莱·巴尔巴罗在他的维特鲁威评注版中（巴尔巴罗1556年版，第179页；1987年版，第303页）提到这一点，瓦萨里也在1566年看到过一个修订文本。然而不知何故，帕拉第奥不得不赶完这些书以便在1570年出版。在描述维琴察巴尔巴拉诺府邸（Palazzo Barbarano）时他提到，出版的设计主要是早期方案，他未能修改平面图，以便"将刚刚更新完成的平面设计——据此现在已经完成了基础——收录在本书内，因为我来不及在付印之前完成其木刻印版"（*QL*, II, 22）。然后原打算出版的也没有全部完成。他的著作的标题明确指出只有四卷书（实际上在1570年出版时有三个不同的版本，如下文版本列表所示：(前)《二书》（*I due libri*），(论古迹的)《前二书》（*I due primi libri*），还有《四书》（*I quattro libri*））。之后尚应有相关的书卷，大概是作为单行本。他在《四书》的那一版中（I, 12, 52）特别提到有一卷是论古迹。据在1616年撰写帕拉第奥传记的帕多瓦主教堂的教士、维琴察人保罗·瓜尔多所述，帕拉第奥已准备好了"古代罗马的神庙、拱门、陵墓、浴场、桥梁、塔以及其他公共建筑"的图纸，出版却因其亡故而受阻。1581年，在帕拉第奥死后一年，他的儿子们准备了一个包括他已完成的第五卷的扩充版，但还是没能出版。这促使人们猜测，帕拉第奥本打算出版一部总共十卷本的建筑著作，像他之前的维特鲁威和阿尔伯蒂那样，而增加的六卷将相当详细地涵盖剧场、竞技场、拱门、浴场、陵墓以及桥梁（刘易斯（Lewis），1981年，第10页，注16）。虽然有许多帕拉第奥的这类建筑的图纸收藏在伦敦英国皇家建筑师学会（Royal Institute of British Architects）（RIBA），但没有确凿证据表明他将以十卷系列呈现出来。实际上，由于《四书》结合了他自己的设计及其古代起源，也同样有可能的是，他或曾希望在后续的书中发表他在威尼斯的教堂设计，然而它们竟不能适当地纳入这份建筑类型的佚失名单中[①]。

另一个也指向是《四书》（而非十书）的理由是，几年后帕拉第奥出版了《恺撒评注》（*I commentari di C. Giulio Cesare*，威尼斯，1574—1575），这部著作与建筑只有少许相关性。此书记述了尤利乌斯·恺撒（Julius Caesar）的足智多谋和帕拉第奥个人对军事战略的爱好，正如他在评注的前言中带着感激之情所说，那是他的建筑导师特里西诺在心中激发起的一种兴趣。这也是，如上文提过的，贴近卡塔内奥内心的一个方面[②]，尽管他在其论著中将军事和民用建筑合并而论（其实他是最后一个这样做的文艺复兴作家），而帕拉第奥却将它们视为明显独立的学科。

帕拉第奥先前写过两本关于建筑的单独的书[③]：《罗马古迹：重新发表的古今作家文

[①] 这句话可能暗示这一现实矛盾挫伤了他继续出版的想法。
[②] 因为卡塔内奥也是一名军事工程师，内心也关注着军事。
[③] 参见哈特和希克斯（Vaughan Hart and Peter Hicks）的英译本《帕拉第奥的罗马：安德烈亚·帕拉第奥的两本罗马导游手册辑译》（*Palladio's Rome: A Translation of Andrea Palladio's Two Guidebooks to Rome*, Yale University Press, New Haven and London, 2006）。

集摘要》(*Le antichità di Roma...raccolta brevemente da gli auttori antichi, & moderni, nuovamente posta in luce*)，以及《罗马城教堂记,含拜苦路礼、赎罪礼及所藏圣髑》(*Descritione de le chiese, stationi, indulgenze & reliquie de Corpi Sancti, che sono in la città de Roma*)。它们于1554年在罗马出版，正值他与达尼埃莱·巴尔巴罗在那里访问期间，基本上属于该城主要古迹的旅游指南。第一本的内容是为旅游者简短描述古典遗迹的外观和历史，帕拉第奥写它是为了取代一本颇受欢迎的中世纪旅游指南《罗马城的奇迹》(*Mirabilia urbis Romae*)，此书尽管颇为娱人，但讲的不过是些老生常谈、相当铺陈的罗马奇人异事。帕拉第奥在自己的书中追求事实而非虚构，在将收集到的材料组织成简短可读的章节之前，他仔细查阅了有影响的晚近和古代作家纪事。在之后的二百多年，《罗马古迹》(*Le antichità di Roma*)被成千上万的游客购买，发行了三十多版；在18世纪早期被当作"第五"卷续在《四书》之后。另一本旅游指南《教堂记》(*Descritione de le chiese*)是写给朝圣者的一份宗教行程，是帕拉第奥按照自己对所参观的建筑工程相关艺术价值补充的品评。它也成为一本标准的罗马指南，逐渐使明智起来的游客换掉了《奇迹》(*Mirabilia*)。先前这两本建筑书的成功鼓励他投入到《建筑四书》这项更雄心勃勃、影响更广泛的工作中去。

讽刺的是，虽然《四书》本意是作为一部关于建筑的通俗著作，它在意大利以外的第一版却是拉丁文版。这是1580年在波尔多(Bordeaux)出版的，不过这并未损害其广泛的吸引力，因为只翻译了第一卷。随后第一卷的其他译本也出版了，西班牙文版（出版商胡安·拉索(Juan Lasso)，1625年），还有皮埃尔·勒米埃(Pierre Le Muet)部分翻译的法文版（出版商朗格卢瓦(Langlois)，1645年）。直到罗兰·弗雷亚尔·德尚布雷(Roland Fréart de Chambray)翻译的完整法文版出现（巴黎，1650年），那些手头没有意大利文版的人才获得了帕拉第奥完整的四卷书。1698年出现了一个不完整的德文版，为第一卷和第二卷。

[xvii]

英文译本

虽然帕拉第奥《四书》的影响在17世纪上半叶伊尼戈·琼斯(Inigo Jones)的建筑中清晰可辨，英文读者却迟至1663年才通过戈德弗雷·理查兹(Godfrey Richards)翻译的第一卷，首次看到以他们母语出版的帕拉第奥著作。这是直接从意大利文翻译的，配图采自勒米埃的1645年法文版。此外，理查兹还参考当时英国的建筑实践增加了新的文字和插图。这种理论和实践的别致组合证明是非常受欢迎的。这本书发行达12次，最后一次在1733年，这一年第一个全四卷本的英文译本出现了。这是由詹姆斯·莱奥尼(James Leoni)署名的，他是一位流亡的威尼斯人，在1713年左右来到英国。詹姆斯，更正确地说是贾科莫·莱奥尼(Giacomo Leoni)，与一位法裔英国人、出身军事工程师的建筑师尼古拉·迪布瓦(Nicolas Dubois)合作，发行了一个旨在有广泛吸引力的版本。他们以英法双语翻译了意大利文，莱奥尼根据帕拉第奥的原木刻图设计了新的图版。这些图版大多由伦敦的一个小团队制作，不过有一部分是由热门雕版师贝尔纳·皮卡尔(Bernard Picart)在阿姆斯特丹制作的，他后来受雇于莱奥尼制作铜印版，作为莱奥尼1726年出版的一部书的陪衬，该书是阿尔伯蒂关于建筑、绘画和雕塑的论著的三卷本译本（意大利文和英文）。还有一样新东西是寓言式的卷首页，由常居伦敦的威尼斯画家塞巴斯蒂亚诺·里奇(Sebastiano Ricci)设计。凭着这个颇具机心的阵容安排，莱奥尼借势对帕拉第奥的书，特别是对配图，做了他认为"许多必要的更正"和"改进"，这种添改是受当时人们喜好奢侈风尚的影响。莱奥尼版在1715年到1720年间分期出版，随后在1721年出了一个仅有英文的版本。他本打算在此版中抄录伊尼戈·琼斯的注释，出自琼斯批注于其所藏1601年版《四书》的副本，但遭到该副本当时的所有者乔治·克拉克博士（Dr. George Clarke）拒绝。不过，这是一个很受欢迎的成功版本，在刚过二十年后的1742年，莱奥尼出了第三版。这个修订版附有帕拉第奥的《罗马古迹》以及琼斯的注释，克拉克死后莱奥尼可以用它了（1736年克拉克遗赠给了牛津大学伍斯特学院（Worcester College, Oxford）的文献中包括了琼斯的《四书》副本）。莱奥尼版的帕拉第奥《四书》直到下一个世纪仍很受欢迎，（连同詹姆斯·吉布斯（James Gibbs）和罗伯特·莫里斯（Robert Morris）的书[1]以及那些缺乏博学色彩的建筑图样书一起）昭示了帕拉第奥主义在美洲殖民地的传播：托马斯·杰斐逊（Thomas Jefferson），绅士建筑师中最杰出的一位，拥有莱奥尼版的一个副本，这是他的建筑创作和建造活动的主要指南。

1738年艾萨克·韦尔（Isaac Ware）的帕拉第奥版本，题献给伯林顿勋爵（Lord Burlington）。这个版本不那么普及和有影响，但肯定更忠实于原作。在此之前三年还出版了韦尔汇编的《伊尼戈·琼斯的设计作品》（Designs of Inigo Jones）。韦尔是一位出色的帕拉第奥派建筑师，曾受伯林顿勋爵提携，后者是一位建筑和艺术的大力赞佑人，也是奇斯威克府邸（Chiswick House，始于约1725年）和约克会所（Assembly Rooms at York，1731—1732）的建筑师。伯林顿主张像帕拉第奥和琼斯所示范的那样，走一条更简单更直接的古典主义道路。他偏爱詹姆斯·吉布斯和莱奥尼所推崇的帕拉第奥主义式样，带有巴洛克式的创新。伯林顿可能还曾鼓励科伦·坎贝尔（Colen Campbell）出版一个他能认可的帕拉第奥版本，后者是最早向他介绍帕拉第奥主义的建筑师。但坎贝尔只出版了第一卷，第一次在1728年（书名为《安德烈亚·帕拉第奥的建筑第一书》（Andrea Palladio's First Book of Architecture）），次年修改书名出版了《安德烈亚·帕拉第奥的建筑五种柱式》（Andrea Palladio's Five Orders of Architecture）。讽刺的是，为了迎合伯林顿的意图，爱德华·霍普乌斯（Edward Hoppus）和本杰明·科尔（Benjamin Cole）盗用坎贝尔的第一卷，凑上莱奥尼版帕拉第奥的第二卷到第四卷，充作一个新版本在1735年出版。

莱奥尼版和霍普乌斯-科尔版是艾萨克·韦尔在其帕拉第奥版本中批评的主要对象。他认为，莱奥尼版是传达"本意"，而不是"对帕拉第奥的改进"，而霍普乌斯-科尔版（他委婉地提到出版日期而不是直接指名道姓），他发现是对帕拉第奥的误导、疏漏，甚至冒犯。他自己的做法是紧随帕拉第奥：文字是"从意大利文原文逐字逐句翻译的"，而配图"保持了原图的比例和尺寸，原图的木刻版都由作者亲手所刻"。韦尔的铜版配图比原来的木刻版配图考究些，但也生硬些。此外，为了追求精确性，韦尔直接从木刻图翻制了铜版，所以他的图版是原图的镜像。结果配图的排序变得有点奇怪，带有跨页配图的建筑变成了对称反转的。例如万神庙的前视图（QL, IV, 76, 77）[2]，原图是立面的半边在左页，剖面的半边在随后的右页，但在韦尔版中颠倒了；此外，文本中所列的配图编号也乱了[3]（例如，第三卷，第9章相关的图版）。这也许是为了准确描绘图像而付出的一个小代价，可是对于万神庙的图，顺序颠倒就意味着建筑的形式没

[xviii]

---

[1] 吉布斯：《建筑之书》（A book of Architecture）；莫里斯：《精选建筑》（Select Architecture）。
[2] 所指的图，英译本在第288—289页；韦尔本为第四卷的图版52和图版53，在第101页前隔页。
[3] 应为文本中漏标了相关图版的编号。

有按部就班从外到内地展现，而帕拉第奥无疑想这么做。自 1964 年起[①]，韦尔的版本由纽约多弗出版社（Dover Publications）改为平装本发售，它成为唯一广泛使用的英文版帕拉第奥《四书》。

我们目前的版本比韦尔的版本有两个明显优点：它以复刻版准确复制了原木刻，并以现代英语准确翻译了原文字（包括帕拉第奥在第一卷和第三卷的献词），附有注释和关键术语词汇表。我们所给的注释简短，意在为可能是第一次接触意大利文艺复兴建筑以及帕拉第奥的读者提供参考的起点。我们擅断，专家也愿意参考 1980 年波利费罗出版社（Polifilo）出版的标准意大利文版《四书》（由利齐斯科·马加尼亚托（Licisco Magagnato）和保拉·马里尼（Paola Marini）编注；另可参见 1992 年出版的马尔科·比拉吉（Marco Biraghi）注释的最新版），其中有更详细的注释和全面的导言。经波利费罗版校订的意大利文原文和 1980 年奥埃普利出版社（Hoepli）发行的 *editio princeps*（初版）复刻版，为我们的翻译提供了基础。我们还得益于过去三十年间研究帕拉第奥的大量文献。为简短起见，只将其中一小部分列入了参考文献。注释所引的参考文献，一般限于三位主要作者：G. G. 佐尔齐（Zorzi）（1958 年，1965 年，1966 年，1968 年），关于帕拉第奥的大多数现代研究仰赖他提供的文献基础；廖内洛·普皮（Lionello Puppi）（1973 年，1986 年重印），其关于帕拉第奥的专著和作品编目尚未被超越；还有布鲁斯·鲍彻（Bruce Boucher，1994 年），其最新著作提供了迄今最完整的用英文所撰写的帕拉第奥建筑总览。

我们遇到做翻译所面临的通常难题，在此书中自 16 世纪以来建造的概念和做法以及表达方式所发生的极大变化更加剧了这个困难。我们要感谢：帕特里克·博伊德教授（Professor Patrick Boyde）（剑桥）给予的鼓励和宝贵意见，他慨然披阅并评论了本书的样书；斯特凡诺·德拉托雷（Stefano Della Torre）（米兰）对词汇表的专业帮助；马里奥·贝维拉夸（Mario Bevilacqua）（罗马）协助了前期翻译。我们尽其所能忠实于原意，然而疑虑在所难免，我们或有合适理由择定译文，仍请读者参考词汇表。此外，我想感谢约瑟夫·里克沃特教授（Professor Joseph Rykwert）和沃恩·哈特（Vaughan Hart）对本导言写作的建设性意见。

[xix]

对技术术语或生僻的专词尽可能都做了英文翻译，其后方括号中附有对应的粗体意大利文。对想不出合适译文（或找不到通用易懂的英语对应词）的术语，我们在文本中保留粗体意大利文单词，并在词汇表中给出定义。在整个注释和词汇表（以及本导言）中，我们根据 1980 年奥埃普利社在米兰出版的《四书》复刻版，对帕拉第奥的文本按照先卷次、再页码的顺序指明出处。该版的页码都在我们译本的页边白处[②]标出，以便对照。整个文本中，方括号中的文字或评论是编者所加，圆括号中是帕拉第奥原来的。

我们还试图忠实于原版中帕拉第奥的那种匠心（参见他在第一卷前言中的论述）。因此，版式遵循他对《四书》的设计，让文字尽可能也排在与相关配图相近的位置。终究是明确的文字表述与可读性好的图像的高品质结合，使帕拉第奥的《四书》成为世界各地建筑师和他们的支持者永久的灵感来源。我们希望本书仍能如此。

---

① 应为 1965 年。
② 原文 left margin（左边白），实际上均在翻口。

《建筑四书》版本列表[①]

1. *I quattro libri dell'architettura di Andrea Palladio.* Venice: Dominico de'Franceschi, 1570.

2. *I due libri dell'architettura di Andrea Palladio.* （《安德烈亚·帕拉第奥的建筑二书》，即第一、第二书） Venice: Dominico de'Franceschi, 1570.

3. *I due primi libri dell'antichità di Andrea Palladio.* （《安德烈亚·帕拉第奥关于古迹的前二书》，即第三、第四书） Venice: Dominico de'Franceschi, 1570.

4. *Paladii liber de architectura, nunc primum formis editus* （《帕拉迪的建筑之书，现已出版的第一部分》）. apud Burdigalae （Bordeaux）: Simonem Miliangium, 1580. （仅第一书译为拉丁文。）

5. *I quattro libri dell'architettura di Andrea Palladio.* Venice: Bartolomeo Carampell, 1581.

6. *I quattro libri dell'architettura di Andrea Palladio.* Venice: Bartolomeo Carampell, 1601.

7. *I quattro libri dell'architettura di Andrea Palladio.* Venice: Bartolomeo Carampell, 1616.

8. *Libro primero de la Architectura de Andrea palladio…* （《安德烈亚·帕拉第奥的建筑第一书》）. Valladolid: Juan Lasso, 1625. （仅第一书，由弗朗西斯科·德普拉韦斯（Francisco de Praves）译为西班牙文。）

9. *L'architettura di Andrea Palladio divisa in quattro libri.* Venice: Marc'Antonio Brogiollo, 1642. （新版本，缺第二、第三和第四书的卷首页。）

10. *Traicté des cinq ordres d'architecture desquels se sont seruy les anciens traduit du Palladio augmenté de nouvelles inventions pour l'art de bien bastir par le Sr. Le Muet* （《从帕拉第奥依古人而定的建筑五种柱式的改编，由勒米埃爵士翻译并增加新创的优秀建筑艺术》）. Paris: Langlois, 1645. （第一书的一部分由勒米埃译为法文，1647年重印。）

11. *Les quatre livres de l'architecture d'André Palladio.* Paris: Edme Martin, 1650. （由罗兰·弗雷亚尔德尚布雷译为法文。）

12. *The First Book of Architecture by Andrea Palladio: translated out of the Italian with diverse other designes necessary to the art of well building, by Godfrey Richards* （《安德烈亚·帕拉第奥的建筑第一书：由戈德弗雷·理查兹根据意大利文译出，附优秀建筑艺术所需的其他多种设计》）. London: John Macock, 1663. （第一书的完整翻译，插图来自勒米埃对帕拉第奥自己的图的重新图示，还附有对英国建筑技术的描述。先后共发行了12次，最后一次是

[①] 列表项目包括书名、出版地点、出版商、出版时间、括号内备注等。书名译文在原文后直接给出，书名为《建筑四书》、《帕拉第奥的建筑四书》或《安德烈亚·帕拉第奥的建筑四书》等此处不译，以免重复繁赘；出版商与出版地一般不译。

在 1733 年。）

13. *Die baumeisterin pallas oder der in Teutschland erstandene Palladius, das ist: des vortrefflich- Italiänischen baumeisters Andreae Palladii zwey bücher von der bau-kunst...* （《建筑大师帕拉斯或可在德意志购买的帕拉迪乌斯，也即杰出的意大利建筑师安德烈埃·帕拉第奥的建筑二书》）. Nuremburg: Johann Andreä Endter Seel. Söhne, 1698. （仅第一和第二书，由格奥尔格·安德烈亚斯·伯克勒（Georg Andreas Boeckler）译为德文。）

14. *L'architettura di Andrea Palladio divisa in quattro libri*. Venice: Domenico Lovisa, 1711. （新版本，并有《罗马古迹》作为"第五"书。）

15. *L'architettura di A. Palladio, divisa in quattro libri... The architecture of A. Palladio, in Four Books... L'Archiecture de A. Palladio, divisée en Quatre Livers...* 由詹姆斯·莱奥尼编排。London: J. Watts, 1715-1720. （意文和英、法译文，各语种分别作一卷，英、法文由 N. 迪布瓦翻译。）

16. *The architecture of A. Palladio, in Four Books*. London: John Darby, 1721. （莱奥尼版的重印，两卷，只有迪布瓦的英译部分。）

17. *Architecture de Palladio, divisée en quatre livres*. The Hague: Pierre Gosse, 1726. （莱奥尼版的重印，两卷，只有迪布瓦的法译部分。）

18. *Andrea Palladio's First Book of Architecture*（第一书）. London: S. Harding, 1728. （由科伦·坎贝尔译自 1570 年的意大利文第一版，有对原木刻印版的准确拷贝。）之后再版，书名改为 *Andrea Palladio's Five Orders of Architecture* （《安德烈亚·帕拉第奥的建筑五柱式》）。London: S. Harding, 1729.

19. *Andrea Palladio's Architecture, in Four Books*. London: Benjamin Cole, 1735. 于 1736 年重印。（爱德华·霍普乌斯的英文版，剽窃坎贝尔的第一书译文和莱奥尼版的第二到第四书。）

20. *The Four Books of Andrea Palladio's Architecture*. London: Isaac Ware, 1738. 于 1755 年重印。（韦尔的新英文版；1742 年韦尔还出了八开纸的第一书的大开本，书名为 *The First Book of Andrea Palladio's Architecture*。）

21. *Architettura di Andrea Palladio...di nuovo ristampata...con le osservazioni dell'architetto N. N. e con la traduzione Francese* （《安德烈亚·帕拉第奥的建筑，重新印刷，并有建筑师 N.N.[①]的看法以及法文翻译》）. Venice: Angiolo Pasinelli, 1740-1748. （福萨蒂（G. Fossati）编辑，并有弗朗切斯科·穆托尼（Francesco Muttoni）的注释；参见下文第 24 版。）

22. *The Architecture of Andrea Palladio in Four Books*. London: A. Ward, S. Birt, D. Browne, C. Davis, T. Osborne and A. Millar, 1742. （莱奥尼版的第三版，加上了取自伊尼戈·琼斯对《四书》所作的注释，还附有帕拉第奥的《罗马古迹》以及一篇《关于古人的火焰的论述》（*Discourse of the Fires of the Ancients*）。）

---

① 这是 Muttoni 的笔名。

23. *I quattro libri dell'architettura di Andrea Palladio*. Venice: Giovan Battista Pasquali, c. 1768. 约 1780 年重印。（初版的复刻版。）

24. *I quattro libri di architettura di Andrea Palladio Vicentino…corretti e accresciuti di moltissime ed utilissime osservazioni dell'architetto N. N.* （《维琴察的安德烈亚·帕拉第奥的〈建筑四书〉，由建筑师 N.N.以许多有用的看法进行更正和改进》）. Venice: Angelo Pasinelli, 1769. （福萨蒂编辑，并有弗朗切斯科·穆托尼的注释；参见上文第 21 版。）

25. *I quattro libri dell'architettura di Andrea Palladio*. Siena: Alessandro Mucci, 1791. （仅第一到第三书。）

26. *Los quartos libros de Arquitectura de Andrés Palladio Vicentino*. Madrid: Imprenta Real（皇家出版社），1797. （实际上该版本中仅前二书给出了何塞·弗朗西斯科·奥尔蒂斯（José Francisco Ortiz）与桑斯（Sanz）的翻译和注释。）

27. *Četyre knigi Palladievoj Architektury*. St. Petersburg: Snora, 1797. （俄文译本。）

28. *Lo studio dell'architettura di Andrea Palladio Vicentino contenuto ne' quattro libri da esso lui pubblicati, arricchito delle più cospique posteriori sue opere innalzate nella città di Venezia, e corredato dalle osservazioni dell'architetto N. N.* （《出版了四书的维琴察的安德烈亚·帕拉第奥的建筑研究，增加了后来他在威尼斯城所做的最光辉的作品，并有建筑师 N.N.的评论》）. Venice: 1800. （1769 年福萨蒂和穆托尼版的重印；参见上文第 24 版。）

[xxiii]

29. *Oeuvres complètes d'André Palladio. Nouvelle edition contenant les Quatre Livres…* （《安德烈·帕拉第奥全集，含有四卷书的新版本》）. Paris: L. Mathias, 1825-1842. （法文译本，由沙皮（Chapuy）及科雷亚尔（Corréard）和勒努瓦（Lenoir）翻译并作注释，加上引自 1776—1783 年间出版的《安德烈亚·帕拉第奥的建筑和设计》（*Le fabbriche e i disegni di Andrea Palladio*）中贝尔托蒂-斯卡莫齐（O. Bertotti-Scamozzi）的测绘图。）

30. *Fyra Böker om Arckitekturen av Andrea Palladio*. Stockholm: Wahlström & Widstrand, 1928. （瑞典语本，埃巴·阿特尔博姆（Ebba Atterbom）译，并有马丁·奥尔森（Martin Olsson）作的导言。）

31. *Četyre knigi ob architekture Andrea Palladio*. Moscow: Isdatel'stvo Vsesojusnoj Akademii Architektury（建筑学院联盟出版社），1936. 于 1938 年重印。（俄语本，佐尔托夫斯基（I. V. Zoltovskij）译。）

32. *I quattro libri dell'architettura di Andrea Palladio*. Milan: Ulrich Hoepli, 1945. 于 1951 年，1968 年，1976 年，1980 年重印。（初版的复刻版，并有卡比亚蒂（O.Cabiati）的注释。）

33. *Andrea Palladio cztery ksiegi o architekturze*. Warsaw: Państwowe Wydawnictwo Naukowe（国家科学出版社），1955. 于 1966 年重印。（波兰语本，米诺尔斯基（J. Minorski）译。）

34. *Andrea Palladio, petru carti de architetura*. Bucharest: Editura Tehnica（技术出版社），1957. （罗马尼亚语本，波登纳彻（R. Bodenache）译。）

35. *Andrea Palladio. Četyri knihi o architekture.* Prague: Státni nakladatelství Krásné Literatury, Hudby a Umění（国家文学、音乐和艺术出版社）, 1958.（捷克语本，马科娃（L. Macková）译。）

36. *Les quatres livres d'architecture d'Andrea Palladio.* Milan: Ulrico Hoepli Editore; Paris: Vincent, Fréal et Cie, 1960.（1945 年意大利语奥埃普利版的法语译本，并同样有卡比亚蒂的注释；参见上文第 32 版。）

37. *Andrea Palladio: The Four Books of Architecture.* New York: Dover Publications Inc, 1965.（1738 年韦尔版的复刻版——参见上文第 20 版——并有阿道夫·普拉切克（Adolf. K. Placzek）作的前言。）

38. *Inigo Jones on Palladio, Being the Notes by Inigo Jones in the Copy of I quattro libri dell'architettura di Andrea Palladio, 1601, in the Library of Worcester College, Oxford.*（《伊尼戈·琼斯的帕拉第奥研究，即牛津伍斯特学院图书馆收藏之伊尼戈·琼斯在 1601 年版安德烈亚·帕拉第奥〈建筑四书〉副本中所作注释》）二卷本。Newcastle-upon-Tyne: Oriel Press, 1970.（上文第 6 版的的复刻版，奥尔索普（B. Allsopp）编辑。）

39. *I quattro libri dell'architettura di Andrea Palladio.* Hildesheim-New York: Georg Olms Verlag, 1979.（初版的复刻版，并有弗斯曼（E. Forssman）作的导言。）

40. *Andrea Palladio. I quattro libri dell'architettura.* Milan: Edizioni Il polifilo, 1980.（初版木刻的复刻版，并有 L. 马加尼亚托和 P. 马里尼作的注释和 L. 马加尼亚托作的导言。）

41. *Andrea Palladio: Die vier Bücher zur Architektur.* Zurich-Munich: 1988.（安德烈亚斯·拜尔（Andreas Beyer）和乌尔里切·许特（Ulriche Schütte）译。）

42. *Andrea Palladio. I quattro libri dell'architettura.* Pordenone: Edizioni Studio Tesi（学术论题研究出版社）, 1992.（初版木刻的复刻版，并有马尔科·比拉吉作的导言和注释。）

1570年版的木刻图录[①]

第一书卷首插图　1

墙的类型：网状墙　13

墙的类型：常规砖墙　14

墙的类型：混合墙或砖与粗石墙　14

墙的类型：乱石墙　14

墙的类型：料石墙　15

墙的类型：填充式墙　15

墙的类型：分仓式墙　15

立柱的鼓腹和收分　18

托斯卡纳式独立柱廊　21

托斯卡纳式券柱廊　22

托斯卡纳式柱座、柱础、券脚石和柱头细部图　24

托斯卡纳式柱础、柱头和柱楣细部图　25

多立克式独立柱廊　27

多立克式券柱廊　28

多立克式柱座、柱础和券脚石细部图　29

多立克式柱础、柱头和柱楣细部图　31

爱奥尼亚式独立柱廊　33

爱奥尼亚式券柱廊　34

爱奥尼亚式柱座、柱础和券脚石细部图　36

爱奥尼亚式涡卷饰的立面和平面以及柱础局部细部图　38

爱奥尼亚式柱头和柱楣立面图和平面图　40

科林斯式独立柱廊　42

科林斯式券柱廊　43

科林斯式柱座、柱础和券脚石细部图　45

科林斯式柱头和柱楣立面图和局部细部图　47

组合式独立柱廊　49

组合式券柱廊　50

组合式柱座、柱础和券脚石细部图　52

组合式柱头和柱楣立面图和局部细部图　54

确定居室高度比例所用的三幅图　58—59

表示居室形状及其拱顶的平面和剖面的七幅图：圆形拱脚上的圆形拱顶；拱隅上的圆形拱顶；交叉拱顶；弓形拱顶；船底形拱顶；扁平形拱顶；筒形拱顶　59

[①] 本图录中所注页码均为英译本页码，即本书翻口置于方括号内的边码。

两种可选的门窗头细部图　63

另两种门窗头细部图　65

四种可选的圆形楼梯平面图和剖立面图①　68

两种椭圆形楼梯的平面图和剖立面图以及两种方形楼梯的平面图　69

四跑螺旋楼梯的设计，平面图和剖立面图（根据法国尚博尔堡）　71

复式（剪刀）楼梯的设计，平面图和剖立面图　72

第二书卷首插图　75

半维琴察尺，再分为寸和分　79

安东尼尼府邸，乌迪内，底层平面图和立面图　80

基耶里卡蒂府邸，维琴察，底层平面图和立面图　82

基耶里卡蒂府邸正面的局部立面图　83

波尔托府邸，维琴察，底层平面图和立面图　84

波尔托府邸半边主立面图　85

波尔托府邸主庭院半边剖立面图　86

德拉托雷府邸，维罗纳，平面图和横剖面图　87

蒂耶内府邸，维琴察，底层平面图和剖立面图　89

蒂耶内府邸末进的局部立面图　90

蒂耶内府邸庭院的局部剖立面图　91

瓦尔马拉纳府邸，维琴察，平面图和立面图　92

瓦尔马拉纳府邸半边主立面图　93

阿尔梅里科别墅，维琴察近郊，平面图和半立面半剖面图　95

卡普拉府邸，维琴察，平面图和立面图　97

蒙塔诺·巴尔巴拉诺府邸，维琴察，平面图和立面图　98

蒙塔诺·巴尔巴拉诺府邸半边主立面图　99

古人的住宅平面图和纵剖面图　101

托斯卡纳式中庭平面图和立面图　102

四柱式中庭平面图和立面图　104

卡里塔仁爱修道院，威尼斯，平面图和纵剖面图　106

过卡里塔仁爱修道院中庭的局部剖立面图　107

过卡里塔仁爱修道院庭院的局部剖立面图　108

古罗马人的住宅平面图和纵剖面图　110

古罗马人住宅中庭的平面图和剖面图　111

四柱式厅平面图和剖立面图　113

带有半圆倚柱的科林斯式厅局部平面图和剖立面图　115

带有半圆倚柱和柱座的科林斯式厅局部平面图和剖立面图　116

埃及式厅局部平面图和横剖面图　118

[xxvi]

---

① sectional elevation，剖立面图的说法虽与现代工程制图规范的表述不太一致，但帕拉第奥画的这种图除了表达剖面关系，还包含了立面投影的部分，甚至注有尺寸。

古希腊人的住宅局部平面图和剖立面图，含相邻建筑　　120
皮萨尼别墅，位于巴尼奥洛，近洛尼戈，平面图和立面图　　125
巴多埃尔别墅，位于弗拉塔波莱西内（Fratta Polesine）[①]，平面图和立面图　　126
泽诺别墅，位于切萨尔多的多内加尔（Donegal di Cessalto），平面图和立面图　　127
弗斯卡里别墅，位于米拉的甘巴拉雷（Gambarare di Mira），平面图和立面图　　128
巴尔巴罗别墅，位于马塞尔，平面图和立面图　　129
皮萨尼别墅，位于蒙塔尼亚纳，平面图和立面图　　130
科尔纳罗别墅，位于皮翁比诺德塞（Piombino Dese），平面图和立面图　　131
莫切尼戈别墅，位于马罗科，平面图和立面图　　132
埃莫别墅，位于凡佐洛，平面图和立面图　　133
萨拉切诺别墅，位于阿古利亚罗的菲纳莱（Finale di Agugliaro），平面图和立面图　　134
拉戈纳别墅，位于吉佐莱，平面图和立面图　　135
波亚纳别墅，位于大波亚纳（Poiana Maggiore），平面图和立面图　　136
瓦尔马拉纳别墅，位于博尔扎诺维琴蒂诺的利西埃拉（Lisiera di Bolzano Vicentino），平面图和立面图　　137
特里西诺别墅，位于萨雷戈的梅莱多（Meledo di Sarego），平面图和立面图　　138
雷佩塔别墅，位于坎皮利亚代贝里奇（Campiglia dei Berici），平面图和立面图　　139
蒂耶内别墅，位于帕多瓦纳自由镇的奇科尼亚（Cicogna di Villafranca Padovana），平面图和立面图　　140
安加拉诺别墅，位于安加拉诺，平面图和立面图　　141
蒂耶内别墅，位于昆托维琴蒂诺（Quinto Vicentino），平面图和立面图　　142
戈迪别墅，位于卢戈维琴蒂诺[②]的洛内多（Lonedo di Lugo Vicentino），平面图和立面图　　143
萨雷戈[③]别墅，位于圣索非娅，近维罗纳，平面图和剖立面图　　145
萨雷戈[④]别墅，位于科洛尼亚威尼塔的米耶加（Miega di Cologna Veneta），平面图和立面图　　146
古代乡村房屋的平面图和立面图　　148
某三角形基地上的府邸的方案，平面图和立面图　　149
威尼斯某基地上的府邸的方案，平面图和立面图　　150
位于维琴察的特里西诺兄弟府邸的方案，平面图和立面图　　152
位于维琴察的安加拉诺府邸的方案，平面图和立面图　　153
位于维罗纳的德拉托雷府邸的方案，平面图和立面图　　154
位于维琴察的加尔扎多里府邸的方案，平面图和立面图　　155
布伦塔河畔莫切尼戈别墅的方案，平面图和立面图　　157

第三书卷首插图　　159
半维琴察尺，再分为寸和分　　164
石铺的军用道路平面图　　169

---

① 图录中地名与正文中有异者给出英译本原文，应为现代通用地名，可能依所属政区而非邻近的较大城镇。下同。
② 即卢戈迪维琴察（Lugo di Vicenza）
③ 原文 Serego，索引中也作 Serego，但正文以及帕拉第奥的原文均为 Sarego，可能是有两种拼写法。
④ 同注③。

跨莱茵河的恺撒之桥，视图和构造细部图　174
跨奇斯莫内河的木桥方案，位于巴萨诺-德尔格拉帕（Bassano del Grappa），为贾科莫·安加拉诺伯爵所做，平面图和立面图　176
三种可选的木桥设计：平面图和立面图；立面图；立面图　177—179
木构廊桥，位于巴萨诺-德尔格拉帕，局部平面图和立面图以及横剖面图　181
古石桥，位于里米尼，平面图和立面图　185
石桥，位于维琴察，平面图和立面图　186
带敞廊的石桥方案，平面图和立面图：两幅木刻，每幅表示其半边　188—189
另一个石桥方案，平面图和立面图　191
位于维琴察的另一座石桥平面图和立面图　192
希腊人的公共广场平面图　195
希腊广场的列柱廊的局部剖立面图　196
罗马人的公共广场剖立面图、平面图和局部细部图　198
主广场的列柱廊的局部剖立面图　199
古代的巴西利卡平面图　201
古代巴西利卡的审判席和局部双层列柱廊剖立面图　202
维琴察的巴西利卡立面图及底层平面图和列柱廊细部平面图　204
维琴察的巴西利卡列柱廊尽间立面图　205
希腊人的角力练习馆和操练柱廊平面图　208

第四书卷首插图　211
位于罗马的和平神庙平面图　222
和平神庙正面到内部的局部剖立面图和半正立面半横剖面图　223
和平神庙的装饰细部图　224
复仇者马尔斯神庙及其附属工程平面图、立面图和局部剖立面图　226
马尔斯神庙过列柱廊和内部的局部纵剖面图和局部平面图　227
马尔斯神庙列柱廊半边立面图和局部平面图　228
马尔斯神庙列柱廊半边横剖面图和局部平面图　229
马尔斯神庙柱头、柱楣和楣檐底面的细部，立面图和仰视图　230
马尔斯神庙列柱廊天棚的细部，仰视图　231
马尔斯神庙的立柱、墙体、楣檐和线脚细部，平面图、轮廓图和立面图　232
涅尔瓦·图拉真神庙列柱廊半边立面图和局部平面图　234
涅尔瓦·图拉真神庙列柱廊半边横剖面图和局部平面图，旁有神庙及其附属工程平面图　235
涅尔瓦·图拉真神庙过列柱廊的局部纵剖面图和局部平面图，含带立柱的附属工程局部立面图　236
神庙对面围墙半边平面图和半边立面图　237
涅尔瓦·图拉真神庙柱头、柱础、柱楣和楣檐底面的细部，立面图和仰视图　238
涅尔瓦·图拉真神庙附属工程墙面的装饰，立面图和仰视图　239
安东尼努斯和法乌斯提娜神庙侧立面图和局部平面图　243

安东尼努斯和法乌斯提娜神庙列柱廊半边和围墙局部的立面图和局部平面图　244

安东尼努斯和法乌斯提娜神庙列柱廊半边横剖面图和局部平面图，旁有神庙及附属工程平面图　245

神庙对面围墙半边平面图和半边立面图　246

安东尼努斯和法乌斯提娜神庙柱头、柱础、柱座和柱楣的细部，立面图　247

太阳神庙和月亮神庙平面图、横剖面图和立面图　249

太阳神庙和月亮神庙局部纵剖面图和拱顶的嵌格天花细部图　250

称为高卢契的神庙平面图和剖面图　252

尤皮特神庙平面图　254

尤皮特神庙列柱廊的侧立面图和局部平面图　255

尤皮特神庙正面列柱廊的半边立面图和局部平面图　256

尤皮特神庙内部半边横剖面图和局部平面图　257

尤皮特神庙过列柱廊和内部局部的剖面图（和局部平面图）　258

尤皮特神庙柱头、柱础、柱楣和楣檐底面的细部，立面图和仰视图　259

丁男的福尔图娜神庙平面图，旁有一些装饰　261

丁男的福尔图娜神庙正立面图及其柱楣和爱奥尼亚柱头细部的平面图、立面图和轮廓图　262

丁男的福尔图娜神庙列柱廊侧立面图及转角柱头平面细部图和楣腰立面图　263

台伯河畔的维斯塔神庙平面图　264

台伯河畔的维斯塔神庙半立面半剖立面图　265

台伯河畔的维斯塔神庙装饰细部　266

马尔斯神庙平面图　268

马尔斯神庙立面图　269

马尔斯神庙侧立面图和局部平面图　270

马尔斯神庙过列柱廊和内部局部的剖面图（和局部平面图）　271

[xxix] 马尔斯神庙列柱廊柱头、柱础、柱楣和楣檐底面的细部，立面图和仰视图　272

君士坦丁洗礼堂平面图和半立面半剖立面图　274

君士坦丁洗礼堂装饰细部立面图　275

布拉曼特的坦比哀多小教堂平面图　277

布拉曼特的坦比哀多小教堂半立面半剖立面图　278

定军者尤皮特神庙立面图　279

定军者尤皮特神庙平面图　280

定军者尤皮特神庙列柱廊柱头、柱础、柱楣和楣檐底面的细部，立面图和仰视图　281

司雷者尤皮特神庙平面图　283

司雷者尤皮特神庙列柱廊柱头、柱础、柱楣和楣檐底面的细部，立面图和仰视图　284

万神庙平面图　287

万神庙主体和列柱廊的半边立面图　288

万神庙主体和列柱廊的半边剖立面图　289

万神庙列柱廊侧立面图和楣檐细部图　290

万神庙过列柱廊和内部局部的纵剖面图　291

万神庙列柱廊柱头、柱础、柱楣和楣檐底面的细部，立面图和仰视图　292

万神庙过中央的半边横剖面图　293

万神庙内墙的局部立面图　294

万神庙室内柱头、柱础、柱楣和楣檐底面的细部，立面图和仰视图　295

万神庙室内罩式神龛柱头、柱础、柱座和柱楣的立面图，并有门边装饰　296

巴库斯神庙，罗马城墙外的，平面图　297

巴库斯神庙立面图　298

巴库斯神庙回廊（tribune）的装饰，立面图　299

阿皮亚大道上圣塞巴斯蒂安教堂附近的神庙遗迹，平面图　301

位于蒂沃利的维斯塔神庙平面图　303

位于蒂沃利的维斯塔神庙半立面半剖面图　304

位于蒂沃利的维斯塔神庙圈柱廊细部图　305

维斯塔神庙的门窗细部图　306

位于那不勒斯的卡斯托尔与波卢克斯神庙立面图和局部平面图　308

卡斯托尔与波卢克斯神庙柱头、柱础、柱楣和楣檐底面的细部，立面图和仰视图　309

特雷维下面的神庙平面图及装饰细部　311

特雷维下面的神庙半边立面图及楣檐细部　312

特雷维下面的神庙过列柱廊的半边剖面图及柱头细部　313

特雷维下面的神庙侧立面图　314

位于阿西西的神庙平面图　316

位于阿西西的神庙立面图和局部平面图　317

位于阿西西的神庙柱头、柱础、柱座、柱楣和楣檐底面的细部，立面图和仰视图　318

位于波拉的神庙之一的平面图，旁有柱座和柱础细部的立面图　320

位于波拉的神庙正面的立面图及柱楣和门的细部　321

位于波拉的神庙列柱廊局部侧立面图及柱头细部　322

位于尼姆的方殿平面图　324

方殿立面图和局部平面图　325

方殿列柱廊侧立面图和局部平面图　326

方殿柱座、柱础和柱头的细部，立面图、轮廓图（实际没有）和平面图　327

方殿柱楣和楣檐底面的细部，立面图和仰视图　328

方殿大门的装饰细部立面图　329

位于尼姆的另一座神庙，所谓的狄安娜神庙平面图　331

所谓的狄安娜神庙过中央的半边横剖立面图，前视罩式神龛　332

所谓的狄安娜神庙过尽端罩式神龛的（局部）剖立面图　333

所谓的狄安娜神庙罩式神龛和天棚细部图　334

所谓的狄安娜神庙柱头和柱楣细部图　335

位于罗马的孔科尔狄娅神庙平面图及列柱廊楣基和楣腰的细部图　337

孔科尔狄娅神庙立面图和局部平面图　338

孔科尔狄娅神庙柱头、柱础、柱楣和楣檐底面的细部，立面图、平面图和仰视图　339

[xxx]

位于罗马的尼普顿神庙平面图　341
尼普顿神庙列柱廊半边立面图和局部平面图，旁有入口门楣的细部图　342
尼普顿神庙过列柱廊的半边横剖面图和局部平面图及壁柱细部图和外观轮廓　343
尼普顿神庙柱头、柱础、柱楣和楣檐底面的细部，立面图和仰视图　344
尼普顿神庙列柱廊的分格天花细部图　345

安德烈亚·帕拉第奥的建筑第四书终　346

帕拉第奥建筑术语图解

后面的图表意在说明尽量多的帕拉第奥的建筑术语。所示术语都可见于词汇表。

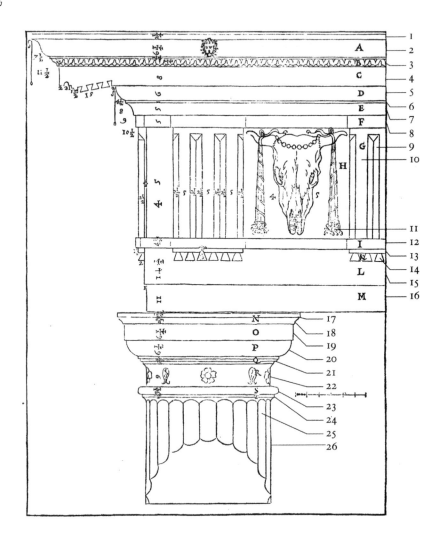

图1 多立克式柱头和柱楣细部

1　顶口线或顶口条
2　仰杯线脚
3　垂幔线脚
4　檐口滴水板或檐冠板
5　凸圆线脚
6　贴线或顶口线（正文此位置不称顶口线）
7　凹圆线脚（1-7属于楣檐）
8　三陇板的板顶条
9　浅槽或斜槽
10　三陇板
11　陇间板（8-11属于楣腰）
12　板脚条或板底条
13　贴条
14　滴锥饰
15　楣基的第二挑口饰带
16　楣基的第一挑口饰带（12-16属于楣基）
17,18　柱头的盖口，包括一条贴线和一条垂幔线脚
19　柱顶板或大丁
20　凸圆线脚或凸圆板
21　叠涩线、叠方口线、叠环线或叠贴线
22　柱颈
23　圆盘条或圆箍条
24　柱唇
25　凹槽
26　柱身

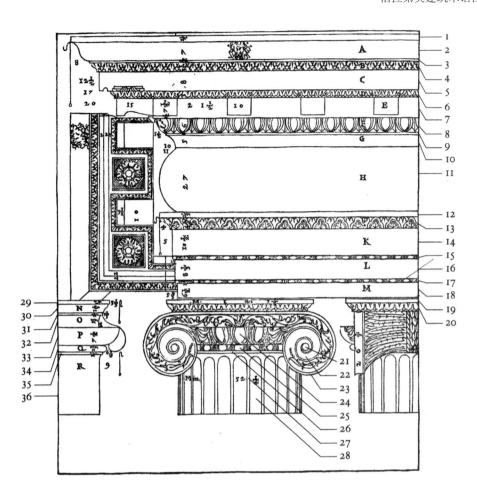

图 2　爱奥尼亚式柱头和柱楣细部

1　顶口线或顶口条
2　仰杯线脚
3　贴线
4　垂幔线脚
5　檐口滴水板或檐冠板
6　檐底托的盖口，呈垂幔线脚
7　檐底托
8　凸圆线脚（饰有卵箭纹）
9　贴线
10　凹圆线脚（1-10 属于楣檐）
11　楣腰
12　贴线
13　饰小券形纹的垂幔线脚，构成喉颈线脚
14　楣基第三挑口饰带
15　饰串珠纹的圆盘条或圆箍条
16　楣基第二挑口饰带
17　饰串珠纹的圆盘条
18　楣基第一挑口饰带（12-18 属于楣基）
19,20　贴线和饰小券形纹的垂幔线脚，构成柱顶板
21　涡卷眼
22　涡卷饰的浅槽或涡槽
23　涡卷饰
24　凸圆线脚或凸圆板（饰有卵箭纹）
25　柱身的圆盘条或圆箍条，饰有串珠纹
26　柱唇
27　槽背楞，凹槽之间的棱
28　凹槽
柱头侧面：
29　贴线
30　柱顶板（垂幔线脚）
31　贴线（也是涡卷饰浅槽的棱）
32　涡卷饰的涡槽或浅槽
33　凸圆线脚或凸圆板
34　柱身的圆盘条或圆箍条
35　柱唇
36　柱身

[xxxiv]

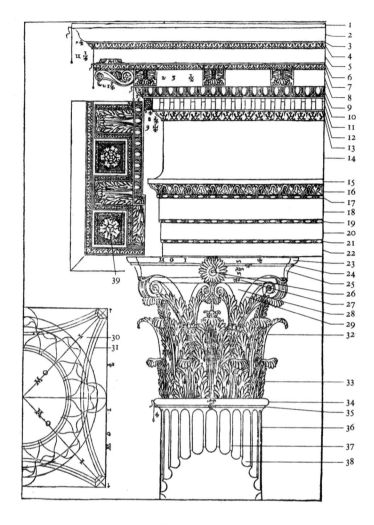

图　科林斯式柱头和柱楣细部

1	顶口线或顶口条	21	饰串珠纹的圆盘条
2	仰杯线脚	22	楣基第一挑口饰带（15—22属于楣基）
3	贴线	23	凸圆线脚或凸圆板
4	饰小券形纹的垂幔线脚	24	贴线
5	檐口滴水板或檐冠板	25	凹圆线脚（及贴线构成柱顶板）
6	贴线	26	顶板卉饰或顶板花饰
7	饰小券形纹的垂幔线脚	27	钟体的唇沿
8	檐底托	28	柱头钟体或钟身
9	凸圆线脚	29	卷叶须
10	贴线	30	柱头顶板角
11	齿饰	31	柱顶板的曲边或弧边
12	贴线	32	第二卷叶饰（？）
13	饰小花叶纹的垂幔线脚（1—13属于楣檐）	33	第一卷叶饰（？）
14	楣腰	34	圆盘条或圆箍条
15	贴线	35	柱唇
16	饰小券形纹的垂幔线脚，构成喉颈线脚	36	立柱的柱身
17	饰串珠纹的圆盘条或圆箍条	37	槽背楞或槽棱
18	楣基第三挑口饰带	38	凹槽
19	饰串珠纹的圆盘条	39	分仓天花
20	楣基第二挑口饰带		

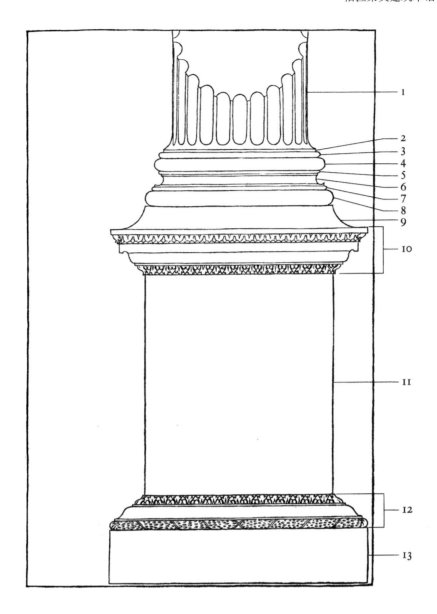

图4 科林斯式柱础和柱座细部

1 立柱的柱身
2 柱唇
3 圆箍条（正文某些地方也称塌圆小条）
4 上塌圆节
5 圆盘条或圆箍条
6 束腰节
7 圆盘条或圆箍条
8 下塌圆节
9 柱础的底石
10 柱座的座檐，包括两条垂幔线脚，一条檐口滴水板或檐冠板和一条凸圆线脚（应为仰杯线脚）
11 柱座的座身
12 柱座的座础，包括两条垂幔线脚（其一被帕拉第奥称为座础的倒座檐（中间的那条，类似倒置的仰杯线脚而不是垂幔线脚））和一条塌圆节
13 柱座的底石

致我无上崇敬的最高贵的恩主贾科莫·安加拉诺伯爵大人

(SIGNOR THE COUNT GIACOMO ANGARANO)

这么多年来阁下（我最高贵的恩主）以持久的慷慨，将许多显著的善举不断施赠于我，以无限的慷慨所赐之骏惠在数量与规模上与日俱增，让我即使无法表达自己的谢意，至少也要表示我一直铭记着阁下的恩义，否则我势必被众人视作忘恩无礼之人。况且，因为我从年少时起就陶醉于建筑事宜，² 所以多年来我非常仔细地阅读了一些天分高爽意度不凡者的著作，这些书籍以最令人钦佩的原则丰富了这门极崇高的学科。³ 不仅如此，我还多次游历了罗马和意大利其他地区以及国外，⁴ 在这些地方我亲眼观察并亲手测量了许多古代建筑的残迹，⁵ 它们为蛮族骇人听闻的粗鄙无情所毁，⁶ 却矗立至今，即使只是令人惊愕的废墟，仍是罗马人的 **virtù**（能力）和伟大的清晰有力的证据；因为对古迹的 **virtù**（品格）的深入研究使我被它们感动得几乎落泪，⁷ 又因为我满怀着希望，将自己的思维全然致力于此项研究，并且给自己设立了任务要撰写书籍探讨建筑基本原则 **[avertimento]**，这些是急于正确而优雅地进行建设的所有明智之士所应奉行的，此外还将图示许多我在不同地方设计 **[ordinare]** 的建筑，以及我迄今为止见过的所有古代建筑。因此，我将头两卷书作为薄礼献给阁下（这实际上不足以报答我所领受阁下慷慨而赐的无尽恩惠之万一，因为阁下的这些慷慨之举胜过别的一切，更值得爱戴、称颂、赞扬，对于阁下的隆恩我衷心感谢，我所做的只是想通过区区劳动成果，象征性地表明我的心意）。在这两卷书中涉及了私家宅邸，我承认还算幸运，尽管许多大项目对我的体力和精力有持续的要求，而多次重病之后，我终究是尽己所能达到了最高程度的完美，并确使其从我的长期经验中获益。我渴望说也许我已经使建筑领域变得明朗了，这样后来人根据我所举的例子，并运用他们自己的聪明才智，可以很容易将古人的真正的优美和雅致添加到他们自己富丽堂皇的建筑中去。因此，我高贵的恩主，我恳请阁下以义举合于 **virtù**（美德），仁慈地接纳这份薄礼，酬赏①我对阁下的爱戴之情，施恩将其看作我在阁下极慷慨的赞佑下以最大意愿开始的工作的第一部分，和我敬献给阁下的我的才智的第一份成果。我很欣慰此书已经完成，托福阁下慷慨性情的无尽恩惠，可以借誉阁下照耀四方的光辉美名带着吉兆面世；我进一步确信，智慧渊深、嘉誉远播的阁下德高望重，将会以阁下的赞可捐助我的书，而此书也本该属于阁下，唯有借阁下如此的支持和威信我才有望在后人的记忆中得到永生、名誉、不断的赞美和崇敬。我怀着这样的期待结束此文，恭祝阁下喜乐宽安。

威尼斯，1570 年 11 月 1 日
阁下最忠实的仆人，
安德烈亚·帕拉第奥

---

① 文艺复兴时期的作者并不掌握著作权，将手稿交付书商出版，获利取酬的做法并不普遍，而著作成书后，向书商索取若干册并附上献词，赠予贵族或文艺赞佑人，期待对方酬赏、捐助乃属寻常而体面之举。《建筑四书》在 1570 年首度出版时有全四卷、仅第一二卷、仅第三四卷三种不同的装订，后两种装订分别附有致贾科莫·安加拉诺和埃马努埃莱·菲利贝托的献词；参见版本列表第 1、2、3 条。

第一书

致读者的前言

在天性的引导下,我从年轻时起就致力于建筑的研究,因为我一直都认为古罗马人在建设方面,就像在许多其他事物上一样,都大大凌驾于所有后来者之上。我宗奉维特鲁威为自己的老师和向导,他是这门技艺唯一的古代作家。我给自己设定任务要调查古代建筑的遗迹,它们蒙受岁月的磨蚀和蛮族的凌虐仍然幸存下来,[8] 我发现它们比我最初所想的更值得研究,开始小心翼翼仔仔细细地测量所有部位。我成了这些古代建筑的一名勤勉的调查者。当我发现任何东西不符合良好的判断和优美的比例时,[9] 就多次访问意大利各地和国外,以便从局部了解建筑的整体,并以图纸将其表达出来。于是,我从这些古代建筑中看到其通常的建造方式是多么与众不同。我对此事的理解,来自我对这些古代建筑的观察,来自维特鲁威和阿尔伯蒂以及继维特鲁威之后的其他杰出作家的著作,也来自我自己近来建造的、受到使用者高度赞赏的建筑。我认为一个不只为自己而活,更为对他人有用的人,应该公开不避艰险地收集了许久的那些建筑的设计,并简要阐述我认为关于这些设计,什么是最值得考虑的,还有我曾经遵奉且将继续遵奉的建造法则。这样我的读者将会从书中有用之处受益,也能在(可能有不少)我忽略了的地方自行补足;这样人们可以一点一点地学会将那些奇怪的妄作、野蛮的发明和无谓的花费抛诸脑后,(最重要的是)可以避免已经在许多建筑物中出现的各种常见败象。我更自觉地投身于这项工作,因为我知道,现在有很多研究这个专业的杰出画家和建筑师,其中许多人在来自阿雷佐(Arezzo)的乔治·瓦萨里的书中有所记述,受到应有的尊重;[10] 因此为了对所有人有益,我希望这种建造方式能尽快达到一切技艺所希冀的那种高水平,看来这在意大利的这一部分(指威尼斯)几乎达到了:因为威尼斯不仅是一切美术的蓬勃发展之地,也是罗马人的宏伟壮丽唯一留存的典范。[11] 人们开始看到,来自著名雕塑家和建筑大师贾科莫·圣索维诺(Giacomo Sansovino)[12] 的优秀建筑首先使该城的精美风格开始为人所知,如在新市政大厦(Procuratie Nuove)中所见[13](更不用说他的许多别的优美作品),这也许是自古以来所建造的最富丽华贵的建筑。[14] 但我们还可以在不少其他不太著名的地方看到无数美丽的建筑,尤其是维琴察,一个不大却充满最崇高的智慧和极丰富的财富的城市,[15] 在那里我为广泛应用而出版这本书的内容最早有机会付诸实践,在那里有众多非常漂亮的建筑以及不少对这门技艺有极好修养的贵人;他们因其高贵和博学,完全够资格进入最杰出者之列:例如,我们这个时代最显耀的人物之一詹乔治·特里西诺,[16] 蒂耶内兄弟马尔坎托尼奥伯爵和阿德里亚诺伯爵(Counts Marc'Antonio and Adriano Thiene),[17] 以及骑士安泰诺雷·帕杰洛大人(Signor Antenore Pagello)。[18] 除了这些已经升天的人,他们留下了优美华丽的建筑作为其永恒的纪念物,现在还有法比奥·蒙扎大人(Signor Fabio Monza),[19] 他对许多事物都有学识;已故的瓦莱里奥(Valerio)之子埃利奥·德贝利大人(Signor Elio de' Belli),著名凸雕徽饰(cameos)①制作人和水晶雕刻师;[20] 安东尼奥·弗朗切斯科·奥利韦拉大人(Signor Antonio Francesco Olivera,原文Oliviera),他除了在很多学科上知识丰富,还是一位优秀的建筑师和诗人,有英雄史诗《阿拉

---

① 用凸出于底色的浮雕工艺制作的纪念性或装饰性徽章,多采用宝石、贝壳、玻璃等材料。

曼尼颂》（Alemana）①和位于维琴蒂诺地区（Vicentino）博斯基－迪南托（Boschi di Nanto）的建筑作品；[21] 最后（忽略了其他许多有充分理由列在这里的人），还有瓦莱里奥·巴尔巴拉诺大人（Signor Valerio Barbarano），一位对与此行业相关的一切都非常用功的观察者。[22] 不过言归正传：因为我必须发表那些从年轻时起就竭己所能地研究和测量的我所知古代建筑的劳动成果，并借此机会尽可能简洁、清晰、有条不紊地讨论建筑知识，我认为从私人住宅开始是最合适的；它们提供了公共建筑的样板[ragione]，这话说得通，因为很可能一个人先是自己住，然后发现需要其他人帮助提供令他快乐的东西（如果有任何快乐可以在此间找到），[23] 他很自然地渴望和喜欢其他人的陪伴：于是他们从一些房屋形成了定居点，从定居点形成了有公共场所和建筑物的城市；[24] 也因为，所有的建筑类别，没有一种比住宅对人来说更为基本，或更加经常建造。因此，我将讨论私人住宅，进而是公共建筑。我将简略地谈谈道路、桥梁、广场、监狱、巴西利卡（即审判场所）、操练柱廊、角力练习馆，这是人们进行锻炼的地方，神庙、剧场与竞技场，拱门②、浴场、输水道，最后我将谈谈城市的防御设施以及港口。[25] 在本书所有各卷中，我会避免长篇大论，而仅仅提供在我看来必不可少的建议[avertenza]，并会使用如今工匠们广泛采用的行话。[26] 就我而言，为了认识和实践，全身心投入长期的劳动，格外勤勉和奉献，确已尽了人事；如果能让上帝欣慰，我就没有白费力气，我会全心全意感谢祂的恩惠，同时也十分感谢那些通过自己的巧妙发明和所取得的经验给我们留下这门技艺的规则的人，因为他们打开了一条研究新事物的更简单、更直接的路线，（托他们的福）使我们知道了本来可能仍然隐藏着的许多东西。这第一部分将分为两卷书：第一卷将讨论材料的准备，以及一旦准备好，应怎样以及用何种形式从基础到屋顶使用这些材料；还有在何处运用所有公共和私人建筑中应遵循的普遍法则。第二卷将涉及适合不同阶层的人们的建筑规格[qualità]；首先，我将讨论城市建筑，然后是庄园建筑[villa]所要求的上选的、方便的基地以及它们应如何进行布局[compartire]。而且，由于我们缺乏关于这部分的古代实例，我将收入我为不同贵人设计的许多建筑的平面图和立面图[impiede]，以及古人住宅的设计，按照维特鲁威教导的建造方式，指出其中最值得注意的部分。[27]

第一章　开工之前必须考虑和准备的事项

人们在开始建造之前必须仔细考虑平面[pianta]和立面的各个方面。对每座建筑都必须考虑到（维特鲁威所说的）三件事，否则没人有成功把握；这就是实用或方便 [commodità]、坚固和美观。[28] 因为一座建筑如果实用但却简陋，或者不能长期使用，抑或既坚固又实用然而不美观，我们都不能说它是完善的。方便就是将每个部分[membro]放在合适的位置，定位得当，不低于必要的体面要求，也不超过实用要求；每个部分都各就其位，即敞廊[loggia]、厅、居室、酒窖和谷仓都位于合适的地方。要保障坚固就必须做到所有墙体都是竖直的，下部比上部厚，并有稳定和牢固的基础。此外，立柱要笔直地上下对正，所有开口部位如门和窗要上下对正，这样稳固的构件在稳固者的上方，空透的构件在空透者的上方。美观来自优

---

① 可能是描写阿拉曼尼人（Alemanni）的诗作，阿拉曼尼人是罗马帝国晚期住在北部边境附近莱茵河上游地区的日耳曼部族联盟，有小支穿过阿尔卑斯山口进入意大利北部，散布于伦巴第、威尼托一带，成为后来（北方）意大利人的祖先之一。

② 古罗马的独立式纪念性建筑，通常为纪念杰出公民或皇帝及皇室成员，也可题献给城镇或神灵；罗马人在取得重大军事胜利后会举行凯旋式（triumphus），建造凯旋门，但多数凯旋拱门（triumphal arch）主要是荣誉性的，不一定因为有实际上的凯旋。

雅的形状，整体与局部的关系、各个部分之间的关系以及局部与整体的关系。因为建筑必须看起来就像一个完整而又健康的人体①，一个部分与另一个部分相匹配，而所有部分都是为达成目的必不可少的。²⁹ 在权衡由图纸和模型所表达的这些东西后，我们必须仔细计算所涉及的全部费用，³⁰ 及时获得资金保障并准备好所需材料，这样当进行建造时就不至于材料短缺或妨碍工作的完成。因为兴建者[edificatore]会非常笃定，整个建筑如果能够按部就班地建造起来，将大有裨益，全部墙体可以整体一起建造到相同高度，沉降到相同深度，因而避免在不同时期建造的房屋必然会出现的那些常见的随机裂缝。然后，一旦找到了能工巧匠，就可以根据他们的意见，以最好的方式开展工作。预备好木材、石材、砂、石灰和金属；对这些材料的用途应遵从以下法则[avertenza]，例如，在建造大厅和居室的木构平顶棚[travamenta，solaro]时，搁栅的数量要足够多，做到所有搁栅都安装就位以后，每根搁栅之间的距离为搁栅宽度的一倍半。同样地，关于石材要记住，建造门窗边框[erta]的石块宽度不得超过洞口宽度的五分之一或少于六分之一。如果建筑的装饰要由立柱或壁柱[pilastro]来充当，那么它们的柱础、柱头和楣基（architraves）应该采用石材，其他部分用（焙烧）砖[pietra cotta]。至于墙体，要细心地让其随着高度的增加而减薄。这样的法则可以保证费用合理，大大削减开支。由于我会在适当的地方详细讨论所有这些问题，所以在此提到这些一般性的考虑，并就此对整座建筑做一个概述就足够了。但是我们在选择最佳的材料时还必须考虑到类型[qualità]、质量和数量，会从他人的建筑经验中获益良多，因为向他们学习，我们可以很容易确定什么是合适的且符合自己的需要。虽然维特鲁威、莱昂·巴蒂斯塔·阿尔伯蒂和其他优秀的作家已经给了许多建议[avvertimento]，当我们选择材料时应将这些建议铭记在心，不过我还是想仅就至关紧要的建议写一些，好让我的书不至于缺失内容。³¹

第二章　木材

木材（如维特鲁威第二书第9章中所述）必须在秋季和整个冬季砍伐，因为这时树木从其根部吸收养分，恢复了在春季和夏季通过叶子和果实散失的活力和坚实；应该在没有月亮的夜晚砍伐，因为这时易造成木头腐烂的水分变干了，而且谷蛾和木蛀虫不会再破坏它。应该只砍伐到木髓中间，让它放干以免腐坏，直到会导致腐烂的水分都渗出。一旦木材被伐倒，应存放在避开炽烈阳光、狂风暴雨的地方，最重要的是，应当覆盖起来——特别是其中容易发芽的树种——并以牛粪涂抹防止开裂，即使又要确保干燥。木材不应该在晨露中³² 拖动，而应在午后移动。也不应在有露水时或非常干燥时加工木材，因为前者易使其腐烂，后者使其非常难以加工。木材放干三年后，方可用于楼板[palcho]、门和窗。打算造房子的委托人[padrone]必须得到专家的指导，了解木材的特性和适合于某个目的而不是另一用途的木材品种。在这方面维特鲁威给了很好的建议，其他有学问的人关于这个问题也著述颇丰。³³

---

① 原文 uno intiero, e ben finite corpo，英译为 compelete and well-defined bodies，韦尔本译作 an entire and compleat body 更符合原意，更紧扣文艺复兴时期对于人体的理解，也符合基督教关于（完善的）上帝按照自己的形象造人的说法（《创世纪》1:27）。

第三章　石材

某些石材是天然的，另一些是人造石。天然石材是从采石场挖掘出来的，做石灰或砌墙。关于被采集起来用以制造石灰的石料将在下文详述，而用以砌墙的，要么是大理石或硬石，也称细粒度石[pietra viva]，要么是柔软脆弱的石材。大理石和细粒度石一旦采掘出来就应尽快加工，此时加工比在空气中暴露一段时间之后更容易，因为石材暴露越久越硬化。这类石材也可以立即用于造房子。但柔软脆弱的石材应在夏季开采，放置在室外，尤其是在不了解其特点和持久稳定性时，像是这种情形：采掘自一个之前从来没有开采过的地方；或是不知道它能否用上两年。软石应该在夏季开采，因为它不能抵抗风、雨和霜冻，但是它会缓慢地变硬，因而逐渐能够承受这种天气的强烈冲击。软石要放上很长时间，直到那些破损的石料被分拣出来用作基础，剩下未破损的因为耐久才可以用于地面以上。人造石[即砖块]因其形状俗称 quadrelli①（条砖）。这些砖块应该用黏土，即一种发白的可塑性土制造，绝不能用砾土和砂土制造。土应该在秋季采挖；它可以在冬季熟化，在春季砖块容易成形。但如果在冬季或夏季有迫切需要，就在冬季用干砂、夏季用秸秆覆盖砖块让它们成形。³⁴ 一旦成形，就必须经长时间干透，而且最好是阴干。如此一来它们不仅表面，而且其内部也同样干燥，这样至少需要两年。砖块做得大还是小，要根据待建房屋的类型和用途；正因此，古人通常为宏伟的公共建筑制造的墁砣砖[mattone]要比为平凡的私人建筑制造的砖大得多。大砖上应该多处钻孔，让它们容易晾干烧硬。³⁵

第四章　砂

有来自采石场、河流或海洋的三类砂或砾石。³⁶ 采石场的山砂是最好的，不管是黑色、白色、红色，还是木炭色，最后这种是在托斯卡纳地区（Tuscany）发掘的一种被捂在山体内部的潜火烧焦的土。在巴亚（Baiae）和库迈（Cumae）一带的特拉-迪拉沃罗（Terra di Lavoro），开采了一种维特鲁威称为火山灰（pozzolana）的粉末，³⁷ 可以在水中快速凝固，使建筑物非常坚固。长期的经验表明，在山砂中白色品种最差，河砂中则是采自湍急河流中的最好，尤其是在瀑布下面找到的砂子，因为它最纯净。海砂是所有砂中最糟糕的，得是黑黝黝的像玻璃般发光的才行；最好的是在离海滩近处找到的，比较粗。山砂因为粗糙所以最坚硬，可用于墙体和连续拱顶，但它很容易开裂。河砂很适合做抹灰[intonicatura]，换言之，适合做 smaltatura（粉刷）。海砂因为容易吸潮又快速变干而被盐分破坏，不能承担荷载。每类砂中最好的那种，当被挤压或翻动时会发出唧唧声，放在白布上不会留下一点污渍或有一点粘连。差劲的砂子在掺水时会变得混浊泥泞，它已经在空气、日光、月光和寒霜中长期暴露，由于它包含了太多的泥土和陈腐的水分，有可能让灌木和野生无花果树生长，却会对房屋造成严重破坏。

---

① quadrello 的复数，英译直接采用原文时不加改动，在方括号中给出原文时多还原为单数而译文则可能用复数，因此可能会与原文单复数不一致，以下酌情处理，在不影响理解的情况下不再说明。

第五章　石灰及其混合 [IMPASTARE]

制造石灰的石料或是从山上开采，或是从河里挖掘。[38] 所有从山上开采的石料如果干燥易碎，没有潮气，没有任何杂质，当以火煅烧时会碎裂，那就是好的；如果是很坚硬的、密实的白色石料，煅烧成石灰后比之前轻三分之一，这样的石灰就更好。另外还有某些类型的柔软多孔的石料可以制造石灰，非常适合做抹灰。[39] 某些从帕多瓦地区的山上开采的鳞片状石料，用其制造的石灰特别适用于室外结构和水下结构，因其硬化快速且经久耐用。所有采石场的石料，特别是来自阴暗潮湿的采石场，而不是从干燥的地表采石场采集的石料，更适于制造石灰；而白色石料优于褐色石料。取自河流和山洪流经处的石料，即卵石或 **cuocoli**（砾石），用以制造高级石灰，基本上用于墙面抹灰，因为面层极为洁白干净。[40] 任何石料，无论取自山丘还是河流，对其煅烧是快还是慢，都要根据煅烧它所用的火焰而定，不过煅烧时间通常为 60 个小时。一旦开始煅烧，必须浇水，要每隔一定时间一点点地浇，而不是一下子浇透，以避免暴热，这样反复煅烧、浇水直到彻底熟化。这之后应存放在潮湿、阴凉处，不得混入任何其他物质，而仅以砂子轻轻覆盖；石灰越是熟化，其黏结性就越好，但像帕多瓦地区那种鳞片状石料烧制的除外，它只要熟化就应立即使用，否则过度熟坏，再也不能硬化，就彻底没用了。砂浆是石灰与砂子按如下配比的混合物：采用山砂时，三份砂配一份石灰；如果是河砂或海砂，两份砂，一份石灰。[41]

第六章　金　属

建筑中使用的金属是铁、铅、铜。铁用于制造钉子、铰链、门插栓，乃至制造铁门、铁栅栏 [ferrata] 和类似的配件。纯铁无处可寻可挖；但铁矿挖出来可用火熔炼纯化，直到可以塑形锻造，并在冷却前将浮渣去除；纯化、冷却之后，它就便于加热变软，容易用锤子锻打成形。但它不能轻易被锻造，除非为此目的再次投入熔炉中；如果没有在通红时趁热打铁让它彻底加工塑形，它就分解作废了。铁的高品质是显而易见的：它有连续、笔直、不间断的脉理，形状整齐成块，且铁锭的端头 [testa] 纯净无杂质；脉理能表明铁锭中没有结节硬块或剥落层片，而从端头就可以知道里面是什么。如果是方正的一片或其他直边的形状，我们可以说它整体很好，因为它的每一处都已承受了锤子的锻打。

铅用于覆盖雄伟的宫殿 [palagio]、神庙、塔以及其他公共建筑，并用于制作我们说的管道或沟槽 [fistula, canaletto]，以排走废水；铅用于固定门窗边框 [erta] 上的铰链和栅栏。铅的颜色有三种：白色、黑色，以及介于二者之间、有人称之为渣灰的颜色。所谓黑铅，并非因为它真的是黑色，而是因为它是混有黑色的白铅，为了区别于白铅，古人很合理地给了它这个名称。白铅比黑铅好多了，也贵多了；渣灰色铅介于它们之间。铅可以从与任何其他物质分离的大矿体中采掘，也可以从小的、发光的、发黑的矿体中挖到，或是从嵌在岩石、大理石或石块中的夹层薄片中找到。所有类型的铅都很容易铸造，因为火的热量使它在燃烧之前液化，但放在炙热的熔炉中时，它不会保持本身的形状而会解理，即一部分变成密陀僧（litharge）[42]，另一部分变成辉钼矿（molybdenite）[43]。在各类铅中，黑铅最软，因此用锤子很好加工，容易锻打延展，它又重又密；白铅比较硬而轻；渣灰色铅比白铅更硬，重量在前两者之间。

建筑四书

　　铜有时用于覆盖公共建筑，古人用它来制造钉子，俗称为 **doroni**（合缝钉），以固定上下石块，防止石块被挤出位置；也用它来制造夹具 **[arpese]**，用它们将两块石头连结为一体。我们使用这些钉子和夹具，让不得不用很多石块建造的整个建筑，以这种方法连接拉结在一起，变成像曾经那样的一整块①，因此更坚固和耐久。钉子和夹具也可以用铁制造，但古人主要是用铜，因为它不爱生锈，不大会随着时间的推移而损坏。他们还用铜刻铭文放在建筑物的楣腰（friezes）上。书上说巴比伦城著名的百座城门和加的斯群岛（Islands of Gades）上的两根八肘（cubits）高的海格立斯之柱（columns of Hercules）[44]也是用这种金属制作的。他们说最好的是那种将矿石熔炼后呈偏黄的红色的铜，且斑纹很多，即布满孔眼 **[fiorire]**②，这个迹象表明它是纯净无任何杂质的③。铜可以像铁一样加热和熔化，因此铜可以铸造；但如果放在过热的熔炉中，它耐受不了火焰的强度，就全毁了。铜虽然很硬，但还是可以用铁锤[45]加工成薄板。最好是将它保存在液体沥青中，尽管它并不像铁那样容易氧化，但也会产生锈蚀，我们称之为铜锈，特别是当它接触到腐蚀性液体时。当这种金属混合了锡、铅或黄色铜（那是含卡德米恩土（Cadmean earth，镉黄）的铜色）时④，[46]形成的混合物俗称青铜，经常被建筑师用来制造柱础、柱身、柱头、塑像之类。在罗马城的拉特兰圣约翰教堂（St. John Lateran）可以看到四根青铜立柱，其中只有一根还存有柱头；奥古斯都（Augustus）着人铸造立柱所用青铜，来自他在埃及缴获的马克·安东尼（Mark Anthony）的战船的金属船艏冲角。[47] 时至今日在罗马城仍然留存了四扇古老大门，一扇在圆形教堂（Rotonda），原先是万神庙；[48] 一扇在圣阿德里安（S. Adriano）教堂，前身是萨图恩神庙（Temple of Saturn）；[49] 一扇在圣科斯马斯与圣达米亚诺斯（SS. Cosma e Damiano）教堂，前身是卡斯托尔与波卢克斯神庙（Temple of Castor and Pollux），或毋宁说罗穆卢斯与瑞穆斯神庙（Romulus and Remus）；还有一扇在维米纳莱门（Porta Viminale）外的圣阿涅塞（S. Agnese）教堂，现称圣阿涅塔（S. Agneta）教堂，在诺门塔纳大道（Via Nomentana）上。但所有这些大门中最美的是在圣马利亚圆形教堂（S. Maria Rotonda）[50]的那一扇，古人想在那扇门上运用巧技模仿科林斯合金（Corinthian metal）的一个种类，以金的天然黄色为主。因为书上说，科林斯城（Corinth），现称科兰托（Coranto），毁于战火，金、银、铜熔化合成了一整块，它们碰巧相互掺和并产生了三种铜合金，从那时起称为科林斯合金；[51] 其一是银占主体，所以仍为白色且光泽与银非常匹配；其二是金占主体，因此保持黄色和金色。其三是三种金属等量掺和。后来所有这些种类都一直被人们分别模仿。

　　至此，我已解释了在我看来开工前必须加工和准备好的不可或缺的材料；现在要谈谈基础，我们可以开始把已经准备好的材料放到那上面去。

[11]

---

① 石块是从岩体上开采下来，再分割加工成形，用作建筑材料的，所以说它们曾经是一整块。
② 原文 & è ben <u>fiorito</u>, chò è pieno di <u>buchi</u>，英译为 and has <u>bloomed</u>, that is, is full of <u>holes [fiorire]</u>，韦尔本译作 <u>well-grained, and full of pores</u>。英译丢弃了 buchi（细孔）的意思，而将 fiorito（开花的、华丽的、有斑点的）用了两次，分别作 bloomed（开花）和 holes（孔眼）。韦尔的译法更准确。
③ 可能是指自然铜，为各种形状小单元的集合体，故外观可有孔洞、条纹，常含有微量的其他元素。
④ 原文 ò <u>ottone</u> che ancor esso è rame, ma colorito con la terra cadmia，英译为 or <u>brass</u>, that is with coppe-colored Cadmean earth. 此处意文 ottone 或英文 brass 指的是被镉黄颜料染色的铜，铜镉合金可作为熔接铜制品的钎料，而一般所说的黄铜是铜锌合金。

第七章　埋设基础的地基类型

基础严格来说是结构的基底，即地下部分，支承可见的整座地上建筑。所以在进行建造时可能犯的所有错误中，建造基础时犯的错危害最大，因为这样的错误可以造成整个结构的崩塌，除非大费周章，否则无法补救。因此建筑师必须非常小心，因为尽管在某些地点有天然基础①，但在别处必须依靠人工。当我们能在岩石、凝灰岩②或含有一定数量石块的地基土即 **scaranto**（碎石土）上建造时，大自然提供了天然基础。这些不需要挖掘或进行人工加固，本身就是优良的基础，完全适合承载任何大型建筑物，无论是在地上还是在河里③。但是，既然我们不是在砾石砂土的坚固地基上，就是在软土淤泥的流变地基上进行建造，那么当大自然不提供天然基础时，就得通过人工手段进行谋划。如果地基坚固硬实，就要开挖到有经验的建筑师认为必要的，以及建筑类型和地基强度所要求的深度。当不需要酒窖或其他地下空间时，开挖深度通常是建筑物高度的六分之一。想要勘查地基有多坚固，应当留心水井、蓄水池和其他类似设施的挖掘情况；还可以观察那里的植物，如果它们是那种通常只能生长在坚固、硬实的土质上的，也有助于了解情况。若重物抛掷在地上没有回声或震动，也显示出地基坚固；这可以通过置于地面的鼓的蒙皮 52 检测出来，当地面被撞击时，鼓皮将轻微振动但不产生共鸣声，或是装在罐子里的水不显示出波动。它周围的地方也能给出一些地基是否密实坚固的提示。但是如果基地是砂土或砾石，要注意它是在地上还是在河里；因为如果是在地上，就运用上述关于坚固地基的内容，而如果在河里进行建造，砂和砾石就完全没有用，因为水流的不断冲刷和泛滥会持续地改变河床；要一直挖到坚实的基底，如果这样确实很难办到，那就挖走部分砂子和砾石再打桩，直到橡木桩的桩头到达优良而坚固的地基，再在这些桩上面进行建造。但是，如果在不坚固的流变地基上建造，那么就向下一直挖到墙体厚度和建筑物尺寸所要求的坚固地基。有各类坚固地基能够支承建筑物，因为（阿尔伯蒂也是这么说）53 土质在一个位置硬得连金属工具都挖不动，在另一个位置还更硬；而在别的位置很黑，或是发白（这种被认为最弱）；还有一些像白垩土或类似凝灰岩。所有这些土质中挖起来最费力，而且即使被浸透了也不会散成泥土的是最好的。不应在废墟的基础上进行建造，除非事先知道它们是否足以支承建筑物以及有多深。54 但是，如果地基软弱而又有多处下陷，比如在沼泽地，那么就打桩。每根桩的长度应该为墙体高度的八分之一，粗细为自身长度的十二分之一。桩应当密密地挤紧，以至于每两根之间都插不进另一根，打桩必须高频率轻打而不是重击，这样它们周围的地会被挤压得更紧密坚实。跨越沟渠[canale]的外墙应该落在桩基上，那些起分隔作用的落地墙体也应该这样；因为如果内墙的基础与外墙的不一致，结果往往是，当主梁并列着沿纵向而次梁沿横向就位时，内墙下沉而落在桩基上的外墙不动；常常会发生内墙沉降而桩基上的外墙不动的情况，结果全部墙体出现松脱，造成建筑物损坏，这可就太糟了。所以，打桩能避免这种危险，而且花费少得多，因为根据墙体的比例，内墙的桩要比外墙的细。

---

① 这里的"天然基础"是比较通俗的说法，类似于现代工程学的天然地基概念。
② 原文 tofo，意为凝灰岩，主要由火山碎屑堆积形成，其英文对应词应该是 tuff；而英译 tufa，一般指钙华，由地表水中过饱和碳酸钙沉积形成。比较 I, 11 "石灰华"（travertine），钙华是石灰华的一种。
③ 参见 III, 11 关于桥梁的基础。

第八章 基础

基础必须是其上部墙体的两倍厚；在这方面应该有对地形和建筑物规模的考虑；在流变且不坚实地基上的基础，以及必须承担巨大荷载的基础，应该建得大些。基槽底部必须水平，使荷载均匀施压，不会因一处的压力比另一处的更大而导致墙体断裂。由于这个原因，古人用石灰华（travertine）铺平基槽的底部，而我们则通常把厚板或垫梁铺在那里，以便进行建造。基础要建成斜坡的，也就是说，使它们随着升高而收窄，无论如何，要以这样一种方式收坡，即一边的收进与另一边的相等，使得上部的墙体与下面的中线保持铅垂；也必须遵守同样的程序处理地面以上墙体的收分。[55] 因为这样做比用任何其他方式进行收分都使建筑物更坚固。有些时候（尤其是在埋入柱桩的沼泽地基上），[56] 为了减少费用，基础就不建成连续的，而是砌成拱券形，再在上面进行建造。[57] 对于大型建筑物，在墙体厚度中从基础到屋顶夹有通风井道是个很好的想法，因为它们可以排出侵扰建筑物的气体，而在建筑中从基础到顶上设螺旋楼梯的做法能减少成本又不失方便。[58]

[13]

第九章 不同类型的墙

奠定了基础，我就该讨论地上竖向的墙体了。[59] 古人建造六类墙：一种是网状墙，另一种是砖墙或条砖墙，第三种是级配砾石墙[cementi]，石料来自山上或河里，第四种是乱石墙[pietre incerte]，第五种是料石墙（squares stone），第六种是填充墙。[60] 网状墙这类今天不再使用，但因维特鲁威说这是他那个时代普遍使用的，我还是想用图对此加以说明。古人用砖来造建筑物的尖角或转角，每两尺①半砌三皮砖，将墙的整个厚度拉结在一起。[61]

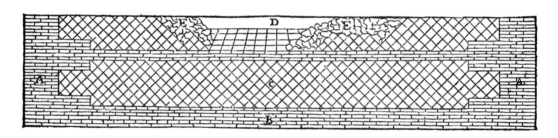

A 砖砌的转角
B 约束整个墙体的砖砌皮
C 网状墙面
D 贯穿墙体厚度的砖砌皮
E 墙体内以混凝土[cementi]建造的部分

砖墙用于城墙或其他特大型建筑，必须有条砖砌的内外表面以及混凝土灌注的内芯，并以间隔的拉结层连成一体；每三尺高应砌三皮贯穿墙体厚度且比其他的砖更大的条砖；第一皮丁向，[62] 让条砖的端面朝外，[63] 第二皮顺向，侧面朝外，[64] 第三皮又丁向。像罗马城的所有古代建筑一样，圆形教堂和戴克里先浴场（Baths of Diocletian）的墙就是这样的。[65]

---

① 帕拉第奥在本卷中未说明"尺"的长度，不清楚是指古人用的"罗马足"（如 III, 7）还是指他自己用的"维琴察尺"（如 II, 4）。参见下文 I, 16 关于度量单位的讨论。

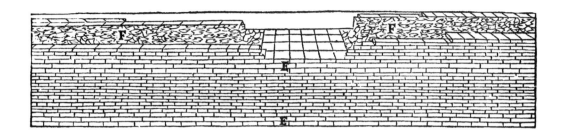

E　约束整个墙体的条砖砌皮

F　混凝土灌注的墙芯，在砌皮[66]与表面的条砖层之间

级配砾石（与砖的）混合墙这样建造：每两尺至少砌三皮砖，按上述一顺一丁式组砌。皮埃蒙特地区（Piedmont）都灵城的城墙就是这样建造的；它们是用从中间劈裂的河中砾石砌筑，砾石都以劈面朝外，因此形成相当精确而又平坦的表面。维罗纳露天剧场（Arena）的墙体也是用级配砾石建造，每三尺砌三皮条砖，[67] 其他古代建筑也是这样，见我关于古迹的书。

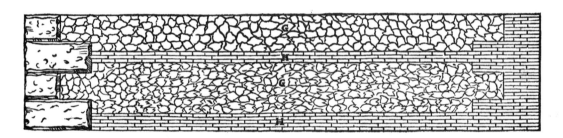

G　级配砾石或河中砾石

H　约束整个墙体的条砖砌皮

用角和边不等的石块砌筑的墙称为乱石墙。古人用活的铅制箍条 [squadra di piombo]（沿石块轮廓）折成角，在打算放石块的位置试排以便组排；[68] 这样做能让石块咬合紧密，不必多次尝试石块放在预定位置是否合适。这类墙体可以在普赖内斯特城（Praeneste）见到，古代的街道也用这种方式铺设。

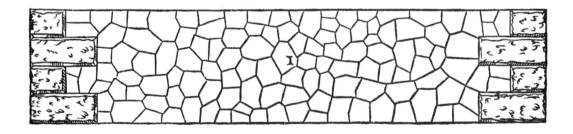

I　乱石

料石（dressed stone）[pietra quadrata]墙可以在罗马城的奥古斯都广场和神庙（the Forum and the Temple of Augustus）所在处看到，古人在大石块砌皮之间用小石块丁砌①。

---

① 图示上下砌皮石块大小相近，因摆放方向不同，外露的表面有大小，或可理解为面积较小的丁面（端面）与面积较大的顺面上下皮交替砌筑。石块规格统一时，无论从技术上还是经济上来说都更有益。

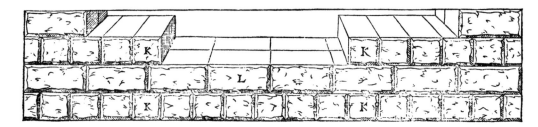

K 小石块的砌皮

L 大石块的砌皮

古人所用填充式也称版筑式（coffering）[a cassa]，是按所需墙厚预留空间，竖起[in coltello]模板，将砂浆和各种大小的石块混合在一起灌进去，不停地一层层灌注。这类墙体见于加尔达湖（Lake Garda）湖心半岛上的锡尔苗内镇（Sirmione）。[69]

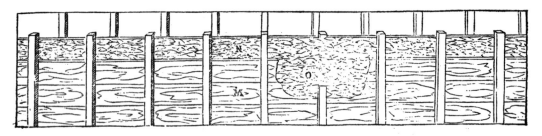

M 竖起的模板

N 墙体内部

O 墙面，模板已拆除

那不勒斯（Naples）的古城墙也可以说属于这一类，用料石砌筑两道四尺厚的墙，它们之间的距离是六尺。这两道纵墙由其他横墙连结在一起，外墙与横墙之间留下的内仓（coffers）为六尺见方[quadro]，并填充了石块和灰土。

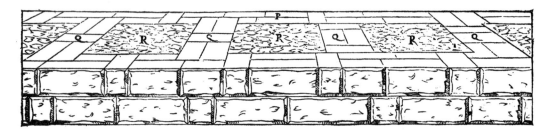

P 石砌外墙

Q 横布的石墙

R 石块和灰土填充的内仓

[16]　　这些就是古人采用的类型，其中有的仍然可以看到遗迹。通过它们我们可以了解到，无论是哪种类型的墙体，都应该有拉结层，像筋腱[nervo]一样将其他部分约束在一起；[70] 在建造砖墙时尤其应该注意这一点，以免墙体因年久造成其结构内部下沉而破坏：这种情况在许多墙体上都可以看到，特别是在那些朝北的部位。

第十章　古人如何造石建筑

有时会有这种情况，即整座建筑物或相当大一部分是用大理石或一些其他石材的大料建造的，看来我应当在此说明在那些情况下古人是如何建造它们的。因为人们看到，在古人的作品中，他们是如此小心地将石块连接在一起，以致在许多地方，结合处几乎看不出；这是期望建筑的稳固和耐久以及美观的人必须高度重视的。[71] 据我所知，他们首先加工石材，只修琢其上下叠合面，留着其他可见的面粗糙不修。如此加工好以后，将石块就位；这意味着石块所有的边沿[orlo]都是钝的[sopra squadra]而且坚实牢固，所以他们不怕石块会破裂，可以更好地搬运并多次移动，直到它们被稳固地连接在一起。他们不是把所有的面都先加工好，因为这样一来石块的边不管是直的[a squadra]还是锐的[sotto squadra]，都会非常脆弱，容易破。古人就这样把所有的建筑物都建得粗糙，换言之，质朴。在建造完工之后，他们再打磨已就位石块（如我刚才所说）的那些可见的面。[72] 的确，有些石块在场地上就先加工好，如置于檐底托（modillions）[modiglione]之间的若花纹（rosettes）以及楣檐上的其他浮雕，因为就位后不便于雕刻。[73] 这种做法的一些优秀实例见于各种古代建筑，可以看到其中许多石块尚未完全打磨好。在维罗纳城的维奇奥城堡（Castelvecchio，老城堡）附近的凯旋门[74]以及该城所有其他的拱门和建筑物也都是这样做的，凡是注意到加工石块的锤击印的人都能看明白这一点。罗马城的图拉真纪功柱和安东尼纪功柱（Trajanic and Antonine columns）也是这样做的，[75] 才能让浮雕人像的头部与身体其他部分之间的连接非常吻合，否则无法让石块如此准确地连接在一起；我可以说，罗马城的那些拱门也是如此。在一些特大型的建筑中，如维罗纳城的露天剧场、波拉城（Pola）的竞技场（Amphitheater of Pola）①这一类，[76] 古人只加工拱顶的券脚石（imposts）、柱头和楣檐，以节省深入加工的金钱和时间，其余部位仍然粗糙，只考虑建筑整体形式的美观。但是对于神庙和其他要求精妙的建筑，他们则不遗余力精工细作，甚至连柱子的凹槽（flutes）[canale]都琢细磨平并仔细抛光。不过，在我看来，我们不应该将砖墙或壁炉台（mantle pieces）[nappa, camino]做得粗糙，而要尽可能精细，否则不仅是处置不当，而且以后那些本应成为整体的构件还会破坏分散成许多部分。要根据不同的规模和类型决定建筑应该造得简易还是精细完善；古人有充分理由被迫在大量建筑中这样做，但是对于任何要求精致高于一切的建筑，我们绝不能模仿他们的做法。

第十一章　墙体的收分和墙体的构造

应当指出，墙越向上升高就越薄，所以在地面以上墙的厚度应为基础厚度的一半；二层[secondo solaro]墙的厚度应比底层[primo]薄半砖，这样继续，直到建筑的顶部；但必须小心拿捏，免得上段过薄。上部墙体的中线要恰好垂直落在下部墙体的中线上，让整个墙体呈金字塔状。[77] 当上部墙体的表面或立面[faccia]与下部墙面造得齐平时，只能在内侧这样做平，以便楼板搁栅（floor joists）[pavimento]、拱顶和结构的其他支撑能防止墙壁倒塌或移动。收涩[relascio]要做在外侧，应当用圈带[procinto]或挑口饰带（fascia）和檐口线脚（cornice）遮盖，因其环绕整个建筑，成为装饰并起到约束作用。[78] 由于转角分属内个墙面，必须非常坚固，并用长且硬的石块像手臂一样拉住，为的是保证两面墙都笔直并结合在一起。但窗和其他开口

---

① 今克罗地亚的普拉（Pula）。Pola 是其意大利语名称。

必须尽量远离转角，或者在开口与转角之间留出至少相当于开口宽度的距离。我们已经讨论了墙体本身[muro semplice]，现在应当转而讨论其装饰了，其中放置适当的并符合整幢建筑比例的立柱，这在可应用于建筑的装饰中显然是最重要的。[79]

第十二章　古人采用的五种柱式

古人采用五种柱式（orders）：托斯卡纳式（Tuscan）、多立克式（Doric）、爱奥尼亚式（Ionic）、科林斯式（Corinthian）和组合式（Composite）①。[80] 它们在建筑中必须这样分布：把最稳固的放在最低处，因其最能承担荷载而使建筑的基部更加稳固；因此，多立克式总是置于爱奥尼亚式之下，爱奥尼亚式在科林斯式之下，科林斯式又在组合式之下。托斯卡纳式很粗简，很少用于地面层以上；[81] 只有在单层建筑如农庄附庑[coperto di villa]或在巨型结构[machina]如竞技场之类的多层建筑中，才会以托斯卡纳式代替多立克式。如果想省略其中一种柱式，例如把科林斯式直接放在多立克式上面，这样也可以，只要更稳固的柱式总是放在较低的位置，理由已经讲过了。[82] 我会根据维特鲁威的教导以及我对古代建筑的考察，分别给出每种柱式的尺寸，[83] 但首先我想谈一谈普遍适合于它们的那些规则。

---

① 关于五种古典柱式的名称，帕拉第奥的原文分别为 Toscano、Dorico、Ionico、Corinthio、Composito，在以拉丁字母拼写的西方各国语言（包括学术界通用的英语）中，其词干部分类同，只是词尾有差异。我国学界对于前四种皆取音译，常见译法分别有塔司干、塔斯干、托斯卡纳；多立克、陶立克、多利安、多立亚；爱奥尼克、爱奥尼、爱奥尼亚、伊奥尼亚；科林斯、科林新、科林沁；唯第五种意译为组合、混合、复合等。为使本丛书统一，采用了目前译法。中译者以为，若中译兼取其音，将第五种与前四种一并均采用三字词，分别译作托斯干、多立克、爱奥尼、科林斯、孔配齐，则能借助汉字形意之长突显柱式立柱之俨然有定法。除此五种"法式"立柱之外，文艺复兴建筑师包括帕拉第奥本人还从其中各取部分元素相互组合混搭形成更多样式，如埃莫别墅采用托斯干式与多立克式的组合，罗马萨图恩神庙（帕拉第奥误作孔科尔狄娅神庙）的复原设计采用多立克式与爱奥尼亚式的混合，对于这一类创新做法，中译者以为倒不妨称为组合式或混合式。

第十三章 立柱的鼓腹和收分，柱间距和墩柱

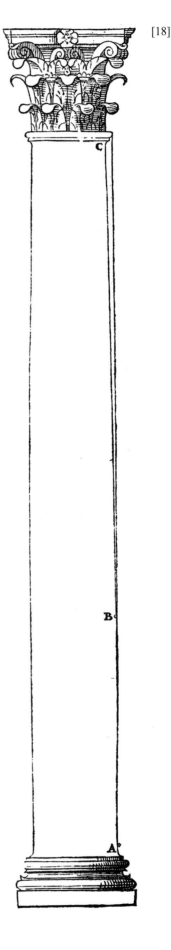

每种柱式的立柱要做成上段比下段细，中间有鼓腹 **[gonfiezza]**。[84] 对于收分（diminution）要注意柱子越长收分越少，因为从远处看，柱子本身的高度会产生收分效果，因此如果柱高为十五尺，将底部粗细 **[grossezza]** 分为六又二分之一份，则顶部粗细为五又二分之一份。如果柱高在十五至二十尺之间，将底部粗细分为七份，则顶部粗细为六又二分之一份；同样，对高度在二十至三十尺之间的，底下的粗细分为八份，而上面的为七份[①]，那些更高的柱子也应该根据上述方法收分，正如维特鲁威在第三卷第 2 章所教导的那样。[85] 但对于如何在柱子的中段做鼓腹，我们只有一个来自维特鲁威的空头许诺，不同人对此有不同看法。[86] 我通常是这样来做出鼓腹的轮廓 **[sacoma]**：将柱身分为三等份，让下段的一份保持铅直；从这一段的端点旁边划上 **[in taglio]** 一条极细的辅助直线 **[riga]**[②]，长度等于或略超过柱高，再从下三分之一处向上作曲线，直到柱身顶部柱颈 **[collarino]** 下的收分点作为曲线的另一端点 **[capo]**：画出这条带曲率的线，这样就得到一个中段微微膨出的稍作收尖的非常优雅的柱子。虽然我想不出其他比这更快捷或更有效的方法，不过我仍然对自己的发明信心大增，因为有这么一件事，当我把这个方法告诉彼得罗·卡塔内奥大师（Master Pietro Cataneo）时，

---

① 原则秉承维特鲁威，但收分程度较小（虽然二人所用长度单位不同，所提到最高的柱子长度也不同），但给出的数据有问题：15 尺，颈底径比 $5^1/_2:6^1/_2 \approx 0.846$；15—20 尺，颈底径比 $6^1/_2:7 \approx 0.929$；20—30 尺，颈底径比 $7:8 \approx 0.875$，计算结果表明并不是立柱越长，收分越少。若对于 15—20 尺的立柱，取底径七份，颈径六份，则颈底径比 $6:7 \approx 0.857$，这倒较为合理。参见维特鲁威 3.3.12，阿尔伯蒂 7.6。

② 原文：à canto l'estremità della quale pongo in taglio una riga sottile alquanto，英译为 beside the lowest point of the column I place on edge [in taglio] a very thin ruler，韦尔本译作 to the side of the extremity of which I apply the edge of a thin rule。但中译者认为其中几个词的译法可斟酌：一是 canto，意为（1）转角，（2）方面，英译者理解为其二，将 à canto 译作 beside，韦尔本理解亦同，作 to the side，这虽无不可，不过还可以结合下文作判断。二是 estremità，意为尽端，英译者理解为（立柱的）最底端，即 A 点，译作(the) lowest point (of the column)；韦尔本好一些，译作(the) extremity (of which)；中译者倾向于理解为（下三分之一段直线的）最顶端即 B 点，此外，柱身的轮廓也是从这一点开始转向的，因此，如果将上文 canto 理解为其一，视作 inflection (拐点)，则也无大谬。三是名词 taglio，指切、划、割（的动作）或划开的切口，英译者将 in taglio 译作(place) on edge（竖着）；但韦尔本却理解为（尺的）边缘，译作 the edge of (a thin rule)；中译者倾向于英译的理解，兼顾到动词 pongo（不定式现在时 porre）类似英文的动词 set（英译为 place，韦尔本译作 apply）。四是 riga，多意，其中有两个意义比较相关：（1）直线，（2）直尺，两种英译都作 rule；中译者倾向于视作 guide line（辅助线），即 B 点以上的直线段部分。因为只有这样理解，形容词 sottile（细的）才有意义，意味着它只是一条很细的辅助线——尽管由于木刻制作上的困难，无法刻出明显的有粗细之分的线条，以区别辅助线与作为结果的轮廓线——是最终求得微凸曲线的中间阶段，若理解为直尺，则宽窄薄厚无妨，形容词 sottile（细的）便无意义，遑论副词 alquanto（相当，颇为）了。综上所述，中译与两种英译相比，均与图示结果无违，而中译更反映了作图程序，也更符合原文的文字与图像相结合所表达的意义。

他很欣赏，把它用在他的建筑著作中，为建筑行业增添了很大光彩。[87]

AB　保持铅直的柱身下三分之一段
BC　收分的上三分之二段
C　　柱颈下的收分点

[19]　　　柱间距[intercolunno]即柱子之间的间隔[spazio]，可以是柱径[diametro]的一倍半，直径从柱身的最底部分算；或是二倍、二又四分之一倍、三倍柱径，[88] 又或更大；但古人不采用大于三倍柱径的柱间距——除了托斯卡纳柱式，它是木楣基，柱间距要大些——也不小于一倍半；尤其当建造巨大的柱子时他们采用居间尺寸。不过对于二又四分之一倍柱径的柱间距，古人用得比任何其他的更多，他们认为这是一种优美、雅致的柱间距形式。我们还必须注意，柱间距相互应符合比例关系，[89] 即间隔与柱子符合比例关系。如果把较细的柱子置于较宽的间隔之间，柱子看上去更细；空隙处的间隔越大，[90] 柱子显得越细；反之，如果把较粗的柱子置于较窄的间隔之间，则紧窄的间隔将使柱子显得臃肿和粗俗。因此，如果间隔超过三倍柱径，柱子的粗细应取其高度的七分之一，正如我在后面关于托斯卡纳柱式所指出的那样。但是，对于多立克柱式，如果间隔为三倍柱径，柱高应取其大端[testa]①的七又二分之一倍或八倍；对于爱奥尼亚柱式，如果间隔为二又四分之一倍柱径，柱高应取其大端的九倍；对于科林斯柱式，如果间隔为二倍柱径，柱高应取其大端的九倍半；最后，对于组合柱式，如果间隔为一倍半柱径，柱高应取其大端的十倍。为了提供各类柱间距的模式我费尽心力，维特鲁威在上文所引的章节中说到了所有柱间距类型。建筑正面[fronte]的立柱数量必须总是偶数②，以便让一个柱间距居中且比其他的柱间距尺寸更大，好让通常布置在正中的大门和入口更醒目；[91] 对于独立柱廊[colonnato semplice]③这样就行了。但如果敞廊是以墩柱（piers）[pilastro]建造的，[92] 则墩柱的宽度应取不小于墩柱之间距离的三分之一，而角柱宽度须为间距的三分之二，以使建筑尽端的角部坚固有力。当墩柱要承担极大的重量时，比如在特大型的建筑中，它们的宽度应该取其间距宽度的一半，就像维琴察城的剧场（Theater of Vicenza）[93] 和卡普阿城的竞技场（Amphitheater of Capua）；[94] 或者甚至取三分之二，如罗马城的马塞卢斯剧场（Theater of Marcellus）[95] 和古比奥城的剧场（Theater of Gubbio），后者如今属于该城的一位贵人洛多维科·德加布里埃利大人（Signor Lodovico de'Gabrielli）。有时古人也取墩柱与间距同样宽，就像维罗纳城的剧场（Theater of Verona）中的那些部位，该剧场不是依山而建的④。[96] 但在私人房屋中墩柱宽度不得小于间距的三分之一，也不超过三分之二，而且墩柱的平面应该是正方形[quadro]；但是，为了减少费用和使通道宽敞些，墩柱侧面应比正面窄些⑤，且为了装点立面[facciata]，应将半圆倚柱或壁柱贴靠在墩柱中间以支持敞廊拱券上方的楣檐⑥；装饰柱应按照所属柱式类型，取其高度所要求的宽度，如下面的章节和图示中所见。为了便于

16

---

① 即底部的较大的而不是顶部的较小的柱径，见专用词汇表 testa[3]。
② 这样就是奇数开间，居中的就是柱间而不是立柱。
③ 相对于券柱廊而言，这是一种没有柱座、墩柱和拱券，只有立柱和柱楣独立承重的样式简单的柱式柱廊。而在券柱廊中，水平荷载主要由拱券承受，竖向荷载主要由墩柱承受，柱楣和立柱（倚柱）则是作为装饰构件。
④ 该剧场在阿迪杰河（Adige）岸边，依托之前沿河修筑的防洪堤坡而建。
⑤ 这就意味着墩柱的平面可以不是正方形，侧面较窄可以较少占用廊道的宽度，正面较宽便于用倚柱或壁柱进行装饰。
⑥ 实际上不仅仅是楣檐，而是整个楣部。别处也有类似情况，在应该是指整个楣部时用楣檐一词，如下文第二十章（I, 52）中讨论立柱与"楣檐"的大小应该符合比例。

理解（以免我多次重复相同内容），读者应当意识到，在划分和度量这些柱式时我不想采用任何特定和固定的度量单位，即某种属于某个特定城市的单位，如 **braccio**（臂）、足**[piede]**，或掌**[palmo]**，因为我知道不同城市和地区的度量单位不同；但我效仿维特鲁威，他以源自柱子粗细的度量单位来划分多立克柱式，这是普遍适用的，他称之为模度（module）①，⁹⁷ 我也将在所有柱式中用此法度量；模度是立柱底部直径，分为六十等份，多立克柱式除外，其模度是柱径的一半，分为三十等份，因为这样更便于确定该种柱式的划分**[compartimento]**。因此，根据建筑类型将模度放大或缩小，任何人都可以用上本书中图示的各种柱式合适的比例和轮廓。

---

① 原文 Modulo，复数为 Moduli，以下各页图中有简写为 MO 或 M。另外图中的分模度 minuti 或 minutti（复数，本书未见单数），有简写为 M 或 m 或 mi（当用 MO 指模度时），或简写为 m（当用 M 指模度时）。

[20]

第十四章　托斯卡纳柱式

根据维特鲁威所说的和实际上能看到的，托斯卡纳柱式在建筑的所有柱式中最为简单而质朴，因为它保留了其原始古代的气息，缺少所有使其他柱式显得优美喜人的装饰。[98] 它起源于意大利最杰出的地区托斯卡纳，它的名称也由此而来。立柱含柱础和柱头，须为七个模度的长度，在顶部渐渐收细四分之一粗细。如果独立柱廊采用这种柱式，间隔可以建得非常宽大，因为楣基是以木材建造的，特别适合农庄存放车辆及其他农具，而且费用很少。[99] 但是，如果建造大门或券柱廊[loggia]，应该采用图中所示的尺寸。图中还可以看出石块的组排和拉结方式，这是按照我认为用石材建造时应该采用的方式；在绘制其他四种柱式的图纸时，我也注意了这一点。我从许多古代拱门得出了这种组排和拉结石块的方法，就像将在我关于拱门的书中看到的那样；为此我倾尽心力。

19

A　木楣基
B　构成屋檐的桁木

这种柱式的立柱下面的柱座（pedestals）应造得素平，高度为一个模度[①]。柱础高度为立柱粗细的一半。用分规（compass）[②] [100] 将柱础高度分为相等的两部分：一部分是底石（plinth）[orlo]，另一部分被分为四份，其中一份为贴线（fillet）[listello]，这也可做得略小，即所谓的 **cimbia**（柱唇）——只有在这种柱式中下柱唇算柱础的一部分，因为在所有其他柱式中，它是柱身的一部分——其他三份是塌圆节（torus）或 **bastone**（趴圆棍）。这个柱础出涩（projects）至立柱直径的六分之一。柱头高度是柱底粗细的一半，并等分为三部分：其一是柱顶板（abacus），由于其形状关系，俗称大丁（dice）[dado]；其二是凸圆板（echinus）[ovolo]；其三则分为七份，其中一份做成凸圆板下的贴线，其余六份留给柱颈。圆盘条（astragal）为凸圆板下贴线宽度的两倍，其轮廓线的圆心位于该贴线的铅垂线上，而高度与贴线相同的上柱唇的出涩量也达到同一铅垂线。柱头的出涩[③]对正立柱下端柱身[vivo]的圆周。木制的楣基，高度与宽度相等；其宽度不超出柱上端柱身的粗细。形成屋檐的桁木的出际，换言之出涩量，为立柱长度的四分之一。这些就是维特鲁威告诉我们的托斯卡纳柱式的尺寸。

[①] 与下文四种柱式的图示不同，此处托斯卡纳柱式的第三幅图中，柱座部位标注了高度方向的尺寸 MO 1（即 1 模度），但未标注宽度方向的尺寸，从图示推算，柱座宽度约为 1 模度 24 分模度，与后面科林斯式和组合式的柱座同样都是 $1\frac{2}{5}$ 柱径。
[②] 原文 sesta，复数形式单数意义的名词，指（两脚）圆规或分规，英译作单数的 compass（圆周，圆盘，罗盘等）而非复数形式单数意义的 compasses（圆规或分规）；韦尔本也译作 compass。参见 I, 33 的中译者注①和 I, 56 中译者注②。
[③] 即柱顶板的外缘。

第一书

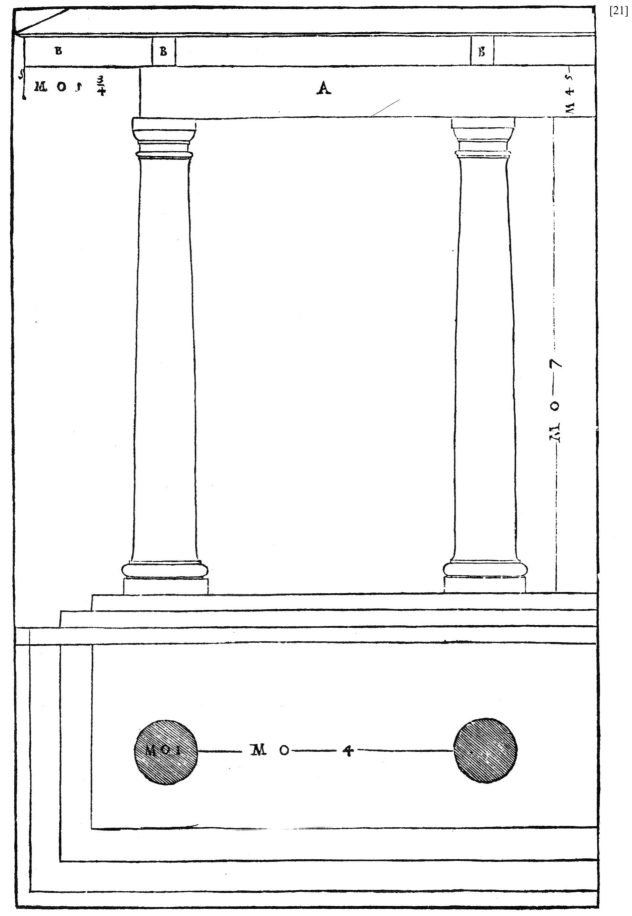

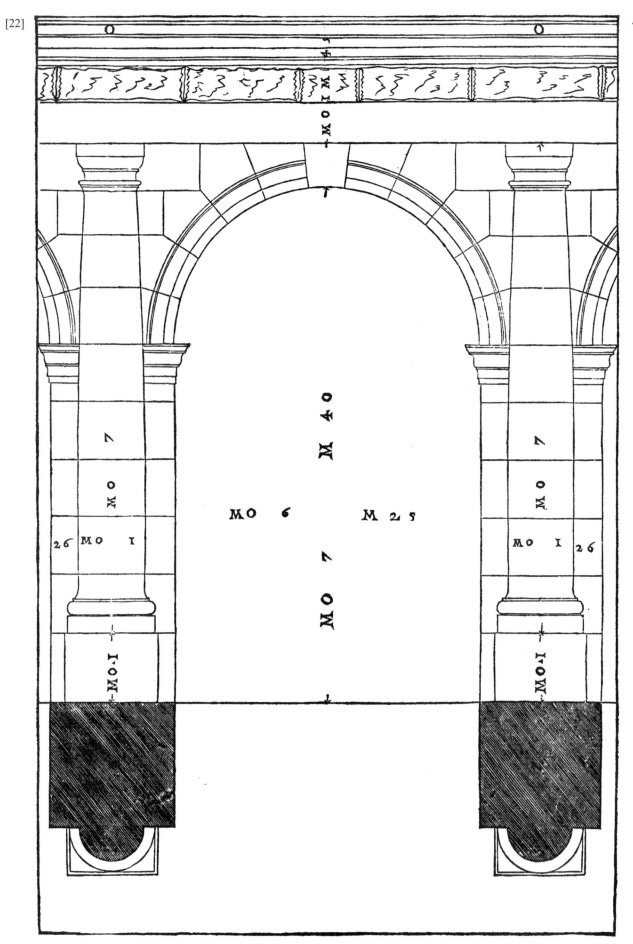

A　柱顶板
　　B　凸圆板
　　C　柱颈
　　D　圆盘条
　　E　立柱柱身上端
　　F　立柱柱身下端
　　G　柱唇
　　H　塌圆节[bastone]
　　I　底石
　　K　柱座

　　放在柱础和柱头平面旁边的轮廓图表示的是拱券的券脚石。

　　不过如果楣基为石材所造，就要采用前述关于柱间距的内容。还能看到一些可以说是用这种柱式建造的古代建筑，因为它们部分采用了这样的尺寸，如维罗纳城的露天剧场、波拉城的竞技场和剧场，[101] 以及其他许多古代建筑。我据此绘制了柱础、柱头、楣基、楣腰和楣檐①，以及拱券的券脚石的轮廓图，放在本章最后的木刻图中；并将在我关于古代建筑的书中收录所有这些建筑的设计。[102]

　　A　**gola diritta**［cyma recta］（仰杯线脚）②
　　B　**corona**（檐冠板）（即檐口滴水板）
　　C　**gocciolatoio**（檐口滴水板）所带的仰杯线脚
　　D　**cavetto**（凹圆线脚）（A—D 属于楣檐）
　　E　楣腰
　　F　楣基
　　G　盖口（cornice）**[cimacio]**
　　H　柱顶板
　　I　**gola diritta**[cyma recta]（仰杯节）
　　K　柱颈（G—K 属于柱头）
　　L　圆盘条
　　M　柱头下的立柱柱身
　　N　底部的立柱柱身
　　O　立柱的柱唇
　　P　柱础的塌圆节和 **gola**（倒仰杯节）
　　Q　柱础的底石

　　左侧与标记为 F 的楣基对应的是做得更精细的楣基的轮廓。

---

① 原文分别为 architrave，fregio 和 cornice，对应的英语为 architrave，frieze 和 cornice，它们是 entablature 的组成构件，学界译法殊异，常见有二，其一为"额枋、檐壁和檐口"，组成"檐部"；另一为"下楣、中楣和上楣"，组成"楣部"。这三个构件分别是承担荷载的主梁、遮掩次梁端头及其间空当的装饰性挡板和组织排水的挑檐，它们在词形乃至词源上都没有上中下成套的意味，不过由于它们承担的功能不同，自然形成其处于上中下的位置，因此本书中译将两种译法结合，既反映其构造，也便于记忆。或需注意，在某些情况下可将这三个构件中略去一二，如在跨度较小而无需次梁的开口上方、无需处理排水的室内部位、无需设梁的实墙顶部等。除了柱上楣部，某些开口的上方如门窗头，往往也做类似楣式处理，只是门窗楣通常比柱楣简化些，如 I，56—59 就给出了平头门窗上楣部的四种做法。
② gola 意为咽喉、脖子，帕拉第奥用以指两段互为反弯的弧线组成的复合曲线，仿佛下颌到脖颈部位的侧面轮廓。仰杯或倒仰杯（类似覆盆形）曲线向水平线趋近，垂幔（见后文 I，30）曲线向铅直线趋近。

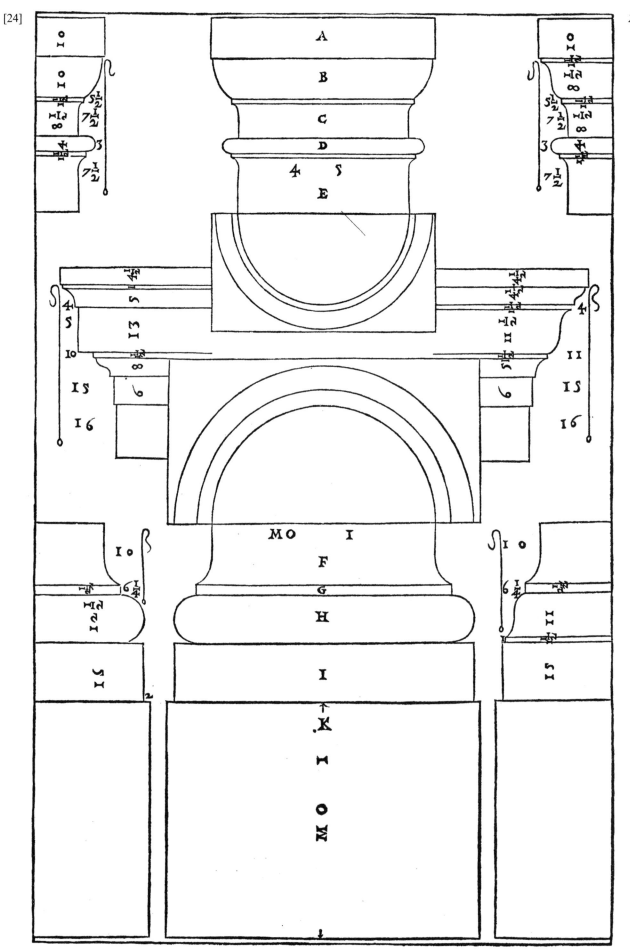

第一书

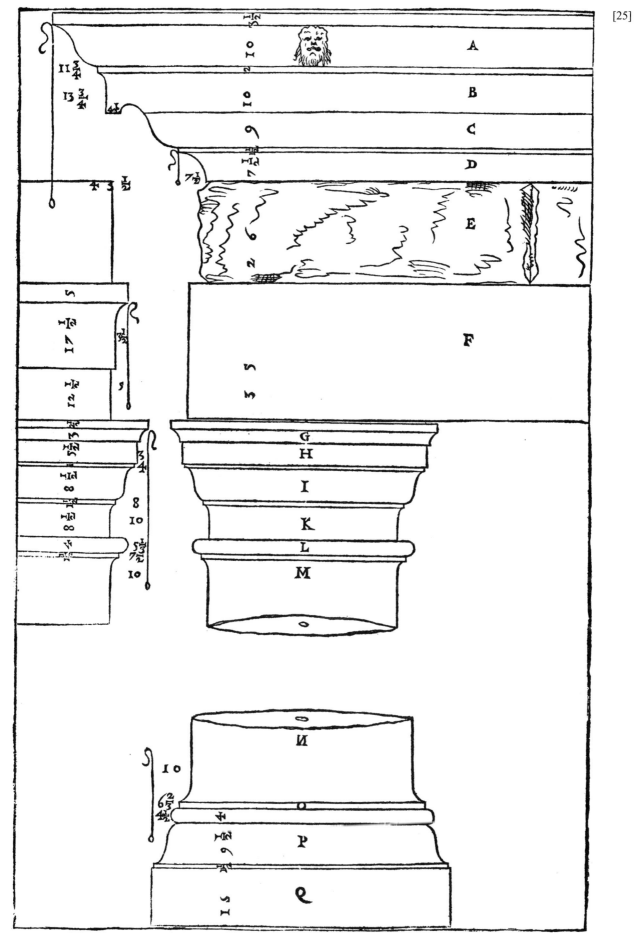

第十五章　多立克柱式

多立克柱式始创并得名于多立安人（Dorians），亚洲的希腊民族。[103] 立柱如果做成独立 **[semplice]** 无墩柱的，高度必须为七倍半或八倍大端。柱间距略少于三倍柱径，而这种柱廊是维特鲁威所谓的宽柱距式（diastyle）。[104] 但如果是有墩柱支撑的，它们的高度就应该为十七又三分之一模度①，其中包括柱础和柱头；而且我们应该记住（如我在上文第 13 章所说），仅在这种柱式中模度是柱径的一半，分为三十份，而在所有其他柱式中，模度是整个柱径，分为六十份。

我们从未看到过古人的建筑中这种柱式带有柱座**[piedestilo]**，但现代人是采用柱座的；因此当我们想要用柱座时，应该将它建造成这样：将 **dado**（座身）的立面做成正方形，据此得出其装饰的尺寸，因为要将它分成四等份；座础含其圭脚（socle，即底石）**[zocco]** 占两份，座檐（cornice）**[cimacia]** 占一份，它必须连着柱础的底石。这种类型的柱座在科林斯柱式中也可以看到，比如位于维罗纳城的称为双狮拱门（Arco de' Leoni）②的那座拱门。[105] 我收入了适合这种柱式的柱座轮廓的所有样式；它们都很优美且来自古人，并经过了精细测绘。这种柱式没有专属的柱础，因此在许多建筑中都可以看到不带柱础的立柱，如罗马马塞卢斯剧场、在那座剧场附近的皮埃塔神庙（Tempio della Pietà）③、[106] 维琴察的剧场，以及其他各处。但有时阿提卡式（Attic）柱础与它同用，格外增加了它的美感。其尺寸如下：柱础的高度是柱径的一半，并分为三等份：一份是底石或圭脚，另两份再分为四份：上塌圆节占其中一份；剩下的一分为二，其一为下塌圆节，另一为束腰节（scotia）**[cavetto]** 及其上下贴线并分为六份：一份为上贴线，另一份为下贴线，所余四份为束腰节。柱础的出涩量为柱径的六分之一。如果与柱础分开制作的话，柱唇为上塌圆节的一半；其出涩至整个柱础出涩量的三分之一。但如果柱础与立柱的一部分做成一个整体，柱唇就应做得薄些，如这种柱式的第三幅设计图所示，该图中还绘有拱券的两种券脚石。[107]

A　立柱的柱身

B　柱唇

C　上塌圆节

D　束腰节及其贴线

E　下塌圆节

F　底石或圭脚 **[plinto overo zocco]**

G　柱座的座檐

H　柱座的座身

I　柱座的座础（其实标在座础的底石部分）

K　拱券的券脚石

---

① 即八又三分之二倍"大端"（柱底径）。
② 今称莱奥尼门（Porta Leoni，双狮门），得名于其附近原来饰有两头狮子的罗马古墓，该古墓现已移至纳维桥（Ponte Navi，船桥）附近。双狮拱门是一座古罗马拱门，现余残部嵌入一所房屋中。
③ Pietà 的拉丁语词源为 Pietas，古罗马的女神，虔敬慈悯的化身。

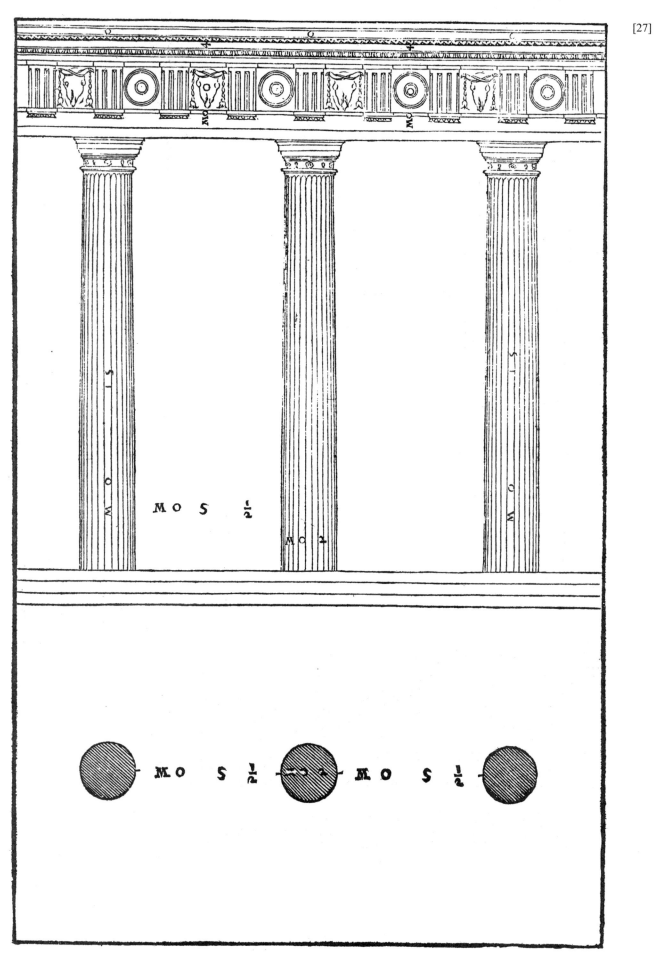

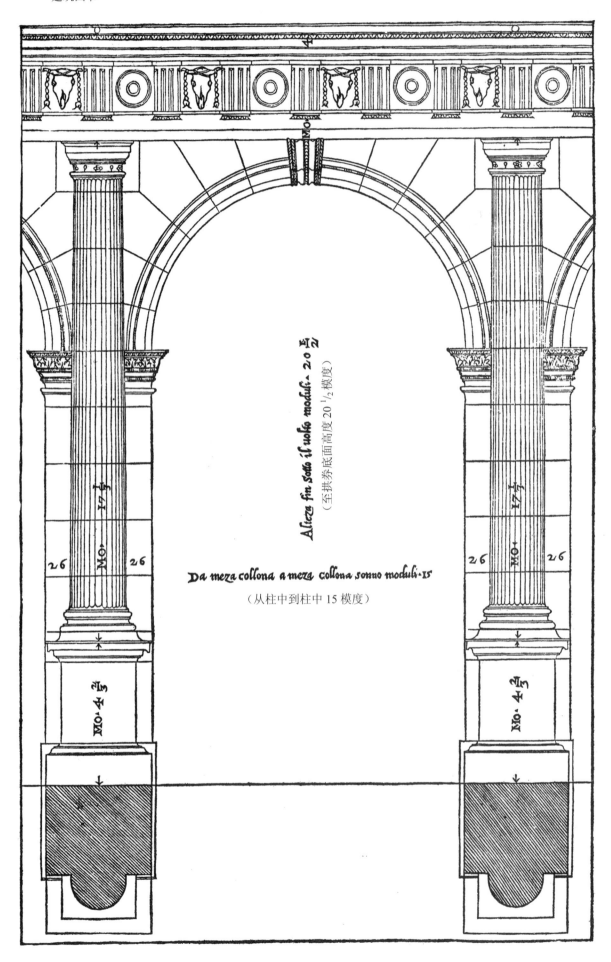

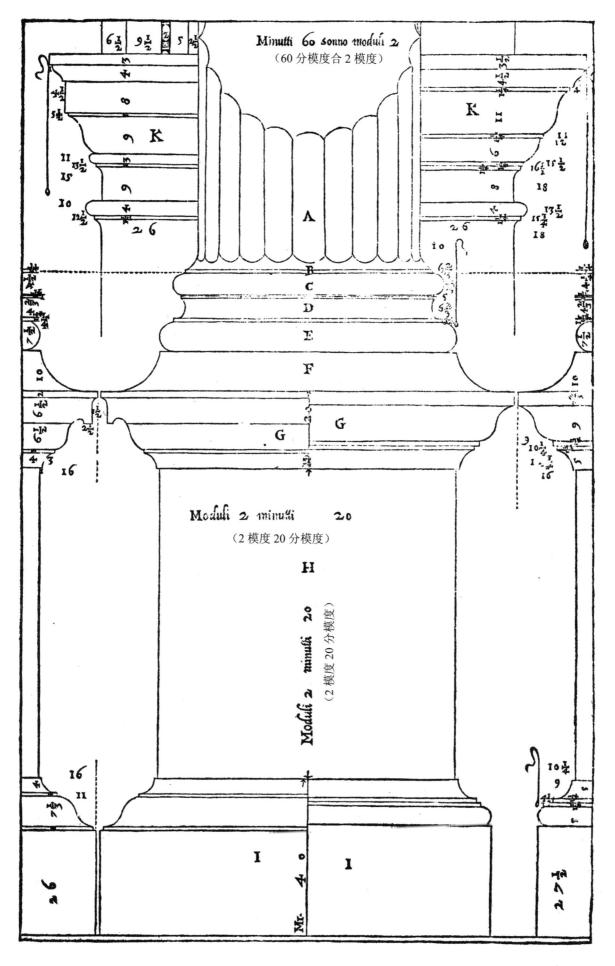

[30] 柱头高度必须为柱径的一半,分为三部分。上面的一部分为柱顶板和盖口,盖口占其中五分之二并分为三份:一份做成贴线,另两份做成 **gola**(垂幔线脚);第二个主要部分作三等份:一份是等宽的三叠环线[**anello**]或 **quadretti**(三叠方口线),另两份是凸圆板,出涩其高度的三分之二;第三部分为柱颈。整个柱头出涩柱径的五分之一。圆盘条或 **tondino**(圆箍条)与三叠环线高度相等,并出涩至柱身最底端的铅直上方;柱唇是圆箍条高度的一半,并出涩至圆箍条圆心的铅垂线。楣基建在柱头上,高度须为立柱粗细的一半,恰为一个模度。它分为七份,板脚条(taenia)或 **benda**(板底条)为一份并出涩相同尺寸;再将整个剩余的分为六份,取一份作为滴锥饰(guttae)[**goccia**]和板脚条下 **listello**(贴条)的高度,滴锥饰共有六个,贴条高度是滴锥饰的三分之一;板脚条以下剩余的另分为七份,取三份为第一[**prima**]挑口饰带,四份为第二[**seconda**]挑口饰带。楣腰为一个半模度高;三陇板为一个模度宽,它的板顶条(capital)为六分之一模度高;三陇板宽度分为六份:中间两条斜槽[**canale**]占两份,外缘两条半幅斜槽(half-grooves)占一份,其余三份取作斜槽的间隔;陇间板(metope),即三陇板之间的部位,须高宽相等。楣檐为一又六分之一模度高,分为五份半:两份取作凹圆线脚和凸圆线脚(echinus)[**ovolo**];凸圆线脚减去其下贴线的宽度就等于凹圆线脚宽度。另三份为檐冠板或 **cornice**(飞檐板),即通称的檐口滴水板,以及垂幔线脚(cyma reversa)[**gola riversa**]和仰杯线脚。檐冠板须出涩六分之四模度,它朝下的底面(soffit)对正于三陇板向外出涩的一段,沿长度方向有六个滴锥饰,沿宽度方向有三个滴锥饰,且外缘带有贴线,而对正于陇间板向外出涩的一段,有一些若花纹[**rosa**],外缘也带有贴线。滴锥饰的底面为圆形[**rotondo**],并与板脚条下铃形的滴锥饰相对应。**gola**[仰杯檐顶板(cyma)]应比檐冠板宽八分之一,并分为八份:两份为 **orlo**(顶口线),其余六份为出涩七份半的那条仰杯线脚。于是楣基、楣壁和楣檐总计为立柱高度的四分之一。这些是维特鲁威所述楣檐的尺寸,我在某些方面有所改变,调整了一些细节,将它做得略大一点。[108]

A	仰杯线脚		柱头部分:
B	垂幔线脚	N	盖口
C	檐口滴水板	O	柱顶板
D	凸圆线脚	P	凸圆板
E	凹圆线脚(A—E 属于楣檐)	Q	**gradetti**(三叠涩线)
F	三陇板的板顶条	R	柱颈
G	三陇板	S	圆盘条
H	陇间板(F—H 属于楣腰)	T	柱唇
I	**tenia**(板脚条)	V	立柱的柱身
K	滴锥饰	X	柱头平面及分三十等份的模度
L	第一挑口饰带[109]		
M	第二挑口饰带(I—M 属于楣基)		
Y	檐口滴水板的底面①		

---

① 此处对正陇间板部分的若花纹是叶片图案。

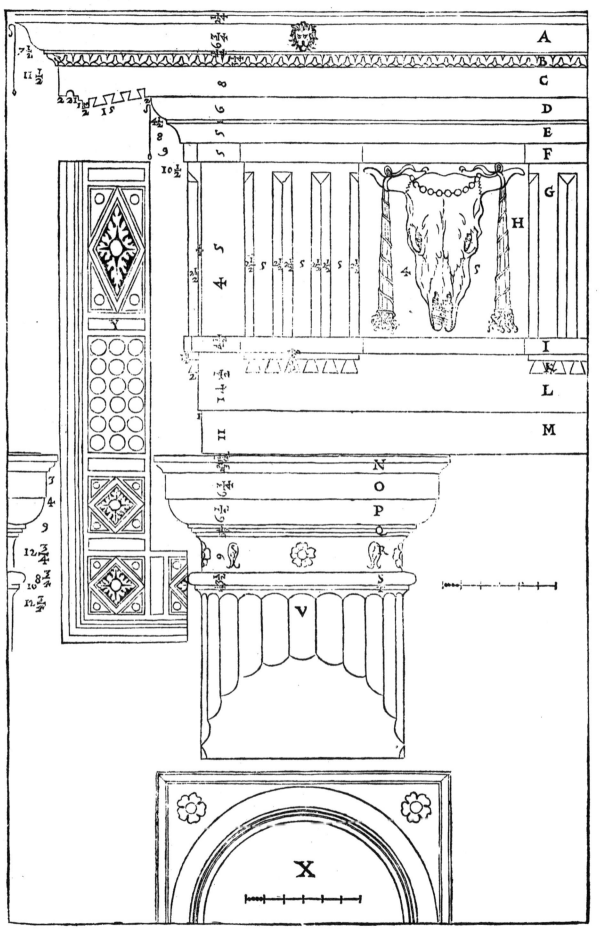

第十六章 爱奥尼亚柱式

爱奥尼亚柱式起源于爱奥尼亚（Ionia），亚洲的一个地区，书上说以弗所城（Ephesus）的狄安娜神庙（Temple of Diana）是用这种柱式建造的。[110] 立柱含柱头和柱础为九倍大端高，即是九个模度，大端是指立柱底部的直径。楣基、楣腰和楣檐为五分之一立柱高度。在表示独立柱廊的设计图中，柱间距为二又四分之一柱径，这是一种最优美得体的柱间距，被维特鲁威称为正柱距式（eustyle）。[111] 在券柱廊的设计图中，墩柱宽度为柱间空**[vano]**的三分之一，拱券的净**[in luce]**高为以此间距为边长的两个正方形。

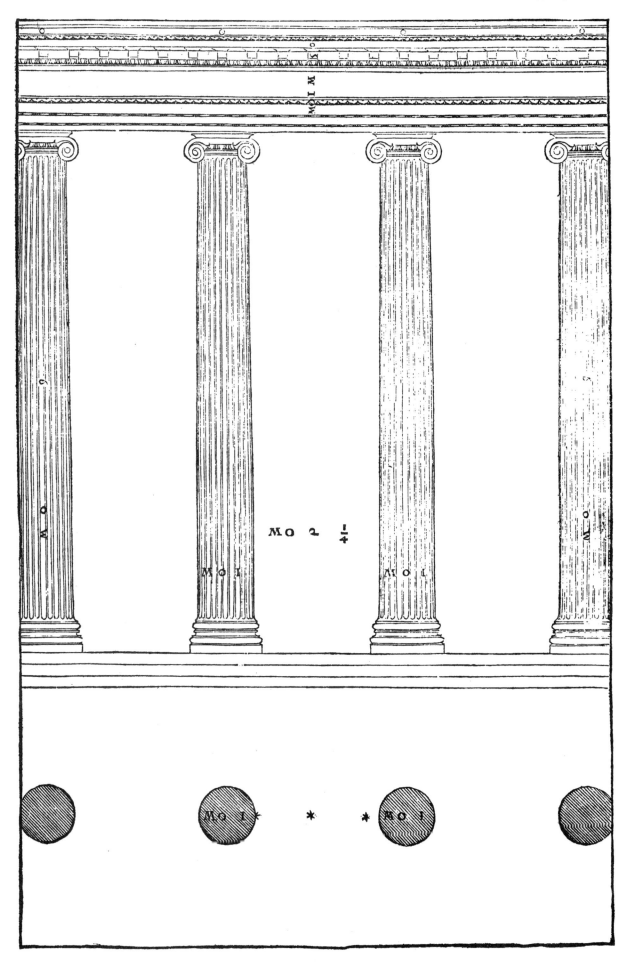

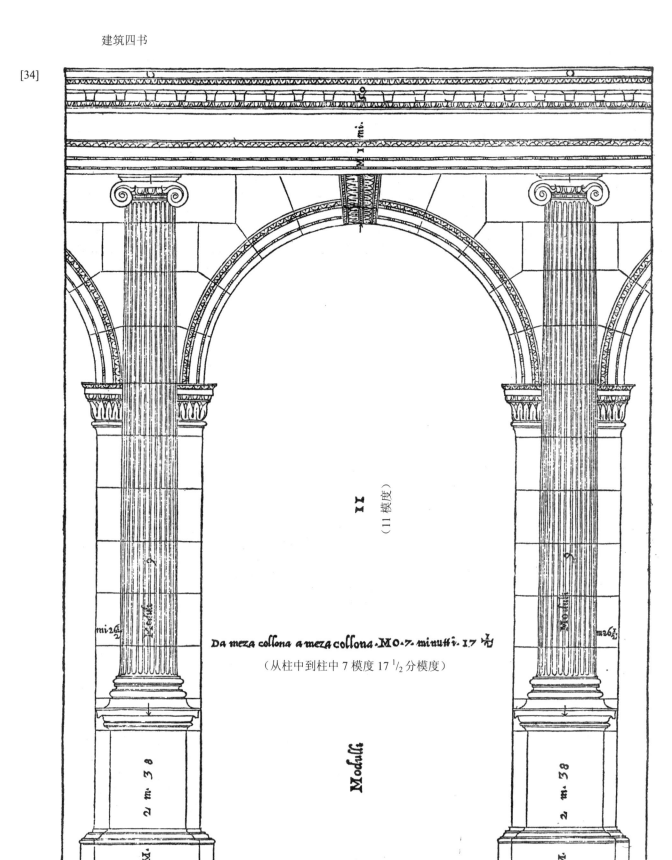

31　　如果爱奥尼亚式半圆倚柱带有柱座，如券柱廊的图所示，此柱座高度应取拱券净宽的一半；¹¹² 分为七份半，其中两份为座础，一份为座檐，四份半留给座身，也就是中段的垂直面。爱奥尼亚柱式的柱础高 **[grosso]** 为半个模度 ¹¹³ 并分为三部分：一是圭脚（plinth），出涩至八分之三 ¹¹⁴ 模度；另两部分作七份：塌圆节占三份，所余四份又再分成两份：其一为上束腰节，另一为下束腰节，下者出涩要大于上者。① 圆盘条须为束腰节的八分之一，立柱的柱唇为柱础的塌圆节的三分之一；但如果柱础作为柱身的一部分，柱唇就应做得薄些，如我所述多立克柱式的类似做法。柱唇出涩至前者出涩量的一半。¹¹⁵ 这些是维特鲁威所述爱奥尼亚式柱础的尺寸。¹¹⁶ 但因为我们能看到在许多古代建筑中采用阿提卡式柱础，这是我极为喜爱的类型，因此我在柱座上绘制了在柱唇下带塌圆小条（little torus）**[bastoncino]** 的阿提卡式柱础，尽管我并非忽视维特鲁威所告诉我们的柱础类型。图中标记"L"是建造拱券的券脚石的两种不同轮廓，每种都标注了尺寸的数字，指的是分模度（minutes of the module），就像我在所有其他图中所标注的。该券脚石高度为支承拱券的那部分墩柱宽度的一倍半。

[35]

A　立柱的柱身
B　带柱唇的圆箍条②；这些都属于柱身部分
C　上塌圆节
D　束腰节
E　下塌圆节
F　连接着座檐的柱础的底石
G　柱座的两种类型的座檐
H　柱座的座身
I　柱座的两种类型的座础
K　座础的底石
L　拱券的券脚石

---

① 这一段描述为 I, 34 图中的柱础做法。
② 即上文所说的塌圆小条。

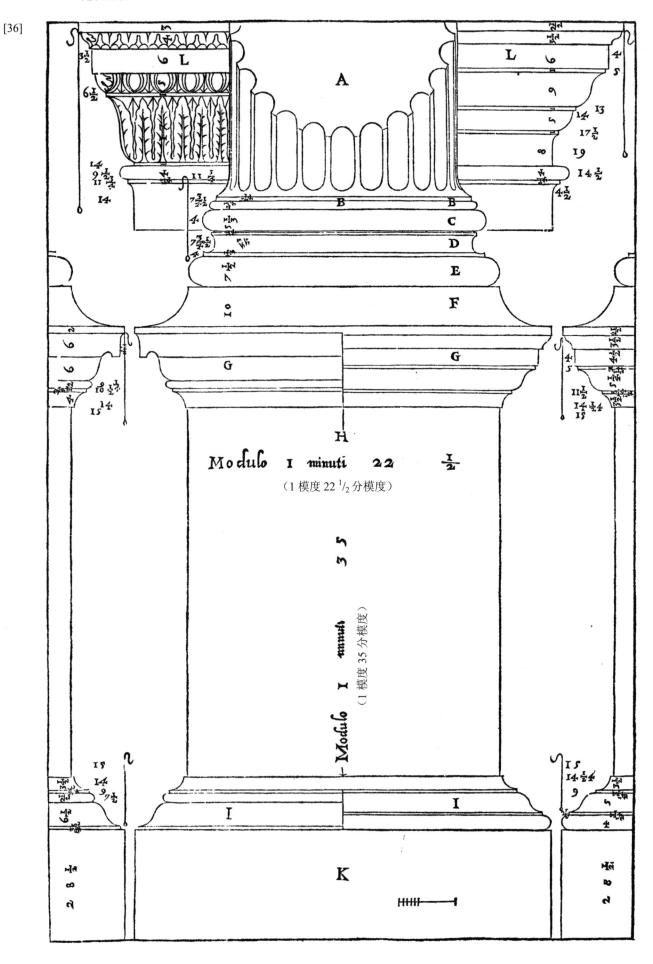

33　　做柱头要将立柱的脚**[piede]**宽（即底径）分为十八份，柱顶板的长与宽相当于这样十九份，这份数的一半为带涡卷饰（volute）的柱头高度，所以柱头为九份半高。一份半为柱顶板及其盖口；另八份为涡卷饰，其构造就是这样。[117] 从柱顶板上盖口的一端向内收十九份中的一份，恰恰从这一点向下作铅垂线，称为 **catheto**（垂直分涡线），它将涡卷饰一分为二，在这条线上将涡卷饰分为上四又二分之一份和下三又二分之一份的点即为涡卷眼的中心，涡卷眼的直径为这八份中的一份；过该中心点画一条线，与垂直分涡线正交，将涡卷饰分为四部分。然后在涡卷眼内画一个正方形，（边长）为涡卷眼直径尺寸的一半，再作其对角线，圆规的一支脚必须依序严密地放在对角线的一些点上以做出涡卷饰（渐近螺旋线）①，算上涡卷眼的圆心共有十三个作为圆心的点，顺序按照图中数字所示。立柱的圆盘条与涡卷眼齐平。涡卷饰中点处②的宽度须与凸圆板的出涩量相等，那也正好是超出柱顶板外相当于涡卷眼尺寸的量。涡卷饰的浅槽与立柱的柱身取齐。立柱的圆盘条绕在涡卷饰之下，总是看得到，如平面图所示；柔软的东西，比如涡卷饰，势必屈服于坚硬的东西，比如圆盘条，这是理所当然的，而且涡卷饰总是离开它相同距离。在爱奥尼亚式柱廊或列柱门廊（colonnades or porticoes）**[colonnato, portico]** 的角部，柱头如果是以常规方式建造的话，通常做成不仅在正面有涡卷饰，而且在侧面也有，这样它们就在相邻的两个面上都有涡卷饰了；它们称为角柱头（angel captials），我将在本书关于神庙的部分解释如何建造它们。[118]

[37]

A　柱顶板　　B　涡卷饰的浅槽或 incavo（涡槽）　　C　凸圆板

D　凸圆板下的圆箍条　　E　柱唇

F　立柱的柱身　　G　称为垂直分涡线的线

　　在柱头平面图中这些要素**[membro]**都以同样的字母表示。

S　大比例的涡卷眼

　　按照维特鲁威所述的柱础要素：

K　立柱的柱身　　L　柱唇　　M　塌圆节　　N　第一束腰节

O　圆箍条　　P　第二束腰节　　Q　底石　　R　出涩量

---

① 原文 in quelle si fanno i punti, ove deue esser messo nel far la Voluta il piede immobile del compasso；英译为 establishes along them the points where one point **[piede]** of the compass must be kept fixed when constructing the volute（作涡卷饰曲线时圆周上的一个点必须固定在沿着对角线的这些点上设定），这是说不通的；韦尔本译作 Upon which lines the points are marked where on the fixed foot of the compasses must be placed in forming the volute（作涡卷饰曲线时圆规的固定脚必须放在对角线上被标记出来的这些点上），则比较合乎原意；中译倾向于后者，并兼顾英译的措辞。英译者将 punti（punto 的复数，指对角线上的那十二个点）译为（复数）points（点），这是正确的，但将 piede（指圆规的只转动不移动的那支脚）也译为（单数）point（点），这就过于穿凿了（英译者附加的术语词汇表 piede 条目也没有这个解释，不能自圆其说），而将土词 piede 后面直接修饰它的形容词 immobile（固定的）译为 kept fixed 也有些牵强。造成这种曲解的原因可能是，英译者没有理解借助一种绘图仪器来作图的过程，而只看到作为结果的几个点和那条复杂的涡卷饰曲线，于是将意大利语中单数形式单数意义的 compasso（圆规）直接转写为英语的单数形式单数意义的 compass（范围、界限、指南针、罗盘），而不是复数形式单数意义的 compasses（圆规），圆规有两只"脚"（意大利语 piede/piedi，相当于英语 foot/feet），而不是"点"（英语 piont/points）。类似错误还见于 I, 42, 56 等处的英译，参见相关中译者注。

② 指与过涡卷眼中心的水平线相交的次外侧那一处，即涡卷饰渐近螺旋线第五段与第六段的相接处。

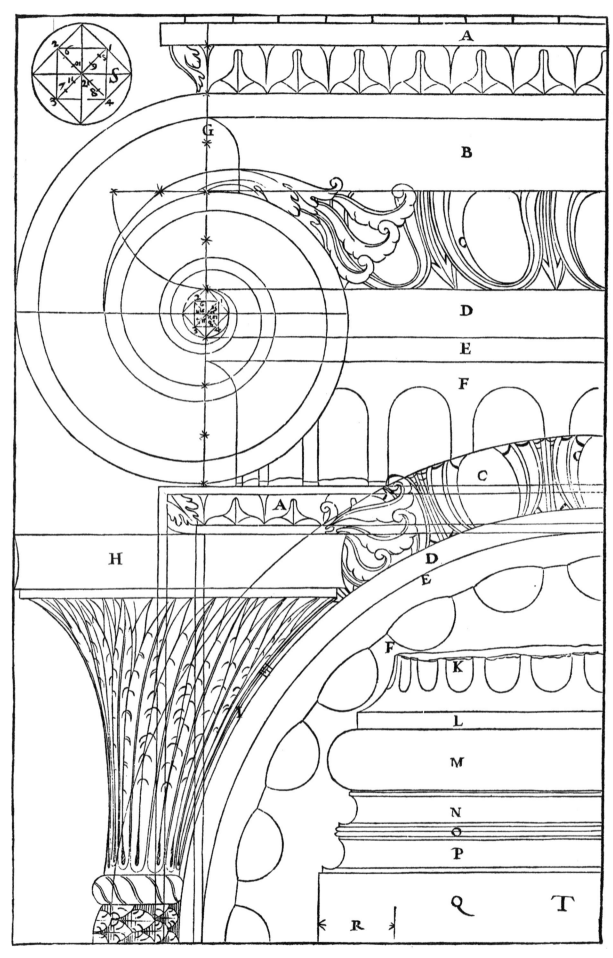

35　　　　楣基、楣腰和楣檐（如我说过的）为立柱高的五分之一，它们作为整体须分为十二份。 [39]
楣基占四份，楣腰三份，楣檐五份。楣基分为五份，其中一份为其盖口，其余的再分为十二
份：三份为第一挑口饰带及其圆盘条，四份为第二挑口饰带及其圆盘条，五份为第三挑口饰
带。楣檐分为七又四分之三份：两份为凹圆线脚和凸圆线脚，两份为檐底托，三又四分之三
份为檐冠板和仰杯檐顶板；楣檐出涩等于其高度。[119] 我画出了柱头的正面、侧面和平面以
及带有浮雕工艺的楣基、楣腰和楣檐。

A　仰杯线脚

B　垂幔线脚

C　檐冠板［檐口滴水板］

D　檐底托的盖口（做法为垂幔线脚）

E　檐底托

F　凸圆线脚

G　凹圆线脚（A—G 属于楣檐）

H　楣腰

I　楣基的盖口（做法为垂幔线脚及其上的贴线）

K　第一挑口饰带[120]

L　第二挑口饰带

M　第三挑口饰带（I—M 属于楣基）

　　柱头的构件：

N　柱顶板

O　涡卷饰的涡槽

P　凸圆板

Q　立柱的圆箍条或圆盘条

R　立柱的柱身

　　若花纹在（对正于）檐底托间隔的楣檐（的檐口滴水板）底面上。

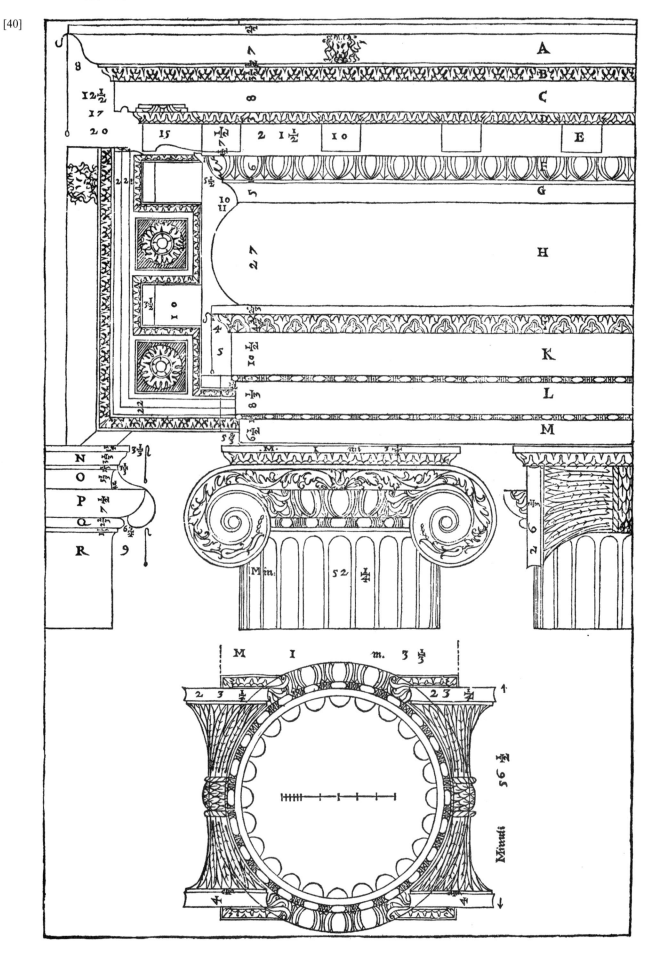

第十七章　科林斯柱式

科林斯柱式比上述几种更华丽更修长，最初来自于科林斯，伯罗奔尼撒半岛（Peloponnese）最著名的城市。[121] 这种立柱类似于爱奥尼亚式，连柱础和柱头在内为九个半模度长。如果立柱刻槽则必须为二十四凹槽，深度为宽度的一半。**Pianuzzi**（槽背），或凹槽的间隔，尺寸为凹槽宽度的三分之一。楣基、楣腰和楣檐是立柱高度的五分之一。在独立柱廊的图中柱间距为两倍柱径，如罗马圣马利亚圆形教堂的列柱廊，这种柱廊被维特鲁威称为窄柱距式（sistyle）。[122] 在券柱廊中，墩柱宽度为拱券净宽的五分之二，拱券净高为以此净宽为边长的两个半正方形，包括拱券的拱缘厚度。

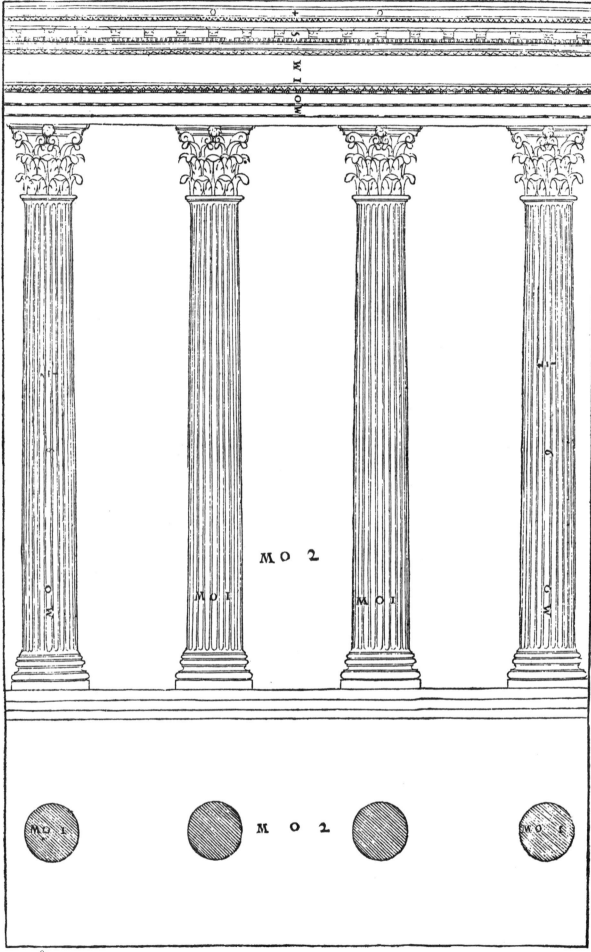

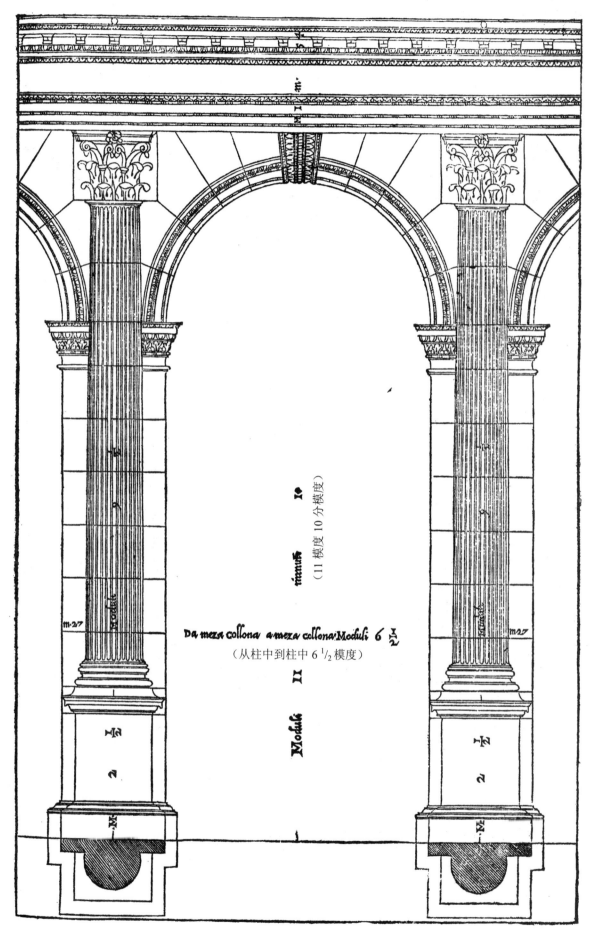

[44]　科林斯式立柱之下柱座的高度应为立柱的四分之一 [123]，分为八份：一份为座檐，两份为座础，五份为座身①。座础分三份：两份给圭脚，一份给倒座檐。立柱的柱础是阿提卡式，但在这种柱式中不同于多立克柱式中，因为它出涩五分之一柱径。在其他一些细节上也可以有所不同，比如图示的券脚石处也表现了差异；券脚石高度为墩柱侧贴[membretto]即支承拱券的那部分墩柱宽度的一倍半。

40 错印为 42

A　立柱的柱身

B　立柱的柱唇和圆箍条

C　上塌圆节

D　带有圆盘条的束腰节

E　下塌圆节

F　连在柱座的座檐上面的柱础的底石

G　柱座的座檐

H　柱座的座身

I　柱座座础的倒座檐

K　柱座座础的底石

　　券脚石画在立柱旁边。

---

① 上文多立克柱式和爱奥尼亚柱式的第三幅图中，柱座部位高度方向标注的尺寸都是座身高度，分别为 Moduli 2 minuti 20（即 2 模度 20 分模度）和 Modulo 1 minuti 35（即 1 模度 35 分模度），而此处科林斯柱式以及下文组合柱式的第三幅图中，柱座部位高度方向标注的尺寸是整个柱座（包括座檐、座身、座础）高度，分别为 Moduli 2 $\frac{1}{2}$（即 2 $\frac{1}{2}$ 模度）和 MO 3 1 $\frac{1}{3}$（即 3 模度 1 $\frac{1}{3}$ 分模度）。另外，科林斯柱式的第三幅图中，柱座部位宽度方向标注的尺寸 Moduli 1 minutti 24，其中 1 模度也作复数 Moduli，应为笔误；比较上文 I, 32 图中相同部位的标注，为 Modulo 1 minuti 22 $\frac{1}{2}$，1 模度拼写作单数 Modulo。

错印为 43

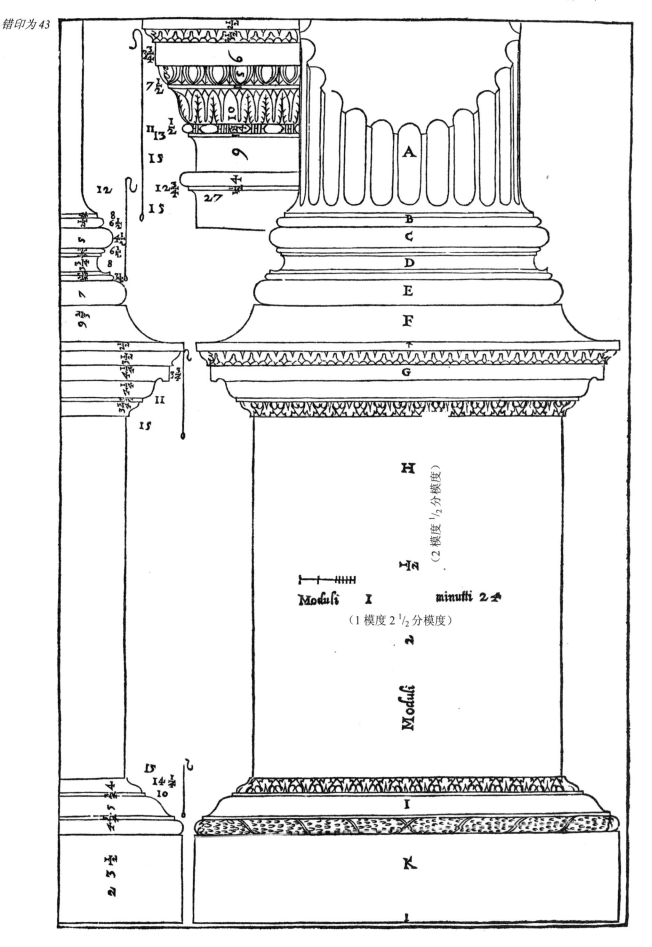

[46]　　科林斯柱头的高度等于立柱最低点的宽度（即柱径）再加六分之一作为柱顶板；其余的分为三等份。最下面的第一份给第一卷叶饰[prima foglia]，第二份给第二卷叶饰，接下来第三份一分为二；caulicoli（卷叶须）做得最靠近柱顶板，仿佛顺着支承它们的卷叶饰并从卷叶饰那里弹起；它们生发处的梗要做得粗，随着螺旋上升[avolgimento]，卷叶须会变得越来越细；在这一点上，我们应该以植物为榜样，它们就是下端比上端更粗。钟体（bell）[campana]，即卷叶饰（foliage）表面之下柱头的基体[vivo]，其外周必须垂直对应立柱上凹槽的槽底。为保证柱顶板正确地出涩，必须作一个边长为一个半模度的正方形[quadrato]，然后作对角线；它们会在中点处相交，将圆规的一支脚放在这一点上，向正方形四角各一个模度的位置作标记①，在各标记点作与对角线垂直的线段，长度抵到正方形的两个邻边；这些线段将限定出涩量，线段的长度就是柱顶板的顶板角（horns）[corno]的宽度。顶板曲边（curvature），即**scemità**的作法，是从一个顶板角（的中点）到另一顶板角（的中点）作一条连线，（以此为边长）找到一个顶点连成正三角形，（以该点为圆心过顶板角中点作弧，）其底边（即正三角形所在扇形的弧）就是顶板曲边②。然后从顶板角的尽端到柱身的圆盘条，即圆箍条的外缘作连线，并使卷叶饰的叶舌[lingua]抵到此连线，或略有超出，这就是它们的出涩量。顶板花饰[rosa]③的宽度须为立柱底部[da piedi]直径的四分之一。楣基、楣腰和楣檐（如我说过的）为立柱高度的五分之一，整体分为十二份，如同爱奥尼亚柱式那样，但在本柱式中不同之处在于楣檐分为八份半：一份为**intavolato**（喉颈线脚）④，另一份为齿饰（dentilation）[dentello]，第三份为凸圆线脚，第四和第五份为檐底托，剩下的三份半为檐冠板和仰杯檐顶板。楣檐的出涩量等于其高度。檐底托之间饰有若花纹的分仓天花（coffers）[cassa]须为正方形，檐底托宽度须为饰有若花纹的那段间距的一半。这种柱式的构件[membro]没有像前面那样用字母标记，因为可以很容易根据上文所述识别它们。

---

① 原文 si pone il <u>piede immobile</u> del <u>compasso</u> e verso ciascun angolo del quadrate si segna un modulo；英译为 <u>fix</u> one <u>point</u> [piede] of the <u>compass</u>, and toward each corner of the square draw a line a module long from the central point；韦尔本译作 the <u>fixed point</u> of the <u>compasses</u> ought to be placed, and towards every angle of the square a module is to be marked；英译者再次将 compasso 译作 compass 而不是 compasses，将 piede 译作 point 而不是 foot，将形容词 immobile 译作动词 fix 而不是形容词 fixed。参见 I, 33 的中译者注①。

② 原文 La curuatura, overo scemità si farà allungando un filo dall'un corno all'altro, e pigliando il <u>punto</u>, onde viene a formarsi un triangolo, la cui <u>basa</u> è la scemità；英译为 The curvature, that is, the **scemità**, will be made by extending a line from one horn [corno] to the other, and by taking the point where a triangle is formed, the base of which constitutes the curvature [scemità]；韦尔本译作 The curvature, or diminution, is made by drawing a thread from one horn to the other, and taking the point where the triangle is formed whose base is the dimininution. 图示没有给出这个作为辅助线的三角形，两种英译都符合原文的文字，但都没有明确如何找到那个作为三角形顶点的点（punto），按中译补充说明作出的底边（basa），或者说顶板曲边与图示非常接近；另外IV, 110 右上角表示四分之一柱头平面的轮廓图下方有一条斜线，可能暗示了这种方法；IV, 101 柱头平面图也有暗示。同时代的塞利奥和维尼奥拉也是用类似方法作出顶板曲边，尽管具体尺寸略有差异，而帕拉第奥的方法比塞利奥的更单纯，比维尼奥拉的更精确，参见哈特和希克斯的英译本《塞巴斯蒂亚诺·塞利奥论建筑》（*Sebastiano Serlio on archutecture*, Yale University Press, New Haven & London, 1996）第 341 页，以及利克（John Leeke）的英译本《建筑五种柱式的法式》（*Canon of the Five Orders of Architecture*, Dover Publications, Inc., New York, 2011）图版第 24 页。

③ 此处指柱顶板各曲边正中的花朵形（在 I, 50 中为叶片形）装饰构件，共四个，而不是下文檐口滴水板底面分仓天花的若花纹。

④ 同垂幔线脚，参见 IV, 55 中的英译。

第一书

[47]

87

[48]

第十八章　组合柱式

组合柱式，也称为拉丁柱式（Latin order），由古代罗马人发明，之所以这样命名，是因为它是上述两种柱式的组合体；由爱奥尼亚式与科林斯式组合而成的这种柱式最是齐整，搭配孔嘉。[124] 它比科林斯式更修长且所有部分都与之相似，除了柱头。立柱须为十模度长。在独立柱廊的图中，柱间距为一倍半柱径，被维特鲁威称为密柱距式（picnostyle）。[125] 而在表示券柱廊的图中，墩柱宽度为拱券净宽的一半，拱券从拱圈（vault）以下为以此净宽为边长的两个半正方形高。

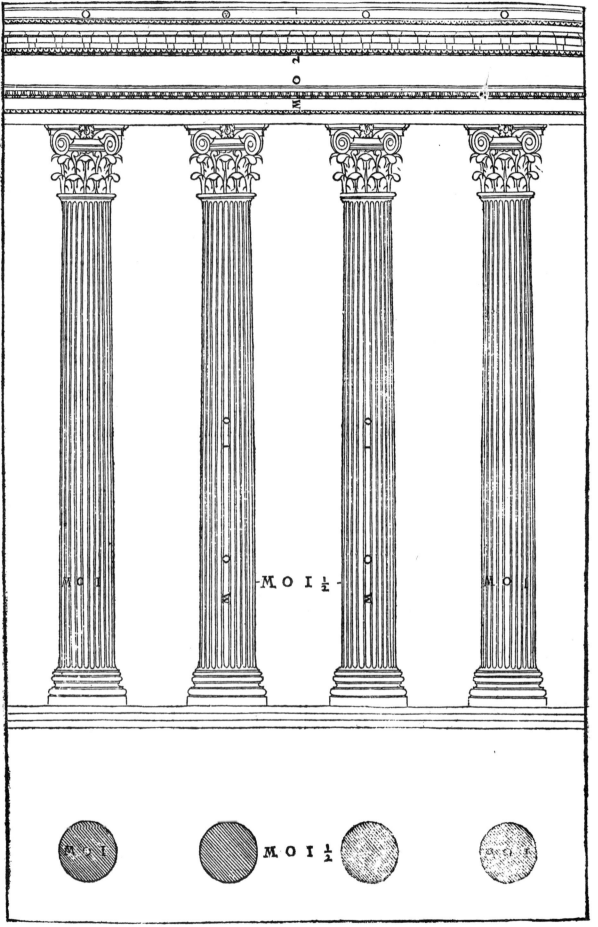

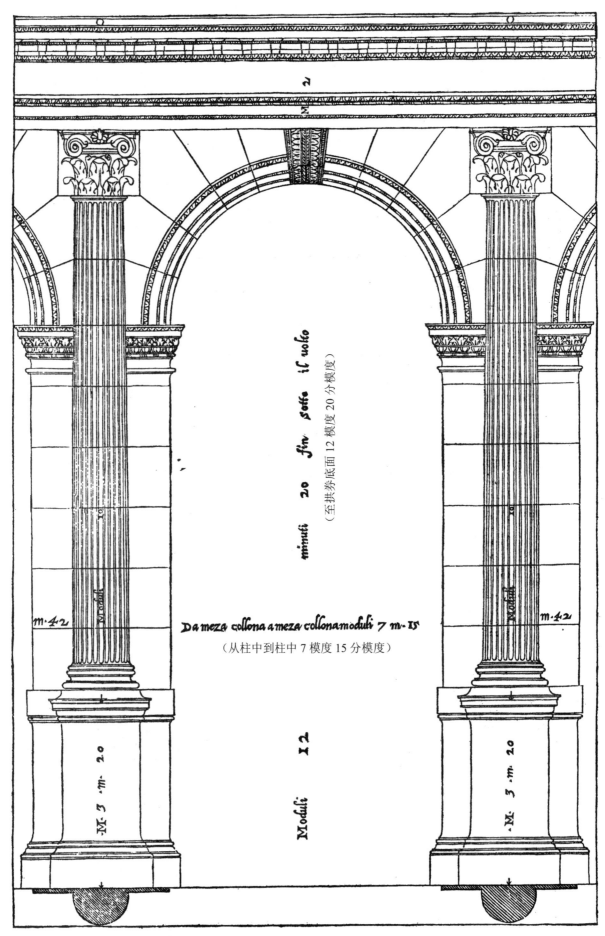

47 　　因为（如我说过的）这种柱式须比科林斯式更修长，它的柱座高度是立柱的三分之一，分为八份半。一份为连着柱础的座檐，五份半为座身。柱座的座础分为三份：两份为圭脚，一份为塌圆节和倒仰杯线脚（gola）。柱础可以是阿提卡式，像在科林斯柱式中那样，也可以将阿提卡式与爱奥尼亚式的要素组合起来，如图所示。拱券的券脚石的轮廓图在柱座垂直面 [piano]旁边，其高度等于墩柱侧贴的宽度。[126]

[51]

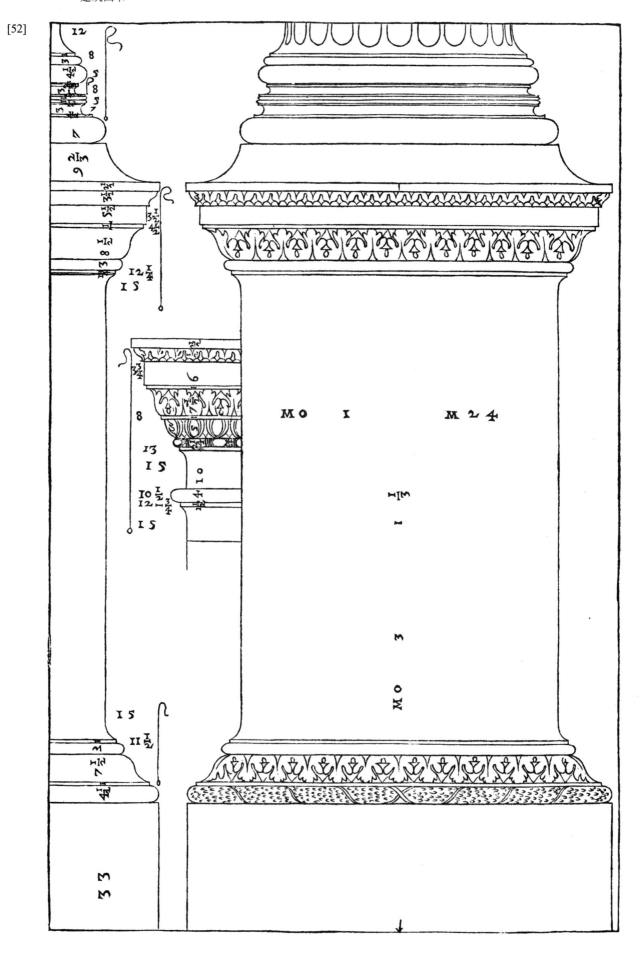

组合式的柱头与科林斯式的尺寸相同，但与它不同之处在于有涡卷饰、卵箭纹线脚（egg-and-dart）**[ovolo]**（饰于凸圆板）和串珠纹线脚（bead-and-reel）**[fusarolo]**（饰于圆盘条），这些要素是爱奥尼亚式所特有的。柱头的做法如下：像科林斯柱头那样，从柱顶板以下将柱头分为三部分。第一部分为第一卷叶饰，第二部分为第二卷叶饰，第三部分为涡卷饰，它是利用我在爱奥尼亚柱式中所述的同样方法和同样的（涡卷眼中的十三个）点作出的[①]；涡卷饰侵入柱顶板偌大一截，仿佛从紧邻顶板卉饰**[fiore]**的凸圆板上长出来，顶板卉饰放在柱顶板的曲边中间；涡卷饰的端面与顶板角的切角面（chamfering）**[smusso]**宽度是相等的，或略宽少许。凸圆板为柱顶板的五分之三高；它的下缘开始于与涡卷眼下缘齐平处[②]；出涩其自身高度的四分之三，并且出涩量垂直对正顶板曲边 [127] 或略多出。串珠纹线脚为凸圆板高度的三分之一；出涩稍稍大于其自身高度的一半，它总是看得到，因为它在涡卷饰下环绕柱头。串珠纹线脚下面的 **gradetto**（涩线）形成柱头钟体的唇沿（rim）**[orlo]**，尺寸为串珠纹线脚的一半。柱头基体的外表面在立柱凹槽底的垂直上方。我在罗马城看到了一个这种类型的柱头，量取了它的尺寸，因为在我看来它特别有吸引力，而且制作极为精良。我们还可以看到以其他方式做成的可称为组合式的柱头，对此我会在关于古迹的卷册中描述和给予图示。[③]

楣基、楣腰和楣壁为立柱高的五分之一，根据上文对其他柱式的叙述，并通过图中所带的数据可以完全弄清楚它们是如何划分的。[128]

[53]

[①] 原文 e con quei medesimi punti, co i quali s'è detto, che si fa la Ionica；英译为 and with the same compass points as I described in the case of Ionic，其中 compass 一词为英译者所加，但上文讲爱奥尼亚柱头的涡卷饰做法时的圆规（conpass）的"脚"（point）是单数，而此处却是用复数 points 翻译 punti（点），可见这些"点"不是圆规的"脚"；韦尔本译作 and with the same points with which it was said the Ionick was made。

[②] 从图上看应该是凸圆板的下缘与涡卷眼的上缘齐平，I, 36 爱奥尼亚式柱头的情况也是如此，I, 34 的图则更清楚。

[③] 如 IV, 124 所描述的柱头，以及 IV, 127 的图示。

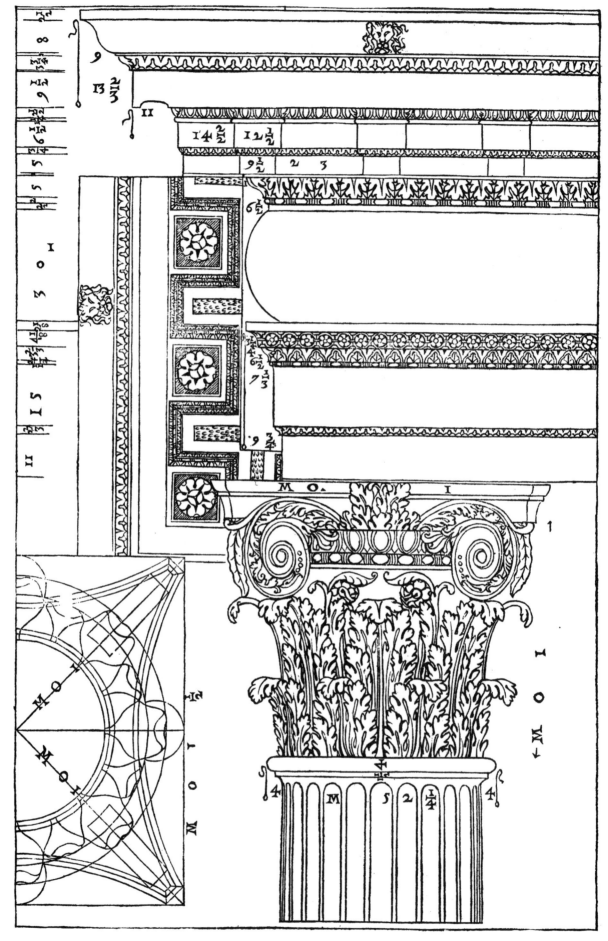

第十九章　柱座

至此我已叙述了关于墙体本身及其装饰的最基本内容，并特别谈到了可以应用于每种柱式的柱座。看来古人并没有制定这样一条法则，就是让用于一种柱式的柱座比用于另一种的大一些；然而当明智地建造这个部分，使它与其他部分比例恰当时，会大大有助于美观和装饰性。因此，为了使建筑师充分了解柱座，并能够根据情况采用它们，应当知道有时古人建造正方形柱座，其高与宽相等，如维罗纳城的双狮拱门。我为多立克柱式配上了这类柱座，因为这种柱式要求稳健。有时古人采用净距离建造柱座，如罗马新圣玛利亚教堂（S. Maria Nova）附近的提图斯凯旋门（Arch of Titus）[129] 和安科纳城（Ancona）港口的图拉真凯旋门（Arch of Trajan），[130] 其柱座高为拱券净宽的一半①；我将这类柱座用在了爱奥尼亚柱式。又有时古人从柱高得出柱座尺寸，如我们看到，位于苏萨（Susa）的纪念奥古斯都·恺撒（Augustus Caesar）的凯旋门，[131] 苏萨是位于意大利与法兰西分界的山脚下的小镇；还有位于达尔马提亚（Dalmatia）②的一个城市波拉的凯旋门，[132] 以及罗马城的爱奥尼亚柱式与科林斯柱式的竞技场。[133] 在这些建筑中，柱座为立柱高的四分之一，就像在我的科林斯柱式中所做的那样。在维罗纳城特别优美的维奇奥城堡凯旋门（Arco di Castelvecchio）中，柱座高为立柱高的三分之一；[134] 我将这种比例用于组合柱式。这些是非常优美的柱座类型，与其他构件的比例关系良好。当维特鲁威在第六书中讨论剧场时，[135] 提到 **poggio**（柱台）是用来美化舞台布景的立柱长度的三分之一，要明白柱台同柱座是一回事。但是，在罗马君士坦丁凯旋门（Arch of Constantine）上，[136] 可以看到柱座超过立柱的三分之一高，该柱座为柱高的两份半（分之一）。[137] 在可以观察到的几乎所有古代柱座中，座础多为座檐高度的两倍，正如将在我关于拱门的卷册中看到的那样。

第二十章　妄作

我以所看到的古代实践叙述了建筑的装饰，即五种柱式，告知了它们应如何做出来，并用线条图提供了它们所有部分的轮廓，这多少有点意在警示读者尚有不少可见到的，由蛮族掺进来的妄作③，建筑这门技艺的专家们借此可以在自己的作品中提防这些做法，并在别人的作品中认出它们。因此，我十分肯定，由于建筑的模仿性质（所有其他技艺亦然），不能容忍任何使它与自然情况相隔阂相疏远的东西；所以我们看到那些曾经用木材建造过这些建筑的古代建筑师们开始用起石材，他们建立了这样一条法则，即立柱顶部应比底部更细，他们仿效的样板——树木——就总是在树梢处比在树干和近树根处更细。按类似道理，由于那些上面负有重荷的物体理所当然**[convenevole]**会被压缩，古人就在立柱底下放了柱础，带有塌圆节和束腰节，像要被上面的重荷压垮的样子。同样，他们又在楣檐插入三陇板、檐底托和齿饰，代表他们放在顶棚**[palcho]**上支承屋顶的次梁④的端头。[138] 如果想一想，就完全能

---

① 原文 doue il Piedestilo è alto per la metà della luce dell'Arco；英译为 where the pedestal is as tall as half the clear <u>height</u> of the arch，其中的 height 是英译者加上的，原文中未明确是净高还是净宽；韦尔本译作 where the height of the pedestal is half the void of the arch；从本书的图示和注释 129 和 130 所引证的塞利奥的图示来看，应该是指拱券的净宽。
② 历史地名，大致在克罗地亚和斯洛文尼亚的近海一带，曾长期受威尼斯共和国控制。
③ 帕拉第奥视古典柱式做法为严旨，对那些不遵"古法"、恣意妄为的变式做法持严厉的批评态度。虽然他本人的作品中也有一些变化手法被认为具有手法主义倾向，但他从未背离自己所尊崇的古典原则。
④ 楣基即主梁，其上直接支承屋顶的是与其垂直的次梁。

[56] 理解这道理同样适用于房屋所有其他部位；由此一来，我们不能不诅咒那样一种建造方式，它背离了事物自然规律的指导，背离了她的造物所表现的朴素，仿佛生造出自然的另一种虚妄版本，也背离了真、善、美的建造方式。[139] 因此不应该用扁涡饰（scrolls）**[cartella]**，也称 **cartocci**（盘涡饰），来替代起承重作用的立柱及壁柱。扁涡饰造型的繁杂**[involgimento]**，会削弱洞察力，给那些不明就里的人带来疑惑而非愉悦；它们除了增加兴建者的成本之外别无他用。同理也不要让任何扁涡饰从楣檐冒出来，[140] 因为最根本的一点在于楣檐各个部分的做法应考虑到特定的效果，并且依榜样而行，也就是依照还是用木材建造房屋时所能看到的榜样；此外还有，为了支承荷载，要用一些坚固、能负重的东西方为合适；无疑这种扁涡饰会毫无意义，因为一根木梁或一块木头不可能产生它们所表现的效果。而且，既然它们本来是柔软的、可卷曲的，我想不出任何理由为什么有人要将它们放在坚硬沉重的东西下面。但是，在我看来有种妄作很严重，就是在门、窗和敞廊上建造中间断开的山花（tympanums）[①]，因为建造山花是为了突显建筑屋顶的倾斜**[piovere]**，那是最早的建造者顺应需求本身的指引，将屋脊**[colmo]**建造在中间而形成的；建筑的屋顶本来是为了保护居住者，还有待在他们的房子里躲避雨雪冰雹的那些人；而将这个部位折断，我想不出做任何事比这样更加与自然规律背道而驰。尽管多样化和新颖感肯定会取悦每个人，但是，我们不应该做任何违背这门技艺的规律、违背显而易见的道理的事情；因此，我们看到，古人也作出变化，但是他们从不背离这门技艺的某些普遍的基本法则，我将在关于古迹的卷册中谈到这个。[141] 至于楣檐和其他装饰件的出涩量，使其出涩过多是一种严重的妄作，因为当它们外伸到超过合情合理的程度时，如果是在一个封闭空间，它们会使空间狭窄，令人不快；此外，还会吓住那些站在下面的人，因为它们总是看似会塌下来。同样，我们也必须避免用与立柱不正确的比例建造楣檐，因为如果把大楣檐放在小立柱上，抑或相反，谁会怀疑这样的建筑必有丑恶的外观？更进一步，应该不惜代价避免在立柱周围添加小圈大环的装饰，貌似使它们统一和坚固，实则使它们看起来仿佛被隔开了，[142] 因为立柱越是显得完整和雄壮，它们立在那里的效果就越是明显，这效果就是让上面的结构看起来安全和稳定。我可以详细说明许多其他类似的妄作，比如用与其他相关构件错误的比例建造楣檐的某些构件，借助我上面的图示和叙述，可以让人很容易认识到这点。现在剩下我要说的是建筑中首要和次要空间的布置。

[①] 原文 frontespici（单数 frontespico），建筑物主要立面上方或柱式门廊上方的竖向构件，通常由水平底边的楣檐线脚与拱起的人字形和弧形楣檐线脚围合一片壁面构成，韦尔本译作 frontispieces，常见的英语近义词还有 pediment。严格说来，tympanum 是指山花的上下线脚之间的壁面部分，面积较大时常做浮雕等装饰。平头门窗上也常常有在楣部之上再加小型山花而成山楣式的。

第二十一章　敞廊、入口门厅、大厅、居室，及其形状

敞廊通常建在房屋的正面和背面，如果建在中间，就只有一道；建在边上，就是两道。这些敞廊有很多用途，比如在里面散步、吃喝，还有其他消遣，它们建造得大点还是小点取决于建筑的规模和功能；但它们的宽度多数不少于十尺，不超过二十尺。除此之外，在所有精心设计的房屋中，有一些地方处在居中位置和最优美的部分，所有其他部分都与之相符并可相通。这些地方在底下楼层一般称为入口门厅，而在上面楼层的则称大厅。入口门厅仿佛是公共场所，让等待主人从住处[casa]出来的那些人在此问候他并与他办事，也是任何人进入房屋时最先来到的部分（除敞廊之外）。大厅专用于聚会、宴乐，作为演出喜剧、举行婚礼和举办类似招待活动的场地，所以这些空间必须远远大于别的空间，其形状必须尽可能宽敞，好让众人舒适地聚集在里面，观看活动进展。[143] 通常我不会让大厅长度超过以宽度为边长的两个正方形，不过它们越接近正方形，就越难得、越实用。

居室[stanza]要分布在入口门厅和大厅的两侧，要确保右侧的居室与左侧的那些（位置）对应且（形状大小）等同，这样房屋一侧与另一侧就是相同的，墙体对等地承担屋顶重量；原因是，如果一侧的居室大而另一侧的小，前者凭其墙厚会更有能力抵抗荷载，而后者会更脆弱，导致严重的问题，到时将破坏整个建筑。有七种居室最为优美，比例上佳，效果更好：它们可以做成圆形[ritondo]，不过这些只是极少数；或正方形；或其长度等于以宽度为边长的正方形的对角线长；或一又三分之一个正方形；或一个半正方形；或一又三分之二个正方形；或两个正方形。[144]

第二十二章　地坪和顶棚

看过了敞廊、大厅和居室的形状，应当来谈谈地坪和对应的顶棚[soffittato]了。地坪通常像威尼斯的做法那样用 **terrazzo**（水磨石），或用砖，或用细粒度石。用磨碎的陶片、优良的砾石做的水磨石，或以河中细粒卵石制成并彻底磨平的灰浆地面（mortar）（又称帕多瓦式地面），也都是极好的；须在春、夏季铺砌，以便完全干透。砖地面因为五颜六色显得很漂亮、很悦目，因为黏土的差异使得砖可以制成不同形状和不同颜色。用细粒度石铺成的地面很少用在居室，因为冬季里它们使居室非常寒冷，但非常适合敞廊和公共场所。应当注意，相连的居室[145]地面[suolo]或地坪都要处于同一水平高度上，因而门槛[sottolimitare]不会比另一间居室的地面高太多；[146] 如果某些小型居室不能达到这个高度，就要在它上面建造夹层（mezzanine）[mezato]或假楼板。顶棚也是以各种方式建造的，因为很多人喜欢那上面有美观的、精工细作的搁栅；因此必须注意，搁栅之间要隔开一倍半其自身的宽度，因为那样一来顶棚看着很不错，而且要在搁栅的支承端之间留出足以承担上部荷载的墙体厚度。如果它们隔得太远，（搁置长度不够）就会看上去不妙；如果离得太近，就会让墙体似乎被分为上、下两段，因此如果搁栅腐烂或着火，上段墙体就必然垮塌。另一些人想要灰泥堆塑（stucco）或木制的施有绘画的分格天花（compartments）[compartimento]，分格天花根据不同设计做装饰；但不能说做这件事有什么固定的、预设的法则。

[58]

第二十三章　居室的高度

居室的顶部不是用拱顶就是用平顶棚 **[in solaro]** 建造。如果用平顶棚，从地坪到搁栅的高度应和居室宽度相等，而上层居室的高度应比下层少六分之一。如果居室是拱顶的（如习惯上底层的居室是拱顶，因为这样它们显得更美，更不易着火），正方形居室拱顶的高度应比其宽度大三分之一。但是对于那些长与宽不相等的居室，要点是根据宽度和长度得出高度，使它们相互比例适当。[147] 我们可以这样得出高度：将宽度加上长度，将结果二等分，平分数就是拱顶的高度。

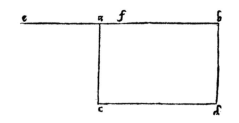

因此，例如，设 BC 为打算覆盖拱顶的地方；将宽度 AC 加到长度 AB 上，作线段 EB，在 F 点将其总长等分为二；我们说 FB 就是要找的高度。或者，也可能是这样，打算覆盖拱顶的居室为 12 尺长 6 尺宽；如果 6 和 12 相加，得 18，其一半为 9，则拱顶[148]须为 9 尺高。

另一种通过居室长与宽的比例得出高度的方法是这样：设打算覆盖拱顶之处是 CB，我们把宽度加上长度得到线段 BF；然后在 E 点将其两等分，这就是中心点，作半圆 BGF，延长线段 AC 到圆周上的 G 点；AG 就是 CB 间拱顶的高度。高度用数字是这样计算出来的：如果知道居室的宽度和长度是几，找到一个数使它与宽度的比例

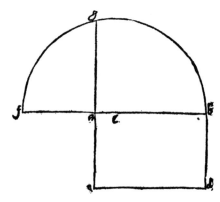

同长度与它的比例一样，让我们这样来确定它，将小的数乘以大的数（宽度乘以长度），乘积的平方根就是要找的高度。因此，例如，如果我们打算覆盖拱顶的地方是 9 尺长，4 尺宽，拱顶高度就是 6 尺，按照比例，九比六等于六比四，即 **sesquialtera**（六四开）。但是应该注意，并不总是能计算出这个整数高度的。

我们还可以得出另一个高度，较小但仍然与居室的比例适当，像这样：作线段 AB，AC，CD 和 BD，代表居室的宽度和长度，我们像第一种方法那样来找出高度，即以线段 CE 加上线段 AC；然后作直线 EDF，并将线段 AB 延长，使之与 EDF 相交于 F 点；拱顶高度为 BF。但用整数我们可以这样得出高度：用第一种方法根据居室的宽度和长度先得出一个高度，按照上面提到的例子，是 9，将长度、宽度以及高度按表格那样排列；然后以 9 分别乘以 12 和 6，将乘以 12 的乘积列在 12 下面，将乘以 6 的乘积列在 6 下面；然后以 6

[59]

乘以 12，并将结果放在 9 下面，就是 72；找到一个数，以它乘以 9 得 72，在此处的例子里是 8，我们就说拱顶高度是 8 尺。

12	9	6
108	72	54
	8	

这些高度的相互关系如下：第一种大于第二种，第二种大于第三种；因此，应该采用哪一种取决于哪个能使大多数不同尺寸的居室拱顶高度一致，还能使各居室的拱顶仍然与居室的比例适当，所以它们会显得优美悦目，而且对于将建造在它们上面的地面或地坪来说也适用，因为它们最后也都在同一水平高度上。还有其他的拱顶高度不属于任何法则，建筑师要根据他的判断和实际情况来运用这些法则。

第二十四章　拱顶的类型

拱顶有六种类型：[149] 交叉拱顶（cross vaults）**[volto a crociera]**、[150] 筒形拱顶（barrel vaults）**[volto a fascia]**、[151] 弓形拱顶（segmental vaults）**[volto a remenato]**（他们说的这种拱顶为圆形的一部分，小于半圆）、[152] 圆形拱顶（circular vaults）**[ritondo]**、[153] 扁平形拱顶（lunette vaults）**[volto a lunette]**[154] 和船底形拱顶（cove vaults）**[volto a conca]**，其 **frezza**（矢高）为居室宽度的三分之一。[155] 最后两种类型是现代人发明的，而前四种古人也用。圆形拱顶建在正方形居室之上，其构造方法如下：让居室角落的拱隅（spandrels）**[smusso]**承担拱顶半圆形部分的重量，其中心较平缓**[a remenato]**，越靠近角落就变得越弯**[ritondo]**。有一个这种类型的例子是位于罗马的提图斯浴场（Baths of Titus）[156]，我看到时部分已成废墟。我图示了用于各种居室形状的所有拱顶类型。

[60]

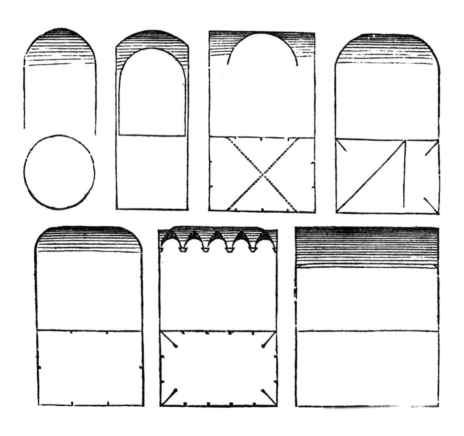

第二十五章　门窗的尺寸

我们不能给出一个特定的、预设的法则，来规定建筑的大门或居室门窗的高度和宽度；所以建筑师建造大门必须与房屋的规模、委托人的身份，以及带进带出的物品相匹配。[157] 在我看来，一个好的想法是将从地坪**[piano]**或地面到木顶棚表面之间的距离分为三份半（如维特鲁威在第四卷第 6 章中所说）[158]，其中两份为门的净高，而一份，再减去十二分之一门高，为门的宽。古人习惯将门的上面建得比下面窄，如在蒂沃利（Tivoli）的一座神庙中所见；[159] 而维特鲁威也建议如此，也许是为了更坚固。我们要为大门选择一个位置，从房子的所有部分都可以走到那里。居室的门不能建得超过三尺宽或六尺半高，也不能少于两尺宽和五尺高。建窗时要确保不会让过多或过少的光线进入，它们也不能安排得太散或密得超过需要。因此人们应该非常注意从窗采光的居室的大小，因为很明显，大型居室比小型居室需要更多的光线，使其明亮；如果窗建得比需要的小而且数目少，会使得居室阴暗；如果建得过大，会让居室几乎无法居住，因为冷、热空气可以进入，居室会随一年四季的变化而特别热或特别冷，如果它们所朝向的天空方位（region of the sky）没有给予多少缓解的话就更是这样。由于这个原因，窗的宽度不得超过居室长度的四分之一，也不得少于五分之一，其高度应该为以宽度算的二又六分之一个正方形。因为房屋中的居室有大有小，而窗仍然必须按照特定的秩序或楼层**[ordine, solaro]**保持相同规格；在计算这些窗的尺寸时，我特别喜欢的居室是长度比宽度多三分之二的；也就是说，如果宽度是十八尺，则长度应为三十尺。我将此宽度分为四份半，取一份作为窗的净宽，另取两份，再加上六分之一窗宽作为窗高，其他居室的窗也和这些窗一样大小。上面的，即二层的窗，应该比下面的窗净高少六分之一，如果上面还建有窗，它们也应同样减少六分之一。右边的窗必须与左边的对称，上层的窗必须与下层的垂直对正；同样所有的门也必须上下垂直对正，以便开口对正开口，实墙对正实墙；门也应相互对位，以便人们在房子的一处透过它们可以看到另一处，这样能带来美感、夏季的新鲜空气和其他好处**[commodo]**。为了更坚固，常会加上一些通常称为 **remenati**（辅券）的拱券，让门窗的楣（lintels）或头（heads）**[sopralimitare]**不必负担过大重量；并大大有助于建筑物的耐久性。窗必须远离建筑的角隅，如我前面所解释的，[160] 因为建筑物的这一部分必须使其余部分保持协同，连为一体，不得开口和削弱。门窗的边壁柱**[pilastrata]**或边框不得小于其净宽的六分之一，也不得大于五分之一。我们还要看看它们的装饰。

[61]

第二十六章 门窗的装饰

如何为建筑的大门做装饰并不难学，只要根据维特鲁威在第四卷第 6 章的建议，[161] 加上巴尔巴罗宗主教大人（the Most Reverend Barbaro）[162] 对该主题的叙述和图解，以及我在上文关于所有五种柱式的叙述和图示。但把这先放一边，我且提供几幅居室门窗的轮廓图，表明其装饰可以有什么不同做法。我将详细说明如何设计 **[segnare]** 每个要素，以使其优雅并具有合适的出涩量。用于门窗的装饰件是门窗楣的楣基、楣腰和楣檐。楣基三边围绕着门，宽度须等于边框或边壁柱，我说过不得少于门净宽的六分之一，也不得大于五分之一；楣腰和楣檐的宽度①依楣基（的宽度）而定。在随后的两种设计中的第一种，即图示的上面那种，尺寸描述如下。楣基分为四份，取三份确立为楣腰高度，取五份为楣檐高度。然后重新将楣基分为十份；三份配给第一挑口饰带，四份给第二挑口饰带，其余三份再分作五小份。这其中两小份给顶口条或 orlo（顶口线），另三小份给垂幔线脚，又称喉颈线脚，其出涩量等于其高度，顶口线出涩少于其宽度的一半。喉颈线脚这样设计：在位于顶口线之下第二挑口饰带之上的喉颈线脚的两个端点之间作一条直线段；在中点将该线段分开，以每半段为底边各作一个另两条边相等的三角形，[163] 再在底边对面的角[164] 放上圆规固定脚的针尖作圆弧②，并将弧线连接形成那条喉颈线脚。楣腰是楣基的四分之三③，并以小于半圆的一段圆弧作出来 **[segnare]**，让其所带鼓腹的最凸点与楣基的盖口垂直对正。楣檐所占的五份，根据其构件如此分配：一份给凹圆线脚及其贴线，后者是凹圆线脚的五分之一；凹圆线脚出涩为其高度的三分之二；为了作出它，我们作一个两条边相等的三角形，在角的顶点 G，[165] 以它为圆心作圆弧，使凹圆线脚成为这个扇形三角形的弧形底边。以五份中的一份为凸圆线脚，出涩为其高度的三分之二，它是这样作出的：作一个两条边相等的扇形三角形，圆心设在 H 点。将其余三份再分为十七小份，八小份给檐冠板或檐口滴水板及它顶上所带的、占这八小份中一小份的贴线④，而在底下做出檐冠板的 **incavo**（滴水槽），深度是凸圆线脚的六分之一；另外九小份为仰杯线脚及其顶口线，它是该仰杯线脚的三分之一。为了让该线脚正确而优雅，画一条直线 AB，并在 C 点将它两等分；将每一半各分为七份，让其中六份正好在 D 点；然后我们以 BD 为腰长作两个等腰三角形 AEC 和 CBF，并在顶点 E 和 F 放上圆规固定脚的针尖⑤，做圆弧 AC 和 CB，它们形成这条仰杯线脚。

在第二种设计中楣基同样分为四份；我们按其中三份确立楣腰的高度，按五份做楣檐。然后将楣基重新分为三段，其中两段再划分为七份，三份给第一挑口饰带，四份给第二挑口

---

① 原文 grossezza，英译为 breadth，韦尔本译作 thickness，应可理解为高度，因为对于三边围绕大门的楣基来说（参见 IV, 94 的图），竖直段的宽度即水平段的高度，但是楣腰和楣檐并不围绕着门（和窗），而只横在门窗顶上，对它们来说，称高度更合适，至于它们在墙厚方向上的宽度或厚度，从外观上无从反映，与此处所谈论的门窗的装饰做法也没有多大关系。

② 原文 e nell'angolo opposto alla basa si mette il piede immobile del compasso，英译为 and in the angle opposite the base hold steady the point [piede] of the compass，韦尔本译作 then place the fixed foot of compasses in the angle opposite to the base。piede immobile 是指圆规的放在圆心上不移动的那只"脚"（fixed foot），而不是稳稳地（steady）放上的"点"（point），尤其在 compasso（圆规）理解为 compass 而不是 compasses（两脚规，复数形式单数意义）的情况下，这种译法过于含糊了。中译"针尖"，参照韦尔本并照顾到英译的措词。

③ 设计图中楣基画在左侧，楣檐画在右侧，而楣腰横着画在其下方空白处，可能是为了构图紧凑。实际上楣腰的轮廓图应该逆时针转 90 度才是它的正常方位。本图及下一图的另三种设计也是类似情况。

④ 此处用的是复数 listelli，而非单数 listello，但图示檐口滴水板上只有一条贴线。

⑤ 参见本页中译者注②。

饰带；将第三段再划分为九小份，两小份给圆籀条；将另七小份重新分为五小段，三小段为喉颈线脚，两小段为顶口线。楣檐的高度分为五又四分之三段。其中一段再分为六小份，楣腰之上的喉颈线脚占五小份，贴线占一小份。喉颈线脚的出涩量等于其高度，贴线也是这样。另一段配给凸圆线脚，出涩其高度的四分之三。凸圆线脚之上的涩线为凸圆线脚的六分之一，出涩量同之。将另三段分为十七小份，其中八小份配给檐冠板，出涩其自身高度的三分之四；另九小份重新分为四小段，三小段给仰杯线脚，一小段给顶口线。将剩下的四分之三段分为五份半，一份为涩线，四份半为檐冠板之上的喉颈线脚。楣檐的出涩量等于其高度。①

第一种设计的楣檐的要素：

I　　凹圆线脚
K　　凸圆线脚
L　　檐口滴水板[檐冠板]
N　　仰杯线脚
O　　顶口线

第一种设计的楣基的要素：

P　　喉颈线脚或称垂幔线脚
Q　　第一挑口饰带
V　　第二挑口饰带
R　　顶口线
S　　楣腰的鼓腹
T　　插入墙体的楣腰的局部

利用这些也能明白第二种设计的要素。

---

① 帕拉第奥描述建筑的构件或要素时一般按照由下到上的顺序（这也是建造的顺序），不过本章的叙述有点复杂，必须对照图示，尤其是不同划分的几套标尺仔细判断。

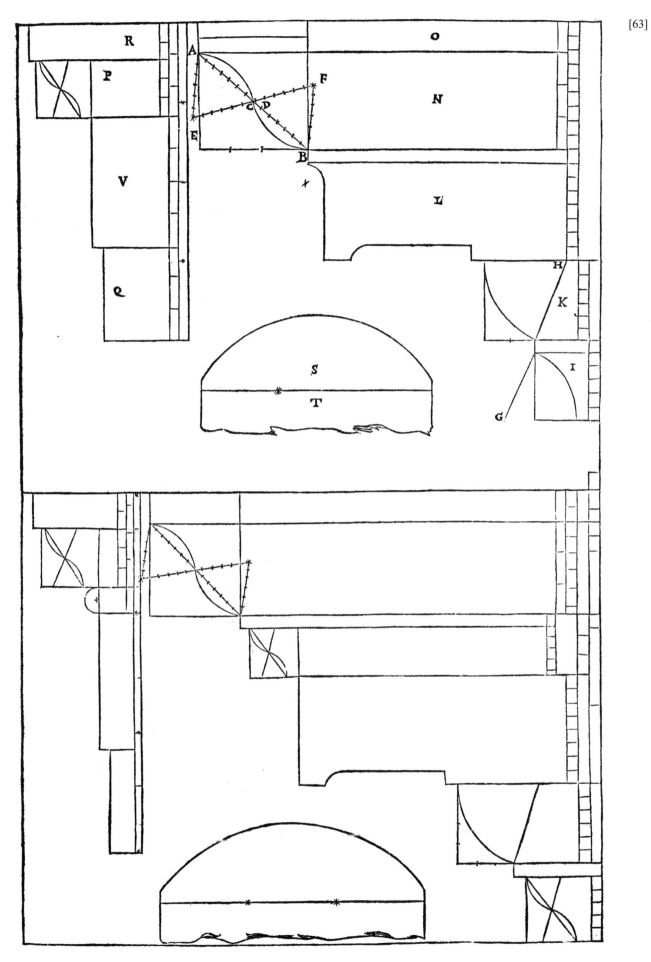

[64] 在另外两种设计中，第一种的楣基，标记为 F，同样分为四份；则楣腰的高度定为三又四分之一份；楣檐为五份。将楣基分为八份，五份为其挑口面（face）[piano]；三份为其盖口，它本身又为八小份，三小份给喉颈线脚，三小份给凹圆线脚，两小份给顶口线。楣檐的高度重新分为六份，将两份给仰杯线脚（及其顶口线），一份给喉颈线脚（及其贴线）。然后将仰杯线脚及其顶口线分为九小份，以八小份确定檐口滴水板及其涩线。楣腰之上的圆盘条或圆箍条为这六份中一份的三分之一，檐口滴水板与圆箍条之间剩下的留给凹圆线脚。

在另一种设计中的楣基标记为 H，分为四份；将楣腰的高度定为三份半；楣檐为五份。将楣基重新分为八份，五份给其挑口面，三份给其盖口。将盖口分为七份；用一份当作圆盘条，其余的再又重新分为八小份，其中三小份配给喉颈线脚，三小份给凹圆线脚，两小份给顶口线。将楣檐的高度重新分为六又四分之三段。以三段分别当作喉颈线脚、齿饰和凸圆线脚；喉颈线脚的出涩量等于其厚度，齿饰出涩其高度的三分之二，凸圆线脚出涩其高度的四分之三。让仰杯线脚与檐口滴水板之间的喉颈线脚做成四分之三段。将其余的三段分为十七小份；仰杯线脚和顶口线为九小份，檐口滴水板为八小份。这种楣檐最终其出涩量与高度相等，同上述几种设计一样。

第二十七章　壁炉

古人习惯这样加热他们的居室：在承托楣基（样式的壁炉台）的立柱或竖放的檐底托之间修建壁炉①，上面是覆斗形的壁炉烟罩，烟气从那里被拔出去，就像巴亚城尼禄的水池（Nero's swimming pool）②附近的一处，以及离奇维塔韦基亚（Civitavecchia，老城）不远的另一处。[166] 当他们不想要壁炉时，就内借墙体的厚度修烟道或烟井[canna, tromba]，居室下面由火产生的热烟通过烟道上升，经顶部的一些开口或孔洞散出去。维琴察的贵人特伦托家族（the Trentos）实际上采用了几乎同样的方式，在夏季让他们位于科斯托扎（Costozza）的庄园（原文 Villa，英译 house）居室降温。因为那处庄园的山上有一些当地居民叫做 covali（窠挖子）的大山洞，是古代的采石场——我认为维特鲁威在第二卷讨论石材时意指这里，他说，在特雷维索（Treviso）的边界地区挖到的一类石材，像木头那样可以用锯子锯开[167]——这些山洞产生非常凉爽的风。那些贵人通过他们称为送风道[ventidotto]的拱涵，将这微风引到其住宅中，然后用上述方法通过井道将新鲜空气送到所有居室③。根据季节随意打开或关闭管道，以控制风量。这地方很奇妙，因为有如此实用的设施；不过更喜人、更有看头的是"风之牢穴"，那是卓越的弗朗切斯科·特伦托大人（Signor Francesco Trento）建造的一间地下室，[168] 他称之为"扼风"（Eolia），许多送风道开向那里，他不惜工本将它建得华丽、优美、名副其实。回头来说壁炉，要在墙体的厚度内修建，并将其烟道伸出屋顶，这样可以将烟排放到大气中去。必须注意，烟道不

---

① 原文 Facevano I camini nel mezzo con colonne, ò modiglioni, che toglievano suso gli Architravi；英译为 they built fireplaces in the middle with columns or modillions，显然遗漏了后半句；韦尔本译作 They made their chimneys in the middle, with columns or modiglions that supported the architraves。帕拉第奥没有给出壁炉的设计图，借塞利奥的图示推测意思是，用立柱或竖放的檐底托放在壁炉的两侧，承托做成楣基样式的水平的壁炉台；不过塞利奥用的是壁柱而非立柱。参见《塞巴斯蒂亚诺·塞利奥论建筑》第 279、317、319、339、362、369 页。
② 原文 Piscina，指水池，也可能用作养鱼池，但未必是游泳池（swimming pool）。
③ 可能指像修烟井那样在墙体之内修风井，但不向上通而是下连送风道，将地下的冷气引入各房间。

第一书

[65]

能造得太宽或是太窄，如果太宽，周围空气回旋会使烟倒灌，不容易上升和散发；太窄，则烟气不能通畅地上升，受到阻塞而倒流。因此，对于居室里的壁炉，烟道宽度不应小于半尺或大于九寸，长度应为两尺半；连接着烟道的覆斗形烟罩的嘴应该比烟道略窄，这样当烟气倒流时会被阻挡，无法进入居室。有些人建造螺旋形烟道，因为曲折盘旋，烟气难以倒灌，而火力则将它向上推。烟道排口（vents）**[fumaruolo]**，即让烟气冒出去的孔洞，必须够大并远离所有可燃物。覆斗形烟罩建在壁炉台上方，后者在各方面必须精工细作，不得有丝毫粗糙的迹象，因为粗略的做工只适合特别大的建筑，理由上文已述。[169]

第二十八章　楼梯及其类型和踏步的级数与尺寸

楼梯的位置必须格外注意，因为很难给楼梯找个不干扰建筑其他部分的合适地方。[170] 所以，为楼梯选对位置，使它们既不挡路也不受别处干扰，这点特别重要。楼梯间须有三类开口：第一类是门，人们从那儿走上楼梯；对于进入房子的人来说，楼梯越不加以隐蔽就越值得称赞；我特别喜欢安排在住宅最美丽部分的楼梯，让人在到达之前就能看见的那种，使不大的房子显得很大；不过楼梯还应该醒目易见。第二类开口是窗，这是照亮踏步所必不可少的；窗必须高大，位置居中，使光线均匀扩散。第三类开口是抵达上一楼层的通过之处，将人引到宽阔、优美、华丽的空间。明亮宽敞、行走舒适的楼梯值得赞赏，因为其本意就是邀请人们登上来。如果可以直接采光，而且，正如我说过的，光线均匀分布在整个楼梯间，就会很明亮。相对于建筑的规模和类型，如果它们不显得狭窄和局促，那就够大了，但它们绝不能少于四尺宽，这样当两个人在楼梯上对面相遇时，可以舒适地彼此交错通过。能做到以下几条的楼梯会很实用：它们与整幢建筑关系得当；它们下面的拱券可以用作存放家居什物不可或缺的储藏室；上下时不觉得陡峭难走，所以其长度应该是高度的两倍。踏步不得高于半尺[171]，特别是对于长的、连续的楼梯，如果踏步低一些会更容易走，爬楼梯时腿不那么累；[172] 但是踏步也不得少于四寸高。踏步宽度不得少于一尺，也不得超过一尺半。[173] 古人规定，踏步的级数不取偶数，以便上去时用右脚起步，也用同一只脚结束——这被他们视作好运气和进入神庙时恭敬的象征。[174] 但踏步的级数最多不得超过十一级或十三级；当达到这个值时，如果要继续向上走，应该设一个平台，称为 **requie**（休息平台），这样走得又累又乏时有个地方休息，如果不料有东西从上面掉落下来，也有地方可以停住。楼梯可以是直跑的或螺旋的。直跑楼梯要么有两段梯跑[175]，要么是正方形，有四段梯跑。建造后面这种时，将整个空间宽度分为四份；两份配给楼梯段，另两份为它们之间的楼梯井（void），如果上面未覆盖屋顶，楼梯可从那里采光。楼梯间内可以建隔墙，这道墙含在楼梯段所占的两份中；也可以中间不建隔墙。已故高贵的路易吉·科尔纳罗大人（Signor Luigi Cornaro），[176] 一位判断力特别卓越的贵人，创造了这两种类型的楼梯，正如我们在那些令人目眩神迷的敞廊和极其华丽的居室中所见，那是他为自己在帕多瓦城的家所建造的。[177] 螺旋楼梯，他们也称之为 **chiocciola**（蜗式），有些地方做成圆形的，有些地方又做成椭圆形的；有时中间有立柱，有时没有。它们专门用在非常局促的位置，因为比直跑楼梯占用的空间更少，但肯定更难走。中间虚空无物的那类特别好，因为它们可以从上部采光，而且在楼梯上头的人，可以看到正在或即将上来的人，而他们自己也同样可以被后者看到。中间有立柱的楼梯应这样建造：将直径分为三段，两段为踏步所占，一段为立柱所占，如图 A；或者可以将直径分为七段，三段为中间的立柱，四段为踏步；图拉真纪功柱的楼梯正是用这种方式建造的。如果螺旋楼梯用图 B 的方式建造，它们会看上去很美观，踏步的曲边也比做成直边的更长。但对于中间是虚空的楼梯，直径分为四段；两段作为踏步，两段留作中间的空间。除了通常的楼梯类型，杰出的马尔坎托尼奥·巴尔巴罗大人（Signor Marc'Antonio Barbaro），一位英明睿智的威尼斯贵人，[178] 创造了一种螺旋式楼梯，在特别局促的位置非常好用。它中间没有立柱，踏步因为呈旋转状而更长，它也应该像刚才所说的那种一样划分。再有，椭圆形楼梯应该以像圆形楼梯一样的方式划分。它们看上去优雅而宜人，因为所有的窗和门都放在椭圆曲线（长轴）的端点 **[testa]** 和中间，非常方便。[179] 我曾在威尼斯的卡里塔仁爱修道院（monastery of the Carità）中建造过一个中间是虚空的楼梯，效果很出色。[180]

A 中间有立柱的螺旋楼梯

B 有立柱的旋步（spiralings steps）螺旋楼梯

C 中间虚空的螺旋楼梯

D 中间虚空的旋步螺旋楼梯

E 中间有立柱的椭圆形楼梯

F 没有立柱的椭圆形楼梯

G 内有隔墙的直跑楼梯

H 没有隔墙的直跑楼梯

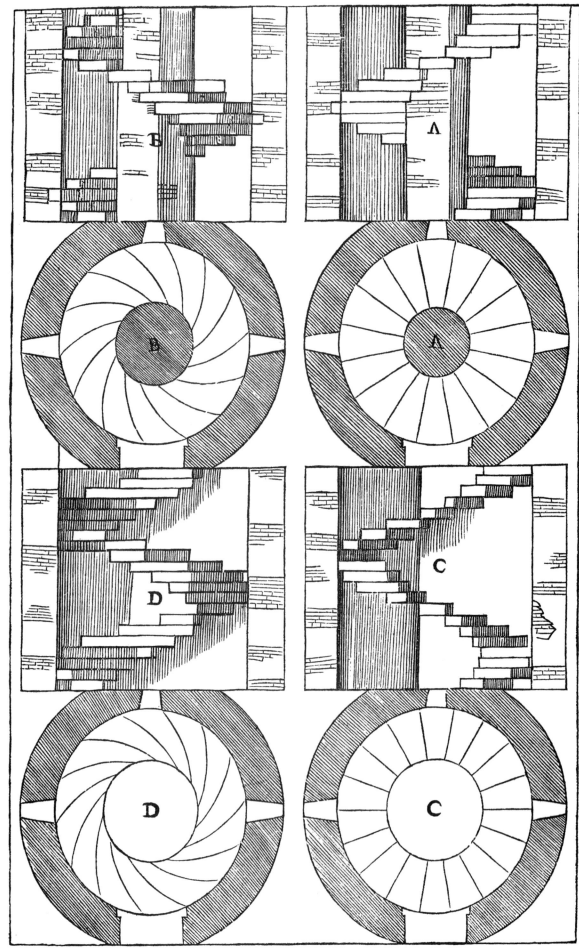

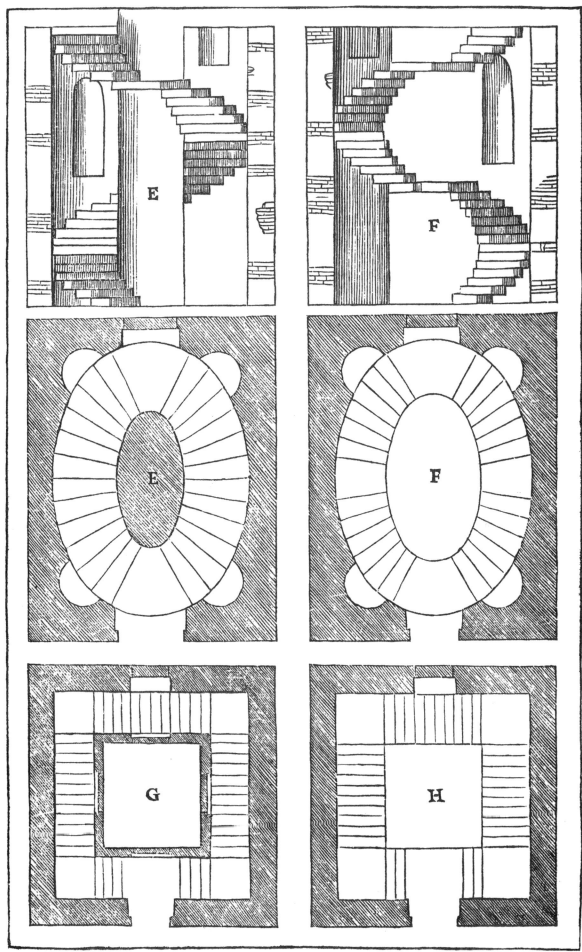

[70]　　有雅量的法兰西斯国王（King Francis）最近在法兰西尚博尔堡（Chambord）的一座宫殿中建造了一种优美的螺旋楼梯。[181] 该宫殿建造在森林里，如同以这种方式建造的其他宫殿，由于楼梯在建筑中央，它们可以分别为四组成套居室**[appartamento]**服务，使住在一组套房里的人不必使用为另一组服务的楼梯；而且因为中间是虚空的，人人都可以看到其他人上下而几乎不受干扰。因为这是一个如此漂亮、新颖的创造，所以我把它收集在此，在楼梯的平面图和立面图中以字母标注，让人能看出从哪里起步，如何攀登。在罗马城通向圭迪亚广场（Piazza Giudea）的庞培柱廊（Portico of Pompei）[182]中也有三个螺旋楼梯，因为布置在建筑内部，只能从顶上采光。该设计非常可取，它们建造在成圈立柱上，因此光线可以均匀扩散至各处。追随这个范例，布拉曼特（Bramante），我们这个时代最卓越的建筑师之一，在观景楼（Belvedere）也建造了一个；他没有建造踏步①，选用了四种柱式的成圈立柱，即多立克式、爱奥尼亚式、科林斯式和组合式。[183] 建造这类楼梯应将所占空间的直径分为四段；中间的虚空部分占两段，踏步及立柱在两边各占一段。古代建筑中还能看到许多其他类型的楼梯间，譬如三角形的；罗马圣马利亚圆形教堂中通上圆顶（cupola）的楼梯即为此种类型，中间是空的，从顶部采光。同城的十二使徒教堂（SS. Apostoli）的楼梯也非常壮观，可登上卡瓦洛岗（Monte Cavallo，骏马岗）②。这组楼梯是复式的③，因此许多人以它为样板；它们引向山顶上的神庙，如我在关于神庙的卷册所述。[184] 最后的设计图表示这种类型的楼梯。

---

① 这就是说，其实是螺旋坡道。
② cavallo 意为"马"，参见 IV, 41 中帕拉第奥的解释。
③ 即剪刀楼梯。

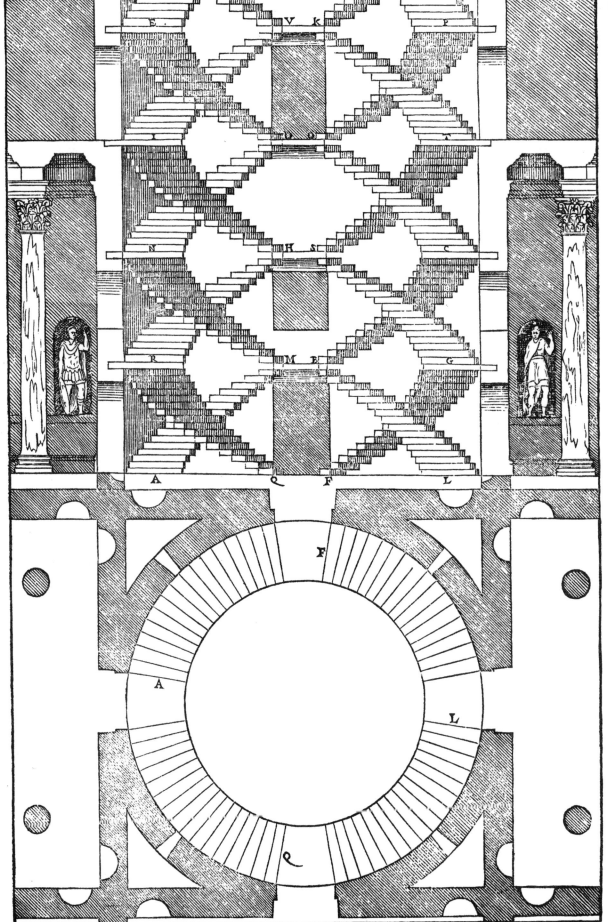

第二十九章　屋顶

一旦墙建到头，拱顶造好，楼板的搁栅就位，楼梯装上，以及我上面讲到的所有其他事情完成，就该建屋顶了。屋顶覆盖着建筑物的每一部分，重量平均压在墙上，作为整个结构的收束。此外它还保护居住者免受雨打风吹日晒霜侵，这对于建筑物是非常重要的，因为屋顶能让水远离墙壁落下，雨水虽然看似无甚大碍，但随着时间的推移却可能导致非常严重的损害。我们读维特鲁威的著作可知，[185] 人类初祖将其居所的屋顶造成平的，但是当认识到这样不能排走雨水时，他们受自然需要的驱动开始建造带山墙的屋顶，就是在中间起屋脊。屋脊是高是低取决于在哪个地区建造。在日耳曼（Germany）①，由于大量的降雪，人们将屋顶造得很陡，盖上木瓦**[scandola]**，即小木板，或盖上非常薄的石板，如果不这样做，他们的房屋将被雪破坏。但是，对我们这些生活在温和气候环境的人来说，屋顶高度必须使得房屋外观悦目，形状有吸引力，能排走雨水。因此，若需要覆盖屋顶的范围的宽度分为九份，则取两份作为屋脊处的高度，因为如果屋顶**[coperta]**高度等于四分之一宽度就太陡峭了，瓦片或 **coppi**（陶瓦）就放不住，会滑落；如果高度为宽度的五分之一，又会太平缓，下雪时陶瓦和木瓦就会荷载过重。檐沟（gutters）**[gorna]**通常是环绕房屋而建，雨水从瓦面流进檐沟，再从水落口（spouts）排出，远离墙壁。檐沟以上必须压上一尺半高的女儿墙，以使檐沟位置固定，且一旦檐沟某处损坏，也能保护屋顶的木构件不受水浸。有各种技术使屋顶的木构件就位，但以内墙支承梁时则容易固定。我赞成这样处理，因为如此一来，外墙就不必承担太多荷载，即使有一些木梁的端头腐烂，屋顶也没有危险。[186]

第一书结束

---

① 原文 Germania，是相对于阿尔卑斯山以南的意大利半岛而言，并非指现代意义上的德国，而是来自古代地名日耳曼尼亚，大致在莱茵河以东、多瑙河以北。

第二书

第一章　私人建筑应具备的得体[DECORO]或适用[CONVENIENZA]

在前面的第一书中，我解释了依我看来在公共建筑和私人住宅的建设中最值得关注的每一件事，以使作品美观、优雅和长久；我还说过，一些涉及私人住宅适用性（suitability）[commodità]的问题，将主要放在这一卷书中来另谈。一座住宅若既能与里面住户的身份[qualità]相般配，其部分与整体及各部分之间又互相协调，就应该叫做适用[commodo]。[1] 不过最重要的是建筑师必须看到（如维特鲁威在第一书和第六书中所说），[2] 对于大人物、尤其是担任公职的人而言，要求带有敞廊和宽敞华丽大厅的豪宅，好让那些等着拜访屋主，或者向他请求帮助或支持的人在那里愉快地消磨等候时间；同样，费用较低、装饰较少的建筑适合地位较低的人。对于法官和律师的住宅也要做到适用，有优美和华丽的地方可供走动，以免他们的客户等得烦闷。商人的住宅应该有朝北的存放货物的地方，而且布置得安全，让主人不担心盗贼。[3] 如果部分与整体相协调，建筑还会得体[decoro]，所以大型建筑有大的组成部分，小型的有小的组成部分，而中型的有中等大小的组成部分；如果一座巨大房屋的大厅和居室却很小，那一定不恰当也不会怡人。反之，如果两三个大居室占满一座小房子也不当。因此，必须尽可能（如我说过的）特别关注想要建房的人，不只是他们负担得起什么规格的房子，更要斟酌什么规格的房屋适合他们；就是做到让各部分与整体、各部分之间相互匹配，采用适当的装饰。但是建筑师经常不得不迁就那些付账者的企望，而没法坚持他应该关注的事。

第二章　居室和其他部位的布局[COMPARTIMENTO]

为了使住宅对于居家所需能做到适用——因为，如果不适用，它们将很难得到赞美，而会遭到最严厉的批评——我们不仅必须特别关心那些最重要的要素，如敞廊、大厅、庭院[cortile]、华丽的居室以及光线充足、易于上楼的大楼梯，而且要注意让较小较难看的部分恰如其分地服从于较大较堂皇的那些部分。原因是，人体有一些高尚和美丽的部分，也有一些不那么令人愉快和接受的部分，不过我们也知道，前者肯定要依赖于后者，不能离开它们而独存。同样在建筑中也必然有一些部分是令人钦佩、值得赞扬的，另一些则不太雅观，然而没有它们，前者不能独立存在，也因此多少会有损于体面和优美。但是，正如神圣的上帝为我们人类的肢体（mumbers）做的安排，让最美丽的部分出现在容易看到的位置，而让不讨人喜欢的部分隐藏起来，我们在建造时也一样应当将最重要和最受人重视的部分放在众目睽睽之处，将不大美观的隐藏在尽可能远离我们目光的位置，因为所有不讨喜的东西也还得放在住宅里，而它们又讨人嫌，往往使最美丽的地方变得难看。[4] 因此，我赞成将酒窖、储柴间[magazine da legne]、食品储藏间[dispensa]、厨房、仆人用餐间[tinello]、洗衣房[luogho da liscia o bucata]、炉灶间，以及其他日常生活必需的设施放在建筑的较低部位。我是将它们部分放在地下，由此产生两个好处[commodità]：一个是住宅的上半部分得以完全不受干扰，另一个同样重要，让上面的楼层更健康宜居，因为它的楼面远离泥土的湿气；而且，让上半部的位置抬高能增加其吸引力，可以从远处看到它，也让人从那里看得远。然后应该注意，建筑的其余部分要有大型、中型和小型居室[**stanza grande, mediocre, e Picciola**]，全部隔壁相连，这样它们可以协同使用。小型居室要分隔[**amezare**]以形成小隔间[**camerino**]，可以用作学习室或藏书室，也可以收纳我们每天要用的骑马装备和其他器具[**invoglio**]，若将它们放在睡觉、就餐或接待客人的居室里，未免尴尬。如果让夏季用的居室宽敞明亮，朝向北方，而冬季用的居室朝南、朝西，并且比夏季用的那一类小，这也将有助于舒适性，因为在夏天，我们寻求阴凉和微风，在冬季则寻求阳光，[5] 而且较小的居室比大的更容易暖起来。但是，我们打算在春季和秋季使用的居室应朝东，并向外能看到花园和绿地。学习室和藏书室也一样应该朝东，因为它们在早晨比在任何其他时间都用得多。[6] 然而，大型居室应该被中型居室分散开[**compartire**]，而后者被小型居室分散开，用这样一种（正如我在别处说过的）让建筑的一部分与其他部分互相协调的方式，使建筑的整个实体[**corpo**]的组成部分自然具有一种适当的分布，使整体美观而优雅。然而，在城市里总是有些地方被邻居的围墙、街道或公共广场所占据，建筑师不能越界，他必须受制于基地的条件。[7] 后面的平面图和立面图将这一点充分阐释清楚（除非我大错特错），这些也可作为前一书内容的例子。

第三章　城市住宅①的设计

[79]

我确信，当人们看到以下所述的建筑，并知道引领一种新风气有多难时——特别是在建筑方面，每个人都自认为挺懂行——就会认为我真是非常幸运，能遇到具有高尚而慷慨的品格和明智鉴别力的贵人们②，他们已经被我的做法所说服，与陈腐的、缺乏优雅和美观的建造方式分道扬镳；说实话，我不能不从心底里感谢上帝（正如我们在所有行为中一样）如此恩宠于我，使我能将诸多新做法付诸实践③，这些是我从多次漫长旅程中的巨大劳动和广泛研究中学会的④。尽管事实上本书中列举的某些建筑的设计尚未全面完工，人们还是可以通过已完成的部分理解完工后会是什么样；我记录了每项工程的兴建者的姓名和坐落的位置，以便任何想看的人能看到它们是如何建成的。在本卷中读者会注意到，在列举这些设计时我没有顾及我所提及这些贵人的身份或头衔，尽管他们无疑都非常显耀，而是按照自己的考虑在文中安排顺序。现在我们就来看看这些项目，下文所述建筑中的第一座位于弗留利地区（Friuli）的首府乌迪内（Udine），是在该城的一位贵人弗洛里亚诺·安东尼尼大人（Signor Floriano Antonini）所建的基础之上建造的。[8] 正立面上的底层[**primo ordine**]是粗面做法；正立面、入口门厅以及背面敞廊的立柱是爱奥尼亚式。底层的居室[**prima stanza**]为拱顶；大型居室的拱顶高度按照前述确立居室拱顶高度的第一种方法确定，即长度大于宽度的那种。[9] 楼上的居室为平顶棚，高度等于其宽度，而且由于墙体的收缩或收分，也比下面的居室稍宽。这层

---

① 指城市住宅时帕拉第奥的用词是 casa，英译 house，即一般所谓的府邸。更常用的词 palazzo 泛指高大坚固的建筑，可以指私人府邸，也可以指公共建筑（如市政厅、法庭等），可酌情译为府邸、大楼、大院等；文艺复兴时期担任城市公职的贵族往往也在其家中处理一些公共事务，因此将他们的住宅归入 palazzo 一类也是合适的。
② 帕拉第奥的委托人可能不都是传统世袭贵族，但他们无疑都属于地方上的望族和要人。
③ 帕拉第奥建成的城市府邸和乡村庄园中有相当大一部分留存至今，1996 年它们作为 City of Vicenza and the Palladian Villas of the Veneto（维琴察城和威尼托地区帕拉第奥式别墅）入选世界文化遗产名录。
④ 指他的游历、测绘和对古代建筑的研究，参见第一卷，致安加拉诺伯爵的献词。

之上的其他房间①可用作谷仓。大厅向上延伸至屋顶。厨房在住房主体之外，但仍然很方便。厕所在楼梯边上，虽然它们在建筑的实体之内，但没有难闻的气味，因为它们位于远离阳光的地方，且有通风道，从便坑深处穿过厚实的墙体，一直通出屋顶。[10]

这条线，用以度量后面的建筑，是维琴察尺（Vicentine Foot）② [piede vicentino]的一半。1尺分为12寸，每寸分为4分（minutes）[minuto]。

---

① 帕拉第奥将供主人和贵客起居、用精美的灰泥堆塑、壁画、雕塑等装饰的高大**居室**放在主要楼层，而将在地下室、阁楼等处较低矮的、供家务活动的**房间**看作辅助空间，非不得已时不作为正规居室。见下文 II, 47 和 50 他的详述及相关中译者注。

② 不确定其精确长度，有两个数值可供参考：1 威尼斯尺=347.73 毫米，1 维罗纳尺=342.195 毫米。图示的长度约为 175 毫米，可以认为 1 维琴察尺在 350 毫米左右。

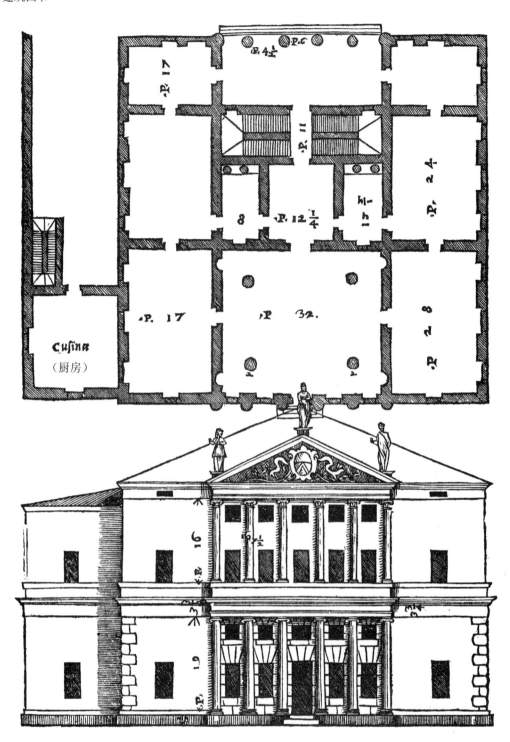

6   在维琴察通常称为伊索拉汀(Island)① 的广场上,该城的骑士和荣耀的贵人瓦莱里奥·基耶里卡蒂伯爵(Count Valerico Chiericati)的住宅,按照如下设计进行了建造。[11] 这座建筑的下半部正面有一道敞廊,贯通了整个立面。[12] 底层的地坪比室外地面高五尺,这样做不仅是为了在下面安排酒窖和居家所需的其他地方——如果将它们完全放在地下也不大可行,因为河流离得不是很远——也使上面的楼层可以从它前面美观的基地获得很大好处。[13] 大型居室②为拱顶,其高度采用确定拱顶高度的第一种方法而定;中型居室为扁平形拱顶,其高度与大型居室的相同。小型居室[camerino]也是拱顶并做分隔[amezato]。所有这些拱顶都装饰着精美的灰泥堆塑的分格天花,出自维罗纳雕塑家巴尔托洛梅奥·里多尔菲大师(Master Bartolomeo Ridolfi)之手,[14] 还有多梅尼科·里佐大师(Master Domenico Rizzo)[15] 和巴蒂斯塔·韦内齐亚诺大师(Master Battista Veneziano)[16] 的绘画,两位都是这一行里的突出人物。大厅[sala]在立面中间并居下层敞廊的中段之上③;它的高度同屋顶,由于其略向前突,在转角处有双联柱。有两道敞廊分列大厅两侧,即一侧各有一道,有各自的天棚或嵌格天花(soffits or coffers)[soffitto, lacunare],装饰着美丽的绘画,形成很好的景观。立面的底层为多立克柱式,二层[secondo]为爱奥尼亚柱式。

[81]

---

① 原文 Isola,该基地并非水中小岛,而是巴基廖内河边的一块平地,用作维琴察的水运码头和牛市场。
② 图中左侧大型居室中标注的数字"3"恐有笔误,应为 30。
③ 楼上大厅向前突出,压在底层敞廊的中间段和长圆形门厅之上,因此在立面图中不应加阴影(比较其后页局部立面图中的相应部位)。这样的图面处理并非表示实际情况,可能是为了视觉效果上更统一。

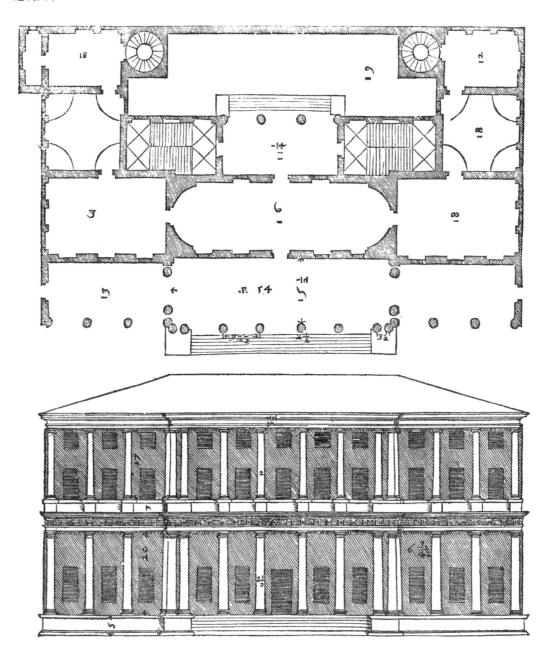

下页的设计图是以大比例表示的正立面局部。

第二书

[83]

123

[84]

下面的设计图表示的府邸属于伊塞波·德波尔蒂伯爵（Count Iseppo de' Porti），来自维琴察一个非常高贵的家族。[17] 该府邸外临两条公共街道，因此有两个入口门厅，各有四根立柱支承拱顶，并使楼上的居室稳固。[18] 底层的居室为拱顶。入口门厅两侧居室的拱顶高度用确定拱顶高度的最后一种方法来定。[19] 第"二"居室[stanza seconda]，即在第二层[secondo ordine]的居室，为平顶棚。建筑的这部分底层和二层的居室已完工，装饰着绘画和美妙的灰泥堆塑（plasterwork），由前述的优秀大师们和一位出色的画家保罗·韦罗内塞大师（Master Paolo Veronese）所作。从入口门厅经过一条通道[andito]可以来到柱廊环绕的庭院，立柱高达三十六尺半，也就是相当于底层和二层加在一起的高度。立柱背后是一又四分之三尺宽、一尺二寸深的壁柱，支承着楼上敞廊的楼板。庭院将整个建筑分为两区；前部片区满足主人及其女眷的需求，后部片区供客人使用，使家庭成员和来宾能各得其所，有点像古人、特别是希腊人的良苦用心。[20] 如果主人的子孙想要自己单独的片区，这样的分隔也很合适。我打算把主楼梯放在沿着庭院一边的柱廊之下，好让想上去的人目光好像被约束在建筑最美丽的部分；而且还让放在中间的楼梯可以为两个片区服务。酒窖和其他诸如此类的地方放在地下。马厩在住宅主体之外，其入口设在楼梯下面。大比例的第一幅图表示正立面局部，第二幅表示庭院局部。

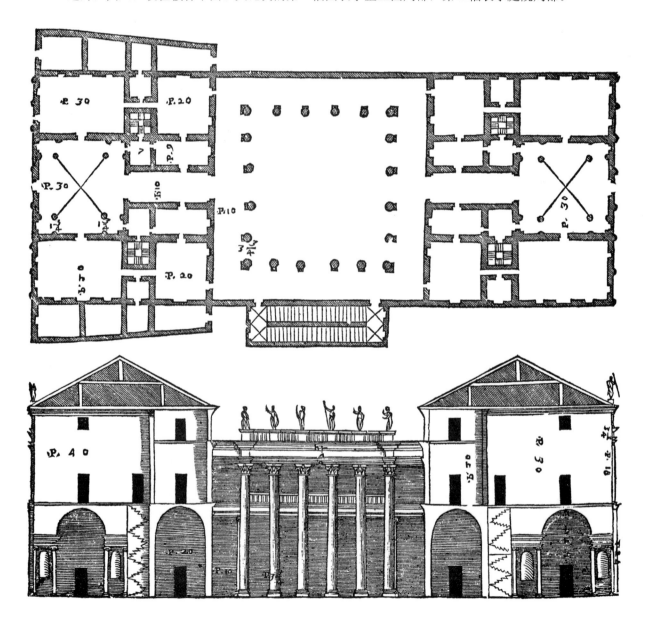

第二书

第二书

11 　　下面的建筑在维罗纳，由该城的一位贵人，乔瓦尼·巴蒂斯塔·德拉·托雷伯爵（Count Giovanni Battista Della Torre）开始兴建，由于亡故而未能完工，不过他还是建成了很大一部分。[21] 从两侧各一条十尺宽的通道进入该府邸；从通道可到达庭院，后者各有五十尺长，并直通一间敞厅，内有四根立柱，以确保楼上大厅极其稳固。从这间敞厅转去楼梯间，那里是中间敞开的椭圆形楼梯。两个庭院都环绕着与二层居室齐平的成圈走廊（corridors）或望台（balconies）**[corritore, poggiuolo]**。还有另外的楼梯使整个房子更加方便。建筑的布置十分符合这个狭长的基地，沿较窄立面有一条主要道路。

[87]

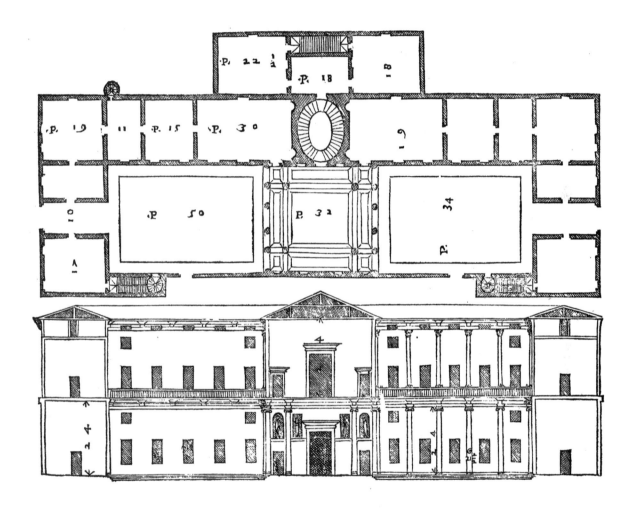

[88]　　　下页的设计图是表示一座位于维琴察的建筑，属于奥塔维奥·德蒂耶内伯爵（Count Ottavio de' Thiene），一度属于其始建者马尔坎托尼奥伯爵（Count Marc'Antonio）。[22] 府邸靠近城市中心的广场，所以我认为这么做是个好主意，就是在面临广场的部位放上一些店面，因为当基地足够大，有条件做得到时，建筑师也必须考虑能让业主**[fabricatore]**有收益。[23] 每间店面上部有一个夹层，供店主使用，再上面是房屋主人的居室。该府邸自成一个街区，就是说，四面为街道所包围。主入口门厅或可称为正门前面有一道敞廊位于该城最繁华的街道上。大厅在楼上，并向前凸出对正敞廊。在两侧面另有入口门厅，其内部有立柱，数目不多，不为装饰，主要是为了使楼上居室稳固，并使入口门厅的宽度与高度合乎比例。从这些入口门厅进入庭院，其内部环绕着敞廊，底层是粗面的墩柱，二层是组合柱式。转角位置是八边形的居室，效果非常好，不仅因为它们的形状，也因为它们可以适应不同的用途。该府邸的居室现已完工，装饰着亚历山德罗·维多利亚大师（Master Alessandro Vittoria）和巴尔托洛梅奥·里多尔菲大师精湛的灰泥堆塑，以及安塞尔莫·卡内拉大师（Master Anselmo Canera）和贝尔纳迪诺·因迪亚大师（Master Bernardino India）的绘画，[24] 后两位都来自维罗纳，不逊于我们这个时代的任何人。酒窖和类似的地方在地下，因为该建筑处在城里最高的位置，不会有水患的危险。

13 [89]

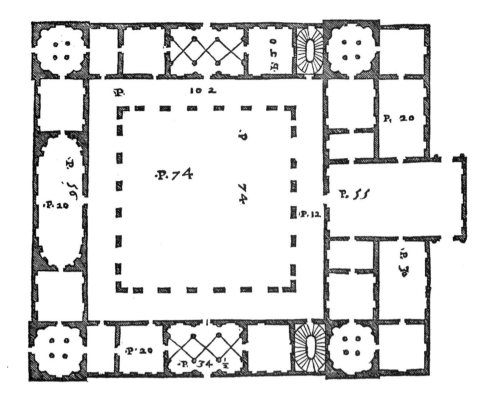

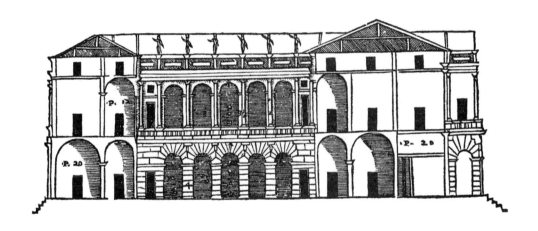

后面大比例的设计图，第一幅表示正立面局部，第二幅表示上图所示建筑庭院的局部。[25]

第二书

[92]

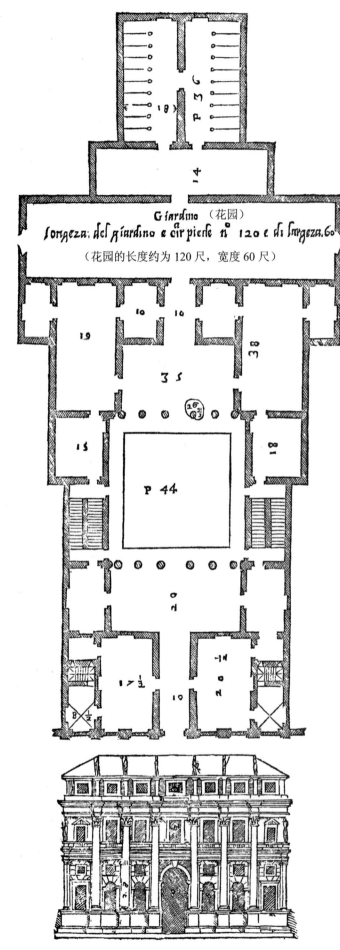

最显耀的贵人瓦尔马拉纳伯爵夫妇（Counts Valmarana）想为自己增添荣耀和为家乡增添便利与光彩，也在维琴察按下面的设计图进行了建设，其中有着大量必要的装饰，如灰泥堆塑和绘画。[26] 该府邸被中央庭院分为两部分，环绕庭院有一圈走廊或者护栏 **[corritore, poggiuolo]**，将人从房子前部引到后部。底层的居室是拱顶，二层的则是平顶棚，且高度等于其宽度。马厩前面的花园，比平面图中所示要大得多，但不得不画这么小，否则版面就不够大，画不下马厩，也画不下其他东西了。对该建筑我已经说了不少，那么，和其他的一样，我也标注了它各部分的尺寸。后面大比例的设计图表示半边正立面。

[94] 在极尊贵的维琴察贵人之中,有一位是保罗·阿尔梅里科阁下(Monsignor Paolo Almerico),[27]一位教士,担任过两位教宗(Supreme Pontiffs)庇护四世和庇护五世(Pius IV and V)的廷臣,由于他的杰出,得以晋授罗马公民并封赠全家。[28] 这位贵人,在为追求荣耀游仕多年之后,终于回到了家乡,他所有的亲属都已经亡故;他退隐山林颐养天年,在离城不到四分之一里①的一座郊外[suburbano]山丘上,按以下方案建造了寓所②,我认为把它列入庄园建筑[fabricha di villa]并不恰当,因为它离城市实在太近了,甚至可以说就在城市里。那里是一片人们所能找到的最令人喜悦的基地,因为它坐落在一座容易攀登的小山丘顶上;一边沐浴着可通航的巴基廖内河(Bacchiglione),另一边围绕着其他怡人的丘陵,它们仿佛广阔的剧场看台般展开,作物茂盛,满是丰美的水果和上佳的葡萄。[29] 由于它在各个方向都拥有最美丽的景致,其中一些比较狭隘,另一些较为开阔,还有些则直到地平线尽头,所以四面都建了敞廊;在敞廊和大厅的地面之下,是供做家务以及仆人[30]住的房间。大厅位于中央,为圆形,并从顶部采光③。小型居室四下分开。大型居室上覆拱顶,高度按照第一种方法确定,[31]其上有十五尺半宽的空间围绕大厅④。在敞廊台阶的两侧条形支撑柱座[fare poggio]的前端是由极优秀的雕塑家洛伦佐·维琴蒂诺大师(Master Lorenzo Vicentino)创作的雕像。[32]

18

---

① 原文 miglio,不确定所用计量单位的长度,有两个数值可供参考:罗马里=1480 米,意大利里=1850 米。根据实际情况推测是指意大利里。另参见 III, 22 的中译者注⑧。
② 正式名称应该是卡普拉别墅(Villa Capra),或阿尔梅里科-卡普拉别墅,阿尔梅里科的私生子在他于 1591 年去世后不久将其转卖给卡普拉兄弟,并在他们手上完工;由于该别墅著名的圆形大厅,通常称为圆厅别墅(La Rotonda)。
③ 图上的(半边)立面图从投影几何角度来说是有错误的,圆厅所在的圆柱体与坡屋顶所在的四棱锥体的相贯线应该是曲线,而不是图上圆形穹顶所在半球体大圆处的水平直线。此外,下文有些别墅立面图的屋顶部分也不太符合投影几何,如比萨尼别墅、巴多尔别墅、福斯卡里别墅、埃莫别墅等。
④ 这意味着围绕大厅上部的整层阁楼是不分间的通仓,由于墙体的收分,其宽度比底层大型居室的宽度或小型居室的长度(即 15 尺)大半尺。

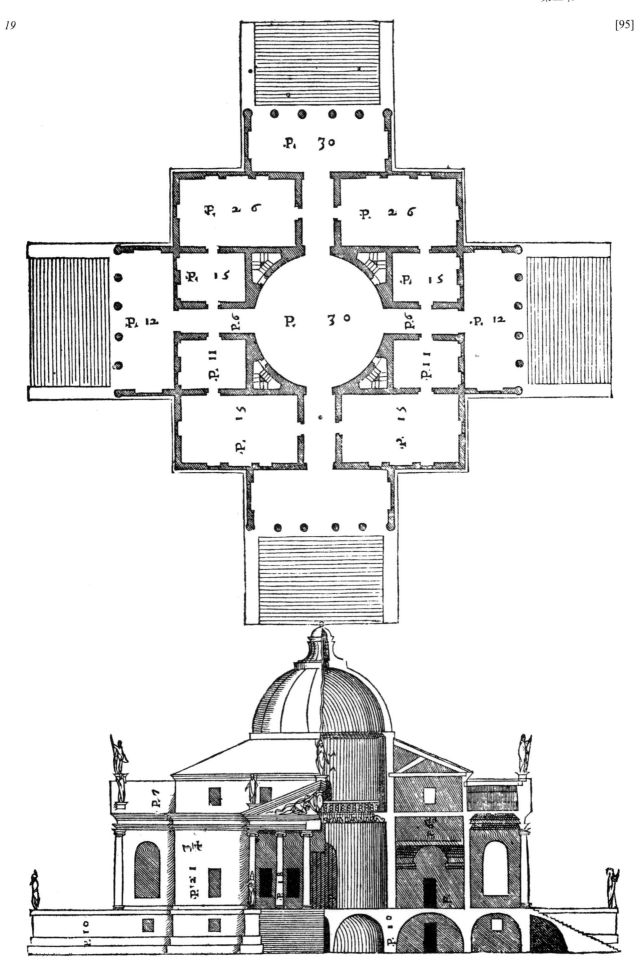

[96] 更多是为了家乡的美化而非为了自己的需要,朱利奥·卡普拉大人(Signor Giulio Capra),[33] 维琴察一位极尊贵的骑士和贵人,根据以下的设计图,已备好建筑材料并在城里主要街道上一片最美丽的基地上着手建造。[34] 该府邸会有一个庭院,有敞廊、大厅和居室,其中有一些很大,另一些中等,还有些是小的。其形状优美多姿,这位贵人必定会有一座大受赞扬的宏伟的府邸,正配得上他的高尚品格。

C   无顶的内院**[corte]**

D   同样无顶的内院

L   庭院

S   下部的大厅有立柱,而楼上是空的**[libero]**,即没有立柱

第二书

[98]

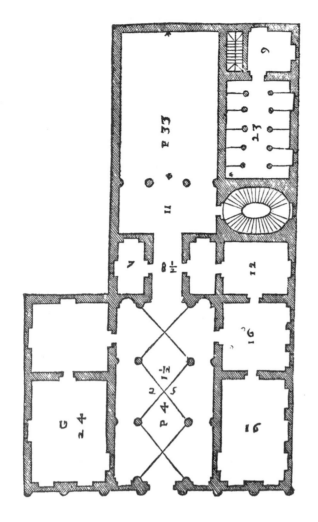

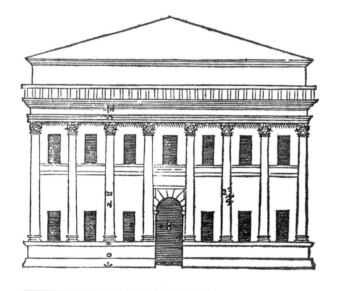

我为蒙塔诺·巴尔巴拉诺伯爵（Count Montano Barbarano）[35]在维琴察的基地做了本设计，其中，由于基地的形状，我没有在一侧与另一侧作相同的排布[ordine]。[36] 不过现在这位贵人已买下了相邻地块，就可以对两侧做同样的排布了，也就是一侧有马厩和仆人们用的房间（如设计图中所见），而另一侧则有房间作为厨房、女人的片区和其他用途。他们已经开始建造并正在根据后面的大比例设计图建造立面。我没有将刚刚更新完成的平面设计——据此现在已经完成了基础——收录在本书内，因为我来不及在付印之前完成其木刻图①。该项目的入口门厅有几根立柱支承拱顶，原因已述②。左右有两个居室，为一个半正方形长③；它们旁边又有两间正方形居室；此外还有两个小型居室。入口门厅对面有一条通道，通向庭院近旁的敞廊。通道的两边各有一个带夹层的小型居室，夹层由该府邸宽大的主楼梯通达。所有这些居室的拱顶都是二十一尺半高。楼上的大厅和所有其他居室都是平顶棚，只有小型居室是拱顶，其高度与大型居室的平顶棚相同。正立面的立柱下面带有柱座，支承着一道可从阁楼[soffitta]通达的阳台。正立面不是像这样建造的（正如我刚才所说），而是按照后面大比例的设计图④。

---

① 因此文字所述可能与此处图示有所不同。
② 参见前述蒂耶内府邸两侧面入口门厅中的立柱，其主要作用是使楼上居室稳固，并使入口门厅的宽度与高度成比例。
③ 即长宽比为3∶2的长方形，虽然这种表述不太符合现代人的习惯，但这是帕拉第奥的文风。更重要的是，他认为正方形是最优美最完整的形状，所以用它做基本形来讨论长方形与它之间的比例关系，而不是描述本身就"不够完美"的长方形自己的构成要素——长与宽之间的关系；后文还有类似提法。参见第四卷第二章他对于几何形状的论述。
④ 大比例立面设计图所示为上下两层的、不带柱座的叠柱式，而非原设计中贯通两层的巨柱式；楼顶部分也不同。

第二书

第四章 托斯卡纳式中庭[37]

在介绍了我设计的一些城市建筑之后，按照许诺，我此时应当讨论古人住宅中最重要部分的设计；由于中庭（atrium）是其中最显著的一项，我会先谈谈中庭，然后是它们旁边的居室，再谈谈大厅。维特鲁威在第六书中说，古人有五种中庭，即托斯卡纳式、四柱式、科林斯式、覆顶式**[testugginato]**和分水式，这最后一种我不打算谈。下面的设计图表示托斯卡纳式中庭。中庭的宽度是长度的三分之二①。奉先堂（tablinum）②的宽度是中庭宽度的五分之二且等于其自身的长度。穿过此处来到圈柱回廊院（peristyle）**[peristilio]**，也即四周带有柱廊的庭院，它的长度比宽度长三分之一。柱廊的宽度等于柱高。在中庭的两侧，可以建若干花厅**[salotto]**，好向外眺望花园，如果是按图中所示建造，那么立柱应取爱奥尼亚柱式**[ordine]**，且柱高为二十尺，而柱廊深度等于柱间距；上层应为另一种柱式，科林斯式的立柱，比下面的短四分之一，立柱之间开窗以便采光。通道之上应当没有屋顶，但有护栏**[poggio]**围绕；居室数量比我的图中可多可少，要看基地情况以及居住者的需要和方便。

---

① 完整平面图中的中庭尺寸（40×60 尺），与剖面图及局部平面图中的尺寸（45×67 $\frac{1}{2}$ 尺）差异较大，比值倒都是三分之二。
② 古罗马住宅中奉藏祖先雕像的地方，通常位于中轴线上，一面向着中庭或内院敞开。

25

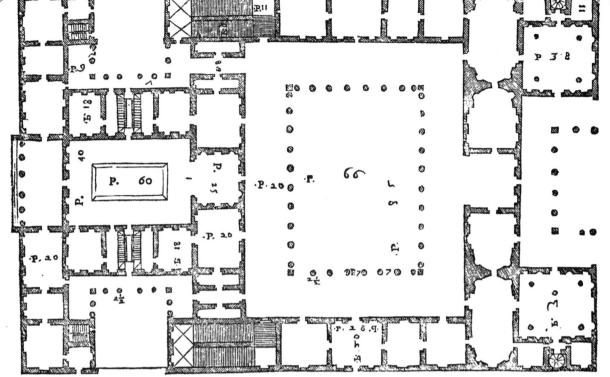

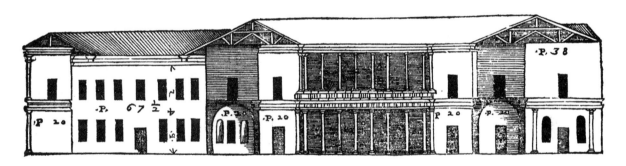

  下页是这种中庭的大比例设计图。①

B 中庭
D 楣腰或收口梁（frieze or terminal beam）**[fregio overo trave limitare]**②
G 奉先堂的门
F 奉先堂
I 圈柱回廊院的柱廊
K 中庭前面的敞廊，可以称为前轩（vestibule）**[vestibulo]**

---

① 本页图所标中庭长度在平面图上是 60 尺，在剖面图上是 $67\frac{1}{2}$ 尺；本页与下页平面图中，奉先堂的形式不同，前打立柱的数量分别是 6 根与 4 根。这些差异可能是由于帕拉第奥的木刻图版并非全部一蹴而就，而是在比较长的时期陆续制作的。

② 这四道做成楣腰样式的收口梁相交呈井字形，仅在四周墙体上有支点，跨度过大（$45 \times 67\frac{1}{2}$ 尺，即约 15×23 米），从结构上说不大可行，即使不用石梁而是木梁。以下几种中庭也有类似的跨度过大问题。从剖面图上推测，这些井字梁高度稍大于 5 尺，即约 1.9 米，高跨比尚可，约为 1/8 和 1/12，但很难设想 1.9 米高的木梁，如果采用木桁架则有可能实施。

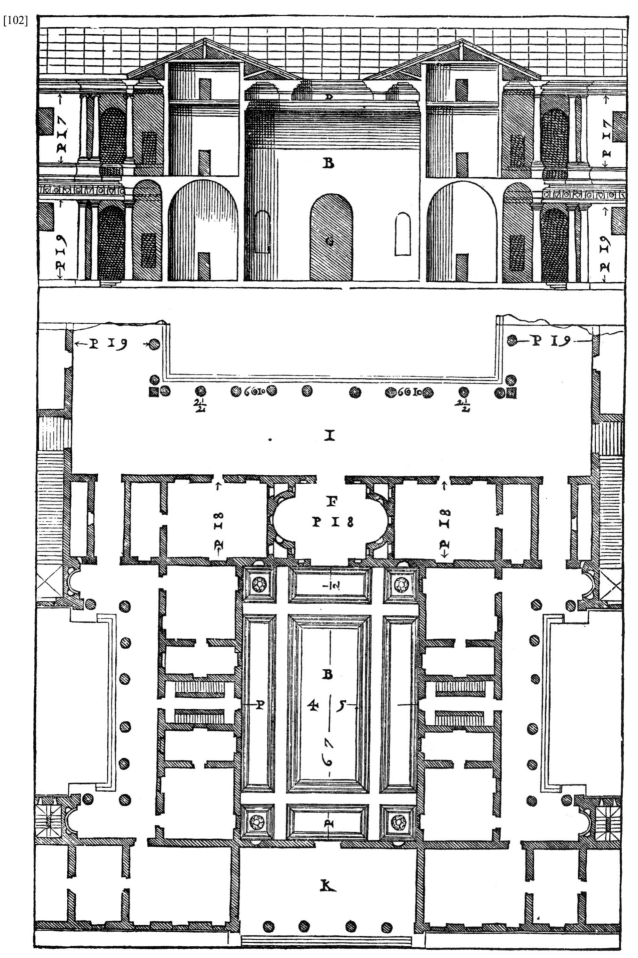

第五章　四柱式中庭

下页的设计图表示的是带有四根立柱的中庭，其宽度是长度的五分之三[①]。[38] 边走道[ala]宽度是中庭长度的四分之一[②]。立柱是科林斯柱式，直径为边走道宽度的一半；无顶的部分是中庭宽度的三分之一。奉先堂的宽度是中庭宽度的一半且等于其自身的长度。穿过中庭和奉先堂到达圈柱回廊院，其长度是以正方形边长作宽度的一倍半；底层的立柱为多立克柱式，柱廊宽度等于柱高；上面二层的是爱奥尼亚柱式，柱径比底层的细四分之一，其下部是一段二又四分之三尺高的柱台或柱座。

A　中庭
B　奉先堂
C　奉先堂的门
D　圈柱回廊院的柱廊
E　中庭旁边的居室
F　进入中庭的敞廊（即前轩）
G　带栏杆的中庭的无顶部分
H　中庭的边走道
I　中庭的楣檐的楣腰[③]
K　立柱之上的实墙[pieno]
L　比例尺

---

① 从图上标注的尺寸来看中庭（不算边走道）宽度与长度的比率实为 35 尺比 $52\frac{1}{2}$ 尺，正好是三分之二，而不是五分之三。
② 从图上标注的尺寸来看，中庭长度为 $52\frac{1}{2}$ 尺，两条边走道宽度各为 $6\frac{1}{2}$ 尺，应理解为两条边走道宽度之和（13 尺）为中庭长度的四分之一。
③ 这种说法有些费解，或许理解为"中庭楣檐下的楣腰"更好些，尽管帕拉第奥的叙述顺序一般是从下到上，此外，从图上看，两道纵向的中庭收口梁楣没有楣基，只有楣腰和楣檐。

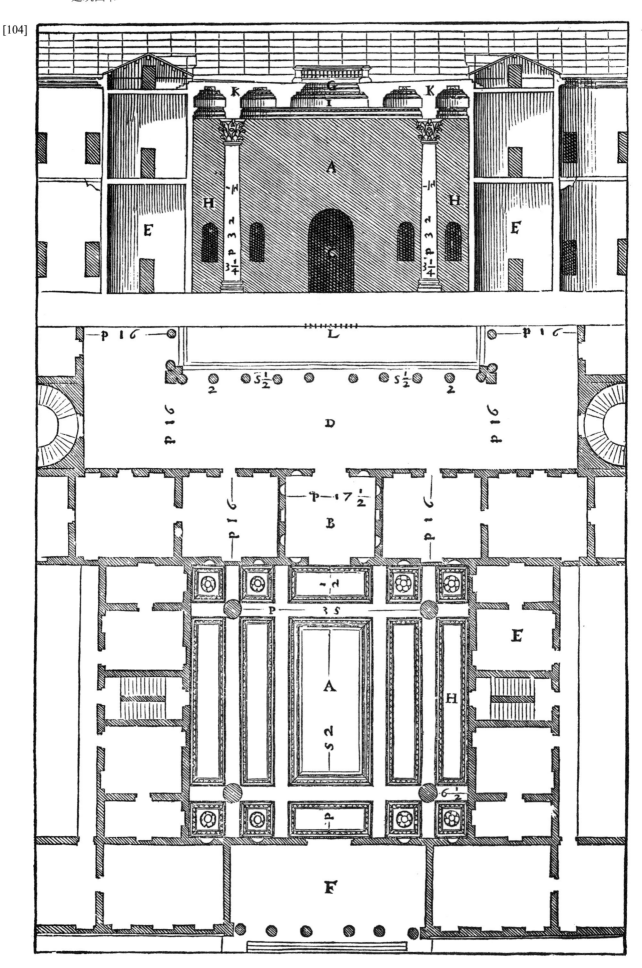

第六章 科林斯式中庭

下面的建筑是卡里塔仁爱修道院，³⁹ 属于威尼斯的正规修会。我竭力想让这座房屋就像古人的房屋一样，所以我在其中建造了科林斯式中庭，它的长度相当于以其宽度作正方形的对角线长。⁴⁰ 两条边走道宽度为长度的七分之二①；⁴¹ 立柱为组合柱式，三尺半粗[grosso]，三十五尺高。中庭中间无顶的部分占中庭宽度的三分之一；立柱之上是一个无顶露台[terrazzato]，其水平高度与修道回廊的第三层[terzo ordine]楼面相同，修道回廊三层是修士们的宿舍所在。中庭有一圈多立克式楣檐②支承着环绕的拱顶③，旁边一侧是圣器室(sacristy)；中庭里可以看到立柱，（中庭）支承着修道回廊的上部实墙，它将居室或宿舍与通廊（loggias）隔开④。该圣器室相当于奉先堂（古人就是这么称呼他们奉藏祖先肖像的居室），我还发现将它置于中庭的侧面很方便⑤。另一侧是修士集会室⑥，与圣器室镜像对称的地方。在教堂旁边的位置⑦有一个中间带楼梯井的椭圆形楼梯间，相当实用而且吸引人。⁴² 从中庭进到修道回廊，那里有上下层叠的三种柱式的立柱（实为半圆倚柱）；第一层是多立克式，立柱从墩柱外凸大半个柱径；第二层是爱奥尼亚式，柱高比第一种矮五分之一；第三层是科林斯式，柱高又比第二种矮五分之一。这一层是连续墙而不是墩柱，墙上的窗口对正下层拱券的位置，可以让光线进入宿舍的门，宿舍的拱顶是用芦竹[canna]⑧建造的，不会使墙壁承载超重。在中庭和修道回廊的对面，**calle**（夹道）⁴³ 后面，可以看到食堂，两个正方形长，高度与修道回廊第三层楼面相同；它两边各有一道敞廊，下面建有酒窖，像通常的蓄水池那样建造以便防水。⑨食堂一端有厨房、炉灶间、养鸡的院子、储柴间、洗衣房和一个漂亮的花园，另一端是其他区域。这座建筑有四十四间居室和四十六间宿舍，包括客房及服务于各种不同需要的其他房间。

---

① 从图上标注的尺寸来看，中庭为 40×54 尺，大致符合所谓对角线长宽比；两条边走道宽度各为 8 尺，应理解为两条边走道宽度之和（16 尺）约为中庭长度（54 尺）的七分之二。
② 从后页的中庭局部剖立面图来看，还有楣腰。
③ 这可能是叠涩拱顶，而不是真正发券的拱顶，因为没有合适的构件承受侧推力。
④ 这句话意义含糊，结合图示或可理解为：中庭的后端实墙（也是修道回廊下部两层的前端实墙），而不是立柱，支撑着分隔宿舍区与中庭的第三层实墙，这上部实墙不再属于只有两层高的中庭部分，所以称它为"修道回廊的"。推测这堵墙除了底层有门使修道回廊与中庭相通之外，第三层（甚至第二层）是不向中庭一侧开口的实墙，使二者完全隔开；从第三幅图来看，实墙对于承受修道回廊第三层拱顶的侧推力也是有利的。复数的 loggias 应该是指中庭的两条侧走道，也就是指中庭部分，尽管这种表达不够明确。
⑤ 古罗马住宅中的奉先堂一般布置在中轴线上紧临中庭的端部，总是被穿行，顺路瞻仰祖先肖像倒也颇有意义，但作为起储藏作用的圣器室，的确不如放在中庭侧面来得方便。
⑥ 修士集会室中的两根柱子对交叉拱顶有支撑作用，但对使用可能略有妨碍。
⑦ 与椭圆形楼梯一墙之隔就是教堂，图中只画了很少的局部，修道院与教堂的侧面相连。
⑧ 英译 reed，但并非芦苇，芦苇与芦竹都是生长于湿地的高大禾本科植物，芦竹（植物学名称 *Arundo donax*）主要分布在温暖地带，如我国南方和意大利沿海，茎秆较为粗硬，用以建造拱顶，质轻而有一定承载力，其上还覆盖有瓦屋面；reed（芦苇，麦秸）分布更广，在高纬度地区如英国也常见，较细软，一般用作茅屋的屋面，上面不再覆盖其他材料。
⑨ 蓄水池壁面有防水处理，能防止存储的水流失到周围土壤中，也能防止土壤中的水分渗入池中，此处作为地窖应该是利用后一种效能，然而即便如此，在地下水位很高的威尼斯，也似乎不够稳妥。平面图上食堂前墙外缘处突出在夹道中的圆形小楼梯，应该就是下到地窖的。

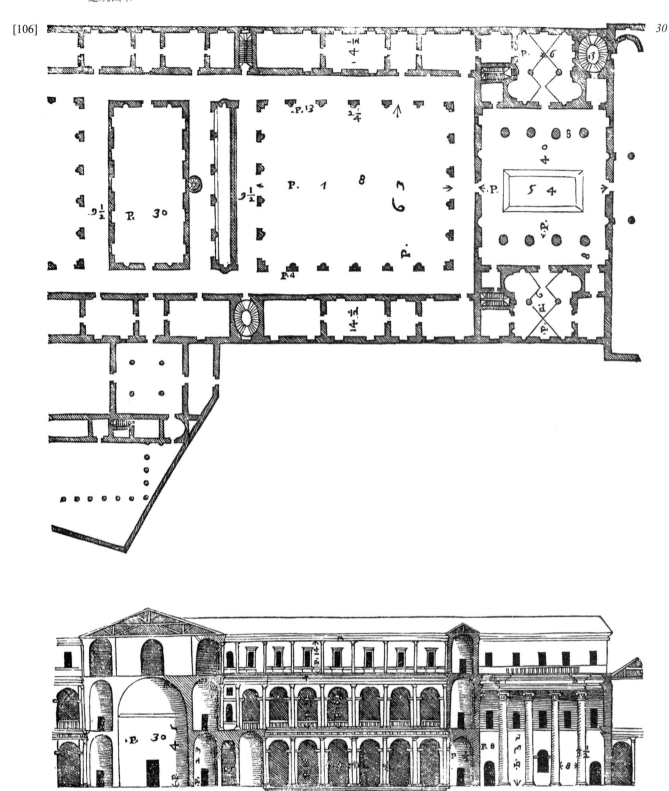

以下设计图中第一幅是以大比例表示的中庭的局部，第二幅是修道院回廊的局部。[44]

第七章　覆顶式中庭和罗马人的私人住宅

除了上述类型，还有一种古人常用的中庭，即他们所谓的覆顶式；[45] 因为维特鲁威书中这一段是极艰涩、模糊的，值得特别认真注意，我会谈谈对它的想法，加上后面的设计图表示 **oeci**（大厅）或花厅、管理室（offices，原文 cancellarie）、仆人用餐间、浴室及其他居室的格局，这是根据维特鲁威所述方式将私人住宅的所有部分放在适当的地方。[46] 中庭长度相当于以其宽度作正方形的对角线长，至收口梁**[trave limitare]**的高度等于其宽度。旁边的居室高度较之低六尺，在实墙上部将这些居室与中庭划分开的是一些墩柱，墩柱承载着中庭的 **testudine**（屋盖）或屋顶；中庭通过这些墩柱之间的空隙采光，所以居室之上有开放的露台。入口对面是奉先堂，为五分之二[47]中庭宽度，这种空间用来（如我刚才在别处所说）奉藏祖先的画像和雕像。再往前就可能看到圈柱回廊院，有柱廊环绕，其宽度等于柱高。居室都是同样的长度，至拱顶券脚石的高度等于其宽度，而拱顶的矢高是拱顶宽度的三分之一。维特鲁威描述过其他几种大厅（他们正是在这些大厅或花厅中举办宴席和舞会，妇女也是在这里工作）：[48] 四柱式（tetrastyle），这样命名是因为有四根立柱；科林斯式，其周围有半圆倚柱；埃及式，底层立柱之上被带有半圆倚柱的墙围合起来，半圆倚柱对正下层立柱，且比它们小四分之一，倚柱间有窗，好让光线从这里进入中间的空间；围绕它①的柱廊的高度不超过底层立柱的高度，而它②上面是开放的，围有一圈走廊或护栏。我将分别给出有这些特点的每一种的设计图。正方形的大厅放在夏季有清爽空气的地方，从那里可以眺望花园和其他绿化。古人还建造他们所谓西济库姆式（Cyzicene）的另一种大厅，也满足上面提到的各种功能。管理室和藏书室在朝东的合适位置，三面围榻式厅（triclinia）③也是这样布置，那是他们用餐的地方。此外，还有男子和妇女的浴室，我将其设在住宅最远的部位。[49]

---

① 可能指大厅。
② 可能指柱廊。
③ 古罗马住宅中的正式宴会厅。富人举行宴会时不是坐在餐桌前用餐，而是侧卧于餐榻上，左臂靠着垫子支起上半身，右手取食；每张榻各设有三个席位。餐榻从三面围成 "U" 形，留出一面让奴隶上菜送水，服侍用餐。这种生活方式可能源自古希腊。

[110]　　A　中庭　　B　奉先堂　　C　圈柱回廊院　　D　科林斯式厅

　　　　E　四柱式厅　　F　巴西利卡式大堂　　G　夏季居室　　H　居室　　K　藏书室

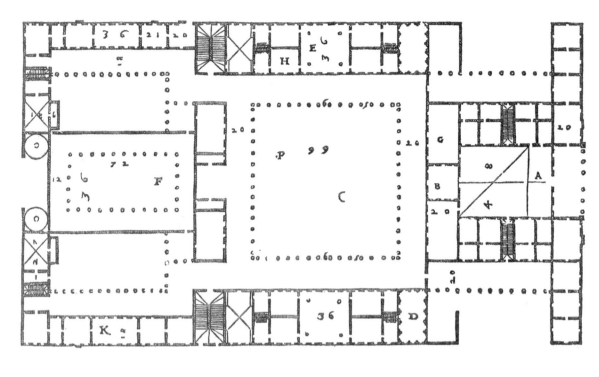

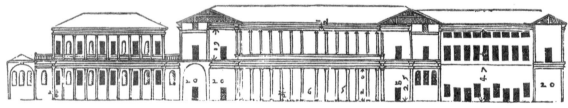

下面的设计图以大比例表示同一中庭。①

D　中庭

E　照亮中庭的窗

F　奉先堂的门

G　奉先堂

H　庭院的柱廊

I　中庭前面的敞廊（即前轩）

K　庭院

L　围绕中庭的居室

M　敞廊

N　中庭的收口梁或楣腰

O　科林斯式厅的局部

P　让光线进入中庭的开放空间

---

① 本页与下页图中某些尺寸、某些房间的形式不一致，可能不是同一时期所作。参见 II, 25 的中译者注①。

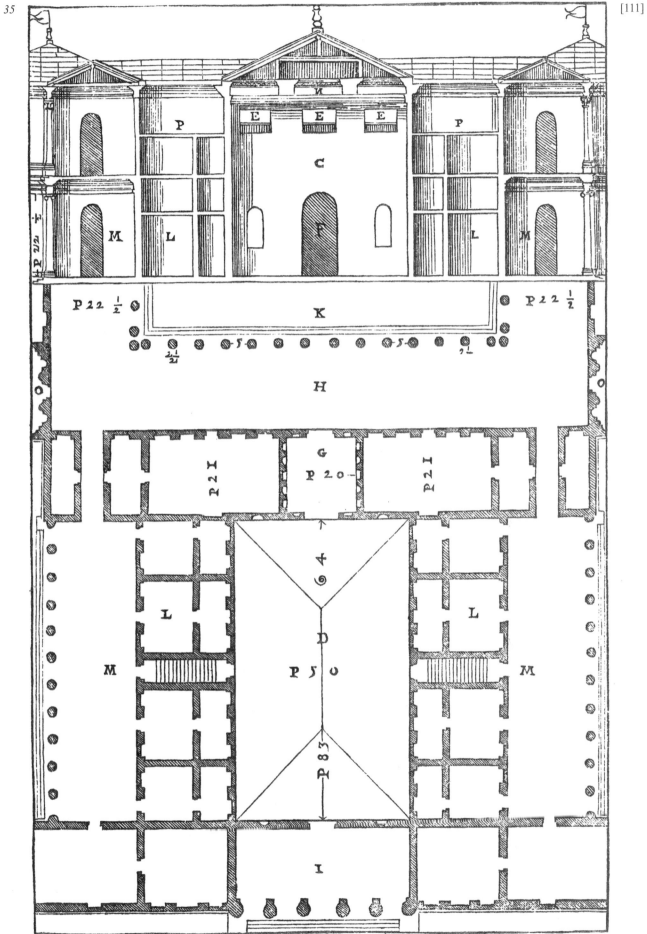

第八章 四柱式厅

　　下面的设计图表示称为四柱式的厅，因为它们有四根立柱。[50] 古人把它们建成正方形并在其中设置立柱，为的是使宽度与高度比例相称，并使上部结构稳固；我也在许多建筑中这样做过，如已在前面的设计中出现的和将在后面的设计中看到的。[51]

[114] 第九章　科林斯式厅 38

古人建造两种形式的科林斯式厅：立柱直接从地面竖起的那种，如第一幅图中所见；立柱带有柱座的那种，如第二幅图中所见。[52] 他们在这两种形式中，都贴着墙边建造立柱，并用灰泥堆塑和木材制作楣基、楣腰和楣檐；只有一层立柱。他们建造的拱顶，或是半圆形，或是船底形**[volto a schiffo]**，[53] 即其矢高是大厅宽度的三分之一；而且它必须用灰泥堆塑和绘画的分格天花来装饰。这种大厅的长度取其宽度一又三分之二倍时是非常吸引人的。[54]

第二书

第十章 埃及式厅

下面的设计图表示埃及式厅,它与巴西利卡,即执行正义的场所,很相似。对这种类型我要说,应当采用正方形,因为古人在这种大厅内建造柱廊,并使内部立柱离开墙壁一段距离,就像在巴西利卡中那样,立柱上面是楣基、楣腰和楣檐。[55] 立柱与墙壁的间隔处**[spazio]**覆盖有一层楼板**[pavimento]**;这层楼板上面没有屋顶,围有一圈走廊或阳台。立柱上面有一圈连续墙,在内侧带有半圆倚柱,比刚才所说的立柱小四分之一。倚柱间有窗,让光线进入大厅,而且透过窗可以从刚才所说的无顶楼层看到大厅内部。这种大厅必定格外引人注目,不仅由于其立柱的壮丽,而且由于其高度,因为顶棚支在二层的楣檐上;这种大厅作为他们举办舞会或宴席的场合必定效果甚佳。

第十一章　希腊人的私人住宅

希腊人以不同于拉丁人的方式进行建造，因为（如维特鲁威所说）他们省去敞廊（指前轩）和中庭，将房子的入口收得很窄；他们在入口的一边放马厩，另一边放脚夫们的门房。[56] 从第一进通道进入庭院，它三面有柱廊，在朝南的一侧有两根 **anti**（壁端柱），即墩柱，支承着更靠里的平顶棚的搁栅；在两边各留出一些空间，就有了较大面积让主妇及其男女仆人住在里面。与壁端柱顺次的几间居室，可称为前室、中室、后室 **[anticamera, camera, postcamera]**，因为一间挨着一间。柱廊周围另有吃饭、睡觉和家庭生活必需的地方。在这部分建筑后面，他们加上规模更大装饰更豪华的部分，带有宽敞的庭院，其四面有柱廊，高度相等，或朝南的那面更高大；带有这种高大柱廊的庭院称为罗得岛式，也许因为最早是由罗得岛人（Rhodians）创造的。这庭院前面有宏伟的敞廊和自己的门；只有男人待在这里。在这座建筑左右建有其他房舍，自带大门和所有家居设施；他们用这些房舍接待客人，因为希腊人有这种风俗：客人来时，头天请他一起吃饭，然后将客舍让给他住，并送去所有必需品，让客人处处自在，就像住在自己家里。[57] 至此我已对希腊人的住宅和城市住宅说得够多了。

希腊人的住宅的组成部分：

A　通道

B　马厩

C　脚夫们的门房

D　第一进庭院

E　通向居室的空间

F　妇女工作的空间（即中室）

G　第一进大型居室，可称为前室

H　中型居室

I　小型居室

K　用餐的花厅

L　居室

M　第二进庭院，比第一进的大

N　比其他三边的更大的柱廊，因此它被称为罗得岛式

O　从小庭院通到大庭院的空间

P　有较小立柱的三边柱廊

Q　西济库姆式餐厅（Cyzicene triclinia）和管理室，或需要绘画装饰的地方（即后室）

R　大厅

S　藏书室

T　用餐的正方形厅 **[sala quadrata]**

V　客舍

X　分开主人住处与客舍的小巷

Y　天井 **[corticella]**

Z　主要道路

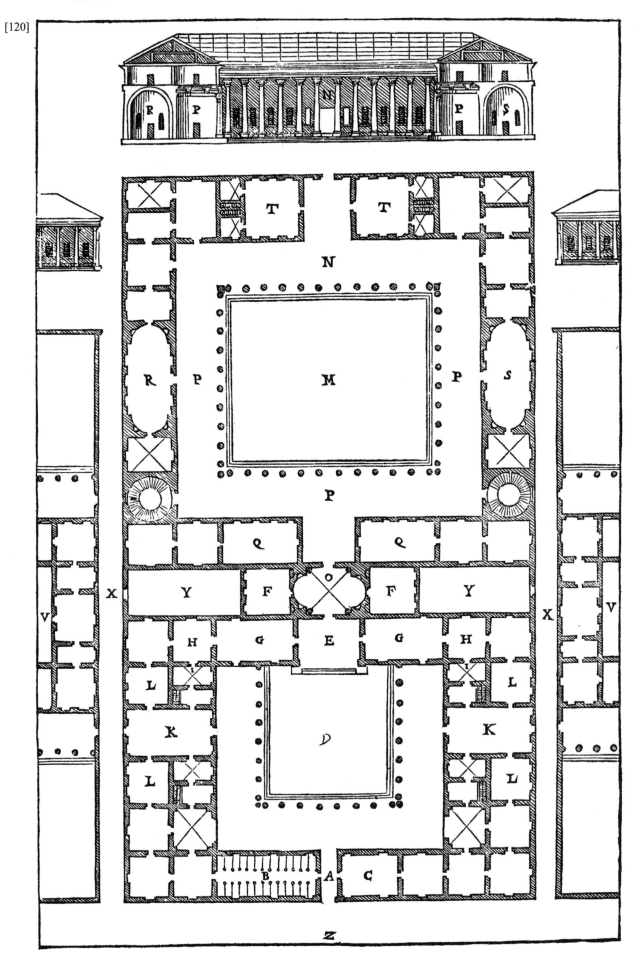

第十二章　在乡村庄园建房的基地选择

对贵人们来说，城里的住宅的确是既光彩又方便，那是为了管理社会和经营自己的事务必需的，在此人生阶段他得一直住在那里。[58] 不过他也许会发现他庄园上的建筑 **[casa di villa]**①也同样好用又舒适，在那里他将度过人生其他阶段，照管和改善其资产，通过他的农作技能增加财富；从锻炼的方面来说，人们在乡村操持庄园通常是靠徒步或骑马，身体会更易于保持健康和力量；在乡间，因城市的困扰而精神疲惫的人终于能恢复活力，获得抚慰，并能够在安宁中专注于研究学问和沉思。正因如此，古代的贤人常常归休田园，在那里接受益友[59]和亲戚的拜访。他们更容易追求美好生活，在乡间享受清平，因为他们拥有房舍、花园、喷泉和类似的乡里清趣，最主要是拥有 **virtù**（修养）。因此，在全能的上帝的眷顾下，在完成了对城镇住宅的讨论之后，我们该转而讨论乡村的建筑了，家庭和个人事务主要发生在那里。但是，在讨论乡村建筑的设计之前，在我看来，特别要考虑基地和它们的位置选择及布局问题，因为我们并非（像城里的个案一样通常）有固定和预设的限制，如被公共的和邻居的围墙所限定的边界。[60] 明智的建筑师的职责，是尽心尽力地勘察评判方便和有益健康的位置，因为我们逗留乡村主要是在夏天，正是身体因炎热而虚弱不适的时候，哪怕是住在最有益健康的地方。[61] 所以，首先应该尽可能选择与庄园联系方便的基地，最好是在庄园的中心，使主人能不太困难地监督和改善周围的土地，其出产也能凭人力方便地运到主人房屋里。如果住宅能建在河边，将是极方便和吸引人的，因为地里的出产能随时用船便宜地运到城市，又能满足家庭和牲畜的用水需要；且拥有可爱的景致，在夏季带来凉爽；还可以灌溉农田、花园和果园 **[bruolo]** 这些庄园的精髓和乐趣所在，既有效益又令人喜悦。但是，如果没有可通航的河流，一定要设法在其他形式的流水附近建房，最要紧的是离开停滞不流的死水一定距离，因为它会产生污浊的空气；这种地点不难避免，如果我们在地势较高和有益健康的地点——也就是，清风频吹、空气流通的地点[62]——建房的话，因为土地有坡度，消除了潮湿和有害气体，使居住者保持健康、快乐、好气色，不受蚊子和其他小昆虫烦扰，它们是从停滞发臭的积水里生出来的。[63] 因为水对人类的生命是绝对必要的，不同品质的水对我们产生不同影响（比如有些导致脾脏不适，有些引发甲状腺肿，有些引发胆结石，还有一些导致其他疾患），应该尽一切努力在优质水体旁边建房。优质水体没有特殊气味或奇怪颜色，而是透明、清澈、纯净，且洒在白布上不留污渍，因为这些是其高品质的标志。维特鲁威教导过许多确定水是否可用的方法：比如能用来做出好面包的水，能让烹调蔬菜更快的水，烧开时壶底不留沉淀的水，都算极好的。如果在水流处看不到苔藓和水草生长，不混浊不泥泞，河床上有砂子和砾石，既干净又漂亮，这就是表明水质纯净的绝佳迹象。[64] 若牲畜也经常饮用那些好水，它们就会干净健康，证据就是它们生气勃勃、膘肥体壮，而不是瘦小羸弱。[65] 除了我刚刚说的，还有一些迹象也会让人确信那里的空气是健康的，比如那里的古代建筑没有倒塌和荒败；那里的树木营养良好，茁壮茂盛，而不是被风吹得枝杈卷曲，东倒西歪，也不

---

① 帕拉第奥所谓的 villa 是指乡村庄园，包括主人的住宅和满足庄园农业生产所需的附属建筑，以及花园、果园、鱼塘等景观，尽管一般译作别墅，但在发现新大陆、开辟新航路之后，16 世纪威尼斯的航运优势渐消，贵族们逐渐将经济活动从商业向大陆上的农业转移，庄园住宅往往也成为他们常住的"本宅"，而非作为临时住处或修养之所的"别业"。帕拉第奥对西方建筑发展最重要的贡献之一，就是运用古典建筑语汇为乡村庄园注入了品质特点和价值标准，使这类建筑摆脱之前作为个案的随性而为、良莠不齐的现象堆聚，成为可与众多文艺复兴建筑师和他本人所创造的大量优秀城市府邸相比肩的建筑类型，而且是以后欧美的新古典主义建筑树立了典范。

是长在沼泽地的品种；那里出产的卵石或石块的上表面没有要开裂的样子；还有那里的居民肤色自然，也表明气候良好。不应在群山环绕的谷底建房，因为建筑埋没在山谷中，不仅无法显露，从远处看不到，[66] 展现不出其美轮美奂的效果，而且也太不健康了，因为那片土地被降水浸透，排放出有害身心的气体，使人精神萎靡，关节松弛，筋腱虚弱，而谷仓里储存的谷物因为过于潮湿也会霉烂。除此之外，如果太阳照在那里，由于阳光反射会造成过热；如果没有阳光，持续的阴影又会使人迷迷糊糊，气色不佳。此外，山谷里如果有风，就会像从狭窄的管道灌进去一样，过于激烈；如果没有风，空气就会混浊不堪而不利健康。[67] 必须在山丘上建房时，也得选择一个好基地，朝向温暖的天空方位，不会被高大山丘的阴影长久遮挡；也不会因为阳光被附近的一些裸露岩石不断反射，仿佛是受到了两个太阳炙烤，[68] 因为在这两种情况下住在那里都将是令人郁闷的。最后，在庄园上选择建房基地时，必须也将在城市里选择基地的所有相关考虑记在心上，因为城市恰似一座大建筑，反之，建筑就像一座小城市。[69]

[123]

第十三章　在庄园上布局建筑

找到一个称心如意、方便宜人、有益健康的基地后，必须仔细用心，把它规划得雅致而实用。庄园需要两类建筑：一种供主人及其家人居住，另一种用来安置和照管农庄的农产品和牲畜。[70] 前者与后者无论如何都不得互相干扰，基地必须如此安排方可。主人房屋的建造必须考虑到整个家庭和他们的地位，类似上文所述在城镇里的通常方式。[71] 为安置农产品和牲畜之类的农庄物产，应该建造附庑[coperto]①来存放属于农庄的各项物品，并且连通到主屋。这样一来，主人便可以在庑下走到每个地方，去监管农事时不怕下雨，也不怕眩目的夏日骄阳；这种排布还有一个很大的用场，就是可以把木材以及其他许许多多禁不起日晒雨淋的各种农庄物品存放在庑下；此外这些附庑柱廊还极其精彩。我们还要考虑容纳田丁、牲畜、产品、农具的舒适而不拥挤的房舍。庄园管事[fattore]、司账[gastaldo]和劳工的住处所在位置要适当，便于照管大门和所有其他部位的安全。[72] 干活的牲畜如牛、马的畜舍必须同主人的住所分开，好让粪便远离主屋，它们要圈养在非常温暖明亮的地方。养殖的禽畜如猪、羊、鸽子、家禽之类的，应该按照它们的品种和特点安顿养殖地点，在这方面还应注意到其他不同地区的习惯。[73] 酒窖要建在地下，封闭且远离喧闹、[74] 潮湿或气味，而且必须朝东或朝北采光，因为别的朝向会受阳光炙烤，存放其中的酒会因受热而变质腐坏。酒窖必须向中间稍稍倾斜，采用水磨石地面，或将地面铺成这种效果：如果酒液漏出来了，还可以再被收集起来。[75] 发酵用的酿酒桶必须置于建在这些酒窖附近的附庑下方②，酿酒桶要架高，好让塞

---

① 外围附属建筑，用于安置农庄物产，帕拉第奥常常采用开敞的柱廊（柱式柱廊或墩柱式敞廊）或柱廊与披屋相结合，来满足功能要求，营造建筑气氛。

② 原文 I tinacci, dove bolle il vino si riporranno sotto i coperti, che si faranno appresso dette cantine, 英译为 The vats in which the wine ferments must be put under the roofs [coperto] constructed in these cellars, 韦尔本译作 The tubs in which the wine is fermented must be placed under the covertures that are made near the said cellars. 葡萄一般在夏末和秋天采摘，堆在敞口的大桶或大罐中压榨发酵，只需要数日，至多不过几周时间，且温度不能过低，因此不需要在较恒温的酒窖中进行，只要在上有顶盖能挡雨的附庑中即可；之后（经过澄滤）将酒液引流到橡木储酒桶中，醇化数年。为避免盛夏严冬的温度变化对酒的品质造成损害，储酒桶必须置于地下酒窖中（若因地下水位关系或其他原因，酒窖只能建在地面以上，也尽量是厚墙小窗，以保证室内的热稳定性），所以附庑与酒窖要建得比较靠近，发酵桶也比储酒桶位置略高，以便借酒液自重引流。coperto 是指建在酒窖附近（near）的附庑（covertures），而不是建在酒窖之中（in）的顶（roof）（何况酒窖本来就是有屋顶的），前置词 appresso 意为"在……附近、旁边，跟在……后面"；韦尔的理解是正确的。

子略高于储酒桶靠上面的孔①，以便葡萄酒通过皮管子或木管子从酿酒桶流到储酒桶里去。 ⁷⁶ 谷仓必须朝北采光，因为这样粮食不会过快受热，倒是因通风良好而保持冷却，能够保存得更长久，而且造成极大损失的那些动物也不会在那里滋生。谷仓的地面或地坪如果可能的话要用水磨石，或至少要用木板，因为谷物如果接触到石灰地面会被毁坏。⁷⁷ 因此，其他储藏空间[salvarobba]也应该出于同样的道理而朝向相应的天空方位。干草架应朝南或朝西，因为草料被太阳晒干了，就不会有发酵着火的危险。⁷⁸ 田丁所需的农具应放在朝南的庑下。打谷的场地必须暴露在阳光下，还要宽敞平整，并在中间微微隆起（以免积水）；而且围绕着打谷场，或者至少在它的局部，应该建有柱廊，以便突然下阵雨时人们可以迅速将谷物搬到庑下；打谷场不能太靠近主屋，因为灰尘大，也不能太远，让主人看不到。⁷⁹ 关于如何选择基地及其布局的一般性问题，已经说得够多了。我还是要（如我所许诺的）提供一些建筑的设计，这些是我在乡村根据不同的布局设计的。

---

① 储酒桶上下都有孔，一个用于接收从酿酒桶引流过来的酒，一个用于放出酒供饮用。

[124]   　　　　　第十四章　一些威尼斯贵人的①庄园住宅的设计

下面的建筑位于巴尼奥洛村（Bagnolo），一个距洛尼戈镇（Lonigo）两里**[miglio]**②的地方，是维琴蒂诺地区的一处城堡，属于大度的皮萨尼（Pisani）兄弟，维托雷、马尔科和达尼埃莱三位伯爵（Counts Vittore, Marco, and Daniele）。⁸⁰ 在庭院两侧是马厩、酒窖、谷仓和这一类农务用房③。柱廊的立柱为多立克柱式。这组建筑的中央部分供主人居住。底层居室的地面比室外地面高七尺，其下有厨房之类处理家务的地方。大厅为拱顶，其高度为宽度的一倍半；敞廊的拱顶也达到这个高度。居室为平顶棚，高度等于居室宽度④；大型居室是一又三分之二个正方形长，其他居室为一个半正方形⑤。注意，我没有刻意将小楼梯放在一个能获得直接采光的位置（如我们在第一书所讨论的），因为它们只是服务于底下房间以及那些或作谷仓或作夹层的顶上房间；我主要考虑的是中间楼层的精心排布，这里供主人和客人起居；通向这一层的楼梯放得很合适，如设计图中所见。为了让明眼的读者省点事，后面就不再重复说明了，以下所有只有一个主要楼层的建筑也都如此施行；而那些有两个优美且装饰精细的楼层的建筑，我都注意了使楼梯采光良好，位置恰当；我说两个楼层，因为我不认为用作酒窖之类的地下层⑥能算得上主要楼层**[ordine principale]**，用作谷仓和夹层的上面那些也不算，因为它们都太低矮，不是贵人待的地方⑦。

---

① 本章涉及的是威尼斯本城的贵族，在城外拥有地产。
② 参见 II，18 中译者注①。下文各处所提及距离，推测度量单位也是用意大利里，不再说明。
③ 位于洛尼戈（45°23′N，11°23′E）以南 3 千米。建筑东面（图的上方）是一条叫弗拉西内（Frassine）的小河，除了主屋，北边（图的左侧）的附庑尚存；主屋现状是图示的西立面敞廊已毁，东面入口前的台阶为半圆形，屋顶形式也与图示不同。帕拉第奥曾为该别墅做过多轮方案，《四书》出版时间在该别墅开工后 28 年，可能是他后来又对设计做了"马后炮"式的小改动，因此图示与实施方案有所差异。
④ 即大型居室顶棚标高 18 尺（约 6.26 米）。
⑤ 皮萨尼别墅的大型居室为 18×30 尺（图中未标出其长度），中型居室为 16×24 尺，长宽比恰如文中所述，另还有两个小型居室为 16 尺见方，小型居室上面是塔楼。
⑥ 这些辅助房间所在并不一定完全是地下室，有些可能是半地下室，有些则是地坪仅略略高于室外地面的接地层，外观上往往作为整个建筑的"基座"。地下层露出地面的高度，一方面与整体均衡有关，另一方面与基地条件有关，如远景开阔程度、地形起伏情况、地下水位高低等。
⑦ 地下层高度不算太矮，如本例中仅露出室外地面以上的部分就有 7 尺（约 2.44 米）；其他别墅（见下文及图示）中的则更高，如福斯卡里别墅和埃莫别墅，露出室外地面以上的部分都是 11 尺（约 3.83 米）；拉戈纳别墅的是 12 尺（约 4.18 米）；戈迪别墅的是 13 尺（约 4.52 米）。夹层的情况应该也类似，都不算太矮，不过正规的居室（主要楼层的那些），高度多在 20 尺（约 7 米）上下，是相当气派的。

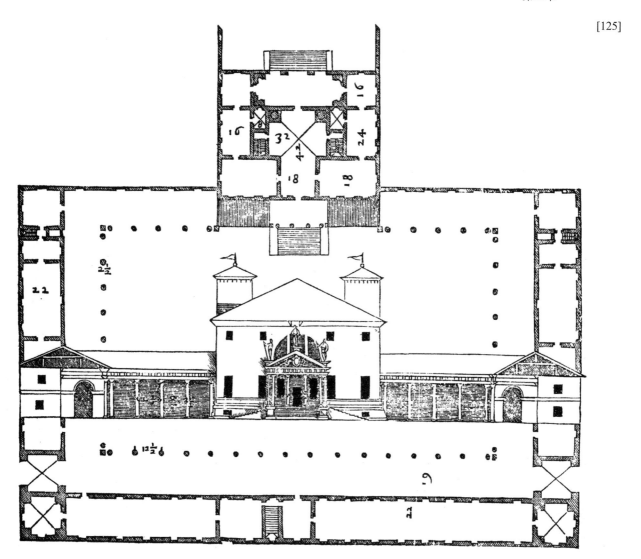

[126]　下面的建筑属于大度的弗朗切斯科·巴多埃尔大人（Signor Francesco Badoer），在一处叫弗拉塔（Frata）①的地方，是阿迪杰河（Adige）的一条支流所经的一处相当高的基地，那里以前曾是埃泽利诺·达罗马诺（Ezzelino da Romano）的姻亲兄弟萨林圭拉·德斯特（Salinguerra d'Este）的一处城堡。[81] 一个五尺高的连片柱座构成整个建筑的底部；居室的地坪都在这一水平高度。居室都为平顶棚，并由贾洛·菲奥伦蒂诺（Giallo Fiorentino）以新奇绝伦的洞穴式壁画（grotesquework）②进行了装饰。[82] 楼上是谷仓，楼下是厨房、酒窖和干家务活的地方。主屋敞廊的立柱是爱奥尼亚式，围绕着房屋的楣檐线脚犹如冠冕一般。敞廊之上的山花**[frontespicio]**[83]很是壮观，因为它使中间部分比两侧高出一截。下到室外地面**[piano]**处有庄园管事的房间、司账的房间、马厩，以及庄园必需的其他用房。

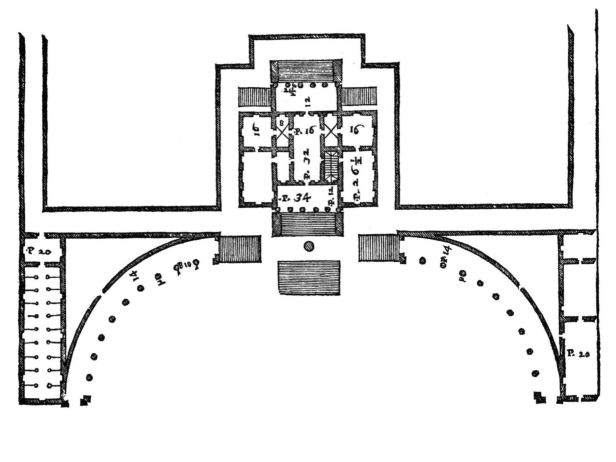

---

① 今弗拉塔波莱西内（Fratta Polesine）（45°2′N，11°39′E）。该别墅保存状况良好，现作为弗拉塔波莱西内国立考古博物馆（Museo archeologico nazionale di Fratta Polesine）对公众开放。
② 原文 Grottesche，韦尔本译作 grotesque。所谓洞穴式（又译怪诞式）壁画常依托于建筑构件的框架，将湿壁画与局部的灰泥堆塑工艺结合在一起，题材或也怪诞离奇。16 世纪因从埋没过久被误作洞窟的罗马废墟中发现，故名，继而复兴盛行。最早实例则见于古罗马皇帝尼禄的金屋（Domus Aurea）。

49 　　大度的马尔科·泽诺大人（Signor Marco Zeno）根据以下方案进行了建设，位于切萨尔多 [127]
（Cessalto），莫塔（Motta）附近的一处地方①，是特雷维吉亚诺地区（Trevigiano）的一座城堡。[84] 地下室的面积等于主屋平面范围，其上是居室的地坪，居室为拱顶。大型居室的拱顶高度是根据确定拱顶高度的第二种方法而定；[85] 正方形居室的角部在窗的正上方有扁平形拱顶；敞廊旁边的小型居室为筒形拱顶，大厅也是筒形拱顶；敞廊拱顶的高度与大厅相同，且超过居室高度。这组建筑有花园，一个院子，一个鸽楼，以及农庄所需的一切用房。

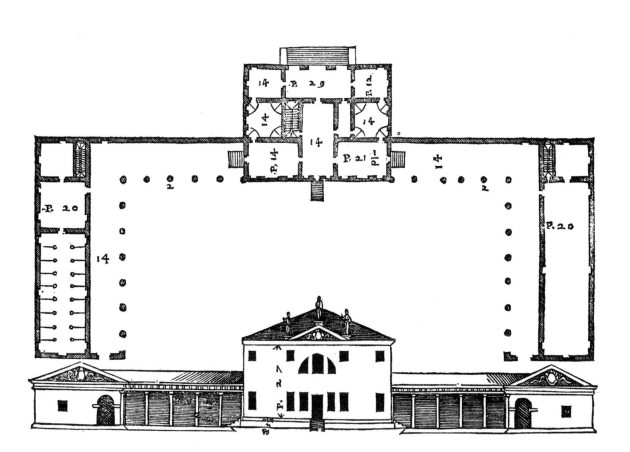

---

① 位于切萨尔多（45°43'N，12°17'E）东南约 2.5 千米，别墅现状不佳，需要修复。

[128]　下面的建筑位于离布伦塔河（Brenta）不远处的甘巴拉雷村（Gambarare）①，属于大度的德福斯卡里兄弟尼科洛大人和路易吉大人（Signori Niccolò and Luigi de' Foscari）。[86] 这座建筑从地面升高十一尺，下面是厨房、仆人用餐间以及类似的用房②，上下都是拱顶。大型居室拱顶的高度按照确定拱顶高度的第一种方法而定。[87] 正方形居室为带拱隅的穹顶（vaults with cupolas）**[volto a cupola]**；小型居室上面有夹层；大厅为半圆形交叉拱顶，其券脚石到地面的高度等于大厅的宽度；[88] 以巴蒂斯塔·韦内齐亚诺大师的精彩绘画做装饰。巴蒂斯塔·佛朗哥大师（Master Battista Franco），我们这个时代最伟大的艺术家之一，也已着手绘画装饰一个大型居室，但他去世了，留下未完成的工作。敞廊为爱奥尼亚柱式，围绕整个建筑的楣檐线脚形成了敞廊上面以及房子背面的山花[89]。在山花以上檐沟下面还绕有另一圈楣檐线脚。楼上的居室**[camera]** 就像夹层一样，因为它们的高度不足，只有八尺③。

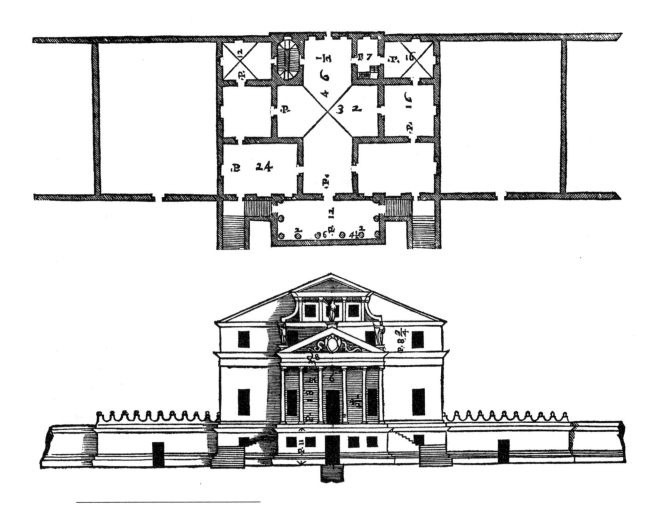

---

① 实际在米拉（Mira，45°26'N，12°08'E）以东约 5 千米的马尔孔滕塔（Malcontenta）。该地名来源于福斯卡里家族一位被疑不忠而禁闭在此因而失欢的妻子，又或因为附近的沼泽地为失意者（malcontento）提供了隐蔽所，因而该别墅俗称闷苦台（La Malcontenta）。参见里布津斯基（Witold Rybczynski）《完美的房子：追随文艺复兴大师安德烈亚·帕拉第奥之旅》（*The Perfect House: A Journey with the Renaissance Master Andera Palladio*, New York: Scribner, 2002），第 100 页。
② 该建筑距布伦塔河仅数米之遥，地下水位较高，地下层只能放在地面以上，同时也抬高了建筑的整体高度，获得开阔的视野，又成为河上的美景。它虽号称庄园住宅，其实是离威尼斯不远的郊外度假别墅，用作公务接待，如后来成为法王的亨利三世在 1574 年回国接位途中曾驻跸于此。现已由福斯卡里家族的后代修复，对公众有限开放。
③ 夹层本用作谷仓一类，不过该建筑并不需要谷仓，因为它并非真正的庄园住宅；设计时两兄弟还是单身，但施工期间路易吉订了婚，居室将不敷使用，只得将夹层也改作居室，从老虎窗可获明亮光线，8 尺（约 2.78 米）的高度使贵人们也能屈就。参见《完美的房子》，第 106—108 页。

51 　　以下建筑位于阿索洛（Asolo）附近马塞尔村（Maser）的一处庄园①，是特雷维吉亚诺地区的一处城堡，属于巴尔巴罗兄弟，阿奎莱亚当选宗主教大人（Most Reverend Patriarch-elect of Aquileia，即达尼埃莱）和大度的马尔坎托尼奥。[90] 该建筑略微前凸的局部有两层居室②；楼上居室的楼面与屋后庭院的地面高度相当；庭院里的喷泉以饱满的灰泥堆塑和绘画装饰，嵌入房子后面的小山。[91] 这喷泉形如小沼，用作鱼池；泉水离开这里后，流经厨房，然后灌溉花园。花园位于缓缓上升、通向房子的道路的左右。泉水继续流淌，在公路边形成两个带有饮马槽的鱼池；再从那里流去灌溉果园。果园非常大，种满上佳的水果，还长着各种野生植物。主屋的正立面有四根爱奥尼亚式立柱；转角处的柱头在相邻两面都有涡卷饰。[92] 我将在关于神庙的章节中说明如何建造这种柱头。[93] 主屋两侧有敞廊，其尽端都有鸽楼，下面是酿酒房、马厩和农庄必不可少的其他用房③。

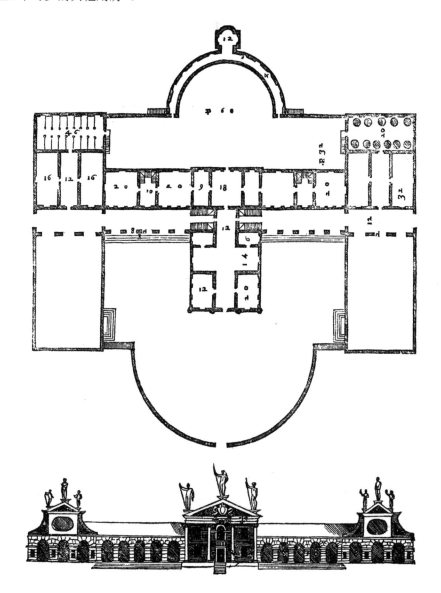

---

① 位于古城阿索洛（45°48'N，11°55'E）以东约 5 千米。
② 基地为山脚的坡地，前凸部分两层，二层较高，底层稍矮，下部不带地下层，附属用房都放在两翼。
③ 该建筑保存完好，内有韦罗内塞的壁画和维多利亚的雕塑，现为酒庄兼艺廊，对公众开放，提供旅游和户外运动服务，也是举办文化、学习活动的场所；附近还有帕拉第奥为巴尔巴罗家族设计的小教堂。

[130] 下面的建筑在蒙塔尼亚纳城（Montagnana）的城门外①，那是帕多瓦诺地区（Padovano）的一座城池。它是由大度的弗朗切斯科·皮萨尼大人（Signor Francesco Pisani）兴建，他已仙逝，未能完成建设。[94] 大型居室[stanza maggiore]为一又四分之三个正方形长，拱顶是船底形，其高度根据确定拱顶高度的第二种方法来定；[95] 中型居室[stanza mediocre]为正方形，拱顶为带拱隅的穹顶[involtate a cadino]②；小型居室与通道宽度相等，它们的拱顶都是（以宽度为边长的）两个正方形高。入口门厅有四根立柱，[96] 比外面的立柱细五分之一，这四根立柱支撑着楼上大厅的楼板，使得高耸的拱顶优美而坚固。四组壁龛中可以看到雕刻作品《四季》，出自优秀的雕塑家亚历山德罗·维多利亚大师之手。底层立柱是多立克式，二层是爱奥尼亚式。楼上的居室为平顶棚；大厅高度至屋顶。主楼两侧下面各有小巷，都设有门，门上方是通道，通向厨房和仆人的房间。

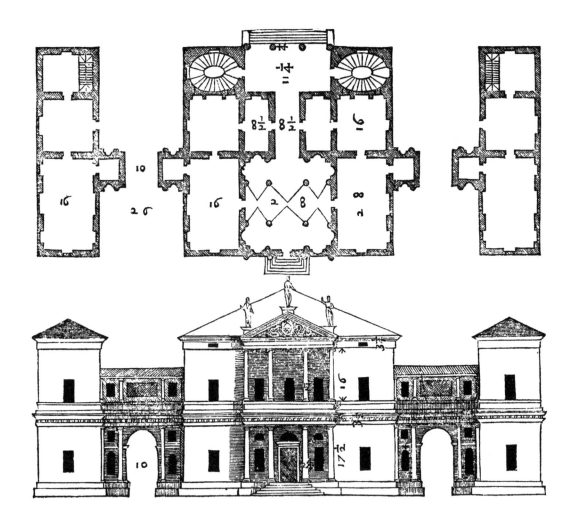

---

① 该建筑其实算不得庄园住宅，没有谷仓、附庑等设施，它就在东南角的城门外，紧邻护城河，现状尚可，仍为私人所有。蒙塔尼亚纳（45°14'N，11°28'E）是一座保存完好的中世纪城市，大致为长方形，呈西北—东南向布局，在西北、东北、西南各面城墙的中段和东南面城墙偏南端各有一座城门。

② 英译将原文 involtate à cadino 含糊笼统地译为 cupolas。带拱隅的穹顶多用于正方形的居室，由四角的拱隅（可能做成抹角拱或球面三角形的帆拱）支撑中央的穹顶。前文 II, 50 所说的 **volto a cupola** 亦同。

53　　下面的建筑位于皮翁比诺（Piombino）①，威尼托自由堡（Castelfranco）的一处地方，属于大度的乔治·科尔纳罗大人（Signor Giorgio Cornaro）。[97] 敞廊的第一层是爱奥尼亚式。大厅位于房屋正中央，因此完全不会过热过冷；带壁龛的两条边走道[98]宽度是大厅长度的三分之一②；大厅的立柱对位于敞廊从外侧数的第二根立柱，大厅立柱之间的距离等于其高度。大型居室是一又四分之三正方形长，拱顶的高度根据确定拱顶高度的第一种方法而定；[99] 中型居室是正方形，高度比宽度大三分之一，为扁平形拱顶；小型居室上面是夹层。上层敞廊是科林斯式，其立柱比底层敞廊的立柱短了五分之一。楼上居室为平顶棚，上面还有几间夹层。主屋一侧是厨房和仆妇们[100]的房间，另一侧是仆人们的房间。

---

① 今皮翁比诺德塞（Piombino Dese，45°36'N，12°56'E），该别墅已修复完好，现为私人所有。
② 两条边走道宽度之和是大厅长度（27 $\frac{1}{4}$ 尺）的三分之一，约 9 尺多，则每条边走道宽度约为 4.5 尺以上，而图示约为 5 尺，根据立面图标注的尺寸推测，大厅立柱的柱径也是 2 尺，柱高也即立柱之间的距离为 18 尺，与边走道宽和柱径相加为 32 尺，文字描述与图示非常一致。

[132]   下面的建筑为显耀的莱奥纳尔多·莫切尼戈骑士（knight Leonardo Mocenigo）所有，位于一处名为马罗科（Marocco）的庄园，是在从威尼斯到特雷维索的路上。[101] 酒窖在地面上，其上的夹层一侧是谷仓，另一侧是家务用房；再上面的主楼层是主人的居室，分为四组成套居室。大型居室的拱顶有二十一尺高，用芦竹建造，使其质轻；中型居室的拱顶高度与大型居室相同；小型居室，即 **camerini**，为十七尺高的交叉拱顶。下层敞廊是爱奥尼亚式；底层的大厅有四根柱子，使大厅的高度与宽度比例合适。上层是科林斯式，且带有二又四分之三尺高的柱台。剪刀楼梯放在中间，将大厅与敞廊分开，引导两个彼此相反的起步方向，让人从任意一边都可以上下；它们这样非常实用、美观、光线充足。主楼的两侧是酿酒房、马厩、柱廊和庄园所需的其他设施。

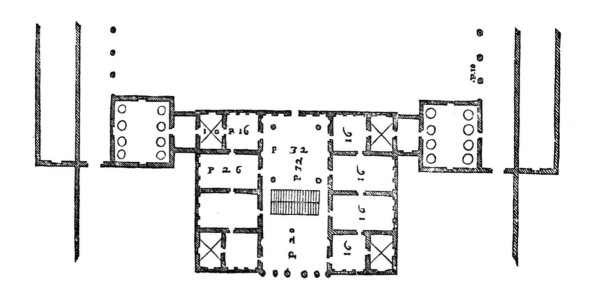

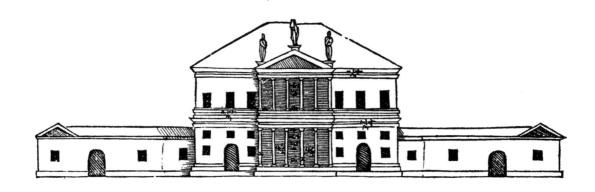

55 　　在距威尼托自由堡三里远的特雷维吉亚诺地区的一处庄园凡佐洛（Fanzolo），坐落着下面这座建筑①，它属于大度的莱奥纳尔多·埃莫大人（Signor Leonardo Emo）。[102] 酒窖、谷仓、马厩和别的农务房分布在主屋[casa dominicale]的两侧，尽端是鸽楼，它们对主人有用，又为此地增加了美感；可以在庑下穿行于整个建筑，这是庄园住宅要求的基本特点之一，正如前面所指出的。这座建筑的背后是一个方形花园，大小有八十 **campi trevigiani**（特雷维亩）②，一条小溪从花园中间穿流而过，使得这块基地非常漂亮喜人。这座建筑由巴蒂斯塔·韦内齐亚诺大师用绘画装饰。 [133]

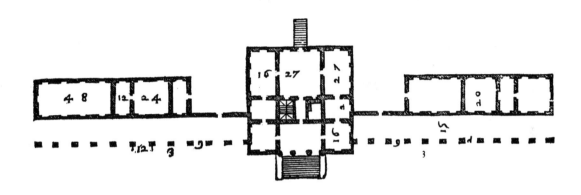

---

① 位于韦代拉戈（Vedelago, 45°41'N, 12°1'E）西北约 3 千米。该别墅保存完好，并加以扩建，用作博物馆和当地文化设施对公众开放。
② 1 特雷维亩=5204.69 平方米。方形（原文 quatro）花园现状约 550×750 米，与文中所说的大小相当一致，四百多年来不曾改变。

第十五章　属于陆地上①一些贵人的②庄园住宅的设计

下面的建筑，属于比亚焦·萨拉切诺大人（Signor Biagio Saraceno），位于维琴蒂诺地区的一处叫菲纳莱（Finale）③的地方。[103] 居室的地面比室外地面高五尺；大型居室为一又八分之五个正方形长，高度等于居室宽度；为平顶棚。大厅的高度与大型居室相同；敞廊旁边的小型居室为拱顶，拱顶高度与居室高度相同④；下面是酒窖，上面是谷仓，满布房屋实体平面的范围⑤。厨房在外，但还是连接到主屋，很方便。两侧是农庄所需的各种房间。

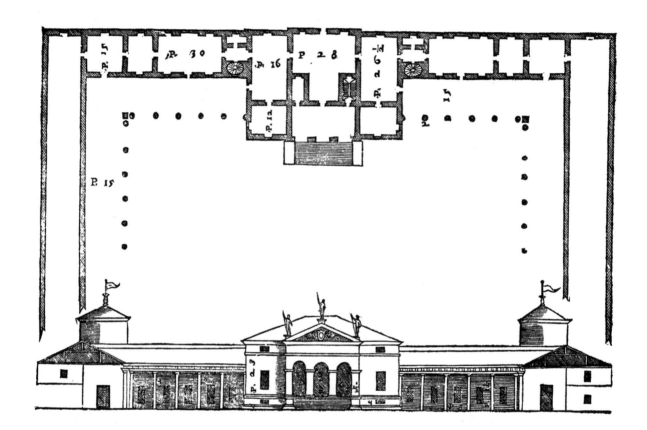

① 原文 terra ferma，意为"坚实的陆地"，是相对于水城威尼斯而言，也就是其外围的威尼斯共和国的陆地部分。
② 本章涉及的是威尼斯共和国各属地的地方贵族，不在岛城任职，只在当地拥有庄园。
③ 位于诺文塔维琴蒂纳（Noventa Vicentina, 45°17'N, 11°32'E）北偏东约 4 千米，处在一大片农田中间。主屋及东侧（图中右侧）紧邻的一部分得以留存，已大体修复，出租给度假者，最多可接待 16 人。
④ 即拱顶的高度占小型居室总高的一半，与拱脚以下的部分高度相等。
⑤ 这可能意味着用作谷仓的夹层布满整个建筑平面；而地下室只在局部才有。实际上东侧地下室刚建好就进水了，于是为避免再遭水患，其余部分没有继续建地下室；参见《完美的房子》，第 232 页。

57　　下面的设计图表示的是一位维琴察贵人吉罗拉莫·拉戈纳大人（Signor Girolamo Ragona）的房屋，他在位于吉佐莱（Ghizzole）的庄园上建造了它。[104] 这座建筑具有前面所说的好处，就是说可以让人在庑下到处走动。主人所用居室的地坪比室外地面高十二尺；在这些居室下面是派家务用场的地方，上面是其他房间，可以作为谷仓，也可以作为居室以备不时之需。主阶梯互成镜像对称，都在房子正立面的前面，位于院子的柱廊下方[①]。

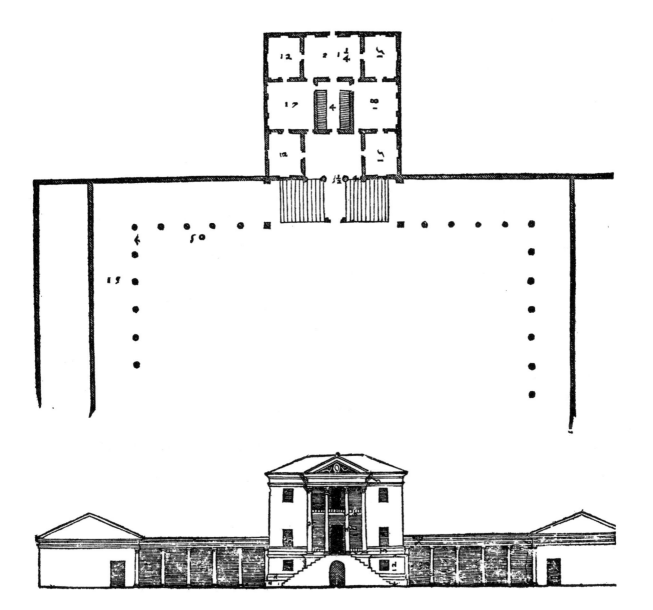

[①] 图中主阶梯是露天的，说它们在柱廊下方不够严密。

[136]　在波亚纳村（Poiana），维琴蒂诺地区的一处庄园，有下面所示这组建筑，为波亚纳骑士（Cavaliere Poiana）所有①。[105] 它的居室用壁画和绝妙的灰泥堆塑装饰，出自维罗纳画家贝尔纳迪诺·因迪亚大师和安塞尔莫·卡内拉大师，以及维罗纳雕塑家巴尔托洛梅奥·里多尔菲大师之手。[106] 大型居室为一又三分之二个正方形长，且为拱顶；正方形居室的角部为扁平形拱顶；小型居室上面有夹层。大厅的高度比宽度大一半，且与敞廊高度相同；大厅为筒形拱顶，而敞廊为交叉拱顶；所有这些居室上面是谷仓，下面是酒窖和厨房，正因如此，居室的地面比室外地面高五尺。主屋的一侧是庭院和农庄生活不可或缺的其他空间，另一侧是与庭院镜像对称的花园，后面的区域有果园和鱼塘。这位贵人就是如此，正如他大度而高尚的品性，恰如其分地尽其所能，建设了所有这些美观实用的东西，以使他的住宅有吸引力、赏心悦目、喜人、方便。

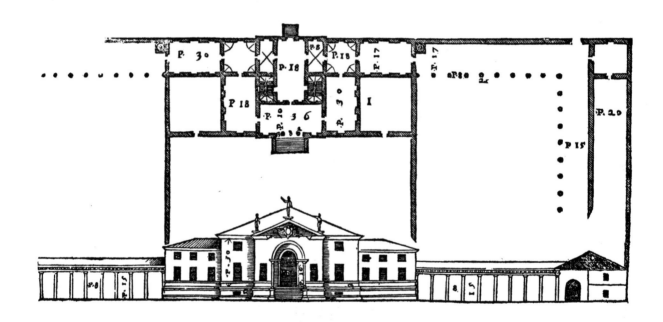

---

① 位于大波亚纳（Pojana Maggiore，45°17'N，11°30'E）。波亚纳别墅的兴建者博尼法乔·波亚纳（Bonifacio Pojana），拥有军旅背景，其家族数百年来是该地的领主。

接下来的建筑，位于利西埃拉村（Lisiera）①，维琴察附近的一个地方，由已作古的乔瓦尼·弗朗切斯科·瓦尔马拉纳大人（Signor Giovanni Francesco Valmarana）兴建。107 敞廊为爱奥尼亚式且立柱竖在满布整座建筑的（立面为）正方形的底石上；108 敞廊和居室为平顶棚，其地面在（底石表面的）这个水平高度。住宅的四角有塔，为拱顶；大厅为筒形拱顶。这座建筑有两个庭院，一个在前面供主人使用，另一个在后面，是打谷的地方；它还带有附庑，所有的农庄生活用房都在那里。

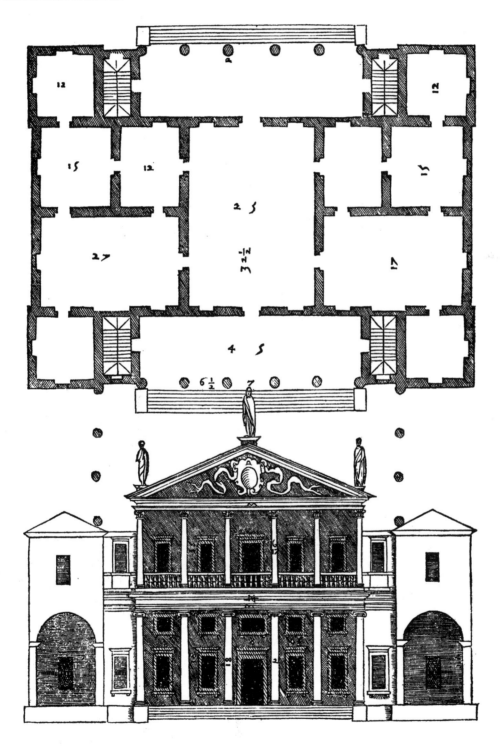

---

① 位于昆托维琴蒂诺（45°34'N，11°37'E）以西约 1 千米。

[138]　接下来的建筑由特里西诺兄弟弗朗切斯科伯爵和洛多维科伯爵(Count Francesco and Count Lodovico)始建，位于维琴蒂诺地区的一处庄园梅莱多(Meledo)①。¹⁰⁹ 基地是极富魅力的，因为它在一座小山上，沐浴着一条喜人的小河；它处在一个大平原中间，靠近一条非常繁忙的道路。在山顶上应该是圆形的大厅，四周有居室环绕，大厅足够高，以接受上部来的光线。大厅里有一些半圆倚柱支撑着一圈望台，可以从上层房间通过去；房间用作夹层，因为它们只有七尺高。底层居室的地面以下是厨房、仆人用餐间和其他用房。因为建筑的每一面都拥有精彩的景观，所以有四道科林斯式敞廊，大厅的圆顶抵在敞廊的山花之上②。沿着弧线延伸的 ¹¹⁰ 敞廊形成极为喜人的景象；更靠近地面的是干草架、酒窖、马厩、谷仓、司账的房间，以及别的农务用房。这几段柱廊的立柱是托斯卡纳式；在小河之上庭院转角处是两间鸽楼。

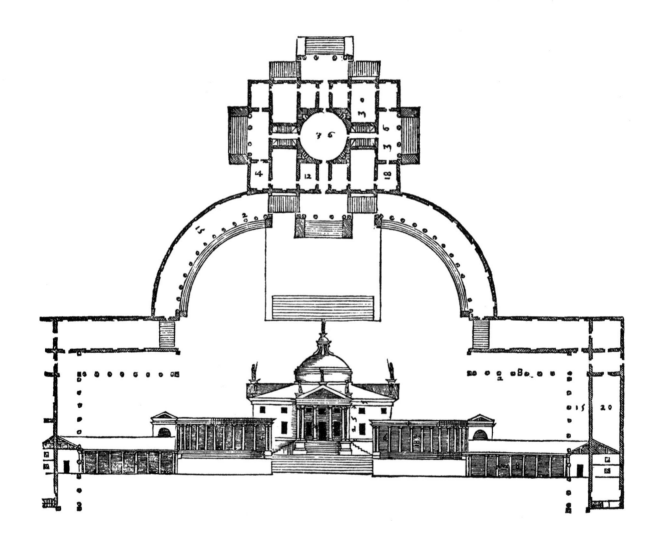

① 位于维琴察西南约 18 千米，萨雷戈（Serego, 45°25'N, 11°24'E）以北约 3 千米。
② 该别墅只建造了一小部分，且所存残部现状不佳。也许相比于交付给委托人的设计，此处所描绘的是更为理想化的另一方案，比较 II, 18 关于圆厅别墅的基地环境、建筑形式、功能布置的描写。

61　下面的建筑位于坎皮利亚（Campiglia），维琴蒂诺地区的一处地方，它属于马里奥·雷佩塔大人（Signor Mario Repeta），他在这座建筑中实现了他父亲、已作古的弗朗切斯科大人（Signor Francesco）的遗愿。[111] 柱廊的立柱是多立克式，柱间距为四倍柱径；在屋顶尽端转角处，可以看到敞廊脱开住房主体挺立着，那里是两组鸽楼和敞廊。在马厩对面的居室，一间奉献给节制（Continence），另一间奉献给公正（Justice），还有奉献给以颂词和绘画凸显的其他美德的居室；其中有的是巴蒂斯塔·马甘扎大师（Master Battista Maganza），来自维琴察的一位了不起的画家和诗人的作品；[112] 这样做是为了让马里奥·雷佩塔，这位乐意接待所有拜访者的人，能够在他认为最接近其人性情的美德之室款待拜访者和朋友。这组建筑的好处是可以让人在庑下到处走动；而且由于主人居住的部分和供农庄使用的部分在同一水平高度上，因主屋不比农务用房更为突出而损失的堂皇壮观，就以农务用房与主屋同等的装饰和体面来补偿，从而美化了整个建筑群。

[139]

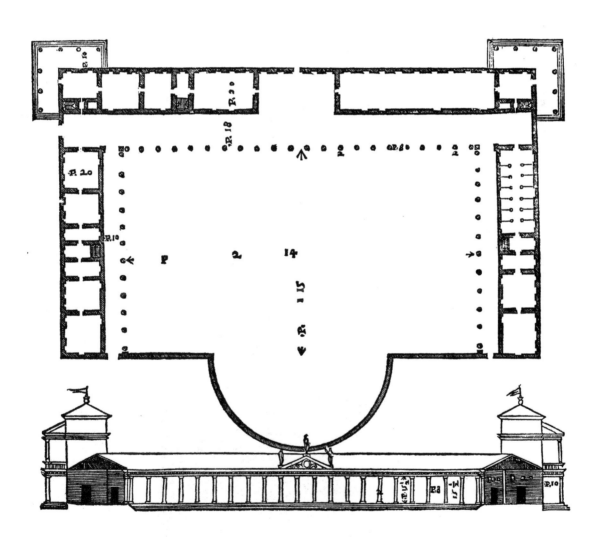

建筑四书

[140]　　下面的建筑是蒂耶内（Thiene）兄弟，奥多阿尔多伯爵和泰奥多罗伯爵（Counts Odoardo and Theodoro），在他们的奇科尼亚（Cicogna）庄园①上建造的；该建筑由其父弗朗切斯科伯爵（Count Francesco）始建。[113] 大厅位于房子的中央，围绕有爱奥尼亚式立柱②，上面是一圈望台，与楼上居室的楼面处于同一高度。大厅的拱顶高至屋顶；大型居室为船底形拱顶，带有圆顶[volto a mezocadino]的正方形居室向上升高，在建筑的转角处形成四个小塔；小型居室上面是夹层，

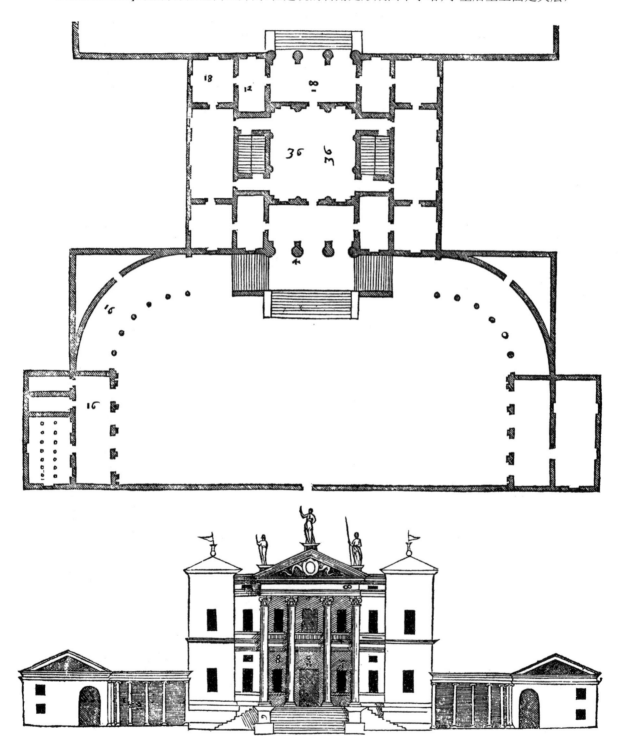

① 位于帕多瓦纳自由镇 Villafranca Padovana（45°30'N，11°48'E）以北约 2 千米，现仅存一翼。
② 从图上看，应该是半圆柱，倚靠在墙壁上，如前文所说的科林斯式厅。

门开在楼梯一半高度的位置上。楼梯间当中没有墙，由于大厅从上部采光，非常明亮，所以楼梯也有足够的光线，因为在楼梯间之中没有东西遮挡，它们也是从上方照亮。附庑朝庭院的一侧是酒窖和谷仓，外侧是马厩和农务所用的空间。那两段像手臂一样从房子里伸出来的敞廊，连接主屋[casa del padrone]与农务房；该建筑附近老房子的两个带柱廊的庭院，一个作为打谷场，一个给低级仆人用。[114]

下面的建筑属于贾科莫·安加拉诺伯爵，由他建造在维琴蒂诺地区他自己的安加拉诺庄园上①。[115] 在庭院两侧有酒窖、谷仓、酿酒处、司账的房间、马厩、鸽楼，在庭院更外面一点，一侧为农田，另一侧为花园。位于中间的主屋，底层为拱顶，楼上是平顶棚；楼上楼下的小型居室都被分隔了夹层。布伦塔河，一条盛产肥美鱼虾的河流，在该建筑附近流淌。此地以他们酿造的名酒和出产的水果闻名，而更有名的是主人的慷慨。

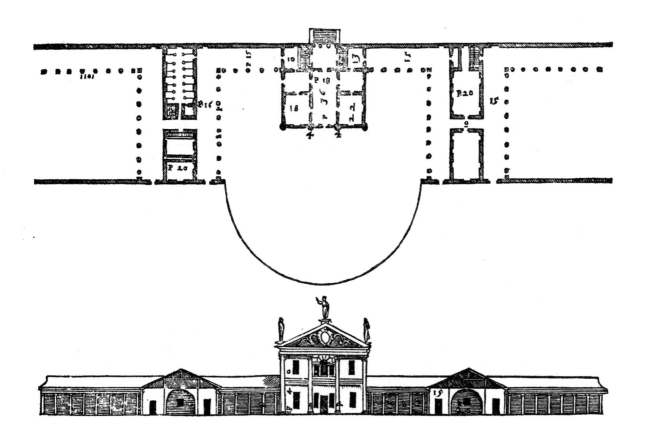

① 位于巴萨诺-德尔格拉帕（Bassano del Grappa, 45°46'N, 11°44'E）以北约1千米，未完全按设计建成，总平面布置基本依照设计，东翼（图中右侧）未建或已不存，现有建筑风格为巴洛克式。

[142] 下面的设计图表示的建筑由奥塔维亚诺·蒂耶内伯爵（Count Ottaviano Thiene）在他位于昆托（Quinto）的庄园上建造。该项建设始于其父、已作古的马尔坎托尼奥伯爵，和其叔伯阿德里亚诺伯爵。[116] 基地非常美丽，因为一边是泰西纳河（Ticino）①，另一边是该河的一条大支流。这座大院[palagio]的大门前有一道多立克式敞廊；穿过这里到达另一道敞廊，再从那里到达一个庭院，其两侧有敞廊；在这两道敞廊的每个尽端都是成套居室[appartamento a stanze]，其中一些已经用来自维琴察的非常杰出的乔瓦尼·因代米奥大师（Master Giovanni Indemio）的绘画装饰起来。[117] 在入口处敞廊的对面有另一道与它类似的敞廊，从那里进入一间内有四根立柱的中庭，再从中庭进入带有多立克式柱廊的庭院，它用于农务的需要。没有适合[118]整座大宅使用的主楼梯，因为上面一层只能用作储藏间和仆人宿舍。

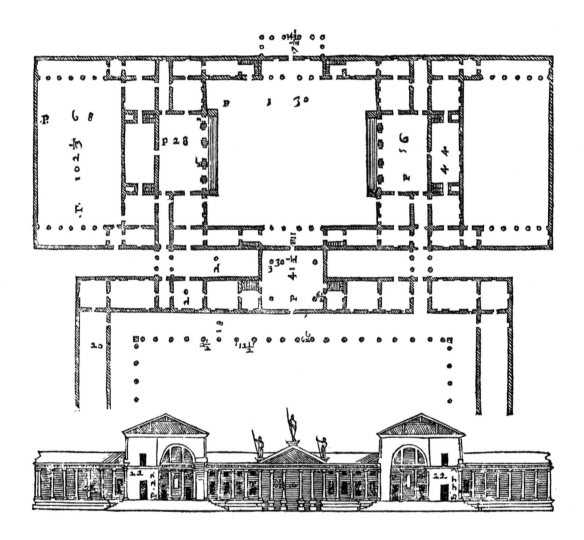

---

① 原文 Tesina，英译者误作波河的大支流、流经马焦雷湖的提契诺河；别墅以东约 300 米有一条无名小河，但并不是泰西纳河的支流。这两条河各自汇入巴基廖内河。

65　　在洛内多（Lonedo），维琴蒂诺地区的一处地方，有下面这座属于吉罗拉莫·德戈迪大人（Signor Girolamo de'Godi）的建筑①，它位于一座拥有极佳景观的山丘上，附近有一条可用作鱼塘的河流②。¹¹⁹ 为了使该基地适合用作农庄，庭院和道路建在拱顶上，所费不赀。③这座建筑的中间为主人和他的家人所居住的空间。主人的居室，其地面比室外地面高十三尺，做成平顶棚；它们上面是谷仓，而十三尺高的地下室放了酒窖、酿酒处、厨房，以及其他类似的房间。大厅高至屋顶，有两排[ordine]窗。主屋的两侧都有庭院和用作农庄设施的附庑。该建筑已用瓜尔蒂耶罗·帕多瓦诺大师（Master Gualtiero Padovano）、巴蒂斯塔·德尔·莫罗·韦罗内塞大师（Master Battista del Moro Veronese）和巴蒂斯塔·韦内齐亚诺大师的极富想象力的绘画装饰起来，¹²⁰ 因为这位贵人有极高的鉴赏力，完全不吝花销，选择了我们这个时代最有天赋的了不起的画家，以使该建筑尽可能出色和完美。

[143]

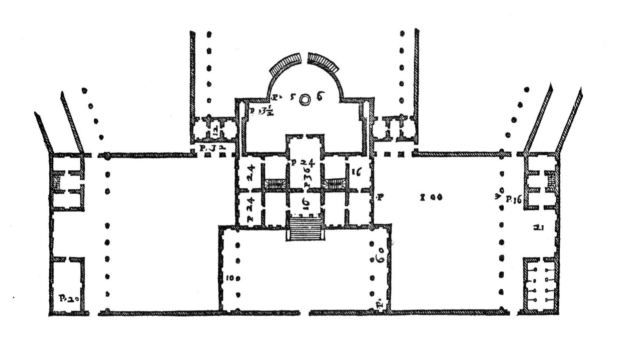

---

① 位于卢戈-迪维琴察（Lugo di Vicenza，45°45'N，11°32'E）以东约 0.5 千米的小山上，整体现状完好，对公众开放，可举办会议、文化和社会活动，提供旅游、餐饮服务。
② 阿斯蒂科涧（Torrente Astico，鳌虾涧），泰西纳河的上游。
③ 该庄园所处地形陡峻，若挖土填方则工程量巨大，很不现实，因此架设拱顶以获得较大范围的平整场地。参见 I, VIII 帕拉第奥关于基础的论述。

[144]　　以下的建筑属于马尔坎托尼奥·萨雷戈伯爵（Count Marc'Antonio Sarego），在圣索非娅村（Santa Sofia）①，一处距离维罗纳仅五里的地方。它位于一个极好的基地，即在两个小山谷之间敞向城市的一片缓坡山丘上；¹²¹ 周围所有的小山丘都很悦人，而且有丰沛的优质水源，故而这组建筑中点缀了花园和奇妙的喷泉。该地因其悦人而为德拉斯卡拉家族（the Della Scala）所钟爱，在那里还可以欣赏到一些古迹，在罗马时代也颇受推崇。这组建筑在主人和他的家人所用的部分有一个庭院，周围环绕着柱廊。立柱是爱奥尼亚式，用未打磨的糙石材建造，在这里倒是恰当的，因为农庄似乎需要朴素简单而不是精雕细刻的东西；这些立柱支撑着顶端的楣檐，后者起到檐沟的作用，让屋顶的雨水排出；在立柱的背后，也就是柱廊的下部，有一些壁柱支撑着上部，也就是二层敞廊的楼板。二层有两个隔院相对的大厅，其大小用交叉线表示在平面设计图中，即从建筑的外墙延伸到立柱的位置。庭院旁边是一个供农务所用的院子，它的两侧都有附庑，满足农务的实际要求。

---

① 位于维罗纳西北约 8 千米的小村佩德蒙特（Pedemonte，45°55'N，11°19'E）南端，建成的局部现为圣索菲亚酒业公司（Azienda Santa Sofia）所在，不对一般公众开放。

第二书

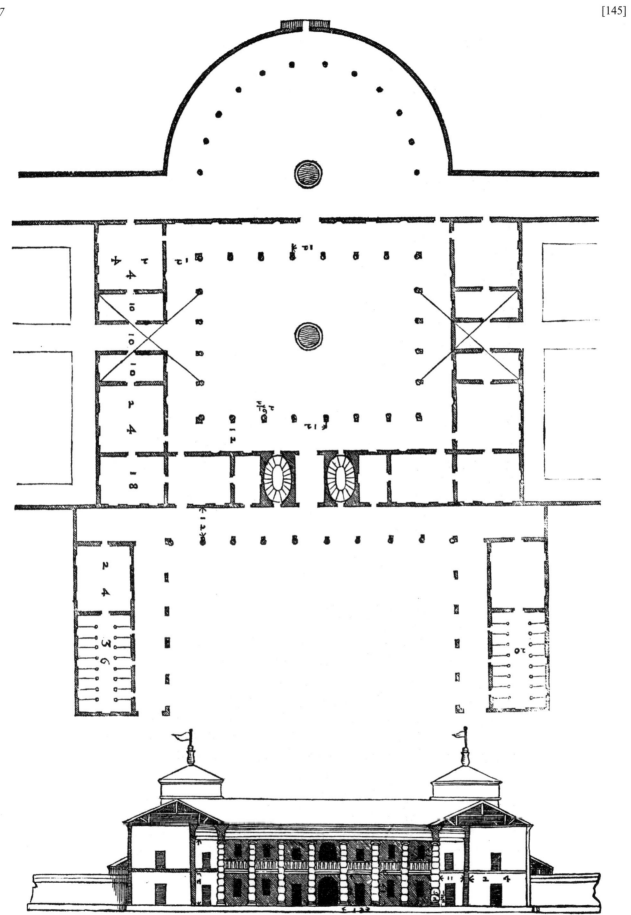

[146]　接下来的建筑属于安尼巴莱·萨雷戈伯爵大人（Signor Count Annibale Sarego），位于科洛尼亚（Cologna）一处叫米耶加（Miega）的地方。[122] 一段四尺半高的连片柱座形成满布整座建筑的地下室，其水平高度就是底层居室的地面，下面是酒窖、厨房以及其他满足居家需要的房间。底层居室为拱顶，二层的为平顶棚。该建筑旁边是农务所用的庭院，带有适合其功能所需的所有场所。

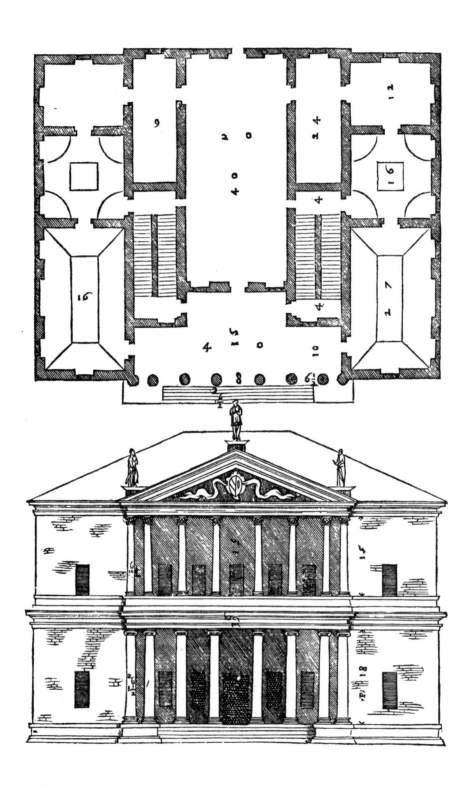

第十六章　古人庄园上的建筑

到目前为止，我已经收入了我设计的许多庄园建筑的图纸；我还要根据维特鲁威对此问题所言，加上古人通常建造的庄园建筑的设计。因为在这个问题上，人们可以看到，所有房间都要适合居住和农务之用，要按照天空方位就位；[123] 我不会讨论小普林尼（Pliny）对此所言，因为现在我的主要目的纯粹是为了诠释在这个问题上应如何理解维特鲁威。[124] 主要立面朝向南方，并带有敞廊，从那里通过一条通道进入厨房，它从相邻的上方空间采光①，厨房中间有壁炉。左侧是牛舍，食槽在东边靠近炉灶②；在同一侧还有浴室，鉴于它们所要求的房间类别③，它们到厨房的距离与敞廊到厨房的距离相同。右侧是榨油间和与浴室对称的其他制油用房，它们面朝东、南、西方④。制油房背后是酒窖，从北面采光⑤，远离喧闹[125]和太阳的炙热；酒窖上面是谷仓，也朝向同一天空方位采光。[126] 院子右侧和左侧是马厩、羊圈和其他动物的圈舍⑥，还有干草架和秸秆垛以及谷物磨坊，它们全都必须离（厨房、浴室所在的）用火区⑦远一点。后部是主屋，其主立面**[faccia principale]** 对着农务房（朝北）的立面，这样一来这些建于城外的住宅的中庭就在最后面收尾⑧。我给出了古人的私人住宅设计图，[127] 在这张图中我们可以看到，前面我谈到的一切都必须考虑周详；此处我们就只再考虑农庄的要求。

在所有的农庄建筑以及部分城市建筑中，我在大门所在的正立面上建造了一片山花，因为山花突显了住宅的入口，并提升了建筑的庄严宏伟感，从而使正面比其他各立面更突出；此外，山花还非常适合于放置兴建者的纹章或盾徽，通常设在立面的中央。从神庙和其他公共建筑的遗迹看得出来，古人也在其建筑中采用山花；如我在第一书的序言中说，很有可能他们是从私人建筑即住宅中，援用而来这种创造及其形制**[ragione]**。[128] 维特鲁威在第三书的最后一章中教导我们应该如何建造山花。[129]

---

① 厨房北边纵向的空间可能是一个小天井，可供采光。
② 原文 le cui mangiatore sono rivolte al <u>fuoco</u>, & all'Oriente, 英译为 whose troughs are turned to the east and the <u>heat of the sun</u>（食槽朝着东方和<u>阳光的热量</u>），似乎不妥，fuoco（炉灶）虽可以理解成"火，热"，但原文并未提到阳光，且图示牛舍东侧是厨房而无法向东方采光。炉灶间紧邻牛舍，在其东南方，分成三小间。韦尔译作 whose mangers are turned to the <u>fire</u>, and to the east（食槽朝着炉火和东方）。
③ 房间类别可能是指左侧都是用火的房间，如厨房、炉灶间、浴室及牛舍，浴室是在西南角有圆圈示意的那一间，既靠近炉灶，又能利用傍晚温暖的西晒。
④ 制油房朝东、朝南，浴室朝西、朝南。
⑤ 酒窖北边也有一个纵向的采光天井，与左侧厨房北边的那个对称。中轴线上的四柱式中庭也可向这两个天井开窗采光。
⑥ 畜舍要与主人生活区分开，参见 II, 46；牛舍靠近有炉火的地方可能是因为它们比马、羊更怕冷。
⑦ 原文 fuoco，英译为 heat，韦尔本译作 fire，原因参见注②。
⑧ 最后端外角处两间可能是用作花园的内院而非居室，因为第一，图示这两个空间从小敞廊进入，没有门和窗，而前面 II, 25 和 34 的图也显示，因中庭的采光效果不佳，其两侧居室的外侧往往布置院子（II, 24 称其用途为花园）；第二，从图示推算，此空间约为宽 40 尺，长 48 尺，比例为 5:6，在本书别处也不曾采用，更不属于 I, 52 所说居室的七种优美比例，而院子则不必讲究比例。

建筑四书

[148]

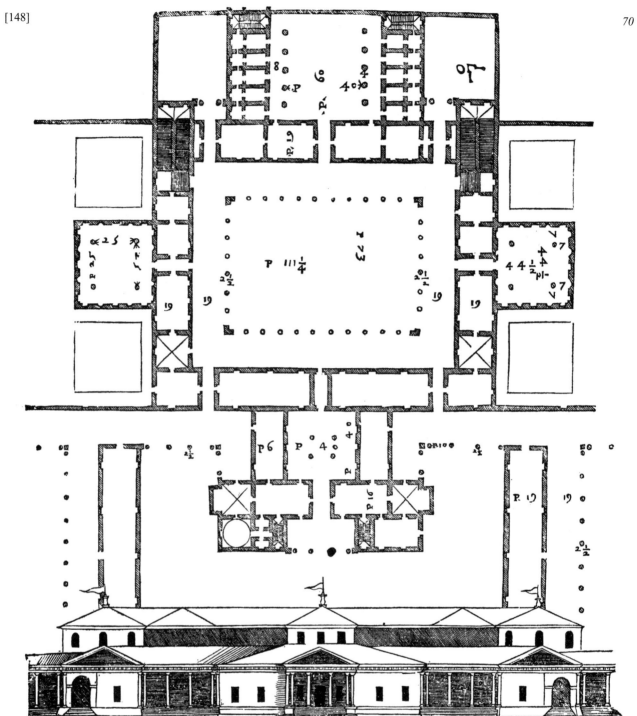

第十七章　几个不同基地的方案

我本来只打算谈论那些或已建成，或已开工并有望早日完工的建筑；但要充分认识到，在大多数情况下我们必须适应基地，因为我们并不总是在空旷的地块上进行建设。所以我决定将与此目的有关的几个方案的设计也加进来，这些方案，包括前述的，是我根据几位贵人的不同要求做的，由于一些可能出现的困难，这些方案他们事后没有完工。他们的基地挺别扭，而我采用的方法能让居室和其他用房与别扭的基地相当配合，使它们在位置和比例方面的关系良好，（我相信）这一点将使这些设计非常有用。

第一个方案的基地是三角形；[130] 三角形的底边为建筑的主立面所在，它的立柱有三种柱式，即多立克、爱奥尼亚和科林斯。入口门厅是正方形，内有四根立柱支撑着拱顶，并使高度与宽度成比例；两侧有两间一又三分之二正方形长的居室，其高度根据确定拱顶高度的第一种方法而定；[131] 两者旁边各有一小居室和一道通上夹层的小楼梯。在入口门厅的后端[capo]（两侧），我打算放两间一个半正方形长的居室，然后是两间同样比例的小型居室，接着是能上到夹层的小楼梯；再往后是大厅，一又三分之二正方形长，内有立柱与入口门厅的相同；大厅后面则是一道敞廊，其一侧有椭圆形主楼梯，再后面是院子，厨房挨着椭圆楼梯。二层的居室，即那些在二楼的居室，应有二十尺高，而在三楼的，十八尺高。但两个大厅都应高至屋顶；[132] 这些大厅在相当于三楼居室楼面的高度上不能没有望台，它们的功用在于，当举办聚会、宴饮以及类似娱乐活动时，容纳各位贵宾。

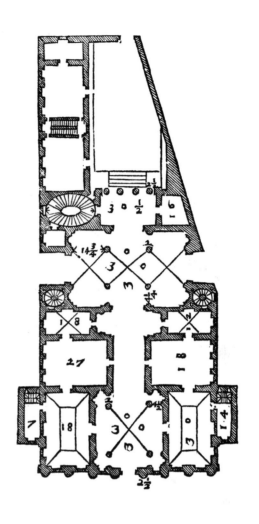

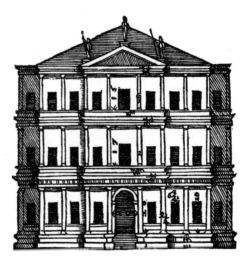

[150]

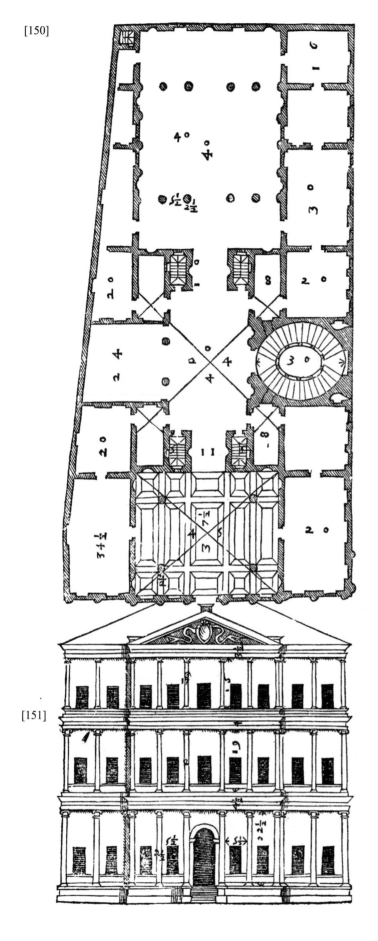

[151]

我为在威尼斯的一处基地做了以下方案。[133] 主立面有三种柱式，第一层是爱奥尼亚式，第二层是科林斯式，第三层是组合式。入口门厅微微前凸，内有四根立柱，与立面的柱式形式相同且等高。两侧的居室为拱顶，高度根据确定拱顶高度的第一种方法而定；[134] 这些居室旁边是其他小型居室和特小型居室以及通向夹层的小楼梯。入口门厅对面有一条走廊，通过它进入另一个小厅[sala minore]，其一侧是一个小天井，另一侧是大型的主楼梯，椭圆形，中间开敞，有支撑踏步的立柱环绕；[135] 再往后，通过另一条走廊，到达一道敞廊，其立柱为爱奥尼亚式，与入口门厅的立柱等高。这道敞廊两侧都有成套居室，像入口门厅处的那些一样，但左侧那组因为基地的原因要小一些；这后面有一个内院，有立柱，形成一圈环绕走廊，通向后面的房间，那里是妇女们打发时间之处和厨房所在。楼上与楼下相似，但在入口门厅之上的大厅没有立柱，且高至屋顶并有一圈走廊或望台在与三层居室[terza stanza]楼面同高度的位置，这走廊还靠近上排的窗，[136] 因为这个大厅本该有两排窗。小厅[sala minore]应为木质平顶棚，在与二层居室的拱顶同样高度的位置，而这些拱顶应为二十三尺高；三层的居室应为平顶棚，十八尺高。所有的门和窗都互相对位，并且一扇扇放置得上下对正，所有的墙体都承担一定荷载。酒窖、洗衣房及其他储藏间[magazino]会放在地面以下。[137]

73　　　　应特里西诺兄弟弗朗切斯科伯爵和洛多维科伯爵之请，我为他们在维琴察的基地设计了下面的方案，该方案中住宅应有一间正方形的入口门厅，用科林斯式立柱分为三个空间，这样使拱顶非常坚固，而且合乎比例。[138] 两侧的成套居室各有七间，还包括三间夹层房间，由小型居室旁边的小楼梯通达。大型居室的高度应为二十七尺，中型和小型居室的高度为十八尺。再往里去，会看到爱奥尼亚式敞廊环绕的内院。立面底层的立柱为爱奥尼亚式，且高度与内院的立柱相同，二层的为科林斯式。二层的大厅与入口门厅同样大小，彻底没有立柱，高至屋顶；在平顶棚的齐平高度上还有一圈望台。大型居室为平顶棚，而中型和小型居室为拱顶。内院侧面是妇女们用的房间、厨房和其他房间，而酒窖、储柴间和其他必需的房间在地下。

建筑四书

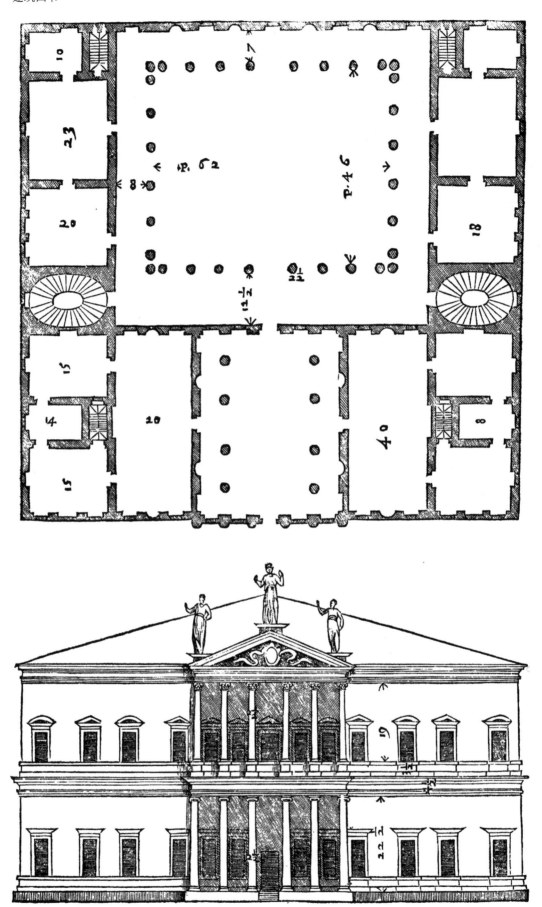

75　　此处谈论的方案是为贾科莫·安加拉诺伯爵的基地而做的，也在维琴察。[139] 立面的立柱是组合式。入口门厅两侧的居室为一又三分之二个正方形长；它们旁边是小型居室，上带夹层。然后进入一个环绕着柱廊的内院；立柱为三十六尺高，背后是维特鲁威称为 **parastatice** 的壁柱，[140] 支撑着二层敞廊的楼板。立柱上部是另一圈露天的敞廊，在房子最高处的平顶棚的高度上有一圈望台环绕着。再向前会看到另一个内院，同样有柱廊环绕；底层的立柱为多立克式，二层为爱奥尼亚式；主楼梯就在这个庭院里。楼梯对面的部分是马厩，他们在那里还可以建造厨房和仆人的片区。至于楼上的部分，大厅里没有立柱，高度至屋顶；各居室的高度与其宽度相等，小型居室与楼下的同类居室一样，都带有夹层。在立面的立柱之上可以建一道阳台，它往往会非常有用。

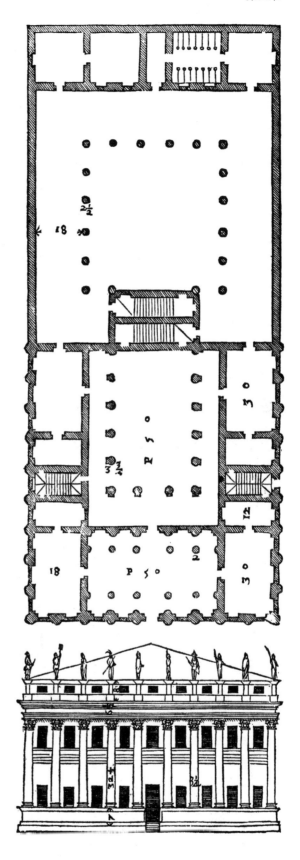

第二书

[153]

[154] 在维罗纳，通常称为布拉门（Della Brà）的城门①附近，有一处特别出色的基地，乔瓦尼·巴蒂斯塔·德拉托雷伯爵前一段时间决定在此建造下图所示的建筑。那里有一个花园，还具备人们在一个既方便又怡人的地方所期望的一切要素。[141] 底层的居室为拱顶，所有小型居室都带有夹层，由小楼梯通达。二层的居室，即楼上的那些，为平顶棚。大厅高度至屋顶；二层居室在平顶棚的高度上有一圈走廊或望台，大厅从敞廊和侧面开的窗采光。

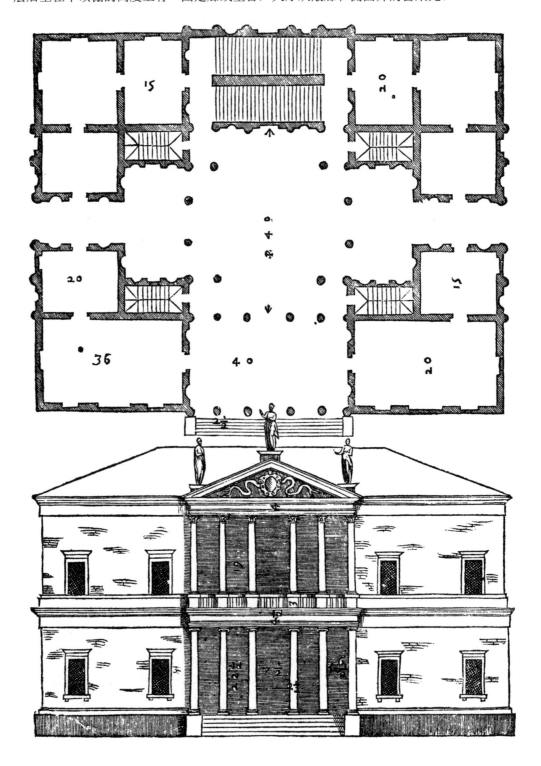

---

① Portoni della Brà，该城门为双联拱门，建于中世纪，位于维罗纳著名的露天剧场所在的布拉广场（Piazza Bra）西南角。Bra 一词可能源自伦巴第语 brayda，指用作牧场的大地块；或源自凯尔特语 braille 或 braye，意为牧场或高山牧场。

77 我还为乔瓦尼·巴蒂斯塔·加尔扎多里骑士（knight Giovanni Battista Garzadori），维琴察的一位贵人，设计了以下方案，其中有两道科林斯式敞廊，一道在前，另一道在后。[142] 这些敞廊为平顶棚，底层的大厅同样是平顶棚；大厅有两排窗，位于建筑的中心，这样夏季凉爽。能看到四根立柱支撑着平顶棚，并使楼上大厅的楼板坚固稳定；楼上大厅为正方形，没有立柱，至檐部的高度大于大厅的宽度。大型居室的拱顶高度按照确定拱顶高度的第三种方法而定；小型居室的拱顶高十六尺。楼上居室为平顶棚，二层敞廊的立柱为组合式，柱高比底层的矮五分之一。这些前后敞廊都有山花，它（如我上面所说）赋予建筑美轮美奂的效果，使其中间比两边更为高大，并提供了展示纹章的地方。

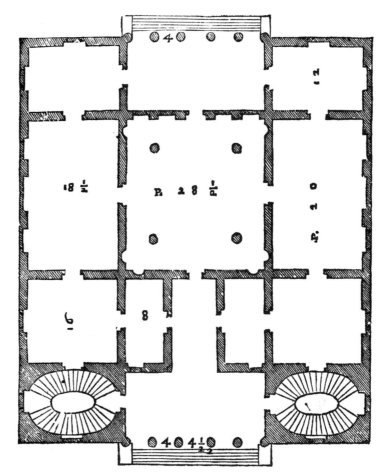

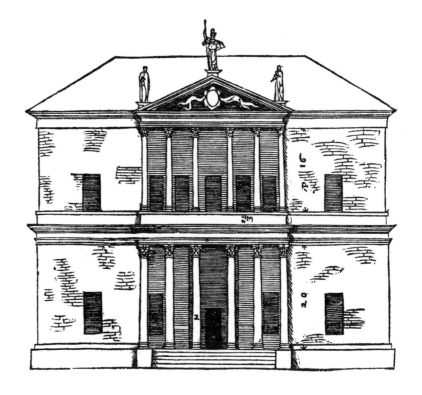

[156]　　应显耀的骑士莱奥纳尔多·莫切尼戈大人之请，我为他在布伦塔河畔的基地设计了以下的方案。¹⁴³ 四段敞廊呈弧形 ¹⁴⁴，如手臂一般拥抱走近房子的人；在俯瞰着河流的正面，敞廊旁边是马厩，在背面敞廊旁边是厨房、庄园管事的房间和司账的房间。立面中间敞廊的立柱间距较密 **[di spesse colonne]**，它们高四十尺，背后有两尺宽、一又四分之一尺厚的壁柱，壁柱支撑着二层敞廊的楼面；再往里会看到一个庭院，有爱奥尼亚式立柱的廊围绕着。柱廊宽度相当于柱高减一个柱径；敞廊和能眺望外面花园的居室，也是这个宽度，如此一来，分隔内侧(柱廊)与外侧(敞廊和居室)的墙体就位于中间，正好支撑屋顶的正脊 **[colmo del coperto]**。相当于前述居室两倍大的底层居室，当有大量人群来拜访时，在里面用餐是非常方便的。角落的居室是正方形，为船底形拱顶，且券脚石处的高度等于居室的宽度；拱顶的矢高为其宽度的三分之一。大厅为两个半正方形长，里面设有立柱，使得长度和宽度与高度合乎比例；立柱只建在底层大厅，因为楼上的大厅应该是彻底没有立柱的。庭院上层敞廊的立柱为科林斯式，比下面的小五分之一。楼上居室的高度与宽度相等。楼梯在庭院后端，可以从彼此相反的两个方向上楼。

78 错印为 66

第二书

[157]

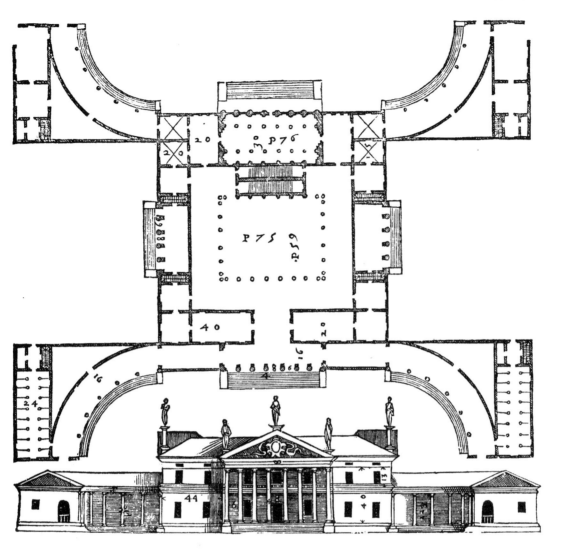

谈完了这个方案，我们可以就此结束。赞美主，在这两卷书中，我运用巧思把方案汇集在一起，尽可能简洁地通过文字和图示，传达在我看来对做好建设、特别是对兴建[145]天生就优美的私人住宅来说极其重要的所有东西，而且这两卷书对兴建者既有用又可信。

第二书结束

致最泰定宽宏的
萨沃伊公爵①埃马努埃莱·菲利贝托殿下
（PRINCE, EMANUEL FILIBERTO, DUKE OF SAVOY, ETC.）

安德烈亚·帕拉第奥敬献

尊贵的殿下，[1] 我曾致力于在我的部分建筑著作中大量绘制那些超绝而又奇妙的古代建筑，其遗迹见于世界各地，尤以位于罗马者比他处更多，现在我必须又将这部分公之于世，因此我冒昧地将它献给不朽、轩昂、显赫的殿下，也即当今之世唯独以睿智和英勇比迹古罗马英雄的君主，而古人的辉煌事迹，可以心怀敬畏览之于史册，也可以管中窥豹察之于古迹。我不揣自己成功之渺小和礼物之微薄而作此一举；[2] 当我被传召到皮埃蒙特去时[3]，蒙殿下施予厚恩隆宠，嘉许我的才能，此拔擢之举更令我确信，殿下秉雅量与 **virtù**（明德），并不以前者或后者为意，[4] 而垂察我满怀挚爱与奉献进呈薄礼，以此微弱之举表明我心中的感激，愿至少不会见弃于殿下（谦虚和慷慨的性情），即使它并非富有价值；不过我希望每当殿下万机之余，能以惠阅此书为娱，因为其中能看到许多奇妙的古代建筑的图纸，而我竭尽辛劳为垂情此类事物者描绘古迹，通过平面、立面、轮廓及其所有细部的图示进行说明，在付出巨大辛劳之后，就我所能正确地加上精准无误的尺寸，叙述何时、何人、出于何种目的建造了它们，以使其对建筑爱好者有用。[5] 当殿下深思这些微妙和优美的人类创造物，以及关于这门技艺的真正知识时，会从中得到不小的满足和快乐，因为殿下拥有极崇高的技艺和学科的天赋，完全理解并将之提升到一种罕见的完美状态，此种情境由殿下在所领御的广袤安怡的邦国②上不同地点已建成的，以及兴建中的著名而优异的建筑表现出来。[6] 因此，我作为殿下最忠实和诚挚的仆人，抱至敬之情恳请殿下以一贯的恩遇[7]，俯纳我的这一部分建筑著作③，如此一来，我自己也可以更加从容地预备出版已经开始的、以此宝贵崇高学科的荣耀之名题署的其他著作，其中将讨论剧场、竞技场以及其他宏伟的古代建筑巨作。[8] 正如举世皆晓，我们所知关于古罗马军事设施的一切理论和实践，都源自殿下的大度和开明，世界同样也将认识到，在殿下的慨然相助下我的劳动使优秀古代建筑焕发出的光辉，为此世界还将感激殿下，视殿下为这个结果的唯一和最强有力的原因。

威尼斯，1570 年

---

① 除萨沃伊公爵外，埃马努埃莱·菲利贝托（1528—1580）还拥有阿斯蒂伯爵（conte di Asti），皮埃蒙特亲王（principe di Piemonte），奥斯塔、莫里亚纳和尼扎伯爵（conte d'Aosta, Moriana e Nizza）等头衔，曾效力于其姨父、神圣罗马帝国皇帝查理五世（Charles V, 1500—1558）和其表兄、西班牙国王腓力二世（Philip II, 1527—1598），战功显赫，担任过尼德兰总督。

② 这位君主绰号"铁头"（Testa di ferro），他运用政治、军事手段从强邻法国、西班牙手中一城一池逐渐收回祖传领地，并努力强化中央集权和改革军队体制，干预宗教、法律事务，推动文化建设，以意大利语替代拉丁语作为官方语言之一；他还重视农业和其他产业，大力兴修水利工程和交通设施等，是一位理想的建筑赞佑人，故而帕拉第奥将讨论公共设施的第三卷和讨论神庙的第四卷题献给他。

③ 指题献给埃马努埃莱·菲利贝托的第三、四书。参见第一书致贾科莫·安加拉诺的献词的中译者注。

第三书

致读者的前言

既然我已充分讨论了私人房屋,记述了在其建设过程中所应遵循的最重要的基本法则[9],还收录了我设计的城市内外许多住宅的图纸,并(像维特鲁威那样)描绘了古人建造的那些住宅,此刻正当转向最负盛名的、宏伟辉煌的建筑,进入对公共建筑的讨论。因为它们比私人房屋建造得规模更大且装饰更复杂,又是为了每个人的使用和方便,公侯贵胄们可以在更大范围向世界展现他们的心灵,建筑师也有大好的机会通过优美出彩的设计表现他们的技能。因此,在这一卷中,我要开始对古迹作描述,并且,如蒙天意,在其他卷中继续。我只想尽力琢磨用简短的文字[10]和像我已做的那样提供图纸,经过长时间的巨大努力,将尚存的古代建筑的残迹整理组织成这么一种形式,(我希望)让对古迹感兴趣的人们喜悦,让建筑爱好者们觉得非常有用;实际上,人们从精挑细选的范例中,从一张(画了图的)纸上度量和观察整个建筑及其细部,[11] 比从长篇大论的文字描述中学习得更快。若靠阅读文字,读者就算绞尽脑汁,要摘出可靠而精确的资料也很慢,而且很难运用在实践中。[12] 对于略具常识的人来说,显而易见,古人的建造方式是非常杰出的,因为在历经如此漫长的年代和如此频繁的帝国变迁与衰落之后,许多宏伟建筑的遗迹还留存于意大利境内外;正因如此,我们才有了罗马人非凡 virtù(成就)的确凿证据,否则恐怕没有人会相信。因此在这第三卷中,我在给出选定建筑的设计图时将采取以下顺序[ordine]。首先,我将收入道路和桥梁的图纸,因为它们算是与城市和乡村的装饰有关的一部分建筑,而且对每个人都是有用的。我们注意到,就像对待古人所造的其他建筑物一样,建造者不计费用和劳力,使道路和桥梁达到我们——鉴于我们自己不完美的状态——欣然承认的完美顶峰;当设计道路时,古人尽一切努力确保它们建成的样子还能让人从中认识到他们想象力的伟大和辉煌;所以,为了确保道路是畅通且短捷的,他们钻通山体,排干沼泽,并用桥梁把道路连接起来,从而使这些因为山谷和激流而地势变低的道路能够平坦易行。然后,我将阐述广场(在与维特鲁威教导我们希腊人和拉丁人是如何建造它们的有关章节中)[13] 和应在它们周围兴建的场所;以及为什么,其中一种供法官施行裁决的场所,即古人所称的巴西利卡,是等级最高的;我会特别收入这种类型的设计。乡村和城市应该按照最神圣的法律正确地规划和管理,还要有作为执法者的地方治安官来约束民众,只有让这些人通过教育使心智变得聪明,通过锻炼使体魄变得强壮有力,他们才有能力管理自己和其他人,并能防御想反对他们的人,否则是不行的。由于这个最令人信服的理由,有些地区处在小群散居状态的居民,要团结起来形成城市国家。所以古代希腊人(如维特鲁威告诉我们的)[14] 在其城市中建造某些他们所谓的角力练习馆和操练柱廊的建筑,在那里,每天哲学家聚集起来讨论学问,年轻人自我锻炼,在某些预先安排好的时间里,人们聚集起来观看运动员竞赛;关于这类建筑的设计也将包括在内。那么这第三卷书就将结束,之后接下来的书卷是关于神庙,它对于宗教至关重要,没有它,任何一种文明的维系都是不可能的。

这条线，用以度量后面的建筑，是维琴察尺的一半。1尺分为12寸，每寸分为4分。

第一章　道路

道路必须短捷、畅通、安全、适意、宜人。¹⁵ 如果道路笔直延伸而且足够宽阔，车辆和驮畜迎面相遇时不会占据对方的道路，就可算是修得短捷而畅通的[commodo]；事实上在古人那里有这么一项法律规定①，即道路在笔直的路段不应窄于八足②，而在弯弯绕绕的路段不应窄于十六足。¹⁶ 除此之外，如果一路都是平坦的（即，没有哪里是军队到达不了的），也没有因为水体或河流而无法通行，那么道路就是畅通的。因此书上说，图拉真皇帝（Trajan）在修复因年久日深而有多处破坏的著名的阿皮亚大道（Via Appia）时，就考虑了道路所要求的这两种特点[qualità]；他排干了沼泽，削低了山冈，填高了峡谷，在需要的地方建造了桥梁，使沿路的旅程非常快捷轻松。¹⁷ 道路建在山上，或建在开阔的乡间，按照古代习惯是建成（路面抬高的）堤道，或是建在附近没有盗匪和敌人隐藏处的地方，这样的道路就是安全的，使旅行者和军队容易观察周遭的一切，看看是否有埋伏。具有刚才所描述的这三种特点的道路，对旅行者来说也必然是诱人和适意的；因为它们在城外，笔直、方便，在路上可以看得远并且看到大片乡野，让人大大地缓解疲劳，引发人们特别满足和愉悦的心情（因为一些新的乡村景色在我们眼前不断呈现）。在城市里，宽阔、干净的笔直道路提供了一种美丽景象，道路两侧建有宏伟的、带着前书中所述装饰的建筑。正如优美的建筑增加了城内道路的美丽一样，在城外，树木也为道路增加了装饰[ornamento]。树木种植在道路两侧，绿色使我们开心起来，而树荫则使得道路特别舒适。¹⁸ 在维琴蒂诺地区有许多这类道路，其中有些著名的位于奇科尼亚，奥多阿尔多·蒂耶内伯爵的庄园，还有些位于昆托，这同一个家族的奥塔维奥伯爵大人的庄园。这些道路由我规划[ordinare]，然后由那些贵人监督和组织将其改进和修饰。¹⁹ 这种方式修建的道路非常好用，因为它们笔直而且比乡下的其他地方略高，所以，说到那些城外的道路，人们可以在战争时期，正如我说过的，从很远处瞭望敌人，并到达指挥官认为最好的决战地点；而在其他时期，因为短捷和方便，它们可以大大有利于人们平常所做的事务。不过由于道路可以在城内也可以在城外，我首先要特别谈谈城内道路应具有的特点，然后谈谈城外道路应该如何建设。还有其他类型的，称为军用道路，它穿过城市中心，从一座城市到另一座城市，满足旅行者的所有实际需要；这些是军队行走和车辆行驶的道路，还有其他非军用道路，它们从军用道路分出，要么连接到另一条军用道路，要么为一些乡村庄园的使用和方便而建。我在以下章节中将只涉及军用道路，略去非军用道路，因为后者应该像前者那样布置，它们越与之相像，越值得赞扬。

---

① 可能是指《法学汇纂》（*Digest*），属于《查士丁尼民法大全》（*Corpus Juris Civilis*）的一部分。
② 古罗马长度单位，1 足约为 296 毫米。

[166]

第二章 城市街道的规划 [COMPARTIMENTO]

当规划城市的街道时，我们必须考虑到气候条件和城市地点所对应的天空方位。[20] 对于气候寒冷或温和的地区，街道必须修建得宽阔开敞，因为当街道宽阔时，城市将更加健康、方便、美观，而空气越稀薄越流通，就越不会妨碍头脑；[21] 出于同样的原因，地点越寒冷，城市中的空气越稀薄，建筑物越高大，街道就应该修建得越宽阔，使它们处处都可以照到阳光。[22] 至于畅通 [commodità]，毫无疑问的是，因为人员、驮畜、车辆在宽阔的街道上比在狭窄的街道上更易通行，所以宽阔的街道好用得多。同样明确的是，因为在宽阔的街道上有更多的阳光，而且街道的一侧较少受到另一侧阻碍，人们可以细细品味神庙和宫殿的美丽，这给人极大的满足感，而城市因此变得更美丽。[23] 但是，如果城市是在炎热地区，街道必须建得窄，而楼宇 [casamento] 建得高，使此地的热度因为阴影和狭窄的道路而减轻，因此会更健康；这一点可以从罗马城的例子中看到，（科尔涅利乌斯·塔西佗（Cornelius Tacitus）的书上说）[24] 罗马城在尼禄（Nero）为了美化城市而拓宽了街道之后变得非常炎热且不健康。即使是这种炎热的状况，为了城市更加光彩和方便，我们仍应该将主要用于重大事务和过路旅客的街道修建得宽阔，并以宏伟壮丽的建筑来装点，这样路过的旅行者很容易相信，这个城市的其他街道也有与它类似的宽阔和美丽。[25] 主要道路，我们称之为军用道路，在城市中必须如此布置：它们笔直延伸，从城门直通到最大的主广场，在有些情况下（如果基地允许）还直通到相反方向的城门；而且根据城市的尺度，在主广场与你属意的任何城门之间的那些街道沿线，要建造一个或多个略小于主广场的广场。其他街道——不只是通往主广场的，而且是通往最宏伟的神庙、大厦、公共柱廊，及其他公共建筑的①——也应该修建得足以匹配最壮丽的街道。但是，当我们规划街道时，必须确保很仔细（如维特鲁威在第一书第六章中教导我们的那样），让它们不顺着任何风向，使人们不必遭受沿路刮来的狂暴而激烈的阵风，而是吹着分散的、缓和的、微弱的、减轻的风，为居民带来更大的健康；[26] 我们应避免某些人所犯的错误，他们在古代规划了莱斯沃斯岛（Lesbos）上的米蒂利尼城（Mytilene）（现在整个岛屿以此城市命名）的街道。[27] 我们必须铺装城市的街道；书上说，在马尔库斯·艾米利乌斯·雷比得（M. Aemilius Lepidus）的执政官任期，督察官们开始在罗马城铺装街道，[28] 有一些至今还看得到，完全是平整的，用不规则石块铺成；我将在下文说明这种铺装是如何做的。[29] 但是，如果想把人行区域和车辆、动物行走的区域划分开，我喜欢将街道这样布置，两侧都建有可以走人的公共柱廊 [portico]，有顶盖遮挡，市民去办事就能避免阳光、阵雨或降雪造成的不便；[30] 尤其在以最古老大学城而闻名的帕多瓦，几乎所有街道都是这样。或者，如果不建列柱廊（这种情况下街道更宽阔更适意），可以在街道两侧修一些人行道 [margine]，表面铺上 mattoni（墁砧砖）——这是比条砖更厚更长的砖——因为走在那上面根本不会扭伤脚；而街道中央的部分留给车辆和驮畜，要用石灰石（limestone）[selice]或其他坚硬的石块铺砌。街道路面必须稍稍凹陷并向中间倾斜，以便从房屋流过来的雨水能汇集到一起，找到一

[167]

---

① 原文ma ancora à i più degni Tempij, palaggi, portici, & alter publiche fabriche，英译为 but also at the most magnificent temples, porticoes, arcades, and other public buildings，韦尔本译作 but also to the most remarkable temples, palaces, portico's, and other publick fabricks。中译倾向于后者，因为 palaggi 可能是 palazzi（palazzo 的复数）的另一种拼写，即使不考虑词序，英译者理解的 arcade（连拱廊，其更严格的意大利语对应词是 arcata）与 portici（公共柱廊）也有所重赘，而韦尔本理解为 palace（府邸，大厦）比较合理，在这讨论公共设施的第三卷中应该指的不是私人府邸，而是法院大楼之类的公共建筑。

条畅通而快速的渠道流走，这样能让街道干净，不会造成污浊的气味，不像雨水在某些地方停滞不动时那样。³¹

第三章 城市以外的道路

城外道路必须修建得宽阔、畅通，两侧有树木，以遮蔽夏日骄阳下的旅行者，并以其绿色提供一些视觉上的愉悦。古人为这些道路煞费苦心：他们为道路指派检查员和监理员，使它们始终得到良好养护。许多修建得畅通而美丽的道路仍留在人们的记忆中，尽管它们已随时光的流逝而严重破坏了。在最著名的道路中有弗拉米尼亚大道（Via Flaminia）和阿皮亚大道，前者由弗拉米尼乌斯（Flaminius）在他任执政官期间对热那亚人（Genoese）大胜后建设。该道路起始于弗卢门塔纳门（Porta Flumentana），现称波波洛门（Porta del Popolo），穿越托斯卡纳地区和翁布里亚地区（Umbria），到达里米尼（Rimini），³² 后来又由他的同僚马尔库斯·艾米利乌斯·雷比得从该城续建到博洛尼亚，并最后通到阿奎莱亚（Aquileia），抵达阿尔卑斯山脚附近的沼泽一带。³³ 阿皮亚大道得名于阿皮乌斯·克劳狄乌斯（Appius Claudius），由他以巨额资金和高超技术修建，它因其辉煌和技术卓越也被诗人称为"路中之王"（Queen of Roads）。³⁴ 这条道路起始于罗马大斗兽场（Colosseum），穿过卡佩纳门（Porta Capena），延伸远达布林迪西（Brindisi）；阿皮乌斯最远只是把它修建到卡普阿（Capua），那之后，人们无法确知谁是建造者；有人认为是恺撒，因为普鲁塔克（Plutarch）的书上说，当这条道路的责任交给恺撒后，他为它花费了大量金钱。³⁵ 后来它由图拉真皇帝最后一次修复，他（如上文所述）排干了沼泽，削低了山冈，填高了峡谷，在需要的地方建造了桥梁，使沿路的旅程非常快捷适意。³⁶ 奥勒利亚大道（Via Aurelia）也很著名，得名于奥勒利乌斯（Aurelius），修建它的那位罗马公民的名字。它起始于奥勒利亚门（Porta Aurelia），现称圣潘克拉齐奥门（Porta S. Pancrazio）①，并沿托斯卡纳海岸延伸，直到比萨。同样著名的还有诺门塔纳大道（Via Numentana）②、普赖内斯提纳大道（Via Praenestina）和拉比卡纳大道（Via Libicana）③；第一条起始于维米纳莱门（Porta Viminale），现称圣阿涅塞门（S. Agnese），并延伸到诺门托城（Numento）；第二条起始于埃斯奎利纳门（Esquiline gate），现称圣洛伦索门（S. Lorenzo）；第三条起始于内维亚门（Nevian gate），即马焦雷门（Porta Maggiore，大城门）；后两条通往普赖内斯特，现称为帕莱斯特里纳（Palestrina），以及名城拉比卡纳（Labicana）。还有许多其他道路为作家所提及和扬名，如萨拉里亚大道（Salarian，盐路）、科拉提尼亚大道（Collatinian）、拉蒂纳大道（Latina），及其他道路，所有这些道路的名称都来自它们的策划者、起始城门或目的地。但是在所有这些道路中，从罗马通往港城奥斯提亚（Ostia）的波尔图恩西斯大道（Via Portuensis，港口大道），一定是最美观、最畅通的；因为（如见过它的阿尔伯蒂所说）³⁷ 它分为两条路（即双向路），两者之间有一排石块作为分隔带，比两侧路面高一足；人们沿其中一条路朝一个方向走，沿另一条返回，避免交叉干扰，这一项创造对于当时罗马城里来自世界各地的大量人流是非常有用的。古人用两种方法修建其军用道路，那就是，可以用石块铺路，也可以全部用砾石和砂子覆盖路面。用第一种方法修建的道路（我们可以尽量从遗迹中鉴别）分为三幅；

---

① 原文 Pangratio，韦尔译本作 Pacratio，现代意大利语作 Pancratio。本卷有许多（古代）专名，原文拼写与现代标准意大利语不尽相同；英译则有时用通行名称，有时照搬原文，有时词尾加 n 而形容词化，有时（未必有依据地）还原为拉丁文；以下一般从英译，多不再说明。另请参见索引。
② 通行名称应为 Nomentana，拉丁语词源 Nometum，即下文的 Numento，为该大道所通达的罗马城东北郊的城镇（今 Mentana）。此处英译者未做校订，比较 I，9 中的同名大道。
③ 原文如此，英译本和韦尔译本皆从之，应为 Labicana 之误，比较下文该城名。

行人走中间的一幅，这一幅比另两幅要高，而且路中间略微隆起[colmo]，以便让水流走，不会积水；它用乱石铺砌，即用不等边不等角的石块；当采用这种铺路法时，如我在别处所说，他们用一种长度可调的铅制箍条，将它开合调试，以符合石块的角度和棱边，让它们可以配合在一起，这样一来施工很快。[38] 在边上的另两幅路面修得较低，铺着砂子和细砾，供马匹行走。这两条边道[margine]各为中间路幅宽度的一半，并用竖起的石板[lasta]与中间路面分隔开；在石板分隔带的分段处他们将石桩从端头立起，比路上的其余石块都高，人们想上马时就站在石桩上，因为古人尚未使用马镫。除了埋设刚才所说用途的石桩，在分段处还另有更高的石桩，上面刻有铭文，标出沿途各点的里程数；盖尤斯·格拉古（Gnaeus Gracchus）[①]测量了道路，树立了石桩。[39] 古人修建的第二种类型的军用道路，即用砂子和砾石铺成的，中间略微隆起；由于水无法汇集在那里，而且路面是用容易干燥的材料铺的，因而总是很干净，就是说，没有泥土和灰尘。我们可以在弗留利地区看到这种类型的例子，当地居民称其为波斯图米亚大道（Postumia），它通向匈牙利；在帕多瓦附近还有另一条，从该城一处叫拉尔杰雷（L'Argere）的地方起始，从奇科尼亚——蒂耶内兄弟奥多阿尔多伯爵和泰奥多罗伯爵的庄园——中间穿过，抵达分隔意大利与日耳曼的阿尔卑斯山。下面的设计图表示的是第一类道路，从中可以看出，奥斯提恩西斯大道（Via Ostiensis）是怎样修建的。我认为没有必要作出第二类道路的图，因为那是件非常简单的事，不必费工，它们就是在中间隆起，让水不能汇集。

A　中间的人行路幅
B　方便人们上马的石桩
C　边道，铺有砂子和砾石，供马匹行走

---

① 原文 Gneo Graco，英译者还原为 Gnaeus Gracchus，一般作 Gaius Gracchus。

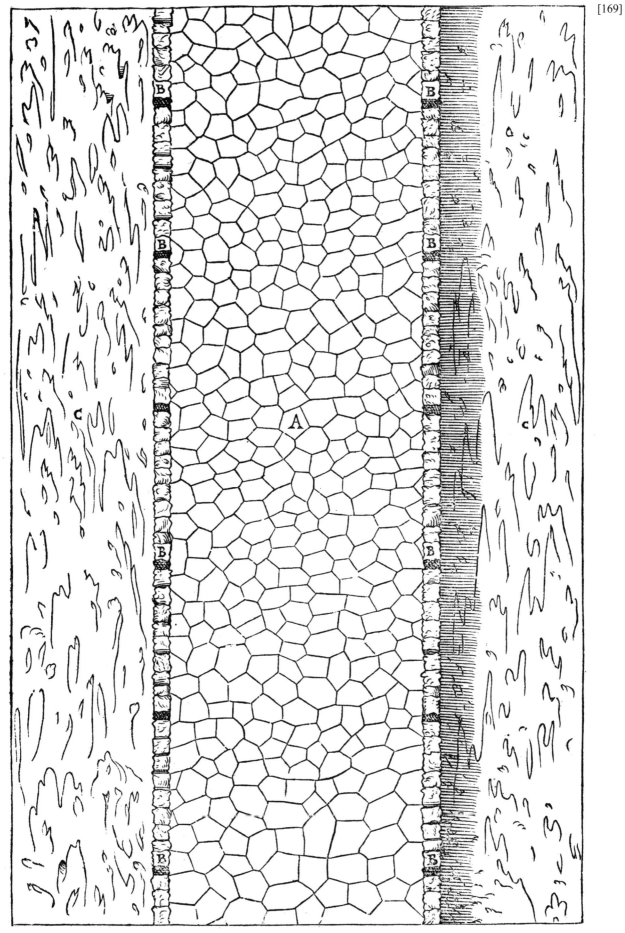

[170]

第四章 造桥谨记和选址须知

许多河流由于其宽度、深度和流速等原因不能涉水而过，人们随即想到了桥梁的用处；可以说桥梁是道路的一个重要组成部分，它们本质上是建在水上的街道。[40] 桥梁必须与我们已经说过的所有建筑一样，具有那些必备的特点；那就是，它们应该实用、美观，而且耐久。[41] 如果桥梁不比道路的其余部分（即路堤）高，或者即使升高了，也很容易登越，那么它们就是实用畅通的；我们要选择建造桥梁的恰当基地，使它们对整个周围的乡村或整个城市都有用，这取决于它们是在城墙之内还是城墙之外——正如巴比伦女王尼托克里司（Nitocre）① 着人在幼发拉底河上建造[ordinare]大桥时所做的那样 [42] ——而不是在一些偏远地点，使它们只能为少数人所用。如果采用我将在下面详细讨论的方法和尺寸来建造，桥梁就会美观和耐久。但在选择建造桥梁的基地时，要小心选择那么一个地点，在该处兴建的桥梁有望是永久性的，并有可能以尽量少的花费来建造。因此，我们要选择一个河水较浅，并且河床或是河底平坦而又固定不变的地点，即一个由岩石或凝灰岩形成的河床，因为（正如我在第一书讨论埋设基础的地基类型时所说的）岩石和凝灰岩在水下是上乘的基础②；我们还必须避开漩涡和过深的地点，以及河床或河底为砾石或砂质的部位，因为砂和砾石由于被水流不断冲刷移动会使河床改变，而当基础被削弱后，势必导致结构失效。但是，如果河床完全是砾石和砂质的，建造基础的方法，就必须采用我将在后面说明的、处理石桥的方法。我们还要小心选择那种河道顺直处的基地，因为弯曲转折的河岸可能会被河水冲刷，在这种情况下，桥梁就会出现游离，失去河岸的支撑；还因为，发生洪水时，水流会裹挟着其从河湾一带的岸边和田地卷走的杂物，这种杂物因为不能沉积在河床上，会一直漂浮，还会阻碍别的物体，并在桥墩周围缠绕堆集起来，阻塞桥拱之间的空隙，使结构遭到极大破坏，最终因为水的冲力而垮塌。因此，我们应该在乡村或城市的中部选择造桥地点，从而为全体居民所用，造桥地点还要位于顺直的河道上，而且河床不深、平坦、稳定。由于桥梁是用木材或石材建造的，我将分别讨论每种类型的桥梁，还将收入一些古代和现代桥梁的设计。

---

① 这位女王的希腊文名为 Νίτωκρις，英文一般作 Nitocris，英译者照搬了原文拼写，未加转换。中译按《希罗多德历史》王以铸译本中的译法，商务印书馆，2009 年，第 108 页。
② 比较 I, 10 中关于天然基础的内容。

第五章 木桥和架桥时必须遵循的常规[AVERTIMENTO]

[171]

用木材架设的桥可以只是一次性的,就像为了满足战争中常常出现的意外情况而架的桥(其中最著名的一座是尤利乌斯·恺撒着人架设[ordinare]在莱茵河上的),也可以是满足所有人持续使用需要的那种桥。书上说曾建在台伯河(Tiber)上的第一座桥就是这种类型;那是大力神海格立斯在杀死三头巨怪革律昂(Geryon)之后,乘胜带着缴获的牛群穿越意大利时架设的,后来罗马城就建在那个地方;那座桥称为萨克尔桥(Pons Sacer,圣桥),位于台伯河上如今苏布利基乌斯桥(Pons Sublicius,木桥)所在的位置,后者也同样完全采用木材,是由安库斯·马尔基乌斯王(King Ancus Marcius)后来架设的;[43] 它的栈架连接得非常有技巧,能够按需要拆除和更换,因为那上面既没有铁销,也没有钉子。人们不知道它是如何架设的,不过作家们说,它是架在相互支撑的巨大木杆子上,因此得名苏布利奇乌斯,因为这种木杆子在沃尔西语(Volscian)①中称为 *sublices*。[44] 这就是独眼英雄贺拉斯(Horatius Cocles)只身守卫的大桥,他以此报效国家,为自己赢得荣誉。这座桥位于里帕(Ripa)附近,在此处的河中间仍然可以看到一些遗迹,因为之后它由大法官艾米利乌斯·雷比得用石材重建,由提比略皇帝(Tiberius)和安东尼努斯·皮乌斯(Antoninus Pius)修复。[45] 这些桥梁必须施工精良,就是要使它们非常稳定,并以巨大坚固的木杆件紧固在一起,不会因将来要通过大量人员和动物,或因车辆和大炮的重量,抑或因洪水泛滥而有散架崩塌的危险。架在城门口的桥梁称为吊桥,因为它们可以按里面的人的意愿随时拉起放下,通常会铺上铁条和铁板,以防被车轮或动物蹄子踩压刮坏。在水中用作桩墩的木杆子,还有构成桥面的长度和宽度的木杆子,必须满足河流的深度、宽度以及流速所要求的长宽尺寸。但由于变化是无穷的,我们不能设置硬性不变的规定。因此,我会收录一些项目,描述它们的尺寸,以便任何运用自己聪明才智的人更容易做决定,根据他们自己碰到的机会,创作一个值得称赞的结构。

第六章 恺撒在莱茵河上架设的桥

当尤利乌斯·恺撒(如他在《高卢战记》(*Commentaries*)第四卷所记述的那样)[46] 决心跨越莱茵河以确保罗马的权势在日耳曼也有影响之时,他判断乘船过河不够安全,也跟自己和罗马人民(Roman people)②的尊严不太相称,便命人架设一座桥,一个令人难以置信的结构。此事由于河流的宽度、深度和流速而尤为困难。但是,尽管他自己对此做了记录,因为他用来描述该桥如何设计的某些字眼理解起来比较困难,故有了根据不同构想作出的几个设计草图。[47] 我在年轻时第一次读到《高卢战记》时对它也做过很多思考,[48] 因为我彻底读懂了恺撒的描述,而且在实践中表现出色——这从我设计的维琴察城外巴基廖内河上的一座桥③可以证明[49]——所以,我想借此机会解释我所想象的它的架设方式。然而,我并不试图反驳别人的意见,他们都是有学识的人,值得给予最高的赞扬,因为他们在著述中说明了自己的理解,而且他们的聪明才智和辛勤工作也有助于我们对该桥的认识。不过在看设计之前,我

[172]

---

① 罗马王政时期和共和时期住在拉丁地区东南部的部族沃尔西人(Volsci)的语言。
② 指有资格服兵役的公民,即罗马贵族和平民,不包括奴隶。
③ 1559 年维琴察城外圣十字教堂(Santa Croce)附近原有木桥被洪水冲毁后,帕拉第奥按此图进行了重建,但在他去世后不久被另一座取代。参见鲍彻《安德烈亚·帕拉第奥:一代巨匠》(*Andrea Palladio: The Architect in His Time*, New York: Abbeville Press Publishers, 2007),第 183 页。

要先引用恺撒的话，如下：

> Rationem igitur pontis hanc instituit. Tigna bina sesquipedalia paululum ab imo praeacuta dimensa ad altitudinem fluminis intervallo pedum duorum inter se iungebat. Haec cum machinationibus immissa in flumine defixerat fistucisque adegerat, non sublicae modo directa ad perpendiculum, sed prona ac fastigiata, ut secundum naturam fluminis procumberent, his item contraria duo ad eundem modum iuncta intervallo pedum qudragenum ab inferiore parte contra vim atque impetum fluminis conversa statuebat. Haec utraque insuper bipedalibus trabibus immissis, quantum eorum tignorum iunctura distabat, binis utrinque fibulis ab extreme parte distinebantur; quibus disclusis atque in contrariam partem revinctis tanta erat operis firmitudo atque ea rerum natura ut, quo maior vis aquae se incitivasset, hoc arctius illigata tenerentur. Haec directa iniecta materia contexebantur ac longuriis cratibusque consternebantur; ac nihilo secius sublicae ad inferiorem partem fluminis oblique adiungebantur, quae pro ariete subiectae et cum omni opere coniunctae vim fluminis exciperent, et aliae item super pontem mediocre spacio, ut, si arborum trunci sive naves deiicendi operis causa essent a barbaris missae, his defensoribus earum rerum vis minueretur, neu ponti nocerent.[50]

这些话的意思是[①]，他命人像这样架设桥梁：将两根一足半厚、彼此相距二足、下段略收尖的木桩成对连接在一起，木桩长度达到河水深度所需；待用机械将木桩放到河床就位之后，用一个夯槌[**battipolo**]将它们打进去，不是铅直而是以一定角度打入，这样它们就顺着水流方向倾斜。在这些木桩对面、下游四十足远的地方，将另外两根木桩同样连接在一起，逆着河流的压力和冲击方向倾斜。这些成对木桩之间插入一根木梁，梁厚二足，也就是成对木桩之间空隙的大小，在横梁两端各用两根柳杠[**fibula**]卡住；两根柳杠分在里外，相对扣紧，该结构是如此紧固，以至于水的压力越大，它们就挤得越紧，这正是该装置的特点。横梁与纵向次梁固定在一起，再铺上木条和用树枝编的垫子。除此之外，结构还包括下游处的木撑杆，成角度安放，仿佛一架攻城槌（battering ram）[**ariete**]，并与结构的所有其他部位连接在一起，抵抗河流的冲力。同样，他们在上游处加上别的防撞装置，离开合理的距离，这样如果蛮族想顺流放下树干或船只来撞毁桥梁，因为有了这些防撞栅栏，他们的攻击就会落空，而桥梁则毫发无损。恺撒就是这样描述他架设在莱茵河上的桥；下面的设计图，其中用字母标出了所有部件，在我看来非常符合那个描述。

[①] 比较《高卢战记》，任炳湘译本，商务印书馆，1979年，第87—88页及插页的图示，其中将 fibula（夹子、别针，恺撒的原文为夺格 fibulis）一词译作"斜撑"，与帕拉第奥的理解有所不同；阿尔伯蒂对此似乎也不太清楚，里克沃特等（即本卷注 47 所引）的英译本作 brackets（托架、牛腿），只笼统地说"两个"，没有分里外方向；另外，任炳湘译本所用插图中未见相应木构件，而是用绳子捆扎。

A　是束在一起的两根木桩，一足半宽，部分安在河底，埋入河床，不是垂直而是顺着水流方向倾斜，相距两足

B　是放在刚才所说木桩对面下游处的另两根木桩，离它们四十足远，逆水流倾斜

H　是单根木桩自身的形状 **[forma]**

C　是横梁，每个面都是二足宽，它形成桥梁的宽度，即四十足

I　是单根横梁

D　是枷杠，它们是分里外的，即彼此分开，面对面扣紧，也就是一根在内侧而另一根在外侧，一根在横梁上面而另一根在横梁下面，横梁厚二足；枷杠使结构扣得如此之紧，以至于水流冲力和桥梁荷载越大，卡得越死，结构越坚固

M　是单根枷杠

E　是顺桥的长度安放的次梁，再铺上木条和树枝垫子

F　是安放在下游处的木撑杆，斜撑着整个结构，抵抗河流的猛烈冲击

G　是安放在桥梁上游不远处的防撞栅栏，倘若敌人放下树干或船只来摧毁桥梁，栅栏就可以保护桥梁

K　是两根成对连接在一起的木桩，不是垂直而是倾斜地打进河里

L　是横梁的端头

建筑四书

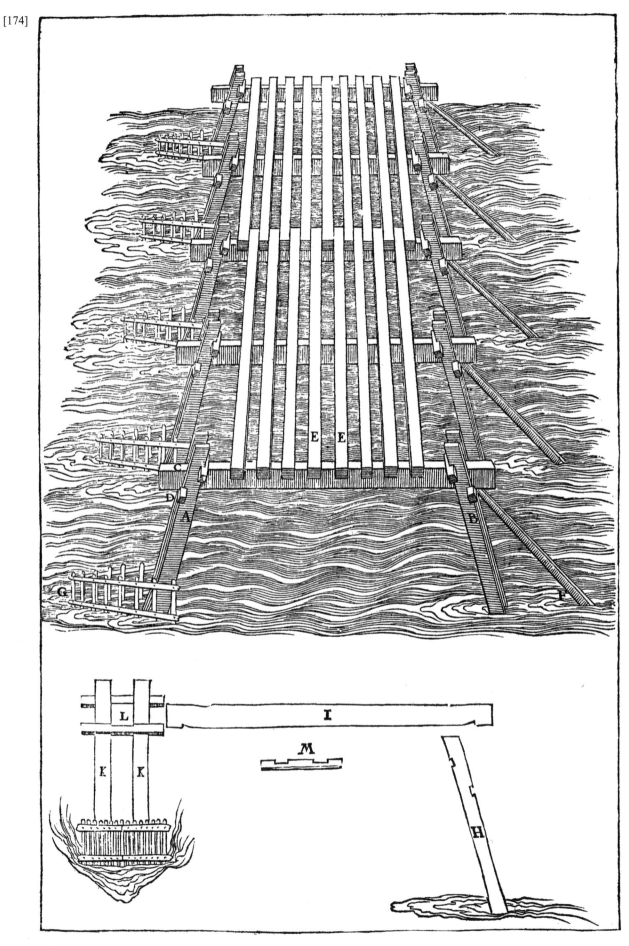

[174]

214

第七章　奇斯莫内河上的桥

奇斯莫内河（Cismone）是一条发源于分隔意大利与日耳曼的山脉的河流，在巴萨诺镇（Bassano）①上游不远处汇入布伦塔河②；由于它流速很快，而且山民们顺流漂放大量原木，须得架设一座无需在水中埋设桩墩的桥梁，免得浸没在水中的木桩被快速的水流以及河水带下来的不断冲击它们的石头和树木扰动和毁损，所以该桥的业主[patrone]贾科莫·安加拉诺伯爵不得不每年将它重建。[51] 在我看来此桥③的设计是非常值得注意的，因为当遇到我刚才所说的困难时，它能应付所有不利情况，而且因为这样架设的桥梁会很坚固、美观、实用；坚固是因为所有部件都相互支撑，美观是因为木构件的连接方式很雅致，而实用是因为桥梁平缓，与道路的其余部分处在同一水平线。[52] 这座桥在所架设的地点跨过一百尺。此跨径等分为六段，构成桥面板[letto]的搁栅和构成桥梁宽度的横梁安放在每一段的接头位置（除了河岸上那两段的，那里是由两道石扶墩（即桥台）加强）；在横梁上面另有纵梁，从横梁端头向内缩一点的位置顺纵向放置构成桥缘（即下弦杆）[sponda]；安在纵梁上面且与横梁对正的是竖杆（colonnettes）[colonnello]（我们通常这样称那些铅直安放在类似结构中的木杆），在左右两侧桥架中都要安放。这些竖杆被固定在木梁，即我刚才说过的那些横梁上，带有称为 **arpici**（榫铁）的铁栓，它们穿过横梁在纵梁之外出头处特制的卯孔。这些沿竖杆安装的栓子，上半部是平直的，多处钻有小眼；而靠近横梁位置的下半部是宽的，只有一个挺大的眼，它们被钉在竖杆上，并用特制的铁销子在底下插牢。这些铁件将整个结构约束在一起，从而使横梁和纵梁与竖杆组成一个整体结构；最终竖杆以这种方式支撑了横梁，而它们自身接着又被斜腹杆（struts）[braccia][53]所支撑，斜腹杆从一根竖杆延伸到另一根，这样使所有的部件都相互约束；它们的特点就是这样，桥梁的荷载越大，木杆件就越是紧固在一起，从而提高了结构强度。斜腹杆和组成桥梁骨架的其他木杆件（横梁、纵梁和竖杆）没有超过一尺宽或四分之三尺厚的。而构成桥面板的搁栅，即顺纵向搁放的，更要细薄得多了。[54]

A　是桥梁（上部结构）的立面

B　河岸上的桥台（piers）[pilastro]

C　横梁的端面

D　纵梁（即下弦杆）

E　竖杆

F　带有小铁销的铁栓的端头

G　是斜腹杆，相互支撑，约束整个结构

H　是桥梁的平面

I　是横梁，在桥缘之外出头处钻有配套于铁栓的卯孔

K　是构成桥面板的搁栅

---

① 今巴萨诺-德尔格拉帕（Bassano del Grappa，45°46'N，11°44'E）。
② 在巴萨诺以北约 15 千米的奇斯蒙-德尔格拉帕（Cismon del Grappa）汇入布伦塔河。
③ 该木桥按此方案建于 1550—1552 年间，沿用了约五十年，其石桥台到 18 世纪尚可见。参见《安德烈亚·帕拉第奥：一代巨匠》，第 187 页。

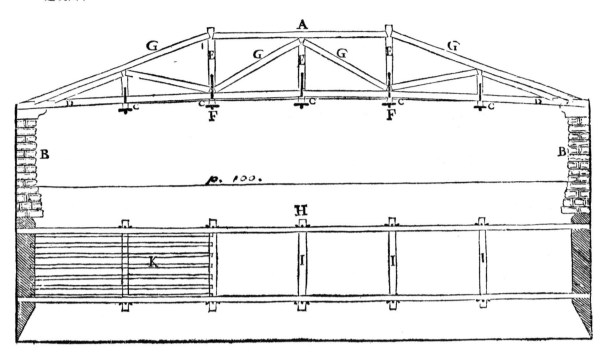

第八章　另三种无需在河中立桩墩的木桥的设计 [176]

我们可以用另外三种方法架设一座无需没入水中的桩墩的木桥，像在奇斯莫内河上的桥梁那样。我不想漏掉它们的设计，因为它们是精彩的创造，特别是因为任何已经理解在奇斯莫内河大桥中所用术语的人都能明白它们；这些桥梁也是由沿宽度布置的横梁、竖杆、斜腹杆、铁栓以及顺长度形成桥缘的下弦杆（即纵梁）所组成。因此，根据第一种设计架设的桥梁是这样构成的：[55] 当堤岸根据需要用桥台加强后，在离开它们一小段距离的地方放一根横梁；接着在它上面安放纵梁，它们一端伸到堤岸上并紧固在上面；之后在这些纵梁上面，将竖杆垂直对正横梁就位，并用铁栓子固定在这些木梁上，用稳稳安在桥头的斜腹杆支撑住，桥头即纵梁在堤岸上的那端；然后，拉开与第一根横梁到河岸之间相同的距离，再安放其他横梁，同样与将要安放于其上的纵梁和竖杆卡紧；竖杆用斜腹杆支撑住，就这样按需要一段一段地架设下去。对于这一类型的桥梁，始终确保居中两根斜腹杆相交点的那根竖杆正好在河流宽度的中点；上弦杆安放在竖杆上段，从一根竖杆伸到另一根，将它们约束成整体，并与安放在桥头的斜腹杆一起，形成一个小于半圆的弓形[①]。以这种方式继续，让每根斜腹杆都支撑一根竖杆，而每根竖杆都支撑着横梁和纵梁，这样每根杆件都承受适当的荷载。最终像这样架设的桥梁两头较宽而越靠近中段收得越窄。在意大利没有这种类型的例子，但是在与米兰多拉城（Mirandola）的亚历山德罗·皮凯罗尼（Alessandro Picheroni）[56] 交谈时，他告诉我他在日耳曼看到过一座。 [177]

---

① 实际上不是弓形，而更接近梯形。

A 是桥架的立面[alzato]

B 是横梁的端面

C 是纵梁

D 是竖杆

E 是安在纵梁上、支撑竖杆的斜腹杆

F 是将一根根竖杆连接起来并形成扁平弓形的上弦杆

G 是河床

H 是桥梁的平面

I 是第一段纵梁，一端支在堤岸上，另一端支撑着第一根横梁

K 是第二段纵梁，支撑着第一根和第二根横梁

L 是第三段纵梁，支撑着第二根和第三根横梁

就这样，横梁（如我说过的）就由紧固在其上的竖杆支撑，而竖杆由斜腹杆支撑。

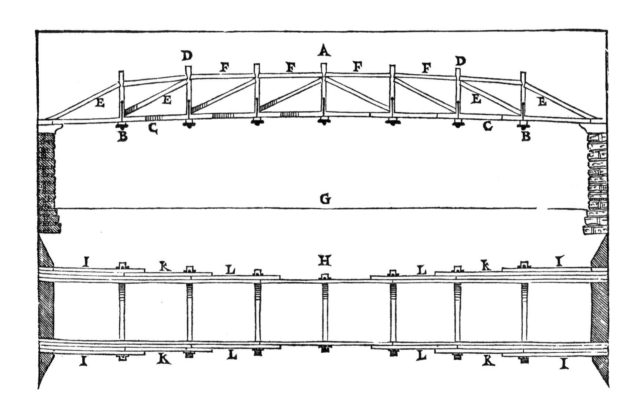

建筑四书

[178]　　下面的桥梁是这样设计的：上半部分承受整个重量，组成一个小于半圆的弓形，从一根竖杆到另一根竖杆的斜腹杆斜向交叉安放在竖杆之间的空隙处。[57] 形成桥面系[suolo]的纵横梁，用铁栓与竖杆连上，如前面的设计一样。为了更大的强度，可以在桥的两头各增加两根木斜撑，一端连着桥台，另一端从下方连着第一根竖杆，这将大大有助于承受桥梁的压力①。

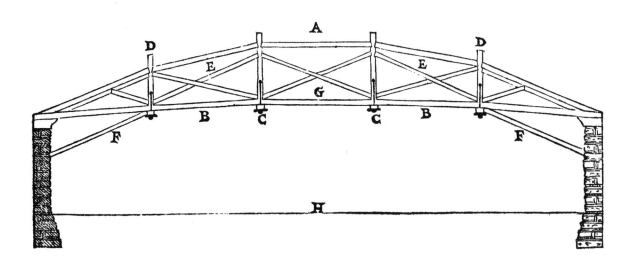

A　是桥的纵向立面[diritto]
B　是形成桥缘的纵梁
C　是横梁的端面
D　是竖杆
E　是斜腹杆，即桥梁的加强杆件
F　是安放在桥头帮助承受荷载的木斜撑
G　是桥面系
H　是河床

18

---

① 本章的前两种与前一章所说的那种都属于下承式桁架桥，桥面平缓，桥台支点处弦杆受力较大，从图上可以看出，三种设计都以不同方式做了加强。本章的三座以及上一章的木桥，都与现代桁架桥的结构原理一致，只是少了上水平联结，如果按图示中的比例和上一章所给的河流宽度尺寸推算，四种木桥的桁高分别约为11尺、7.2尺、10.8尺和8.8尺（大致合4米、2.6米、3.8米和3.1米），如果有上水平联结，其桥面净高仍基本容许人员、牲畜和普通大小的车辆通行。

最后一种设计，根据基地类型以及河流尺寸，可以采用比此处图示更大或更小的曲度（即拱矢度）①。⁵⁸ 桥梁的加强杆件，或者最好称为斜腹杆，从一根竖杆连接到另一根，桥梁杆件组的高度可以取河道宽度的十一分之一。由竖杆形成的所有楔形[cuneo]要对应于同一个中心，使结构非常坚固；竖杆要支撑横梁和纵梁，就像上面所说的那些一样。这四种类型的桥梁可以根据需要的长度架设，只要将所有构件按比例放大。

[179]

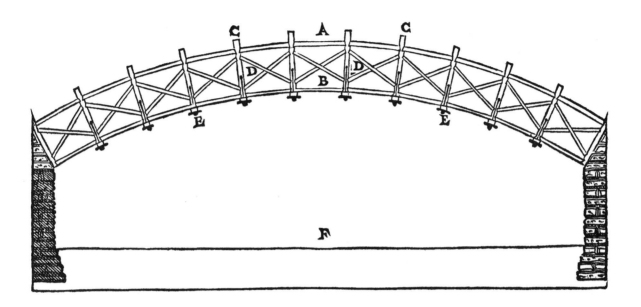

A 是桥的纵向立面

B 是桥面系

C 是竖杆

D 是加强和支撑竖杆的斜腹杆

E 是横梁的端面

F 是河床

---

① 这种属于格构式拱桥，拱矢度太小则对桥台的推力过大，结构承受反力也大；拱矢度太大则桥面起拱过高，登越不便，有违本卷第四章所说的实用原则。前一章的那种和本章的三种（无需在河中立桩墩的）木桥，结构形式属于桁架桥，是超前于现代工程学约 3 个世纪的崭新创造。参见辛格、霍姆亚姆、霍尔、威廉斯主编，《技术史（第 III 卷）》，高亮华、戴吾三主译，上海科技教育出版社，2004 年，第 291 页。

[180]

第九章　位于巴萨诺的桥

在分隔意大利与日耳曼的阿尔卑斯山脚下的小镇巴萨诺附近，我设计了下面这座木桥，架在布伦塔河上，[59] 该河流速极快，在威尼斯附近入海，被古人称为梅杜阿河（Meduaco），这里就是（如李维（Livy）在其第一个十卷（decados）①中所说）[60] 斯巴达的克利奥尼摩斯（Cleonimos the Spartan）在特洛伊战争之前带着一支船队到达的地方②。这条河在建桥地点有一百八十尺宽。总跨径分为五等份，因为在用橡木和落叶松的护壁桩将河两岸，即两端桥头加固得非常稳固之后③，要将四榀排架桩墩（row of piles）④固定在河中，彼此相距三十四尺半。每一榀排架桩墩由八根木桩组成，桩长三十尺，四面均为一尺半宽，彼此相距二尺，这样整座桥的长度就分为五段，而宽度为二十六尺。在排架桩墩顶上安放木梁（这样放置的木梁通常称为 **correnti**（盖梁）），其长度依桥宽而定，用钉子钉在桥桩上，将它们约束在一起；再在这些盖梁上面，对正前述的桥桩分别安放八根纵梁，将一榀排架桩墩与另一榀连接起来。由于排架桩墩之间距离过大，纵梁难以承受将要加载的荷载，尤其是重大荷载，所以要在它们与盖梁之间安放另一些木枋作为斜向支撑（modillions）**[moddillons]**，以承受部分荷载。此外，将固定在桥桩上倾斜相对的八对斜撑排列起来，分别连接到放在纵梁下面中间段的一根加劲梁；要像这样安放：使木梁木枋外观貌似一个矢高为四分之一直径的桥拱，这样产生的结构具有优美的形状，而且很坚固，因为纵梁在中段是叠合加强梁。在纵梁上面安放构成桥面或桥面板的搁栅，它们的端头类似于楣檐的檐底托，比结构的其余部分外伸一点。桥的两侧都布置着**[ordinare]**支撑屋顶的立柱，成为一道敞廊，使整个建筑非常实用而吸引人⑤。

+　　是水面线

A　　是桥的纵向立面

B　　是立在河中的排架桩墩**[ordine]**

C　　是盖梁的端面

D　　是纵梁，其上能看到桥面板搁栅的端面

E　　是倾斜相对的木枋，连着设在排架桩墩之间中段的加劲梁，这样中段就加强了

F　　是支撑屋顶的立柱

G　　是桥头的立面

H　　是排架桩墩的平面，带有舳形防撞护壁**[sperone]**，以防桩墩被河流带来的树干撞击

I　　是比例尺，用以度量整个结构

---

① 李维的史书共 142 卷（现仅留存 35 卷），每十卷左右为一部，第一个十卷也就是其第一部。
② 按李维所述，希腊船队只到达帕多瓦一带，而巴萨诺却在更远的上游。
③ 很可能还需要加筑路堤。该桥属于上承式，推测要爬台阶，不通车辆；而前述四种木桥都是下承式，比较平缓。
④ 原文 ordini di pali，下文一直用 ordine 或 ordini 作为其简称。排架桩墩是指由成排的桩与其顶部的盖梁联结所构成的桥墩，是一种柔性墩，多用于跨径、墩高不大的小型桥梁，且与刚性墩台联合使用（如上文所说加固得非常稳固的两端桥台）。对于流速快、流冰或漂浮物严重的河流一般不宜采用这类桥墩，何况此例总跨径超过 60 米，桩长超过 10 米。但是帕拉第奥艺高人胆大，针对阿尔卑斯山区河流因时制宜创造了这种轻便经济、以柔胜刚的应对方法。
⑤ 该廊桥现称维奇奥桥（Ponte Vecchio，老桥）；被布伦塔河湍急的上游所阻隔的西北山区的商旅从此桥过河之后，便可径直往东南的威尼托平原去了。此桥 1569 年设计，次年建造，1748 年被毁，三年后照原样重建，数百年来经历多次（共八次？）被毁与重建，最近一次是毁于二战，后于 1948 年由阿尔卑斯战士（Alpini，意大利陆军的一支山地部队，主要从山民子弟中征募，也驻防在阿尔卑斯山区）重建，因此又称阿尔皮尼桥（Ponte degli Alpini），是当地的标志性建筑。

第三书

20 [181]

P 34½

221

[182]

第十章　石桥和造桥谨记

人们首先架设木桥，以满足一时之需，当他们开始重视声誉的不朽，而其财富也更能增加他们谋求事功的渴望和成就事功的可能[commodità]时，就开始建造石桥，石桥更经久耐用，花费更大，且能提高其兴建者的声誉。[61] 关于石桥，必须考虑到四个组成部分，就是建在河岸的桥头、埋入河床的桥墩[pilastro]，墩台所支承的桥拱，以及桥拱上的桥面铺装[pavimento]。桥头必须造得非常坚固厚实，使它们不仅像桥墩那样能够承受桥拱的荷载，而且更能将桥约束成为整体并防止桥拱崩塌；因此桥头应该建造在石质河岸，或至少是硬土河岸上；而当河岸没有足够的天然强度时，应该通过在河岸处建桥台和桥拱，人工对其增强加固，这样，即使河岸将来被水冲毁，桥上的路面也能保持不间断。沿河流宽度建造的桥墩须是偶数，不仅因为我们看到，大自然的一切造物都是以偶数条腿、而不是单条腿承受重量，就像人类的双腿和所有其他动物腿的数目所表明的那样，而且因为这样的安排看起来更吸引人，并使结构更坚固，由于（避开了）河道中央离河岸更远、流动更顺畅因而更快速的水流，就不会因持续的冲击破坏桥墩。① 桥墩必须设在河道中水流较慢的位置。流速最大的位置很容易观察到，就是涨水时有漂流物聚拢的地方。[62] 桥墩的基础必须在一年中的枯水期建造，也就是秋季；如果河床为石质、凝灰岩或碎石土，这种类型（如我在第一书中所说）[63] 是一种含部分石块的土，修建基础就完全不需要辛苦挖方，因为这类河床本身就是出色的基础。但是，如果河床是砂质或砾石，就必须向下挖掘，直至坚固的土层；如果挖掘困难，就要在砂子或砾石中挖下去一点，然后用装有铁尖的橡木杆子做成基桩，稳稳固定在坚固安全的河床上。[64] 为了设置桥墩，必须离开河岸一小段先造一个，让河水能在留出的这一小段找到一条不受阻塞的通道；就这样逐段造下去。桥墩厚度不得小于桥拱跨径的六分之一，也不得大于四分之一。[65] 桥墩应该用被卡件和铁钉或金属钉紧固在一起的大石块建造，这样它们因为有了这些加固配件，就仿佛成了一整块。桥墩的迎水端往往做成尖头的，也即它们的前端是直角，有时也做成半圆形的，以便分水，确保由水流带下来撞向它们的那些物体都远离桥墩，而从桥拱中间穿过。桥拱必须用牢牢紧固在一起的大石块建造得坚固稳定，这样它们就能够承受持续通过的车辆，还能承受不时将产生的重量②。半圆形的桥拱最坚固，因为它们落在桥墩上，彼此互不推挤，但是如果因基地自然条件和桥墩位置之故，完整半圆形的桥拱会造成不便，因为它太高，上桥费力，那我们就应采用扁圆拱（depressed arch，劣弧拱）[archo diminuito]来建造桥拱，取其矢高为跨径（diameter）的三分之一；③ 在这种情况下，河岸（即桥台）的基础应该建得格外坚固。桥面铺装必须用与道路同样的方式铺设，我在前面谈过了。[66] 因此，看完我们在建造石桥时应该牢记的内容之后，现在是时候谈谈设计了。

[183]

---

① 桥墩数为偶数意味着在河道中央水流最急的位置是凌空的桥拱，而不是在水流中受冲击的桥墩。
② 比如加建某些设施、设备、装饰物而产生的重量。
③ 所谓扁圆拱指拱圈截面为小于半圆的弓形，从下文所举实例的图示来看，diameter 应该是指跨径而不是直径，也即弓形的弦长。下文类似情况称 diameter 时，也都译作跨径。

第十一章　古人建造的几座名桥和位于里米尼的桥的设计

古人在各地建造了为数众多的桥梁，不过在意大利建造得格外多，特别是在台伯河上，其中一些仍可以看到完整的，另一些只有残破片段。在台伯河上仍能看到的那些完整无损的桥有：位于圣天使城堡（Castel S. Angelo）前的那座，时称艾利乌斯桥（Pons Aelius），得名于艾利乌斯·哈德良皇帝（Aelius Hadrianus），他在那里建造了自己的陵墓；[67] 法布里奇桥（Fabrician），由法布里基乌斯（Fabricius）建造，现称四头桥（Ponte Quattro Capi），[68] 得名于门户神雅努斯（Janus）或界神特尔米努斯（Termine）的四头神柱①，当上桥时神柱在左边②，台伯河中的小岛靠这座桥与城市相连；切斯提桥（Cestian），现称圣巴多罗买桥（S. Bartolomeo），从小岛的另一边通向特拉斯特韦雷区（Trastevere，河对岸）；元老院桥（Pons Senatorius），得名于元老（senators）③；还有得名于附近山丘的帕拉丁桥（Palatine），用毛石建造，现称圣马利亚桥（S. Maria）。[69] 不过在台伯河上只能看到古代残迹的桥有：苏布利基桥（Sublician），[70] 也称为雷比得桥（Lepidan），得名于艾米利乌斯·雷比得，此桥最初是用木材建造，后由他用石材重建，靠近里帕区；特里翁法莱桥（Trionfale）④，可以看到它的桥墩在圣灵教堂（church of S. Spirito）⑤对面；亚尼库兰桥（Janiculan），如此称呼是因为它靠近亚尼库兰丘（Janiculan Hill），它现在称为西斯托桥（Ponte Sisto），因为它是由教宗西克斯图四世（Pope Sixtus IV）修复；以及米尔维桥（Milvian），现称莫莱桥（Ponte Molle），位于弗拉米尼亚大道上，离罗马城略少于两里⑥处，只剩下古代的基础，据说该桥是在苏拉（Sulla）掌权期间由督察官马尔库斯·斯考鲁斯（M. Scaurus）建造的。[71] 还可以在纳尔尼城（Narni）看到奥古斯都·恺撒用粗面石砌体建造的桥的废墟，在急流汹涌的内拉河（Nera）上。在翁布里亚地区的卡尔吉城（Calgi）的梅陶罗河（Metauro）上有另一座桥，同样的粗面做法，在河岸上有些扶墩**[contraforte]**以支撑道路，这使它极其坚固。在所有这些名桥中，有一座据记载是特别引人注目的，就是卡利古拉（Caligula）在从波佐洛港（Pozzuolo）⑦到巴亚城的海上建造的那座，略不足三里长⑧，记载中说，他耗费了帝国的全部财富。[72] 同样非常壮观而且卓越无疑的，是图拉真为了镇压对岸特兰西瓦尼亚（Transylvania）的蛮族，在多瑙河上建造的那座⑨，在

---

① 此桥护栏上嵌有两根神柱（Herms，献给护佑行路人和道路之神的石柱，顶端刻有两位神祇的雕像），各刻有一尊两面背向的雅努斯神像，也就是共有四个头，故称"四头"。
② 现状是左右两侧桥栏上各有一根神柱。
③ 原文 senatori，senatore（元老）的复数，推测本意是指"元老院"（意 senato，英 senate）这个机构，而非"元老们"这个人群，因为上文提到 Ponte ditto Senatorio（英译还原为拉丁语 *Pons Senatorius*），意为"称为元老院桥的那座桥"。
④ 可能是凯旋式桥（*Pons Triumphalis*），正文中 Trionfale 意为凯旋式，但古代作家未曾提及此桥，最早见于中世纪文献，该桥位于凯旋式大道（*Via Triumphalis*）上。
⑤ 西撒克逊朝圣派的圣灵教堂（Santo Sprito in Sassia），由小圣加洛（Antonio da Sangallo il Giovane）或佩鲁齐等人设计，1545 年建成。
⑥ 原文 miglia，不确定所用计量单位的长度，推测是指意大利里（1850 米）。参见本页中译者注⑧。
⑦ 古罗马港口普特俄利（Puteoli）。
⑧ 按记载此二地距离 3600 罗马步（1000 罗马步为 1 罗马里，合 1480 米），约 5.33 千米，相当于 2.88 意大利里，即"略不足三里长"。参见苏维托尼乌斯《罗马十二帝王传》，张竹明、王乃新、蒋平等译，商务印书馆，2004 年，第 164 页正文及注④。
⑨ 位于今罗马尼亚与塞尔维亚的边界多瑙河的铁门峡谷（Iron Gates，罗马尼亚语 Porțile de Fier，塞尔维亚语 Đerdapska klisura），建于公元 105 年，总长 1135 米，宽 15 米，有 20 座用砖、砂浆与火山灰胶泥建造的桥墩，木构的拱圈和桥面系可能为桁架式，跨径 38 米。该桥由图拉真在达西亚战争期间命随军的希腊建筑师大马士革的阿波罗多鲁斯（Apollodorus of Damascus，也是罗马图拉真广场和纪功柱的建筑师）建造，其木构的上部结构后被哈德良拆除，桥墩一直留存到 19 世纪中叶，后为通航而拆除或被洪水冲毁了其中几座。特兰西瓦尼亚为历史地名，大致在喀尔巴阡山脉以西，多瑙河以北。

那上面能看到这样的话：

PROVIDENTIA AVGVSTI VERE PONTIFI-

CIS VIRTVS ROMANA QUID NON DOMET?

SUB IVGO ECCE RAPIDVS ET DANVBIVS.[①]

这座桥随后被哈德良拆除，以免蛮族跨越它对罗马行省大肆报复；其桥墩仍可见于河中。但在我所看到的所有的桥中，位于弗拉米尼亚大道上的里米尼城的那一座，我相信是奥古斯都·恺撒建造的，在我看来最为优美和值得研究，不仅因为它的强度，而且因为它的构造（configuration）[compartimento]；因此我收入了它的设计图，即下面的那些图。它分为五跨桥拱；中间的三跨是相等的，为二十五尺跨径；靠近河岸的两个边跨较小，也就是只有二十尺跨径；所有桥拱都是半圆形的，其拱缘（archivolt）[modeno] [73] 厚度为大桥拱净跨的十分之一，小桥拱净跨的八分之一。桥墩宽度略小于大桥拱净跨的一半[②]。桥墩迎水端是直角，分开水流；我注意到，古人在他们所有的桥中都像这样建桥墩迎水端，因为它们比锐角的坚固得多，不太容易受到河水带下来的树木或其他物体的破坏。拱上侧墙在桥墩中线的位置上有一些罩式神龛（tabernacles），在古代那里面必定是有过雕像的；在这些罩式神龛上方沿着桥梁的长度有一条楣檐线脚，虽然未加修饰，但还是作为一个整体为这座结构提供了美观的装饰。

[184]

A 是罩式神龛上方沿着桥的长度的楣檐线脚

B 是水面

C 是河床

D 是十尺（的比例尺），用以度量桥的尺寸

---

① 大意为：奉奥古斯都（指皇帝）或毋宁说大祭司团的预见（拆除桥梁），以免让蛮敌长驱直至多瑙河这边罗马治下文明之地。

② 平面图上标注大桥拱跨径 25 尺，桥墩宽度 11 尺。

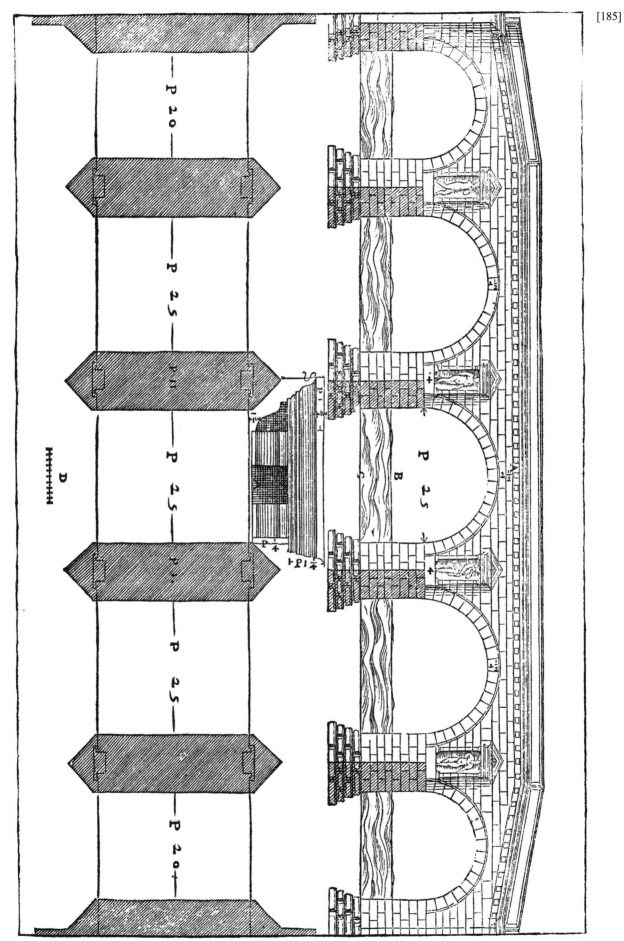

第十二章　位于维琴察的巴基廖内河上的桥

[186]

两条河流经维琴察，一条叫巴基廖内河，另一条叫雷特罗内河（Retrone）。刚离开该城后雷特罗内河就汇入巴基廖内河，不再是干流了。这两条河上有两座古桥；我们尚能看到巴基廖内河上靠近天使的圣马利亚教堂（S. Maria degli Angeli）的那座依然完整的桥墩和一跨桥拱，其余部分结构是现代补加的。[74] 此桥分为三跨；中间的一跨为三十尺宽，另两跨只有二十二尺半宽，做此安排是因为在河道中间水流最为畅通。桥墩厚度是小桥拱净跨的五分之一，大桥拱净跨的六分之一。桥拱的矢高为其跨径的三分之一；拱缘[75]厚度为小拱圈跨径的九分之一，中间拱圈跨径的十二分之一；拱缘被切刻成楣基线脚的样子。在桥拱的券脚石以下、桥墩顶端，有些石块向外挑出，作为建桥过程中搁置栈梁的托石。古人造桥时将拱圈的支模架（armature）搭建在这些栈梁（而不是立在水中的栈桩）上，这样就避免了河流涨水时冲走栈桩破坏结构的危险；而如果他们用别的法子建造，就必须在河中埋设栈桩来搭设支模架。

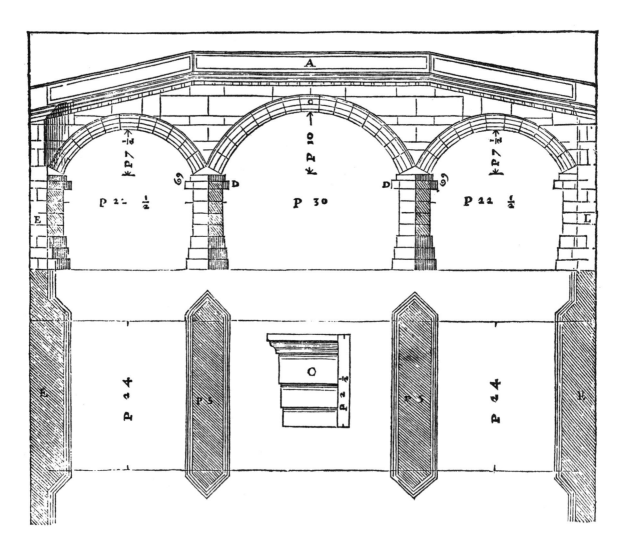

A 是桥的护栏[sponda]

C 是桥拱的拱缘

D 是从桥墩挑出的石块，用于搭建拱圈的支模架

E 是桥头

第十三章　我自己所创造的石桥

在我看来，下面的桥梁设计是特别优美的，非常适合其所坐落的基地；[76] 它位于一座城市的中心，那是意大利最大和最令人印象深刻的城市之一，而且是众城之都①；那里有着实际上来自世界各个角落的极大的交通量。河流非常宽，而桥恰恰就建在商贩们聚集起来做买卖的地方。因此，为了反映该城的规模和气势，也为了从桥上获得巨大收益，我在桥上沿着宽度方向分了三条道路；中间的一条更宽更吸引人，边上的两条稍窄一点。在这些道路的两侧都布置着店铺，这样就有六排店铺。此外，在桥头，还有桥中央，即大桥拱上方，建有敞廊，商贩们可以聚集在里面做买卖，这样还大大增加了该桥的实用和美观。人们可以通过数级阶梯登上桥头的敞廊，其高度与桥的其余部分的地面或桥面铺装在相同水平上。在桥上建敞廊并不是什么新鲜事，因为罗马的艾利桥，我已经在专门章里节提过，在古代也是全部用带有青铜立柱、雕像和精美装饰物的敞廊覆盖着的；[77] 在这种情况下，基于上述原因，几乎免不了要建造敞廊。桥墩和桥拱的比例是按照前述的桥同样的排布和规则，任何人都很容易自己看明白。②

平面的组成部分：

A 是建在桥中央的美观而宽阔的街道 [78]

B 是小街道

C 是店铺

D 是桥头的敞廊

E 是通向敞廊的阶梯

F 是位于中段的敞廊，建在主桥拱上

立面的组成部分与平面的相对应，因此很容易理解而无需更多说明。

C 是店铺的外侧立面，也就是临河的；在另一幅木刻图中，表示的是内侧，即该排店铺的临街立面③

G 是表示水面的线

---

① 指威尼斯共和国的首都威尼斯城；原文 metropoli di molte alter Citta，英译为 mother city of many other cities，韦尔本译作 metropolis of many other cities。

② 帕拉第奥与当时其他许多著名建筑师一样也曾参加威尼斯大名鼎鼎的里亚尔托桥（Ponte di Rialto）的设计竞标，此处暗示了书中收录的是不同于他所提交方案的另一种设想。该桥最终于 1588 年按照安东尼奥·达蓬特（Antonio da Ponte）的单跨扁拱桥方案实施，1591 年建成，沿用至今。

③ 前一幅图中，字母 C 标在平面图上，对应立面图部分表示的是店铺在临街道的内侧立面，后一幅图中的立面图为整体建筑的半边在临河的外侧立面，字母 C 标在立面图上。

第三书

27

第十四章　我自己所创造的另一座桥

因为某些贵人向我征询对于他们筹建石桥的建议，我为他们做了下面的设计。河流在造桥地点为一百八十尺宽。[79] 我将整个跨径分为三孔，中间一孔跨径为六十尺，另两孔各为四十八尺。支承拱圈的桥墩宽度达十二尺，为中间桥孔跨径的五分之一，小桥孔跨径的四分之一；我稍许调整了常规的尺寸，将桥墩造得很厚，并从桥体宽度外伸得多一些[80]，使它们能更好地抵御河流的冲击，河水流速特别快，还带下来石块和木头。拱圈为小于半圆的弓形，这样上桥容易，起坡平缓。我将桥拱的拱缘厚度定为中间桥拱净跨的十七分之一，另两拱净跨的十四分之一。该桥将用桥墩上的壁龛和雕像来装饰，沿着桥侧面最好还有一条楣檐线脚，就像我们看到罗马人有时做的那样，比如位于里米尼的奥古斯都·恺撒建造的桥，在前面有其设计图。[81]

A　是水面
B　是河床
C　是为前面说过的用途而外挑的石块（即栈梁托石）
D　是度量整个结构的十尺的比例尺

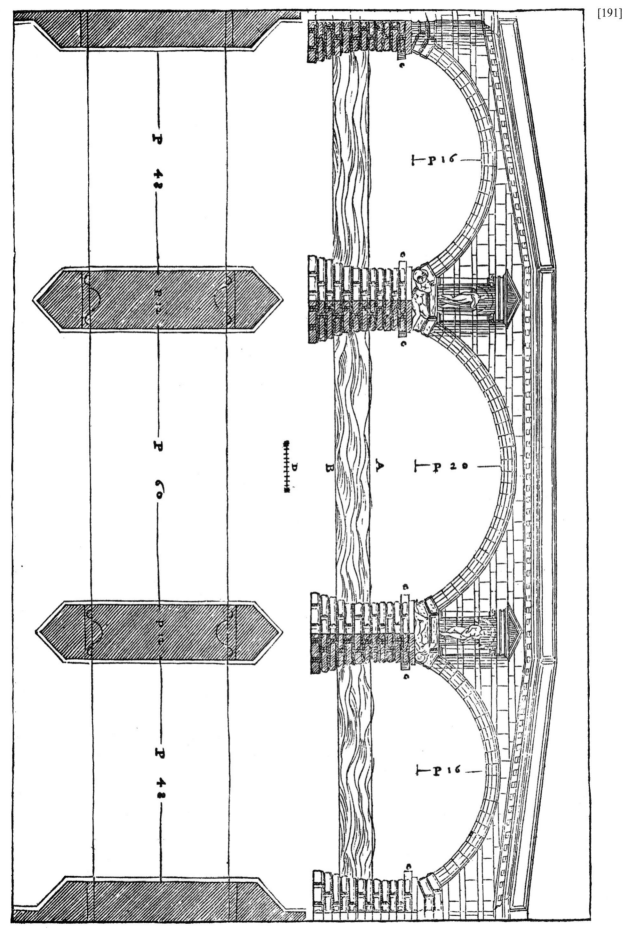

第十五章　位于维琴察的雷特罗内河上的桥

另一座古代的桥，我说过的，位于维琴察的雷特罗内河上，通常称为贝卡列桥（Ponte dalle Beccarie）[1]，因为它靠近该城最大的屠宰场。这座桥保存完整而且相当类似位于巴基廖内河上的那一座，因为它也分为三跨桥拱，并且中间的一跨比外两跨更宽。所有桥拱都是小于半圆的弓形，且没有任何装饰；小桥拱的矢高为跨径的三分之一，中间桥拱的（拱矢度）稍小。[2] 桥墩宽度为小桥拱跨径的五分之一，在它们顶端、桥拱券脚石之下，有石块（栈梁托石）向外挑出，原因如前所述。这两座桥都用来自科斯托扎（Costozza）的石材建造，那是一种软石，就像木头似地可以用锯子锯开。在帕多瓦城有四座桥与在维琴察城的这两座比例相同，其中有三座只有三跨桥拱；它们是阿尔蒂纳桥（Altinà）、圣洛伦索桥（S. Lorenzo）和所谓的科尔沃桥（Ponte Corvo，乌鸦桥）；还有一座有五跨桥拱，称为莫利诺桥（Ponte Molino，磨坊桥）。在所有这些桥上都能看到，石块被尽心竭力地紧固在一起（就像我在别处也曾观察到的），这正是我们要在所有建筑物中做到的。

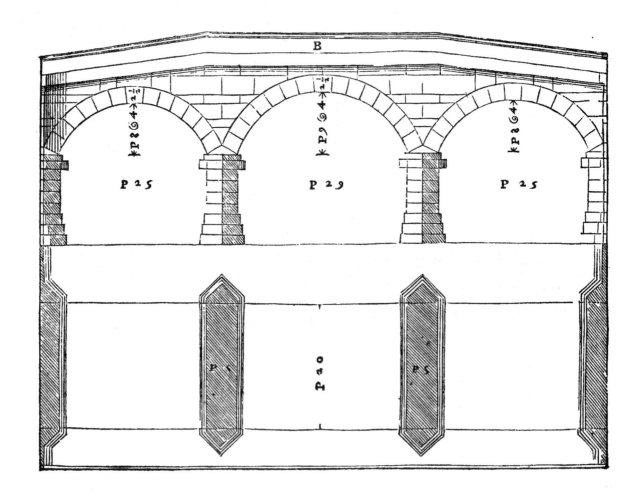

---

[1] 意为从屠宰场过来的桥。

[2] 从图上看，中间大桥拱的矢高为 9 尺 4 寸，不可能比小桥拱的矢高 8 尺 4 寸小，帕拉第奥的意思应该是指拱矢度（矢高与跨径之比），小桥拱为三分之一（矢高 8 尺 4 寸，跨径 25 尺），大桥拱约为 0.322（矢高 9 尺 4 寸，跨径 29 尺），恰恰是"稍小"。

第十六章　广场以及建在其周围的建筑

我们要确保,除了我上面已谈过的街道,还要根据城市的大小,或多或少在城市中布置广场,人们可以聚集在那里因其所需进行必要和有益的交易;而因为广场具有各种用途,因此每个广场必须放在适当和方便的地点。[82] 除了能让人们聚集起来、散步、交谈、做生意,这些遍布在整个城市中的开放空间被布置在街道尽端一个优美而宽敞的地方,还极大地美化了城市,因为人们可以在那里看到一座辉煌的建筑,特别是一座神庙。应该有许多广场分布在城市周围,这是件好事。同样绝对必要的是,有一个巨大而显赫的广场,它应该是主广场,而且真正可以称为公共广场。建造主广场时,其大小必须根据市民人数来定,使其不能太小,以至于不方便不够用,也不能太大,以至于因为人少而显得太空旷。[83] 海滨城市的广场应布置在靠近港口,[84] 内陆城市的广场应布置在中心,好让它们服务于城市的各个角落。应像古人那样围绕广场布置列柱廊,其宽度与立柱高度相等;列柱廊的用处是能让人躲避雨雪和狂风烈日造成的不适。但是,建在广场周围的房屋(据阿尔伯蒂所说),无论哪座,其高度都不应超过广场宽度的三分之一或低于其六分之一;人们通过台阶走上列柱廊,台阶总高应为立柱高度的五分之一。[85] 建在街道尽端,也就是广场入口处的拱门,是广场最大的装饰;它们应如何建造,古人为什么要建造它们,为什么称它们为凯旋门,将在我关于拱门的卷册中详细说明。我还将提供许多拱门图纸,这对可能要建造拱门的人——现在和未来的王子、国王和皇帝——是极其丰富的资料。不过,还是说回主广场、君主或元首(*sigonia*, 僭主)的宫殿,看是君主国还是共和国[86]、造币所、存放公共财宝的国库以及必定与它们相连的监狱。[87] 在古代有三种类型的监狱:一种是为关押堕落而迷失了方向的人,他们被囚禁在那里,直至他们回到正直严格的道路上来,这种类型现在通常用来禁闭疯子;另一种是为关押债务人,我们现在也还用;第三种是为收监已被定罪或即将被定罪的堕落者和罪犯。有这三种类型就够了,因为人的愚鲁行为产生于堕落或傲慢或任性。造币所和监狱必须位于非常安全的地点,靠近高墙环绕的广场,防备奸逆之徒的暴力和反叛。监狱要建得健康和舒服,因为它们是用来看守而不是拷打折磨恶人或别人的子弟。因此监狱之中的墙壁,必须用大块的细粒度石建造,石块用卡件、铁钉或金属钉紧固为整体,然后在两面都衬砌上**[intonichare]**砖块。因为像这样建造的话,不会因潮湿让犯人不健康,也不会使它们的安全受到影响。还必须在监狱周围建造走廊,在附近建造看守室,以便能监听囚犯的任何密谋。[88] 除了金库和监狱以外,元老院议事堂(curia),即元老院开会讨论国家事务的场所,也应连接着广场。议事堂必须建造得壮丽,以呼应全城人民所要求的辉煌与宏大,如果它是正方形,取其长度再加一半来得出高度;但如果它的长度超过其宽度,就将长度与宽度相加,取其总和的一半作为屋顶梁所处的高度。必须环绕墙体在半高处建造巨腰檐(large cornices,原文 cornicioni),并向外凸出,使争论者的声音不会发散消逝在议事堂的上部,而是向下反射,让听众能听得更清楚。[89] 巴西利卡应建造在广场边上朝向温暖的天空方位的部位;这里是施行公正的地方,是大量人群和有事情的人聚集之处。我会更详细地讨论它,在这前我要先描述希腊人和拉丁人如何建造广场,包括它们各自的设计图。[90]

第十七章　希腊人的广场

根据维特鲁威在第五书第一章所述，[91] 希腊人在他们的城市布置正方形广场，并在其周围修建宽阔的重列柱廊，属密柱距式 [spesse colonne]，即立柱之间的间隔为一个半柱径，或最多两个柱径。这些列柱廊的宽度等于立柱的高度，因其为重列柱廊，所以供行走的空间的宽度就是两倍的立柱高度，非常方便、宽敞。底层的立柱，我认为它们（牢记它们的位置）应该是科林斯式，之上还有一层立柱，比底层的小四分之一；[92] 上层立柱下面带有高度合适的柱座，因为这些上层列柱廊也是供人们在其中行走、做生意、愉快地观看广场上举行的活动，无论是出于参与感还是为了消遣。[93] 所有这些列柱廊，必然要用壁龛和雕像加以装点，因为希腊人喜好这些装饰物。靠近这些广场——尽管当维特鲁威教导我们应该如何布置广场时，并没有提到这些场所——必须有巴西利卡、元老院议事堂、监狱，以及我上面谈到的广场旁边的所有其他场所。[94] 因为（他在第一书第七章说）[95] 古人一向在广场旁边建造奉献给墨丘利（Mercury）和伊西斯（Isis）的神庙，因为他们是掌管商业和贸易的神祇，人们在波拉——伊斯特里亚（Istria）①的一座城市——可以看到，广场上有两座形状、大小和装饰都相互类似的神庙，我在广场的设计图中在巴西利卡旁边画上了它们；这些神庙的平面图、立面图，以及所有细部，可以在我关于神庙的卷册中看得非常清楚。[96]

A　广场

B　重列柱廊

C　法官在此设置其审判席（tribunals）[tribunale] 的巴西利卡

D　伊西斯神庙

E　墨丘利神庙

F　元老院议事堂

G　造币所前的门廊和小院

H　监狱前的门廊和小院

I　中庭的大门，通过中庭进入元老院议事堂

K　环绕元老院的走廊，它通向广场的列柱廊

L　广场列柱廊的转角 [voltar]

M　列柱廊内部的转角

N　神庙的院墙的平面

P　围绕造币所和监狱的走廊

在平面图之后的下一页的立面图 [97] 为广场的一部分。

---

① 今伊斯特拉半岛（Istra），其大部分属克罗地亚。Istra 是其意大利语名称。

第三书

第十八章　拉丁人的广场

罗马人和意大利人（如维特鲁威在上述章节中所说）[98]放弃了希腊人的习惯，他们建造广场的方式是长度比宽度要大，将长度分成三份，以其两份作为宽度。因为对他们来说，当在广场中为角斗士授奖时，[99]这种形状比正方形更方便；也是基于这个原因，他们将广场周围的列柱廊的柱间距取为二又四分之一或三个柱径，使人群的视线不受密集柱子的妨碍。列柱廊的宽度等于立柱的高度，廊下有钱商们的钱铺①。上层立柱比底层立柱小四分之一，因为在下面的物体，由于它们必须承受重量，应该比在上面的物体更粗壮，如在第一书中所述。[100] 在广场朝向温暖天空方位的部位，他们安排巴西利卡，我在这些广场的图示中已有表示；巴西利卡为长方形，其宽度是正方形的两倍②，内部有环绕的列柱廊，其宽度为中央空间宽度的三分之一。立柱的高度等于列柱廊的宽度，可以做成人们偏好的任何一种柱式。在朝南的部位，我安排了元老院议事堂，为长方形，其宽度是正方形的一倍半；其高度是其宽度与长度之和的一半；这个地方（如我前面所说）是元老院举行会议讨论国家大事的场所。[101]

A　中空的螺旋楼梯，通往上层
B　进入广场列柱廊所需经过的走廊
C　巴西利卡边上的列柱廊和小院子
D, E　钱商和城市中最有声望的行会的包间
F　为秘书处所在，元老院的议案存放处
G　监狱
H　是广场列柱廊的转角
I　巴西利卡的侧面入口
K　是巴西利卡边上小院子的列柱廊的转角

所有这些部位都另以大比例和相同字母标记表示。

后面的大比例立面图表示广场列柱廊的一部分。

---

① 如果像英译者在本卷注 99 所说，"为角斗士授奖"也可译为"对角斗士下注"，那么这里的另一种译法相应就可能是：庄家们的包间。
② 这种表述不太考究，不过也反映出帕拉第奥对正方形的格外重视。参见 II, 22 的中译者注③。

建筑四书

[198]

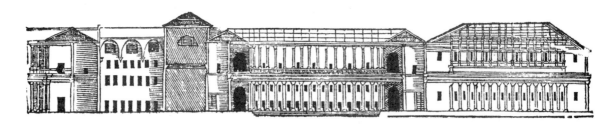

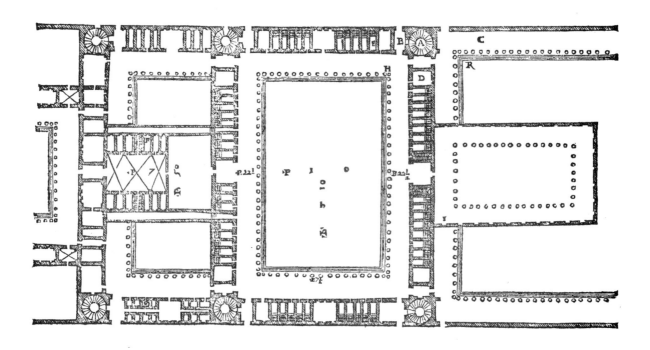

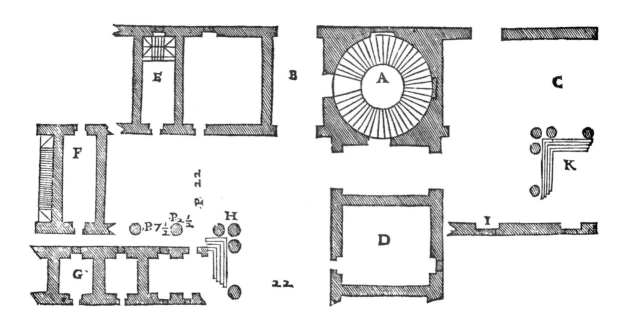

[200]

第十九章　古代巴西利卡

巴西利卡在古代是法官在遮护下主持审判、执行正义，还不时处理要务的场所；例如，书上说平民保民官们将一根妨碍人就座的立柱从波尔奇巴西利卡（Basilica Porzia）①中拆除，使正义得以实行，该巴西利卡靠近罗马的罗穆卢斯与瑞穆斯神庙，今圣科斯马斯与圣达米亚诺斯教堂。[102] 在所有的古代巴西利卡中，以艾米利乌斯·保卢斯（Aemilius Paulus）的那座最著名，被视为城市的奇迹之一；它位于萨图恩神庙与法乌斯提娜神庙（Faustina）之间，保卢斯为它花费了恺撒赠送的一千五百塔伦特（talents），如果算一下，也就是约九十万金币（scudi）。[103] 巴西利卡必须建造在广场上，如同上述两例的做法，那两者均位于罗马广场（Roman Forum），朝向最温暖的天空方位，使商人和诉讼当事人可以去其中，冬季在那里舒适地打发时间而免受恶劣天气之苦。巴西利卡的宽度不得少于其长度的三分之一或超过其长度的一半，倘若基地的特点不是别扭得迫使布局尺寸变化。[104] 这种类型的古代建筑没有遗存；因此，为了向维特鲁威在上述章节中教导我们的内容看齐，我做了如下设计，其中在巴西利卡中央的空间，即列柱的内侧，为两个正方形长②。两侧及入口部位的列柱廊宽度为中央空间宽度的三分之一。柱高等于列柱廊宽度，可以做成想要的任何一种柱式。[105] 我没有在入口对面设列柱廊，因为据我看，一个小于半圆的曲面大龛室是非常令人满意的，里面是大法官或法官的审判席，如果设有多个席位，前面带有踏步供人走上去，就会更加庄严气派；虽然我不否认，也可以将列柱廊环绕在内部布置，就像我已在广场的设计图中所示的巴西利卡那样。穿过列柱廊可以到位于龛室两侧的楼梯，它通往上层列柱廊。这些上层立柱比下层的短四分之一；上下立柱之间的支座或柱座必须比上层立柱的高度少四分之一，让那些在上层列柱廊里走动的人不会被在巴西利卡中做生意的人看到。[106] 维特鲁威本人设计了位于法诺（Fano）的一座带有附属房间[compartimento]的巴西利卡，从他给出的该建筑的尺寸可知，那一定是一座最具美感和尊严的建筑；我本该在此加上其设计图，若不是巴尔巴罗宗主教大人在他最精确的维特鲁威版本中已经这样做了。[107]

后面的设计图，第一幅是平面，第二幅是立面的一部分。

平面的组成部分：

A　是巴西利卡的入口

B　是入口对面设审判席的地方

C　是围绕它的列柱廊

D　是通向上层的楼梯

E　是放垃圾的地方

立面的组成部分：

F　是入口对面围护审判席的部位的剖面[profilo]

G　是下层列柱廊的立柱

H　是比上层列柱廊的立柱高度少四分之一的柱座

I　是上层列柱廊的立柱

---

① 原文 Portia，英译者校订如此，参见 IV, 11 的中译者注②。

② 即长宽比为 2∶1 的长方形，参见 II, 22 的中译者注③。下页图中这一部分的尺寸为 60 模度长，30 模度宽。

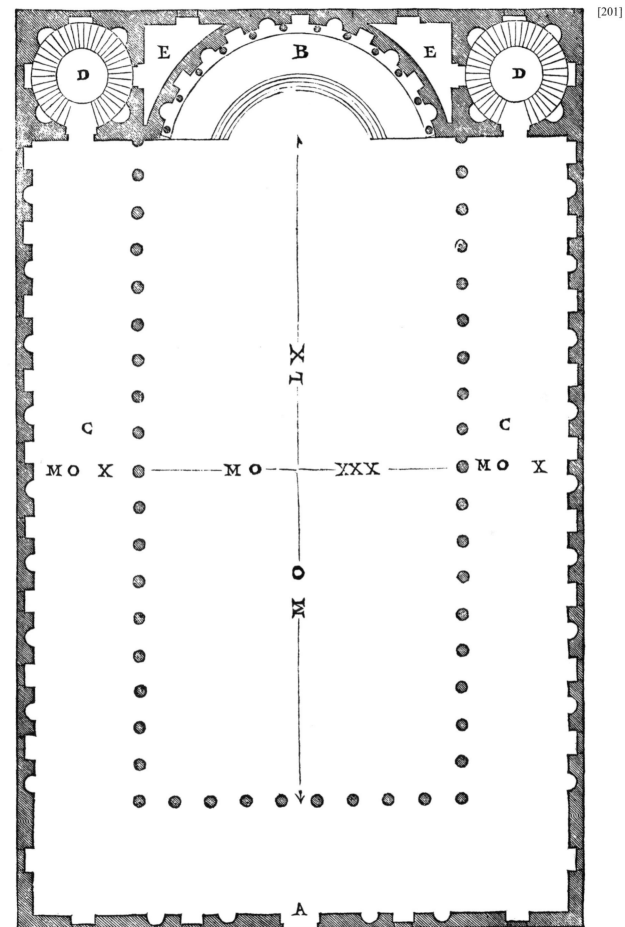

第二十章　当代巴西利卡及在维琴察的一项设计 [203]

就像古人修建巴西利卡，以便人们在严冬盛夏有一个地方可以舒适地聚集，处理其诉讼和生意。同样在我们自己的时代，在意大利境内外建造的某种市政会堂，有正当理由称为巴西利卡①，因为里面是最高长官的席位，所以它们担当了巴西利卡的部分角色[108]——而巴西利卡一词的定义是"庄严的殿堂"——还因为它们围护着为百姓执行正义的法官。现代巴西利卡与古代的不同在于：古代的设于地面，或者像我们说的"脚踏实地"[à pie piano]，而我们的则高居拱顶之上，下面布置城市各行各业的店面；监狱和公共生活中必需的其他场所也设在其中。除此之外，古代巴西利卡内部有列柱廊，正如我们在前面的设计图中所见，而相反，我们的巴西利卡内部没有列柱廊，外部在广场上也没有列柱廊。在帕多瓦，一座因其古迹和举世瞩目的大学而闻名的城市，有一个现代会堂中的突出例子，每天嘉宾云集于此；它成了他们的有顶盖的广场。另一例因其规模和装饰而引人注意，最近在布雷西亚（Brescia）建成，那是一座因其所有成就而获得辉煌的城市。[109] 还有一个在维琴察；[110] 我只收入了该例的图示，因为它周围的列柱廊是我设计的，而且我毫不怀疑这座建筑堪与古代建筑相媲美，可以进入自古以来建成的[111]最伟大最优美的建筑之列，因其规模和装饰，还因其材料，那都是非常硬的细粒度石；[112]所有的石块都小心翼翼地卡牢箍紧在一起。没有必要写出每个构件的尺寸，因为它们标在图纸上合适的地方。

第一幅木刻是平面图和立面图，带有部分墩柱的放大平面。第二幅则是大比例的局部立面图。

---

① 巴西利卡本指古罗马的长方形大厅式建筑，用作公共会堂、法庭和城镇管理机关，适合大量人群集会活动，后发展成为一种重要的基督教堂形制，中世纪的市政厅也往往采用这种建筑类型，可以称为巴西利卡式会堂。

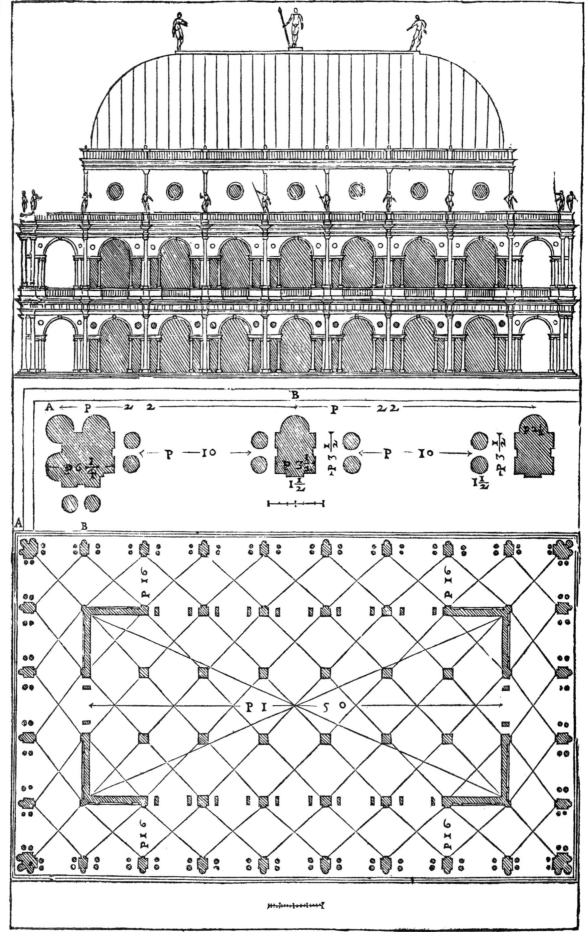

第三书

[206]

第二十一章　希腊人的角力练习馆和操练柱廊

我们已经描述了道路、桥梁、广场，该讨论讨论古希腊人建造的用于锻炼的那些建筑了；很有可能希腊各城邦在实行共和制的时候，每个城市都有这么一座建筑，年轻人在学习知识的同时，还为了服兵役而锻炼身体，练习诸如怎样执行命令、投掷长矛、摔跤、操纵武器、肩上负重泅渡，使他们变得有能力面对战争的所有考验和灾难；所以，尽管人数不多，他们也能够凭着十足的勇气和军纪战胜庞大的敌军。仿效这个先例，罗马人也有自己的马尔斯演武场（Campus Martius），年轻人在那里公开进行军事活动，继而获得光明磊落的战果和胜利。[113] 恺撒在他的《高卢战记》中写到，当突然遭到纳尔维人（Nervi）①袭击，看到第七和第十二军团被包抄，挤作一团无法战斗时，他命令他们散开，一个在一个侧面地列阵，使他们有足够空间来施展武器，而不被敌人围困；士兵们立刻振作起来，给他带来了胜利，也使他们自己得到骁勇善战、纪律严明的不朽英名，声威大震。[114] 因此在激烈的战斗中，当身处险境，混乱不堪时，他们能持守某些在我们这个时代的许多人看来似乎极其困难的东西，甚至当敌人还离得远，时间还来得及时也不肯乘机逃跑。实际上所有的希腊人和拉丁人的历史都充满与此类似的辉煌事迹，而且毫无疑问，原因在于年轻人持续不断的锻炼。希腊人建造的（如维特鲁威在第五书第十一章告诉我们的）[115] 得名于那些锻炼项目的场所，称为角力练习馆和操练柱廊。它们是这样布置的：首先，他们设计一个广场，其周长为二斯塔迪（stades）[stadio]②，也就是二百五十 passi（步）③；他们在三边建造单列柱廊，廊下的一些大厅可让学者们，如哲学家，在其中度过探讨和辩论的时光；然后在第四边，朝南的那条边，建造重列柱廊，使冬季里因风吹而斜飘的阵雨不会落到柱廊深处，而在夏季让阳光尽可能离得远些。在这道重列柱廊中央是一个非常大的厅，一个半正方形长，青少年在这里接受训练；在它右边，是年轻女子接受训练的地方，在那个区域后面是运动员们给自己抹粉的地方；再往后是洗冷水澡的厅，今天称为冷水浴室，位于列柱廊的角落。在青少年所用地方的左边是他们为身体涂油的房间，为了变得强壮；旁边是冷室，他们在这里脱衣服；再远一点，头一间是温室，后一间是热室；热室的一边是 laconico（拉科尼亚式发汗室，干蒸浴室）（这是他们发汗的地方），另一边是热水浴室；因为这些明智的人想要这么安排，使他们不会突然从冷的房间走到热的房间，而是经一个温暖的房间过渡，这是在模仿自然的方式引导我们从冷的极端到热的极端。这些房间外面有三道列柱廊；朝西或朝东建的一道列柱廊（图中为朝西），位于入口所在的一侧；另两道列柱廊，一道在右侧，另一道在左侧，因此一道朝北，另一道朝南。朝北的一道为重列柱廊，宽度等于立柱的高度。另一道朝南的是单列柱廊，但比上述任何一道单列柱廊都宽得多，它应如下分配：在列柱与墙壁之间留出一条十尺的空间，即维特鲁威所称的边道；向下走两级踏步，每一级六尺宽，走到一个水平的区域，其宽度不少于十二尺，在那里运动员们能够在屋顶下进行练习，而不被冬季里站在列柱廊下观看的人们阻碍；他们还能看得更清楚，因为运动员用的地方布置得较低。这种列柱廊的正确名称是操练柱廊。操练柱廊应像这样建造，两道列柱廊中要有小树林和种植园，树木之间的步道铺上马赛克。在操练柱廊和重列柱廊附

[207]

---

① 一般作 Nervii，英译者照搬了帕拉第奥的拼写。
② 古罗马长度单位，1 斯塔迪等于 625 足，约 185 米。
③ 古罗马长度单位，1 步等于 5 足，约 1.48 米。左右脚各迈一次为 1 步。

近，古人设计了散步用的露天区域，他们称之为园中步道（peridromides）[①]，在冬季天气晴好时运动员可以在那个区域进行锻炼。赛跑场在这座建筑的一旁，是人群舒舒服服地站着观看运动员比赛的地方。罗马帝王在为满足人民的喜乐和享受而建造浴场时，以这类建筑作为样板，因为它们是人们享乐和洗浴的地方；如蒙天意，我将在后面的书中讨论浴场。[116]

[①] 《建筑十书》5.11.3 谓之平行步道（paradromides）或园内林荫道（xysta），参见陈平译本，第118页。

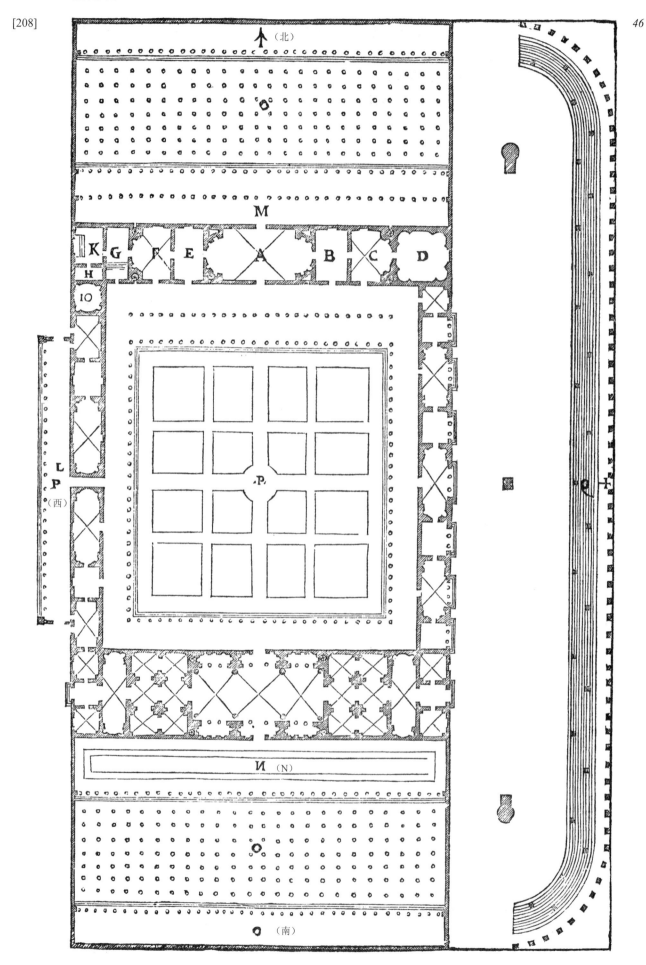

A 年轻男子接受训练的地方
B 年轻女子接受训练的地方
C 运动员给自己抹粉的地方
D 冷水浴室
E 运动员给自己涂油的地方
F 冷室
G 温室，通过它到火炉间
H 热室，称为拱顶蒸气浴室
I 拉科尼亚发汗室[①]
K 热水浴室
L 入口前面的外部列柱廊
M 北面的外部列柱廊
N 南面的外部列柱廊，运动员冬季在这里锻炼，称为操练柱廊
O 列柱廊之间的小树林
P 供散步的无顶区域，被称为园中步道
Q 赛跑场看台，人群站在此处观看运动员比赛
+ 东
O 南
P 西
∵ 北（图中标为箭头）

图中未加标注的其他地方为对谈间（exedras）和学校。

第三书结束

[①] 小圆圈表示其圆顶中心的排气窗眼。

第四书

致读者的前言

[213]

如果有任何建筑理当为之花费精力和劳动，使之呈现出优美的尺寸和比例，那么毫无疑问应该为了圣殿①这么做，以此敬奉之举使万物的创造者和赐予者上帝、世界之主[O.M.]，¹ 受到我们极尽心力的崇拜、赞美和感谢，因祂不断施予我们无尽的恩宠。因此，如果人们为建造自己的世俗房屋费力寻找优秀而内行的建筑师和能干的工匠，那么为了建设教堂就必须尽更大的努力；如果对于前者，人们主要是考虑方便，那么对于教堂，就必须首先考虑到受祈祷和崇拜的上帝的庄严和伟大，因为祂就是至善和完美；最为适当的就是将敬奉祂的一切尽我们所能地做到尽善尽美。² 实际上，如果我们把世界看作充满神奇装饰②的绝妙造物 **[machine]**，看天空是如何通过持续的运行顺应自然所需的季节变迁，如何通过最欢畅和谐的律动维持自身，我们就不能怀疑，既然我们要建造的这些小的圣殿必须肖似于崇大的那一个，³ 即祂以无限的仁慈，凭一言的命令③所完美造就的这个世界，我们就务必竭尽所能在其中加上全部装饰。要以这样的方式来建造它们，并使之具备所有部分共同传达给观者眼睛的那种欢畅和谐的比例，而每一座教堂也彻底达成其预定用途。⁴ 因此，尽管在最高尚精神的激励下，为至高的上帝已经建成并仍在建造教堂和圣殿的那些人应该受到高度赞扬，但也不是说他们就应该一点儿也不受责备，假如他们没能尽一切努力将其建造成人世间所允许的最优秀和最高贵的形式。因为在为其神祇建造神庙时，古代希腊人和罗马人为它们倾尽心力，以最优美的建筑来谱写⁵它们，使神庙能以适合于他们所奉祀之神的最壮丽的装饰和最佳的比例来建造，所以我打算在本卷书中图示众多古代神庙的形式和装饰，这些神庙的废墟还看得到，而且我已用图纸做了记录，以便任何人都可以理解建造教堂必须采用的形式和装饰。尽管只能看到它们之中的某些留存在地面上的一小部分，当考虑了能够观察到的基础后，我还是对它们在完整时应有的样子做了设想。在这方面我大大受助于维特鲁威，因为通过比较我所观察的与他所教导的，达到对它们的外观[aspetto]和形式的了解对我来说不是太困难。但是对于装饰物，即柱础、柱身、柱头、楣檐这一类的，我没有自作主张，而是对在神庙所处基地上发现的各种残片亲自一丝不苟地做了测量。我也毫不怀疑，仔细阅读这本书并琢磨复原设计图的读者，能够弄明白维特鲁威著作中许多被认为是非常难懂的章节，能够将他们的心思用于欣赏神庙那优美且匀称的形式，并从中获得鲜繁而高致的意匠⁶；而且，如果在适当的时间和地点用上这些，他们将能够在自己的作品中表明，该如何进行变通⁷而又不背离这门技艺的法则，以及在何种程度上这种变通是值得称道的和优雅的。但在讨论设计图之

---

① 原文 Tempii（单数 tempio），英译 temples，既可指异教的古代神庙，也可指基督教建筑；特指后者（教堂）时还用 chiesa，相当于英语 church。此处广义指宗教建筑，狭义应指教堂，不过本卷讨论的几乎都是古代宗教建筑（神庙），除了基督教的君士坦丁洗礼堂和布拉曼特设计的坦比哀多小教堂（tempietto），后者的词形也是来自 tempio。以下酌情译为"圣殿"或"神庙"或"教堂"等。
② 比拟的说法，将造物主上帝所创造的日月星辰等比作世界的装饰物。
③ 按照基督徒的观念，上帝以言创世，说什么就有什么。参见《旧约·创世纪》1。

前，我会如通常所做，简短讨论一下建造神庙时必须坚持的那些法则，这些也是我从维特鲁威以及其他有才华的人关于这门高尚技艺的著作中领悟到的。

第一章　建造神庙应选择的基地

托斯卡纳不仅是意大利第一个如待外宾①般迎接建筑的地区——称为托斯卡纳的那种柱式即在此地得以定下分寸——而且是邻近地区人民的老师；当世界上大多数地区还徘徊在盲目而错误的迷信中时，托斯卡纳已经对有关崇拜神祇的事宜做出示范，应该依照诸神各自的**属性[qualità]**在哪里、采用什么装饰、何种外观建造神庙。然而这些经验，即使在许多神庙中都看得到，却没有被人用心考量；不过我会简要解释其他作家的记述，好让喜爱古迹的人因本书的这一部分如愿以偿，让每个人在建造教堂时都能得到警示和启发，以便谨慎行事；因为若是我们这些拥有真正的崇拜礼仪的人，在这方面被那些不曾感受真理之光的人赶超，那就太不体面了。既然必须最先考虑的是应该在怎样的基地上建造圣殿，我就在本章讨论此事。⁸ 因此我说，古代的托斯卡纳人在布置奉祀维纳斯（Venus）、马尔斯（Mars）和伏尔甘（Vulcan）——就是引动人类的元气陷入情欲、战争和火灾之神——的神庙时，认为应该建在城外；奉祀司掌贞节、和平和精妙技艺之神的神庙建造在城内；而对那些专门守护城市的神祇，还有尤皮特（Jove）②、尤诺（Juno）和弥涅尔瓦（Minerva）——也被认为是城市的守护神，他们在非常高的地方为其建造神庙，在城市中心和堡垒中。他们将帕拉斯（Pallas）、墨丘利和伊西斯的神庙建造得靠近广场，有时就在专门的广场上，因为这些神祇主管工匠和商人；奉祀阿波罗（Apollo）和巴库斯（Bacchus）的神庙建造在剧场旁边③，而奉祀海格立斯的则建造在赛马场和竞技场附近。对于医神阿斯克勒庇俄斯（Asclepius）、康宁女神萨露斯（Salus），以及许多痊愈者所信奉的其他医药之神，在特别健康、靠近纯净水源的地点为其建造神庙，让来自空气污浊而有传染性的地区的病人能享受清新而健康的空气，饮用那些干净水，恢复得更快更容易，从而使其宗教热情高涨。与此类似，对于其他神祇，他们同样认为应当根据其被赋予的特性和为其所举行的献祭仪式，寻找合适地点来为其建造神庙。⁹ 但是我们这些领受了上帝的特殊恩宠的人，摆脱了落后地区那种愚昧状态，摒弃了他们愚鲁和枉然的迷信，应该将圣殿的基地选择在城市中最尊贵、最显赫的地方，远离令人厌恶的区域，而选在多条街道尽端处优美华丽的广场上，使充满庄严的圣殿的所有部分都能让人看到，调动起任何一个瞻仰者和膜拜者心中的虔诚和敬畏。如果城市中有山冈，我们要选择最高的位置；而如果没有高地，应该将神庙的地面抬升到有效的**[conveniente]**高度，超过城市的其余地段，使人需要爬上神庙的阶梯，如此一来，上行的过程更加能引发虔诚感和庄严感。¹⁰ 神庙的正面应该俯瞰着城市令人印象最深刻的部分，让宗教在那儿就仿佛市民的卫士和保护者一样。但是如果要将神庙建造在城外，靠近公共街道或河流时，神庙的正面就必须朝向街道或河流，好让路人能看到它们，在它们前面表示尊重与崇敬。¹¹

---

① 原文 forestiera，英译为 honored guest（贵客），韦尔本译作 stranger（外邦人）。这是一种拟人手法，比喻古罗马的神庙建造原则因为反客为主的蛮族的长期凌虐而不传，倒成为陌生的外来者。
② 音译尤威，原文 Giove，罗马神话中的神王尤皮特，此处英译者将其"还原"为拉丁语间接格形式（从语法关系上可理解为与格），然而在其他所有各处不论做何种语法成分时均译为 Jupiter。
③ 诗歌和音乐之神阿波罗善于演奏里拉琴，那也是吟唱诗歌时的伴奏乐器；酒神颂歌是巴库斯崇拜最重要的仪式，最早的戏剧形式——悲剧，以及羊人剧、喜剧——都在酒神节上演。这两位神祇被认为司掌戏剧，与剧场密切相关。

第二章　神庙的形状及所依循的准则

[216]

神庙被做成圆形、正方形[quadrangulare]和六角形、八角形或多角形——全都具有圆形的性质——以及十字形，还有出自人类无穷创造性的其他形状和样式；[12] 只要将它们建成优雅而华丽的建筑，别具优美而恰当的比例，就值得称赞。不过最优美最规则的，也是别的形状从中得出分寸的，是圆形和正方形的形状；故而维特鲁威只提到这两种，并教导我们如何对其进行划分，我将在涉及神庙的布局时作解释。[13] 在并非圆形的神庙中，必须确保所有的角都相等，不管神庙有四个、六个还是更多的角和边。古人对于什么适合于诸神中的每一位是非常用心的，不仅在选择将要兴建神庙的基地时如此，而且，如我前面所说，在选择神庙形状时亦如此；所以对于无休无止围绕着世界旋转，因此对万物产生影响的太阳和月亮，他们为其建造圆形[di forma ritondo]神庙，或起码接近于圆形；对于称为地球女神的维斯塔（Vesta）的神庙也是这种形状，因为地球是圆的星体。[14] 对于尤皮特（Jupiter），天空和神界之主，他们为其建造中间无顶、周围有列柱廊的神庙，就像我后面要说到的。[15] 同样缘故，当处理装饰时，他们非常注意是在为哪位神灵进行建造；因此为士兵的守护神弥涅尔瓦、马尔斯和海格立斯建造多立克式神庙，因为他们说大巧不工的建筑适合于战士。但是对于维纳斯、花神芙罗拉（Flora）、缪斯（Muses）、林泉仙女宁芙（Nymphs）以及其他温婉的女神，他们说应当建造与其如花似玉的豆蔻年华相应的神庙，所以古人献给她们科林斯式，因为他们觉得，那装饰着花朵和涡卷饰的复杂而华丽的做工更适合其妙龄。然而对于尤诺、狄安娜（Diana）、巴库斯以及其他神祇来说，前者[16]的庄重或后者[17]的纤巧都不合适，他们为其选定了介乎多立克式与科林斯式之间的爱奥尼亚式。[18]

所以书上说古人建造神庙时采用一切巧思来保持得体，这是建筑最优美的内涵之一。[19] 因此，为使教堂的形状保持得体，不信仰异教神的我们，也应该选择最完美最优秀的形状；既然圆形恰好就是这种形状，在所有的平面中唯独它最简单、一致、均等、强烈而包容，就让我们把圣殿建成圆的吧；这种形状对于圣殿来说是无与伦比地合适，因为它仅用一条无始无终、浑然一体的边界围合起来，边界的各部分彼此相同，共同形成了整体形象；因为周边的每一个点到中心都是等距离的，这就完全适合于表示上帝的统一性、无限存在性、一致性和公正性。[20] 此外，也不能否认，圣殿比所有其他类型需要更大的强度和耐久性，因为它们将敬献给上帝，世界之主[21]，而城市中最著名最难忘之物也将保存在其中；因此，出于同样理由，必须说圆形绝无拐角，特别适合于圣殿。圣殿还必须十分宽大，以便祈祷时能让许多人舒服地站在那里，而在以相等周长围合的所有形状中，①没有一个比圆形更大了。另外特别推荐的是做成十字形的教堂，教堂的入口在主祭坛（high altar）和唱诗席（choir）的对面，好比位于十字的脚部，另两个入口或者说另两个祭坛位于像胳膊一样向两边伸出去的旁枝，[22] 因为在观看者的眼中，将教堂做成十字形代表着我们的救世主被钉上的那个木十字架②。[23] 我将威尼斯的大圣乔治教堂（S. Giorgio Maggiore）做成这种形状。[24]

---

① 原文 che sono terminate da <u>equale</u> circonferenza，英译为 which can be circumscribed by a <u>single</u> line，这种译法未得其意；韦尔本译作 that are terminated by an <u>equal</u> circumference。

② 原文 quel legno，英译者和韦尔都直译为 that wood（那个木头），是对耶稣受难的那个刑具的隐语。

圣殿一定要有比其他建筑更宽的列柱廊和更高的立柱，这些部件要高大华美才好（但是不能大得超过城市能容受的尺度），它们还要用大而优美的比例建造；因为所有的宏伟庄严和富丽堂皇对于敬拜神明而言都是需要的，这是建造它们的目的。它们必须用优美的柱式来建造，每种柱式必须加上适当的、与之相配的装饰。它们必须用极高品质的珍贵材料来建造，让我们能尽最大可能地通过圣殿的形式、装饰以及材料来崇敬神灵；如果可能的话，它们必须建造得完美至极，无出其右，超乎人们的想象，它们的每个部分要布置得优雅和美好，使进去的人在注视它们时感到惊奇，并驻足其中感受灵魂的提升。在所有颜色中没有哪种比白色更适合于神庙，因为纯洁的颜色和纯洁的生活是上帝无比喜悦的。但是如果它们需要彩绘，那些因其题材而使人对神圣事物分心的图画就不合适，因为在圣殿中，我们绝不能背离严肃性，或背离那些令人睹物兴情、激发我们敬拜和善举的东西。[25]

第三章　神庙的外观

所谓外观，指的是神庙给走近它的人的第一印象。有七种神庙外观是最规则最容易识别的；我认为有必要在这里提及维特鲁威在第一书第一章关于该主题所谈的内容。由于缺乏对于古代遗迹的观察，这一段文字中有许多话艰涩难懂，直到现在都难以充分理解，而通过我的叙述和根据我所给的展示其教导的设计图，能让这一段变得简单明了；[26] 我还决定使用他采用的词语，以便专心阅读维特鲁威著作的人——我提倡每个人都这么做——看到的是同样的术语，而不会觉得自己在读别的东西。因此要点是，神庙可以有或没有列柱廊。没有列柱廊的神庙可以建成三种外观：一种是所谓 in antis （前端柱式），即前面 [faccia] 带有壁柱，因为建在建筑的角部或转角 [angolo, cantone] 的壁柱称为 ante （在前面）；至于另外两种，一是所谓前廊列柱式 （prostyle），即前面带有列柱，另一种是前后廊列柱式 （amphiprostyle）。称为前端柱式的那种在两个转角处有壁柱，它们还接转 [voltare] 到神庙的两个侧面，在这两根壁柱之间，即正面的中间，有两根凸在前面的立柱，支撑着入口上方的山花。另一种称为前廊列柱式，比前一种有更多与转角壁柱相匹配的立柱，[27] 即在左右靠近转角的位置另有两根立柱，也就是一边一根。而如果在背面也同样布置了立柱和山花，这种外观就称为前后廊列柱式。前两种神庙外观没有遗迹留存到今天，事实上本书中也不会有例子。我认为没有必要作出它们的设计图，因为这每一种外观的平面和立面已在巴尔巴罗宗主教上大人 （Monsignor the Most Reverend） 所评注的维特鲁威版本中表示了。[28]

但是如果神庙是建有列柱廊的，那么它们可以建在神庙的整个四面，或者只建在正面。那些只是正立面有列柱廊的外观也可以称为前廊列柱式。四面全都带有列柱廊的神庙可以建成四种外观。它们可以建成在正立面和背面各有六根立柱，而在侧面算上转角处的有十一根立柱；这种外观称为围廊列柱式 （peripteral），即是四周有围廊 [alato a torno]；列柱廊围绕内殿 （cella），并且有一个柱间距宽。[29] 还能看到正立面有六根立柱而周围没有列柱廊的古代神庙，但在建筑内殿的外墙面带有半圆倚柱，与正面柱廊的那些立柱相配称，并具有相同的装饰，如位于普罗旺斯 （Provence） 尼姆 （Nîmes） 的神庙；[30] 位于罗马、现为圣埃及的马利亚教堂 （church of S. Maria Egiziaca） 的爱奥尼亚式神庙也可以说属于这一种；[31] 建筑师们用这种方法将内殿建得既宽大又省钱，因为神庙的这种仿冒的围廊列柱式外观对于从侧面观看的人来说，效果是一样的。还可以在正面放八根立柱，在侧面放十五根，包括转角处的；这些神庙有双重列柱廊围绕着，因此其外观就称为重围廊列柱式 （dipteral），因其带有双重围廊 [alato doppio]。还有

[218]

一种做法也不错，就是像前者那样建造神庙，有八根立柱在正面，十五根立柱在侧面，但神庙周围的列柱廊不做成双重的，因为有一围立柱取消了，结果使列柱廊有两个柱间距加一个柱径宽，[32] 其外观称作伪重围廊列柱式（pseudodipteral），也就是带有假的双重围廊[falso alato doppio]；这种外观由很久以前的一位建筑师赫莫杰尼斯（Hermogenes）创造，他建造了这种围绕神庙的宽大方便的列柱廊，减少了劳力和费用，在外观效果上并无损失。[33] 最后还有，古人建造前后两个立面各有十根立柱、并有双重列柱廊围绕的神庙，类似那重围廊列柱式的外观；这些神庙在内部还另有带两排立柱的列柱廊，一排叠在另一排上面，这些柱子比外部的小；屋顶从外部立柱延伸到内部立柱，而完全被内柱包围的空间是无顶的；因此这些神庙的外观称作 hypaethral（露天式），即无顶。古人以这些神庙奉祀神界和天空的主神尤皮特，他们将祭坛设在内院的正中。我相信，在罗马的卡瓦洛岗尚能看到少许遗迹的那座神庙就属于这一种，用以奉祀奎里纳尔的尤皮特（Jupiter Quirinale），由皇帝修建，因为在维特鲁威的时代（如他所说）没有这一种的例子。[34]

第四章　五种神庙

古人常常为他们的神庙建造列柱廊（如我前面所说），[35] 以方便民众，让他们在内殿外面走动，有地方消磨时间，让他们在那里进行祭祀，还能让这些建筑更加威严壮观。所以，由于他们采用五种尺寸的柱间距[intervallo]，维特鲁威就相应地将神庙区分为五种类型或五种品类[maniera]，其名称如下：密柱距式，立柱间距密集[spesse colonne]；窄柱距式，立柱间距稍宽；宽柱距式，立柱间距更宽；疏柱距式（aerostyle），立柱间距宽得不合适；以及正柱距式，具有合理而舒适的立柱间距。[36] 在前面的第一书中我讨论并给出了设计图，表示所有这些柱间距是什么样，以及它们与柱高必须具有怎样的比例关系，[37] 所以此处我不需多说，除了前四种不完善的。前两种因为柱间距是一倍半或两倍柱径，太窄了，靠得太近，不能让两个人肩并肩地穿过廊子，而必须一个跟在另一个后面排成单行走；大门和装饰也无法从远处看到；还因为间距过窄致使绕着神庙走动很困难。[38] 不过，当立柱造得高大时，这两种勉强过得去，就像在几乎所有古代神庙中可以看到的那样。第三种因为在立柱之间可以取三倍柱径，柱间距太大了，会导致楣基过长而断裂。但我们可以通过建造拱券或在楣基之上的楣腰处做辅券[remenato]来避免这一缺陷。辅券承担荷载，让楣基减免[libero]负担。至于第四种，尽管它没有刚才提到的缺陷，因为古人不采用石质或大理石楣基，而是把木梁架在柱子上，我们还是要说它也有缺陷，因为它低矮、疏阔、不够雄伟，只适合于托斯卡纳柱式。既然如此，那么最美丽优雅的一类神庙就是那种柱间距为二又四分之一倍柱径的所谓正柱距式了，因为它特别实用[39]，又具备美感和强度。我用维特鲁威所用的同样名称为神庙的品类命名，就像我对它们的外观做分类那样，部分由于前述原因①，部分由于这些术语看来已经为我们当代语言所沿用，人人都理解它们了；[40] 我也会在后面的神庙设计中用到这些术语。

第五章　神庙的布局

尽管所有建筑中的各个部分都应该相匹配，而且比例上相关联，以使整体尺寸和所有各部分的尺寸均可确定，[41] 对于神庙还是应该格外谨慎，因为它们是用于奉祀神灵的，为了荣

---

① 即本卷第三章开头所说的原因：采用维特鲁威的术语，以免读者茫然。

耀和神圣，我们必须尽可能将其建造得美观而独特。因此，由于神庙最正规的形式是圆形和正方形的，我将描述它们每一种应当如何设计，还将加入一些我们基督徒所用圣殿的要求。

在古代，圆形神庙有时建成开放式，即没有内殿，用立柱支撑着圆顶，比如那些奉祀尤诺·拉奇尼亚（Juno Lacinia）的神庙；神庙中间是祭坛，上面是常燃不灭的火焰。[42] 这些神庙如此布置：将神庙整个空间的直径分为三等份；一份用于登上神庙地面的踏步，另两份留给神庙和立柱，立柱置于柱座上，包括柱础和柱头在内的高度等于踏步内缘处的直径，柱径为柱高的十分之一。该类以及其他所有类型神庙的楣基、楣腰和其他装饰，按照我在第一书中所说的建造。但那些封闭式的神庙，即有内殿的，可以有围廊[ala]环绕，也可以只在正面有列柱廊。那些有围廊环绕的神庙的规制[ragione]如下：首先，其周围建有两级踏步，踏步上设有柱座，其上是立柱；围廊宽度是神庙直径的五分之一，直径从柱座中轴线算起；[43] 立柱高度等于内殿的直径，其柱径为柱高的十分之一；穹顶或圆顶（dome or cupola）[tribuna, cupola]建在围廊的楣基、楣腰和楣檐之上，高度是整个构件①直径的一半。这就是维特鲁威所勾勒的圆形神庙。[44] 可是我们在古代神庙中不曾看到柱座，柱子是立在地面上的，这让我特别喜欢，不仅因为柱座阻碍人进入神庙，也因为立在地面上的柱子更为宏伟壮丽。但如果只在圆形神庙的正面加上列柱廊，它应该与内殿宽度一样长[45]或少八分之一；我们也可以将它做得更短，但不应短到少于神庙宽度四分之三的程度；它的宽度[46]也不应超过其长度的三分之一。[47]

对于长方形神庙，正面的列柱廊长度应该等于这类神庙的宽度，如果其品类是美丽而优雅的正柱距式的话，就应该这样布置。如果外观是四根立柱，神庙的整个正立面宽度（不包括转角立柱的柱础的出涩）应该划分为十一份半，其中的一份称为模度，也就是度量所有其他部分的基本单位；四根立柱各做成一模度粗细，它们就占到四模度，居中的柱间距占三模度，另两个柱间距共占四个半模度，即各占二又四分之一。[48] 如果立面是六根立柱，就分为十八模度；如果是八根，分为二十份半；如果是十根，分为三十一份；总是这样分配这些部分，即立柱粗细占一份，居中的柱间空占三份，其余每个柱间空各占二又四分之一。立柱高度的设定取决于它们是爱奥尼亚式还是科林斯式。[49] 在第一书中讨论柱间距时，我详细谈了要如何定出另外几种，也就是密柱距式、窄柱距式、宽柱距式和疏柱距式神庙的外观。[50] 除了列柱廊还有殿前廊（porch）[antitempio]，然后是内殿；神庙的宽度分为四份，则长度定为八份，其中五份作为内殿的长度，包括大门所在的墙，另三份为殿前廊，含有从内殿侧墙延伸出来的两道伸翼墙[ala]，在其端部建有两根壁端柱（antea）[anto]，那是与列柱廊的立柱同样宽度的壁柱。而且由于那两道伸翼墙之间的空间不同，如果其宽度大于二十尺，在壁端柱之间就应该根据需要放两根或更多的立柱，与列柱廊的立柱对齐，其作用是将殿前廊与列柱廊分开；壁端柱之间的三个或更多柱间要用木栏板或大理石护栏围起来，不过还要留出进入殿前廊的开口；如果宽度超过四十尺，就需要再加上另外一排立柱，与已经设在壁端柱之间的立柱相对应，要做成与外面那排立柱同样的高度，但略细些，因为本来较粗的立柱敞露在外会显得细，而被围在里面的本来较细的立柱则不会，[51] 这样就使它们看起来同样粗细。[52] 尽管刚刚描述的平面完全适合于有四根立柱的神庙，不过同样的比例对于其他外观和品类的神庙却不适合，因为内殿的墙要与外面的立柱相配，与它们对齐，从而使这些神庙的内殿比

[220]

---

① 原文 tutta l'opera，英译为 whole building，韦尔本译作 whole work。opera（及其定语 tutta）为阴性，与 tribuna 和 cupola 一致，应指圆顶这个构件，而不是整个神庙 tempio（阳性），英译比韦尔的译法更含糊，易误解为整个建筑。此外，从比例来看，这里说的穹顶恰好是半球形，是最严格的圆顶。

刚刚描述的稍大些。

正如维特鲁威教导我们的，古人就是这样布置其神庙，并建造列柱廊，好让人们在恶劣天气时在廊下躲避日晒雨淋、雹打雪侵，节日在那里等候祭祀时刻的到来。不过，我们放弃了神庙周围的列柱廊，建造起酷似巴西利卡的教堂，在那里，正如我说过的，建造内部的列柱廊，就像如今我们在教堂中所做的；[53] 这样做，开始是因为那些最早献身于我们的宗教、领受真理之光的人惧怕异教徒，而习惯在私人的巴西利卡中集会；这种形式并没有太大改变，[54] 他们发觉巴西利卡的平面原来是非常方便的，因为祭坛被庄重地放在原先审判席的位置，唱诗席整齐地围绕着祭坛布置，其余地方为会众自由使用；所以当安排教堂中的侧堂（aisles）**[ala]** 时，我们应当清楚在讨论巴西利卡时已经说过的内容。[55] 我们的教堂中加上了一处与圣殿其余部分隔开的地方，我们称为圣器室，祭服、礼器和圣书，以及礼拜所需的其他物品保存在那里，神父在那里更衣；附近建有塔楼，里面挂着为召集民众举行圣事的钟，这只是基督徒才用的。僧侣的住所建在圣殿附近，必须舒适，带有宽敞的回廊和美丽的花园；特别是圣贞女（holy virgins）[56] 的住处必须建得安全、高耸，远离喧闹和民众的注视。[57]

[221]

关于神庙的得体、外观、品类和布局我已经说得够多了。现在，我要举出很多古代神庙的设计，我将按如下顺序安排：首先给出位于罗马的神庙的设计，然后是罗马城以外整个意大利的神庙，最后是意大利以外的。为了便于理解，避免冗长沉闷让读者厌烦，我没有详细描述每个部分的尺寸，而在设计图中用数字标注了所有尺寸。后面所有的神庙都采用第二书第 4 页的维琴察尺来度量。一尺分为十二寸**[oncia]**，每寸分为四分。

第六章　位于罗马的一些古代神庙的设计，首先是和平神庙

为了求个好兆头，我们就从曾经奉祀和平女神帕克斯（Peace）① 的那座神庙的设计开始吧，它的残迹在祭祀大道（Via Sacra）上的新圣马利亚教堂附近可以看到；[58] 作家们说，它的这个基地最初是罗穆卢斯与霍斯提利乌斯元老院议事堂（curia of Romulus and Hostilius）的所在；然后先后是迈尼乌斯（Menius）的府邸、波尔奇巴西利卡（Basilica Portia）②、恺撒的府邸，以及奥古斯都以他妻子利维娅·德鲁西拉（Livia Drusilla）的名义建造的那座公共柱廊③，那是在拆除了恺撒府邸之后，因为他觉得那宅子是个过于夸张傲慢的庞然大物**[machine]**。这座神庙由克劳狄乌斯皇帝（Claudius）始建，由韦斯帕芗（Vespasian）从犹地亚行省（Judaea）凯旋时完成；那里存放着他在凯旋式上炫耀的从耶路撒冷的圣殿（Temple of Jerusalem）弄来的所有器皿和珍美之物。[59] 书上说，这座神庙是城中最宏大、最光彩、最奢华的。说实话，它的遗迹尽管残破，仍透着如此的辉煌，以至于人们大可判断它在完整时是什么样子。入口前面是一道砖砌的敞廊，其长度与立面一样宽，居中有三个开口间**[vano]**，其余两边是连续墙；敞廊拱券的墩柱外面设有作为装饰的立柱，沿着墙的长度连续排布；这道敞廊在下面**[prima]**，它上面还有一道带护栏的无顶敞廊，一定曾有雕像立在每根立柱正上方。神庙内有八根大理石的科林斯式立柱，五尺四寸粗，含柱础和柱头五十三尺长。楣基、楣腰和楣檐为十尺半高，支撑着中厅（central nave）的拱顶；这些立柱的柱础高度超过柱径的一半，其底石高度超过柱础高度的三分之一（古人把底石造得这样厚，也许是因为他们认为这样能更好地承担加在它们上面的荷载）；出涩为

---

① 原文 Pace，拉丁语词源 Pax，和平女神帕克斯。
② 原文 Portia，此处英译者未做校订，比较 III，38 的同名建筑。
③ 参见《罗马十二帝王传》，第 64 页。

柱径的六分之一。楣基、楣腰和楣檐刻有美丽的图案。楣基的盖口值得留意，因为它与众不同，格外优雅；楣檐有檐底托而没有檐口滴水板；檐底托之间的分仓天花是正方形并带有若花饰，它们就该做成这样，与我在所有古代建筑中观察到的一致。作家们说，这座神庙在康茂德（Commodus）当皇帝期间被烧毁，但我看不出那怎么可能，因为没有木制配件，不过也有可能它是因地震之类的灾难而毁坏，然后在对建筑事宜的了解不如韦斯帕芗时期那样充分的其他年代修复。之所以这样想是因为我观察到，浮雕的工艺不够好，做工不够仔细，比不上在提图斯凯旋门和建筑的美好时代所造的其他建筑上看到的。[60] 这座神庙的墙用雕像和绘画来装饰，所有的拱顶都用灰泥堆塑做成分格天花；所有部分都盛加装饰。

我为这座建筑作了三幅木刻图。第一幅是平面图。第二幅是正面室内和室外以及侧面室内的立面图[diritto]。[61] 第三幅为细部图。

A　是支撑中厅的立柱的柱础　　　　　　　　　　　　　　　　　　　　　　　　　　　　　[225]
B　是支撑中厅的立柱的柱头
C　支撑中厅的立柱的楣基、楣腰和楣檐
D　拱顶上灰泥堆塑的分格天花

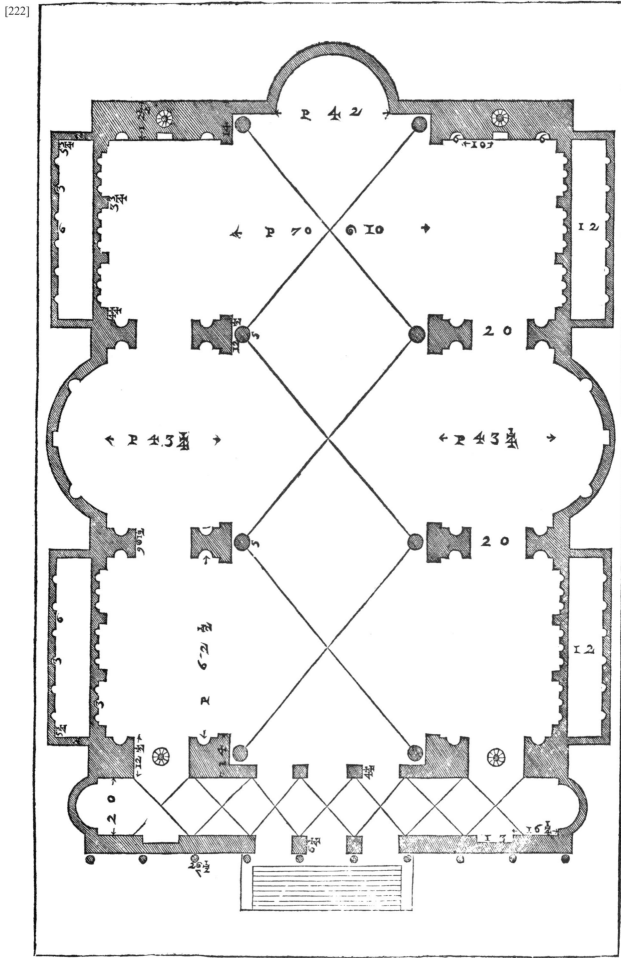

13

建筑四书

第七章　复仇者马尔斯神庙

在孔蒂之塔（Torre de'Conti）附近有原先复仇者马尔斯（Mars Avenger）神庙的遗迹，由奥古斯都兴建，以履行他拿起武器为恺撒之死复仇，与马克·安东尼一起在法尔萨利亚（Pharsalia）打败布鲁图斯（Brutus）和卡西乌斯（Cassius）而向神立的誓约。[62] 从残存的遗迹中可以分辨出，这是一座非常华丽出色的建筑，它前面的广场一定曾使其更加突出；书上说，得胜之师返城时，将凯旋的军旗战果①带到广场上，而在其中最美丽的部位，奥古斯都放置了两幅板，上面画的是作战和胜利的场景，另外还有两幅出自阿佩莱斯（Apelles）之手，一幅是双子英雄卡斯托尔与波卢克斯、胜利女神（the Goddess of Victory）以及亚历山大大帝（Alexander the Great），另一幅描绘一场战役和亚历山大。[63] 奥古斯都还在两座柱廊内供奉所有荣归罗马者身着凯旋服饰的雕像。[64] 也许现在我们已看不出这个广场的丝毫痕迹了，只有在神庙两边形成侧翼[ala]的那些墙体，看来很可能属于它，因为墙上有许多放置雕像的地方。该神庙的外观是四周有围廊的那种，就是前面我们采用维特鲁威的术语称为围廊列柱式的；而且，因为内殿的宽度超过二十尺，在两根壁端柱或殿前廊壁柱之间与列柱廊立柱相对应的地方设了立柱，就像我说过的在这种情况下必须如此。[65] 列柱廊并非围绕着整座神庙一周，而除了从一边连到另一边的侧翼墙之外也看不到这样的排布②，尽管神庙内部各部分都相互匹配；由此可以推断，在广场后面和侧面一定有公共街道，奥古斯都想让神庙适应基地而避免给邻居造成不便或者挤占他们的房子。此类神庙属密柱距式；列柱廊宽度等于柱间距；在内部，即内殿之内，看不到有任何迹象，甚至看不到墙上有卡接件[morsa]，能让人确定曾有装饰物或罩式神龛；不过我还是自己加了一些设计，因为很可能本该有一些装饰物的。列柱廊立柱为科林斯做法[opera corinthia]。柱头做成橄榄叶，柱顶板的尺寸相对于整个柱头来说，比在这种柱式中通常所见的大出不少；可以看到第一卷叶饰在其生发处膨出了一点，使得它们格外优雅。列柱廊有美丽的天棚，即嵌格天花，所以我画出了其侧面轮廓并给出了它们的平面图案。该神庙周围是非常高的碎晶凝灰岩（peperino）③墙体，其外表面为粗面石作[opera rustica]，内表面有许多罩式神龛和放置雕像的地方。我作了七幅木刻图，以便读者可以完整地看到它的全部。

第一幅是小比例的完整平面，以及从外部和内部看该建筑的完整立面。第二幅是列柱廊和内殿的侧立面。第三幅是神庙的半边正立面及近旁部分墙体的立面。第四幅是列柱廊以内及内殿的立面，并有我添加的装饰。第五幅是列柱廊的装饰。

---

① 原文 le insigne della vittoria，英译为 the spoils of their triumph，韦尔本译作 the ensigns of the triumph and victory；ensigns 更接近原文 insigne，指（军队的）标志，不过 spoils（战利品）似乎更呼应下文所提的阿佩莱斯的画作，它们显然是被胜利者带回来炫耀的。

② 原文 Et ancho nelle ale dei muri aggiunti dall'uno , e dall'altro, nò è osservno nella parte di fuori lo istesso ordine，英译为 and also the same arrangement [ordine] cannot be observed on the exterior along the wings [ala] of wall added on either side，韦尔本译作 and also in the wings of the walls joined from one side to the other, the same order is not observed in the part without，韦尔是直译，而英译将 di fuori 理解为 on the exterior 很费解，配合上下文以及图示，似乎应理解为：列柱廊没有围绕神庙整个一周，同样侧翼墙也没有围绕广场整个一周，而只有从左右两侧伸出来的一段。

③ 罗马附近所产的一种棕色或灰色的火山凝灰岩。

[226]　　　G　是柱头

　　　　　H　楣基、楣腰和楣檐

　　　　　I　列柱廊的嵌格天花，即天棚 [soppalcho]

第六幅是列柱廊的顶棚以及壁端柱或殿前廊壁柱上方接转的情况。

　　　　　M　立柱之间楣基的底面（soffit）[soffitto]

第七幅是其他细部。

　　　　　A　是列柱廊立柱的柱础的轮廓，并在围绕神庙的墙上延续

　　　　　B　**cavriola**（卷浪纹），从它向上做方形勾缝的片区作为列柱廊下墙面的装饰

　　　　　C　是放在内殿的罩式神龛上作为装饰的立柱的平面

　　　　　D　是其柱础

　　　　　E　是柱头

这些内部装饰是我加上的，取自在该神庙附近发现的一些古代残片。

　　　　　F　是在神庙两边形成广场的侧翼墙上看到的楣檐线脚

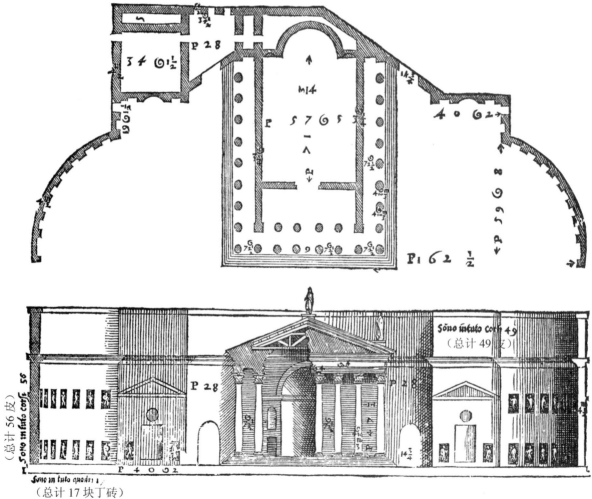

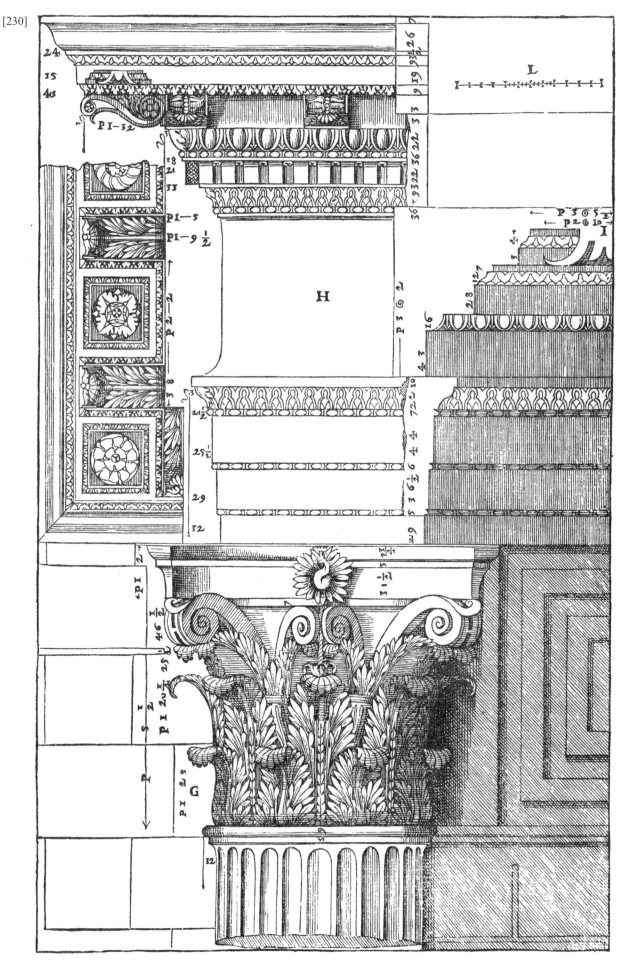

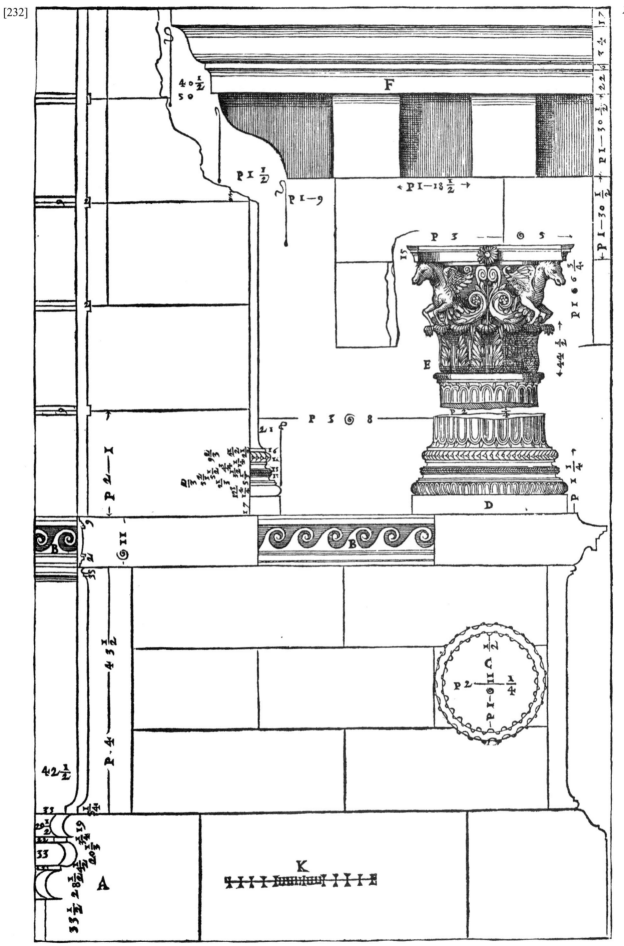

第八章　涅尔瓦·图拉真神庙

在上文提到的奥古斯都建造的神庙附近可以看到涅尔瓦·图拉真神庙（Temple of Nerva Trajan）的遗迹，其外观是前廊列柱式；它属于密柱距品类。⁶⁶ 列柱廊连同内殿，略少于两个正方形长。神庙的地面比室外地面高出一段基座，围绕着整个建筑并形成踏步的收头侧墙 **[sponda]**，从踏步可以登上列柱廊；收头侧墙前端有两尊雕像，基座两头各一尊。立柱的柱础属于阿提卡式，⁶⁷ 但此处不同于维特鲁威所教导我们的，即我在第一书中所描述的，⁶⁸ 因为它有额外的两处圆箍条，一处在束腰节下面，另一处在柱唇（apophyge）下面。柱头的叶舌雕成橄榄叶，这些叶子五片五片地排列，就像人的手指；我观察到，所有这类古代柱头都是这样做的，它们比那种四片一组的叶子看起来更妙更优雅。楣基上有一些优美的线脚，将一条挑口饰带与另一条分隔开，这些线脚和分隔只在神庙的侧面才有，因为楣基和楣腰正面做成素平的面，以便于在那里放上铭文，现在我们还能看到仅存的这些文字，尽管它们随时光流逝已残破损坏了：

IMPERATOR NERVA CAESAR AVG. PONT. MAX.
TRIB. POT. II. IMPERATOR II. PROCOS①

楣檐雕工上乘，具有优美而适度的出涩。楣基、楣腰、楣檐合计为柱高的四分之一。墙体用碎晶凝灰岩建造，并用大理石镶面。我沿着内殿墙壁加上了带雕像的罩式神龛，因为从废墟的样子看起来应该有这些。神庙前面有一个广场，中央放着这位皇帝的雕像；作家们说此神庙的装饰是如此繁多而又奇妙，让那些见到它的人都看呆了，认定这不是由凡人而是由巨人所造。所以当君士坦提乌斯（二世）皇帝（Constantius）来到罗马时，立刻被这座建筑不寻常的构形⁶⁹震惊了，然后转向他的建筑师说，他想要类似涅尔瓦坐骑那样的一匹马，放在君士坦丁堡（Constantinople）以纪念他自己；对此奥尔米思达（Ormisida）（这是建筑师的名字）回答说，那他首先得为它造一座类似的马厩②，以彰显广场。⁷⁰ 围绕雕像的立柱没有柱座，但从地面抬高，完全想象得出，神庙比建筑的其他部分⁷¹更突出；这些⁷²广场立柱也是科林斯式，在楣檐之上正对它们的是矮壁柱**[pilastrello]**，那上方必定有过雕像；我在这些建筑中放上了如此多的雕像，应该没谁会惊讶，因为书上说，罗马的雕像多得简直像另有一群人口。⁷³

我为这座建筑作了六幅木刻图。第一幅是神庙半边正立面。

T　　是两边的入口

第二幅是内部的立面图**[alzato]**和神庙及广场的完整平面图。⁷⁴

S　　是图拉真雕像的所在

---

① 前后恐有佚文，大意为：（献给）皇帝涅尔瓦·恺撒·奥古斯都，大祭司长，掌保民官权两年，拜大统帅二度，（……）代执政官谨立。
② 指这座神庙，也可见统治者与建筑师的关注点不同。

建筑四书

第四书

[235]

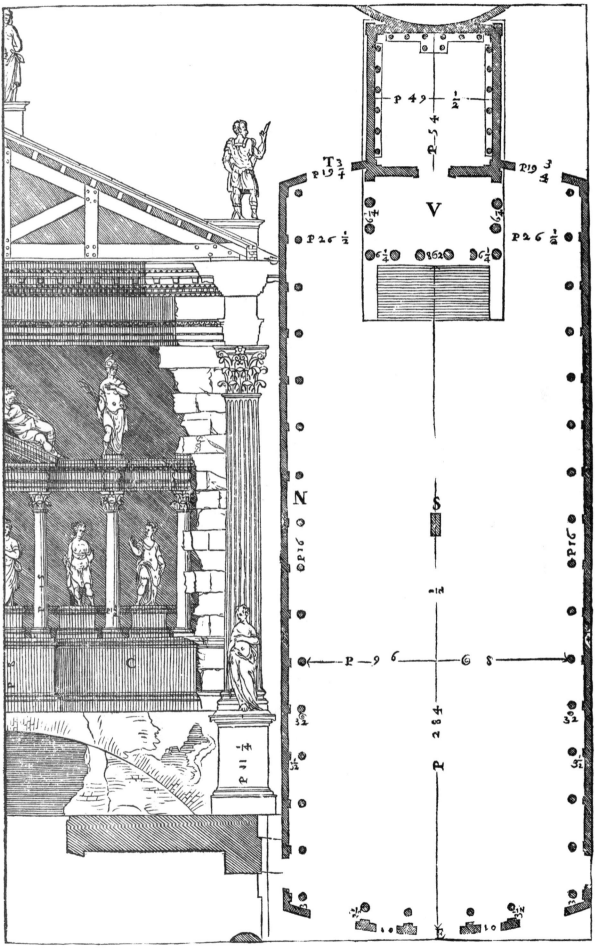

275

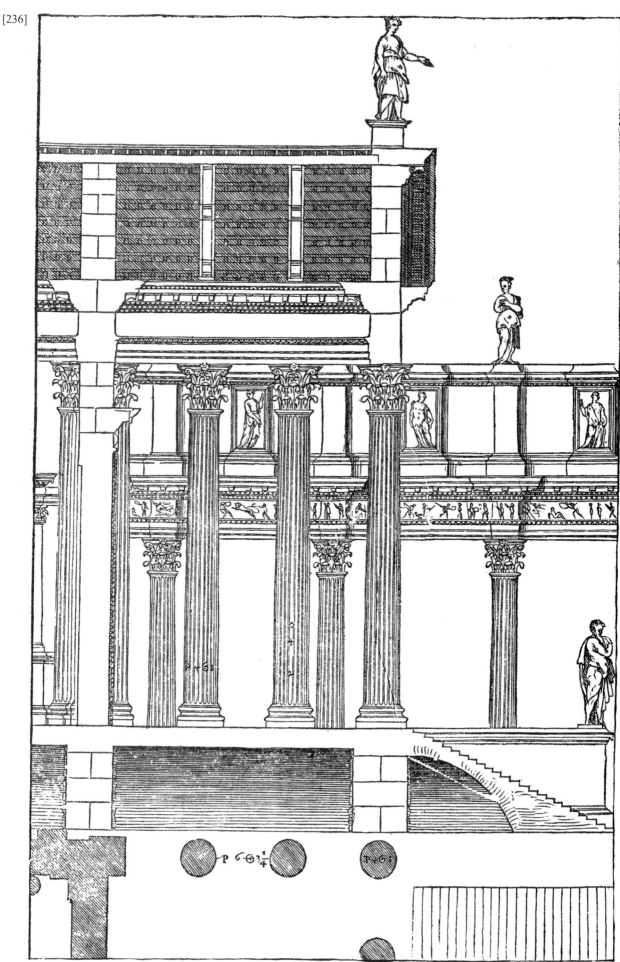

第四书

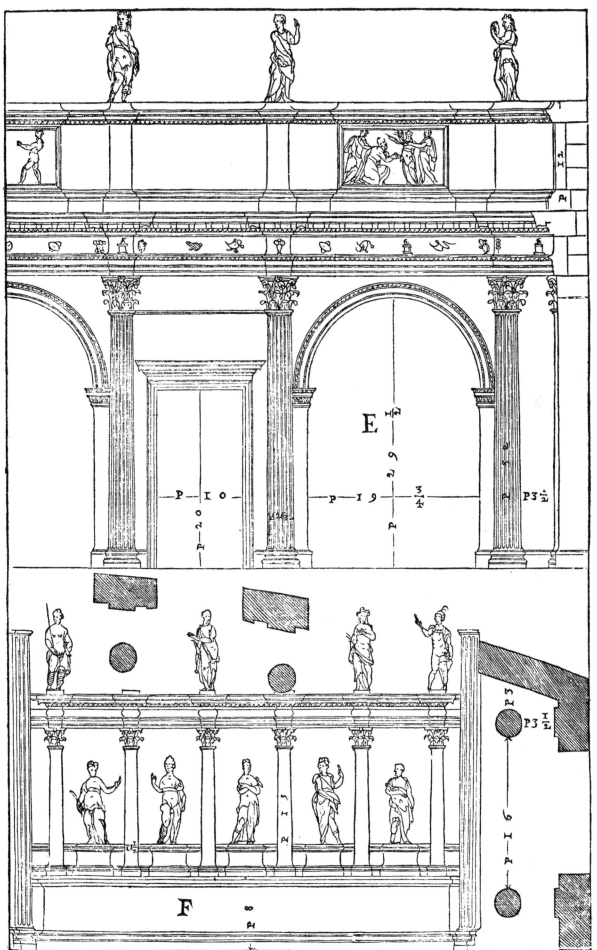

建筑四书

第四书

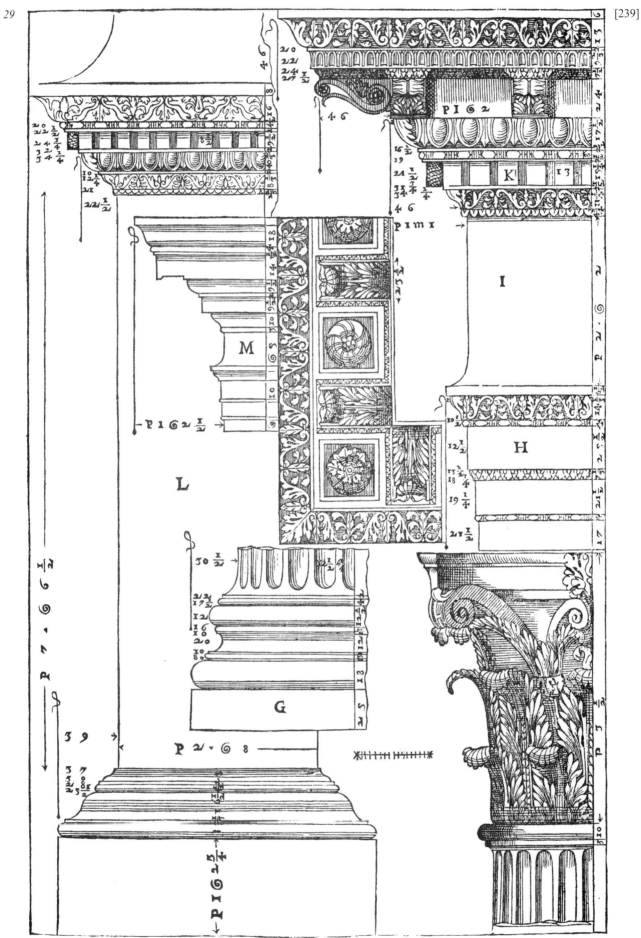

[240]　　　第三幅是列柱廊的侧立面图，透过柱间能看到围绕广场的成排立柱。第四幅是神庙对面广场的半边立面图。第五幅是神庙列柱廊的装饰。

　　A　是整个建筑的基座
　　B　是柱础
　　C　是楣基
　　D　楣腰
　　E　楣檐
　　F　立柱之间楣基的底面①

第六幅是广场上的装饰。

　　G　是柱础
　　H　是楣基
　　I　楣腰，刻有高浮雕图形
　　K　是楣檐
　　L　矮壁柱，在它上面放有雕像
　　M　神庙列柱廊对面广场大门立面上平头门楣的装饰

---

① 原文 Il Soffitto dell'Architraue intra le colonne，前置词 intra（英译 between）意为"在……之内"，而别处（IV，57，61，67，70，74）表示柱间楣基底面，用的都是前置词 tra，意为"在……之间"；图中 F 上下方向的尺寸合计为 3 尺 5 $1/2$ 寸，应该是楣基底面的宽度；但从图案来看，又不太像柱间楣基底面，它带有阴影线，并在两个方向都标注了尺寸，似乎说明这是一个带有出涩的侧面，表示的也可能是楣基和楣腰内侧的装饰，所以，不能确定这个 F 究竟指哪个位置。

第九章　安东尼努斯与法乌斯提娜神庙

在上文讨论过的和平神庙附近，能看到安东尼努斯与法乌斯提娜神庙，[75] 因而能作些这样的判断，就是安东尼努斯被古人尊奉为神，因为他享有一座神庙以及萨礼意①和安东尼祭司团（Salian and Antoninan priests）的祭祀。[76] 这座神庙的正立面建有立柱，其品类属于密柱距式；神庙的地面或地坪比室外地面提高了列柱廊柱高的三分之一，可以从踏步走上去；踏步的收头侧墙由基座的两个尽端形成，[77] 与围绕整座神庙的基座做法[ordine]一致。[78] 这个基座的座础比座檐厚一半，而且做得较简单。我已经注意到，古人在所有这类基座上都这么做，置于立柱下面的柱座也是如此，而且有充分理由这么做，因为建筑物的所有部分越是靠近地面就越要更坚固。在这基座前伸的部分[79] 有两尊雕像，正对着列柱廊的角柱，即在基座的每个尽端各有一尊雕像。立柱的柱础是阿提卡式；[80] 柱头刻有橄榄叶。楣基、楣腰和楣檐为柱高的四分之一加这四分之一的三分之一。[81] 在楣基上仍可以读到这些文字：

DIVO ANTONINO ET

DIVAE FAVSTINAE EX S. C.②

在楣腰上刻有格里芬（griffins，狮鹫）③，它们脸对着脸，爪子向前伸到那些形如祭祀烛台的物体上。楣檐有一条平齿饰（uncut dentello）**[dentello incavato]**，[82] 没有檐底托，但在齿饰和檐口滴水板之间有一条大的凸圆线脚。[83] 人们说不清这座神庙内部是否有任何装饰物，不过我倾向于认为一定有，鉴于这些帝王的气势排场，所以我放了一些雕像在那里。这座神庙前面有一个用碎晶凝灰岩建造的庭院；在其入口处，神庙的列柱廊对面，有美丽的拱门，整个庭院周围都有立柱和许多装饰物，而现在已看不到一丝迹象了；我在罗马的时候看到他们拆除了神庙当时仍然伫立着的一部分。在神庙的两侧另有两个敞开的入口，也就是没有拱门。在庭院中央有一尊安东尼努斯的青铜骑马像，现在它在坎皮多利奥丘（Campidoglio）的广场上。[84]

我为这座神庙制作了五幅木刻图。第一幅是外部的侧立面图；透过列柱廊的柱间，可以看到围绕院子的成排立柱和装饰物。第二幅是神庙正面和庭院转角的半边立面图。第三幅是列柱廊和内殿内部的立面图。

B　是分隔列柱廊与内殿的墙

在旁边，我画了神庙和庭院的平面图。

A　是安东尼努斯的雕像所在
Q　是神庙两侧的入口
R　神庙列柱廊对面的入口

---

① Salian，来自拉丁语 Salii（跳跃者），相传为罗马第二任王努马·庞皮利乌斯（Numa Pompilius）为祭祀马尔斯神而设立的两组12人祭司团。萨礼意为神举行祭祀时沿街游行，边唱古代圣歌边跳舞。
② 大意为：元老院敕令奉祀神圣的安东尼努斯和神圣的法乌斯提娜。
③ 希腊神话中的鹰首带翼狮身兽，飞鸟和走兽中最强悍者的结合体，守护着北方的黄金和宝藏。

[242]　　第四幅是神庙对面入口的半边立面图。第五幅是神庙列柱廊的装饰物。

　　A　是基座

　　B　柱础

　　C　柱头

　　D　铭文所在的楣基

　　E　楣腰

　　F　未雕刻的齿饰（即平齿饰）

　　G　是放在神庙外部侧面的小檐口线脚[cornicietta]①

---

① 指第一幅图中神庙内殿侧面外墙偏下段的那条线脚。

第四书

第四书

[245]

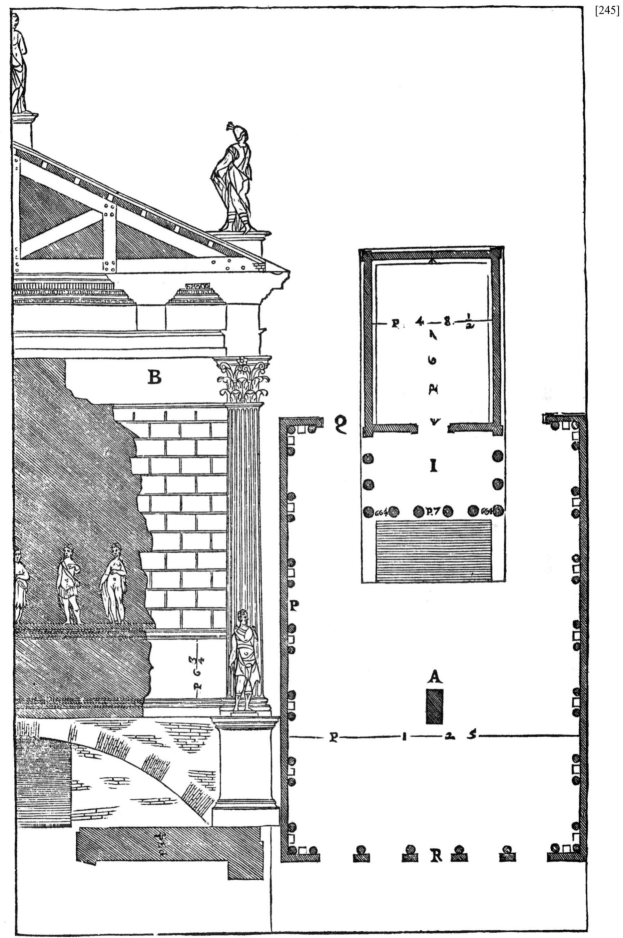

285

第四书

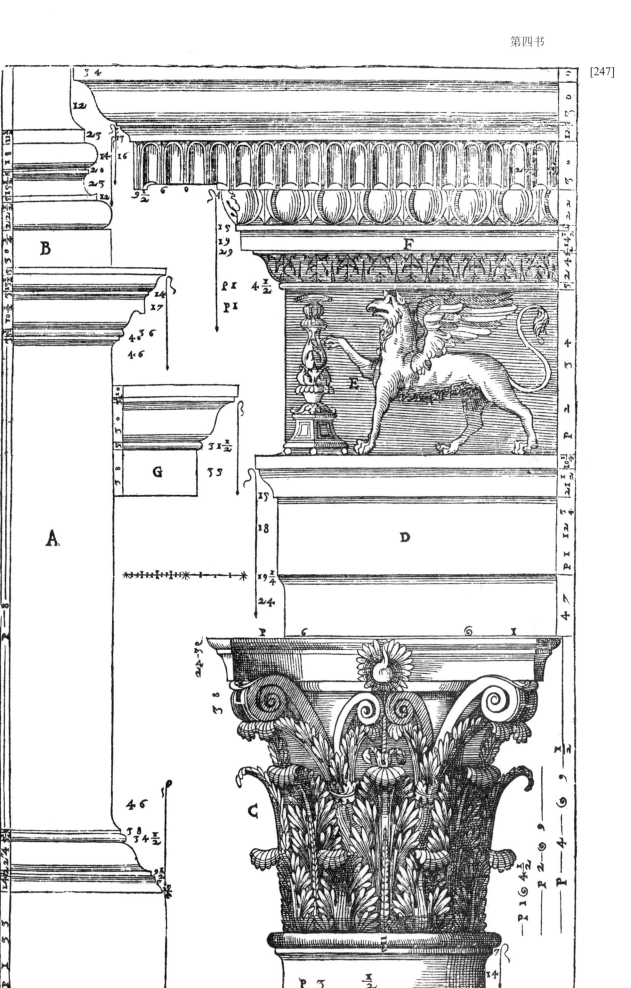

第十章 太阳神庙和月亮女神庙

在提图斯凯旋门附近新圣马利亚教堂的花园里，可以看到两座相同形状、相同装饰的神庙，其中一座被认为曾是太阳神庙（Temple of the Sun）①，因为它布置在东边，另一座是月亮女神庙（Temple of the Moon）②，因为朝西。85 这些建筑由罗马人之王提图斯·塔提乌斯（T. Tatius）③建造和奉祀，它们近似圆形[forma rotonda]，因为其宽度等于长度，而且着意用这样一种方式建造，即按照上述星辰绕行于天空时所循的圆形轨迹。这些神庙入口前面的敞廊都被彻底破坏了；也看不到任何装饰，除了拱顶上的，那里有构造极为精致和设计甚是优美的灰泥分格天花。这些神庙的墙壁特别厚，在两座神庙之间可以观察到位于入口对面的主祭拜室（chapels）两边的一些楼梯的遗迹，那一定是通向屋顶的。按照我所想象该有的样子，考虑了现在能看到的地面上的东西和难以看出来的基础，我设计了前面的敞廊和内部的装饰物。

我为这些神庙作了两幅木刻图。第一幅是两者的平面图，表达它们是如何连接在一起；我们可以看到楼梯在哪里，就是我说过的通向屋顶的楼梯。平面图旁边，是室外的和室内的立面图。第二幅是装饰，就是拱顶上的，因为其他的都毁坏了，没有留下可见的痕迹；还有室内的侧立面图。

A　是大门对面祭拜室的分格天花，各含有十二联的菱形井格[quadro]
C　是这些菱形井格的轮廓[profillo]和廓形（template）[sacoma]
B　是中厅的分格天花，它被分成[若干列]④ 九联的方形井格[quadro]
D　这些方形井格的轮廓和范形（model）[modano]

---

① 原文 Sole，太阳神。
② 原文 Luna，月亮女神。
③ 传说中罗马（拉丁部族）人的早期邻族萨宾人的王，在罗马人抢夺萨宾妇女并与萨宾人融合后，他与罗穆卢斯共治。
④ 从第一幅的室内剖立面图来看，有十三列。

第十一章　通常称为高卢契的神庙

在马略①战利品纪念碑（Trophies of Marius）⁸⁶附近可以看到的下面这座建筑属圆形[**figura ritonda**]，它是罗马的圆形建筑[**ritondità**]中排在万神庙巨型结构之后最大的一个例子。⁸⁷ 这一地区通常称为"高卢契"（Le Gallucce），因此有些人说，这地方是奥古斯都以他的外甥②盖尤斯和卢基乌斯的名义建造的盖尤斯与卢基乌斯巴西利卡（Basilica of Caius and Lucius）以及一座美丽的柱廊③；我不认为这真的是巴西利卡，因为该建筑没有其所需的要素，我在前面第三书中描述的巴西利卡的平面，是我依照维特鲁威对它们的说法勾勒出的方形的基地；所以我认为这是一座神庙。这座建筑完全是砖砌且一定曾用大理石镶面，现在全都被剥走了。居中的内殿完全是圆的，分为十个折面，每个折面有一间祭拜室向内掏入[**cacciare**]墙壁的厚度中，只有入口所在的折面例外。在边上的两个内殿必定曾经盛加装饰，因为可以看到许多壁龛，无疑还有与壁龛连在一起的立柱和其他装饰物，一定会产生神奇的效果。一些人把这座建筑作为样板设计了圣彼得教堂（St. Peter's）中的皇帝礼拜堂和法国国王礼拜堂，仿品现在已毁弃；而它在多年之后始终非常坚固，仍然伫立着，因为它在各个面上都有辅助结构[**membro**]而不是扶壁。由于看不到任何装饰（正如我说过的），我只为这座神庙作了一幅木刻图，表达平面图和室内的立面图。

---

① 盖尤斯·马略（Gaius Marius，前157—前86），罗马共和时期著名的将军和政治家，七次任执政官。根据普鲁塔克所述，这座战利品纪念碑可能是在他于公元前101年战胜辛布里人之后所建。
② 应该是外孙，这二人是奥古斯都（屋大维）的女儿尤利娅（Julia）与曾任高卢（Gallia）总督的阿格里帕的儿子，后被奥古斯都收为契子。参见《罗马十二帝王传》，第85页。
③ 参见《罗马十二帝王传》，第64页。

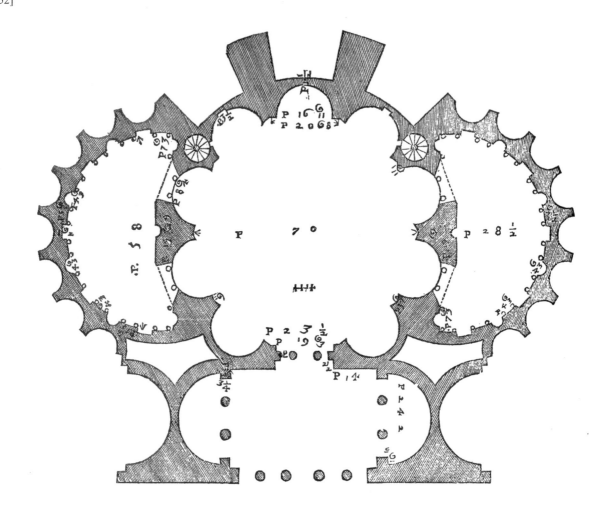

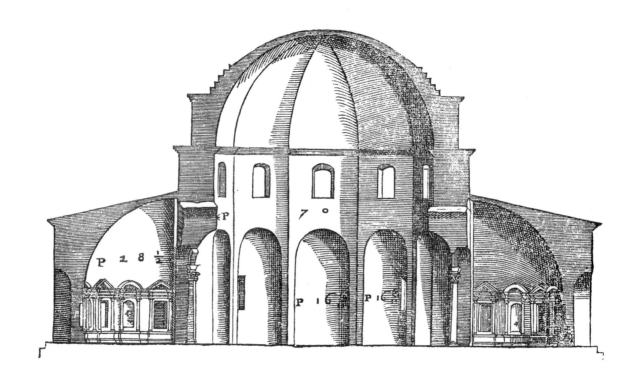

第十二章　尤皮特神庙

在奎里纳尔丘（Quirinal Hill）上能看到下面这座称为尼禄的山花（Nero's Tympanum）的建筑，在科隆纳家族①府邸（house of the Colonna）后面，该山丘现称为卡瓦洛岗。[88] 有些人以为，那里曾是迈塞纳斯塔楼（Tower of Maecenas）所在处，当罗马城发生大火时尼禄就是从这个地方观看取乐；但在这一点上他们是大错特错了，因为迈塞纳斯塔楼是在埃斯奎利内丘（Esquiline Hill）上，离戴克里先浴场不远。另一些人主张那里是科尔涅利宗族府邸（the house of the Cornelii）②所在。至于我呢，认为这是一座奉祀尤皮特的神庙，因为我在罗马时，看到他们挖掘神庙实体所在之处；他们发现了一些用在神庙内部的爱奥尼亚柱头，它们是敞廊转角处的柱头，因为我认为中间是没有顶的。该神庙的外观带有假柱廊，维特鲁威称作伪重围廊列柱式，[89] 属于密柱距品类；外部列柱廊的立柱为科林斯式。楣基、楣腰和楣檐为立柱高度的四分之一；楣基的盖口设计精美；侧面的楣腰刻有卷叶纹（foliage），但在已成废墟的正面，必定曾刻有铭文；楣檐带有方直的[riquadrato]檐底托③，它们一个个正对立柱的轴线④。山花斜檐的檐底托是铅直的，[90] 它们必须是这样。神庙内部一定曾有像我图中的列柱廊。该神庙周围有院子，装饰着立柱和雕像，在它前面有两匹骏马雕像，可以从公共街道上看到，它们是这座小山丘得名卡瓦洛岗的来由；一匹由普拉克西特勒斯（Praxiteles）制作，另一匹由菲狄亚斯（Pheidias）制作。[91] 向上通往神庙的阶梯非常舒缓，在我看来这一定是罗马最大最华丽的神庙。

我为它作了六幅木刻图。第一幅是整个建筑的平面图，包括阶梯所在的后部，梯跑向上一段比一段高，通往神庙两侧的院子。我在前面第一书讨论楼梯不同形式的章节中收入了这种类型的楼梯的大比例立面图。[92] 第二幅是神庙的外部侧面。第三幅是半边的神庙正面，第四幅是半边的内部，在这两幅图中我们都可以瞥见院子里的装饰物。第五幅是内部的侧面。第六幅是装饰。

A　是楣基、楣腰和楣檐
C　是柱础
E　列柱廊立柱的柱头
D　与立柱相应的壁柱的柱础
B　绕行院子的楣檐
F　是脊吻像座（acroterium）

---

① 科隆纳家族是中世纪和文艺复兴时期罗马城著名的贵族，出过一位教宗以及多位教会和政界领袖。
② 科尔涅利是古罗马最显赫的宗族之一，出过许多政治、军事统帅，如共和制后期著名的独裁者苏拉（Lucius Cornelius Sulla）。
③ 帕拉第奥一般将弯曲的檐底托与科林斯式配套使用，而方直的檐底托用于爱奥尼亚式或组合式（参见 I, 36, 43 和 50 及本卷其他各处），但此处做法较特殊，以文字特加说明；另一个特例见 IV, 60 的图，但彼处的檐底托位置并不与立柱轴线对正。
④ 应理解为立柱轴线上都对正有一个檐底托，而不是所有的檐底托都对正一根立柱，从第二幅和第三幅图上看，每五个檐底托中有一个与立柱对正。

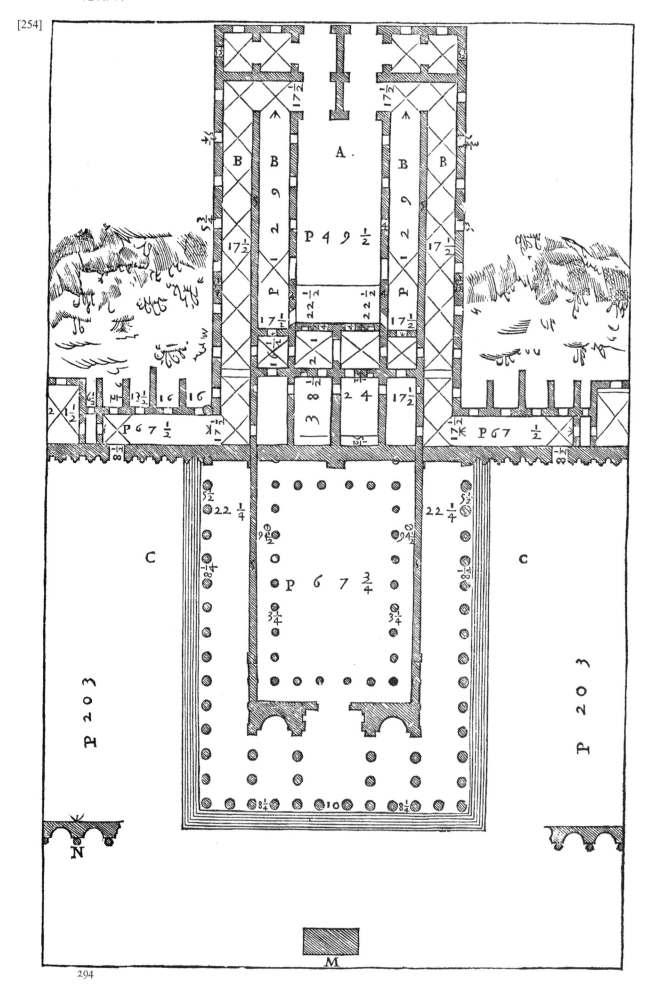

第四书

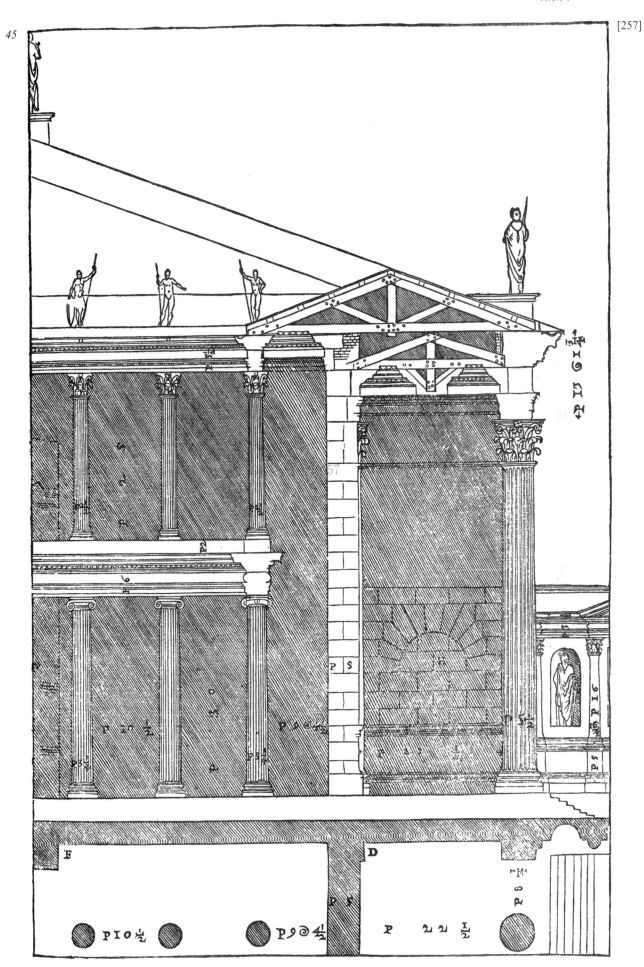

建筑四书

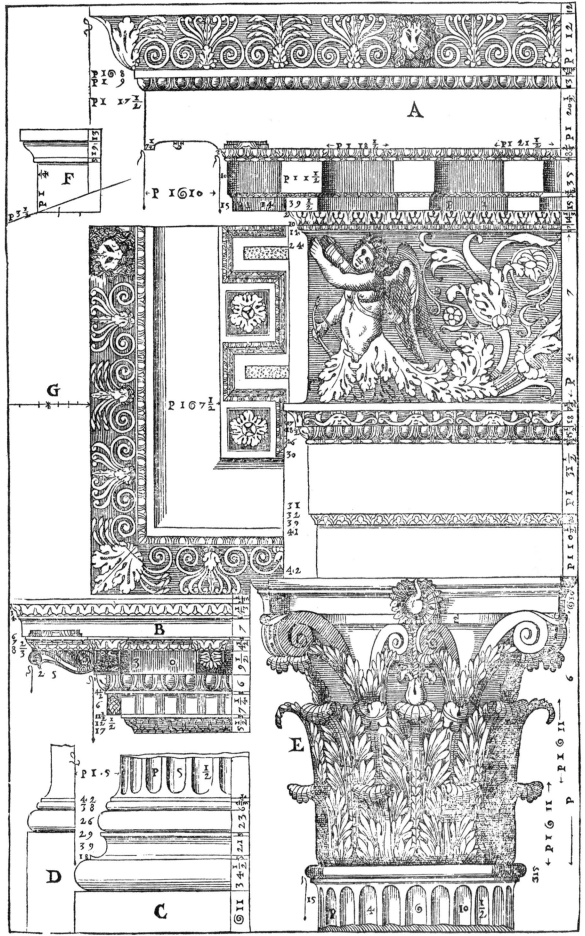

第十三章　丁男的福尔图娜神庙

靠近元老院桥，如今称圣马利亚桥（Ponte S. Maria）的地方，可以看到下面这座神庙，它几乎是完整的，现在是圣埃及的马利亚教堂。[93] 我们并不确知它在古代如何称谓；有些人说，这是丁男的福尔图娜①神庙（Temple of Fortuna Virilis）。书上说到有关这座神庙的一个奇迹，大意是，当它内部的一切都遭焚毁之后，发现只有塞尔维乌斯·图利乌斯王（Servius Tullius）的镀金木质雕像依然完整，完全没有被火焰破坏。但是，因为照规矩福尔图娜神庙应该建成圆形，另一些人就说这不是神庙，而是盖尤斯-卢基乌斯巴西利卡（basilica of C. Lucius），他们的观点立足于在那里发现的一些铭文。我认为这不可能是真的，一来这是座小型建筑，而巴西利卡都必然很庞大，由于有大量人群在那里办事；二来古人往往在巴西利卡内部建造列柱廊，而该神庙里没有一丁点列柱廊的痕迹；所以我认定这是一座神庙。它的外观是前廊列柱式，内殿的外墙面带有半圆倚柱，它们使正面列柱廊的立柱接续下去，并具有与之相同的装饰，这样从侧面看时其外观仿佛是围廊列柱式（peripteral）[alato a torno]。柱间距为二又四分之一个柱径，因此其品类是窄柱距式。[94] 神庙的地坪比室外地面抬高六尺半，可以从踏步走上去，承托整个结构的基座形成了它的台基[poggio]。立柱为爱奥尼亚式；其柱础为阿提卡式，似乎它们确实本该是爱奥尼亚式，像柱头那样，但无法在任何建筑中找到证据表明古人采用维特鲁威所描述的爱奥尼亚式柱础。[95] 立柱有二十四道凹槽。[96] 柱头的涡卷饰是椭圆形的，列柱廊和神庙内殿转角的柱头在相邻两面都有涡卷饰，[97] 这个做法我不认为我在别处看到过；[98] 我在许多建筑中使用过它，因为在我看来，这是一种美丽而优雅的创造；它的构造方式会出现在我的设计图中。神庙大门的装饰非常美观，比例良好。整个结构用碎晶凝灰岩建造并用灰泥抹面。

我为它作了三幅木刻图。第一幅是平面图及部分装饰。

H　是承托整个建筑的基座的座础[basa]　　I　承托整个建筑的基座的座身
K　承托整个建筑的基座的座檐　　L　是基座上面的立柱的柱础
F　大门的装饰　　G　从正面[in maestà]看大门的扁涡饰

第二幅木刻图是该神庙的正立面。

M　是楣基、楣腰和楣檐　　O　柱头的正面[99]　　P　柱头的平面
Q　柱头的侧面　　R　不带涡卷饰的柱头本体

第三幅是神庙侧面。

M　是楣腰的一部分，其浮雕围绕整座神庙②
S　是角柱头的平面，从中可以很容易看出它们是怎样做成的

---

① 成年男子所奉祀的命运女神福尔图娜。
② 应顺时针旋转90度来看，这是大比例的楣腰装饰图案，可与第二幅图相应位置对照。

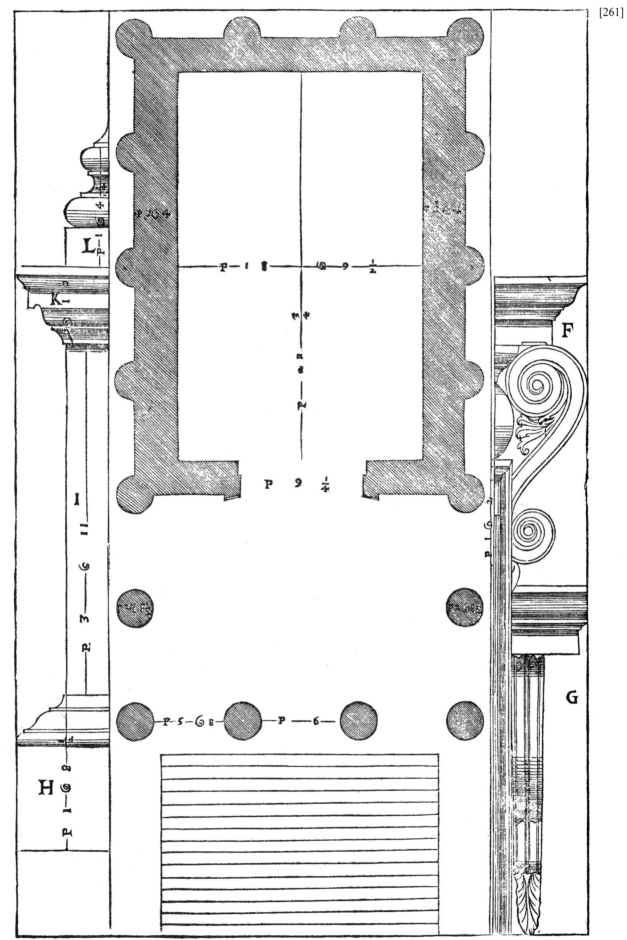

第四书

第十四章 维斯塔神庙

[264]   沿台伯河岸前行,在前述丁男的福尔图娜神庙附近有另一座圆形神庙,今称圣司提反教堂(S. Stefano)。[100] 人们说它由努马·庞皮利乌斯(Numa Pompilius)建造并奉祀维斯塔女神,他希望它是圆形[figura tonda],以仿照地球这个养育人类的星体,而据说维斯塔是其神祇。[101] 该神庙是科林斯式。柱间距为一个半柱径。立柱为十一倍大端长,包括其柱础和柱头(至于大端,正如我在别处说过,要明白是从立柱脚端[da piede]算的直径)。[102] 柱础没有圭脚或垫脚[zoccolo,dado],但其下面的一圈踏步恰好可以充当之;设计它的建筑师是这样做的,使通往圈柱廊(portico)的入口阻碍较少,因为该神庙属于密柱距品类。内殿含墙壁厚度在内

[265] 的直径等于立柱的长度。柱头都刻有橄榄叶;看不到楣檐,但我在设计中加上了;圈柱廊的天棚有美丽的嵌格天花;门和窗都有非常漂亮而简单的装饰。在圈柱廊下和神庙内部有檐口线脚[cimacia],支撑着窗并环绕整圈;因而这些檐口线脚看上去就像一圈基座,那上面落着矮墙,再往上是小圆顶[tribuna]。墙的外侧即圈柱廊下,从窗台檐口线脚到天棚之间装饰着

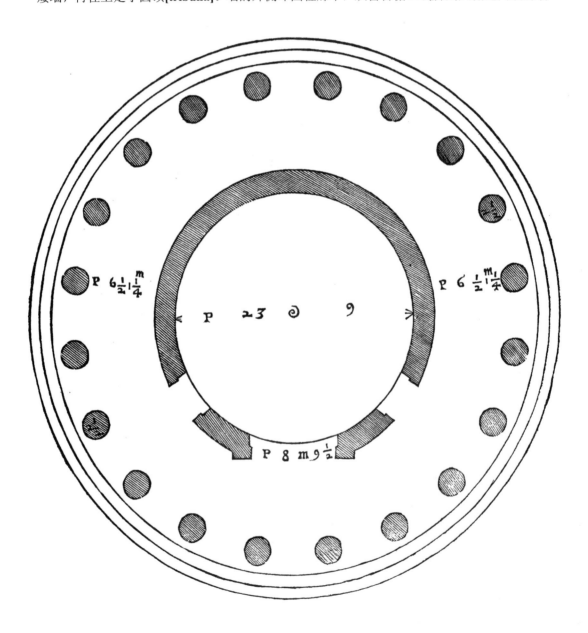

方形勾缝，而内侧墙面是素平的，带有支撑小圆顶的檐口线脚，与圈柱廊的楣檐在同一水平高度。

53 　　我为这座神庙作了三幅木刻图。第一幅，是前面这幅，表示了平面。第二幅，是室外和室内的立面图。第三幅是细部构件[membro particolare]。

A　　是立柱的柱础　　　　　　　　　　　　　　　　　　　　　　　　　　　　　　　[267]
B　　是柱头
C　　楣基、楣腰和楣檐
D　　门的装饰
E　　窗的装饰
F　　小檐口线脚，环绕内殿外侧面的方形勾缝从那里开始
G　　内殿内侧面的小檐口线脚，上面是窗台[soglia]
H　　圈柱廊的天棚

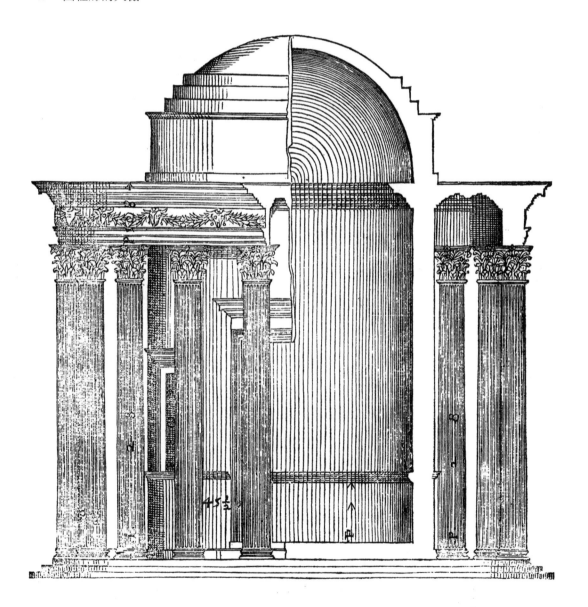

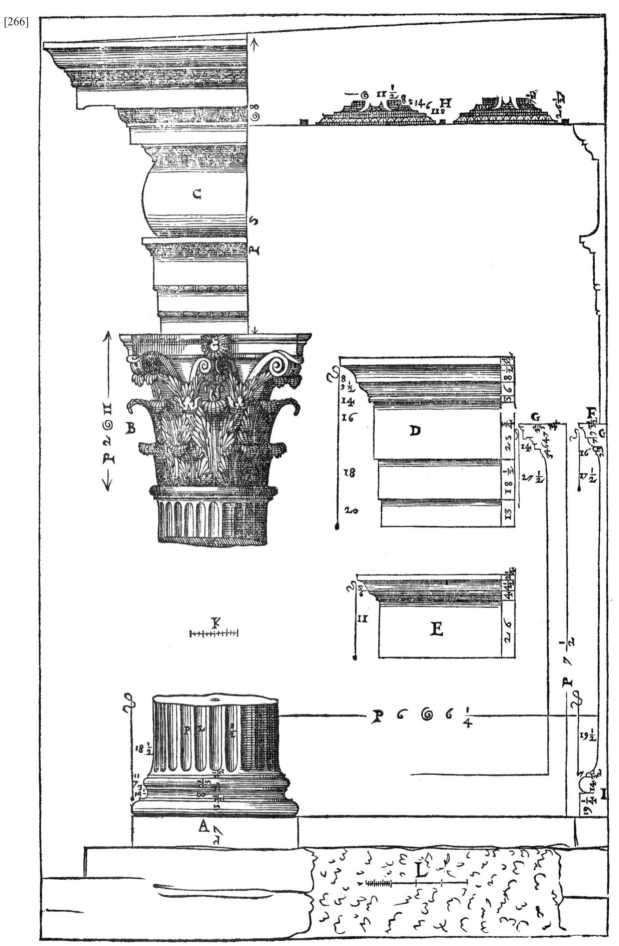

第十五章 马尔斯神庙

从圆形教堂 [103] 到安东尼努斯纪功柱（Column of Antoninus）[①]之间的路上可以看到这个通称的普雷蒂广场（Piazza dei Preti）[②]，在那里能发现以下神庙的遗迹，根据一些人的说法，该神庙由安东尼努斯皇帝建造并奉祀马尔斯神。[104] 它的外观是围廊列柱式，属于密柱距品类。柱间距为一个半柱径。围绕它的列柱廊宽度比柱间距宽出的量，相当于壁端柱比墙壁的其他地方突出部分[risalita]的尺寸[③]。立柱为科林斯式。柱础为阿提卡式，且在柱身的柱唇下面有塌圆小条（astragal）；柱唇或贴条非常细薄而吸引人，每当柱唇与柱础塌圆节 [toro]之上的塌圆小条一起用时，就得做这样薄；塌圆节也称 basetone（趴圆棍），[105] 因为没有折断的危险感。柱头刻有橄榄叶，设计得非常好。楣基有做到半满的凸圆线脚 [106] 而不是垂幔线脚（gola reversa）[intavolato]，之上是凹圆线脚；凹圆线脚有非常漂亮的浮雕工艺，不同于和平神庙中的以及我们说过的在奎里纳尔丘上奉祀尤皮特的神庙中的那些浮雕。楣腰出涩其高度的八分之一，在中段膨出。楣檐有方直的檐底托[④]，之上就是檐口滴水板；没有齿饰；维特鲁威说，每当采用线脚时必须坚持这种安排，然而这个规则在古代建筑中很少能看到。[107] 在神庙两侧面的主楣檐之上有一条檐式女儿墙[cornicietta]，其外表面与檐底托朝外的表面齐平；在那里放上它是为了承托雕像，用这个办法能让雕像完全可见，其脚和腿不会因主楣檐的出涩而被遮挡。列柱廊内侧的楣基与外侧的一样高，但不同之处在于内侧楣基的挑口饰带是三条；划分一条与另一条挑口饰带的构件是刻有小花叶纹和小券形纹[archetto]的小垂幔线脚[⑤]，就连最小的一条挑口饰带也刻有花叶纹；除此以外，不用垂幔线脚做法，而代之以将 fusaiolo（串珠纹线脚）加到非常精细地装饰着花叶纹的仰杯线脚上。内侧的楣基支撑着列柱廊的拱顶。楣基、楣腰和楣檐为立柱高度分作五份半中的一份，而且，尽管少于五分之一，它们还是显得奇妙无比，非常优雅。室外的墙壁用碎晶凝灰岩，在神庙内部另还衬砌有更适合于支撑拱顶的砖墙，拱顶做成用灰泥抹面的美丽的井格天花[quadro]。砖墙用大理石镶面，其周围还有壁龛和立柱作为装饰物。人们可以看到这座神庙侧面的大部分，但我已尽所有努力使它看起来完整，作为我能够从废墟中推断出的，以及维特鲁威教导我们的一个结果；所以我作了它的五幅木刻图。

---

① 已损毁，所遗底座今藏于梵蒂冈绘画陈列馆（Vatican Pinacoteca）前面的庭院中。
② 今彼得拉广场（Piazza di Pietra，石头广场），因该广场拆用此处的哈德良神庙的石头建造而得名。
③ 也就是，柱底径 4 尺 2 寸；而柱间距 6 尺 5^1/2 寸（略大于一个半柱底径），围廊比它稍宽，为 7 尺，其差值 6^1/2 寸即壁端柱比内殿墙面突出的量。参见平面图中所标尺寸。
④ 参见 IV，41 的中译者注③。
⑤ 原文 sono intavolati piccioli intagliatia fogliette, & archetti，英译为 small gola riversas [intavolato] carved with small flowers and a run of little arches [archetto]，韦尔本译作 small intavolato's, carved in the manner of small leaves, and archetti，二者将 fogliette 分别译作 small flowers 和 small leaves；"a run of" 是英译者添加的。

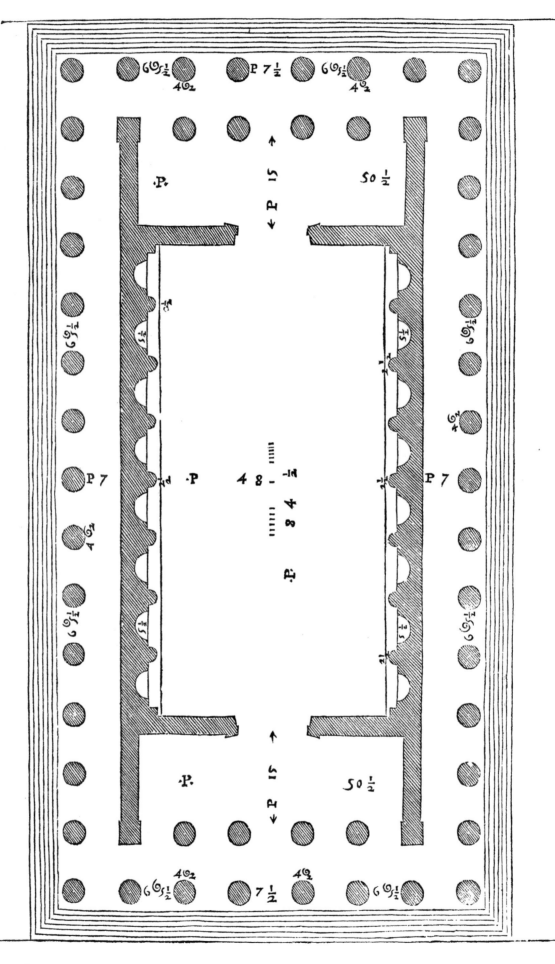

		[269]
57 错印为 55	第一幅，在上一页，我画了平面。第二幅，正立面的立面图。第三幅，室外的局部侧面。第四幅，列柱廊和神庙内部的局部侧面。第五幅是列柱廊的装饰。	

- A 是柱础
- B 柱头
- C 楣基
- D 楣腰
- E 楣檐
- F 作为雕像底座的檐式女儿墙
- G 立柱之间楣基的底面
- H 在列柱廊内侧支撑拱底的楣基

第四书

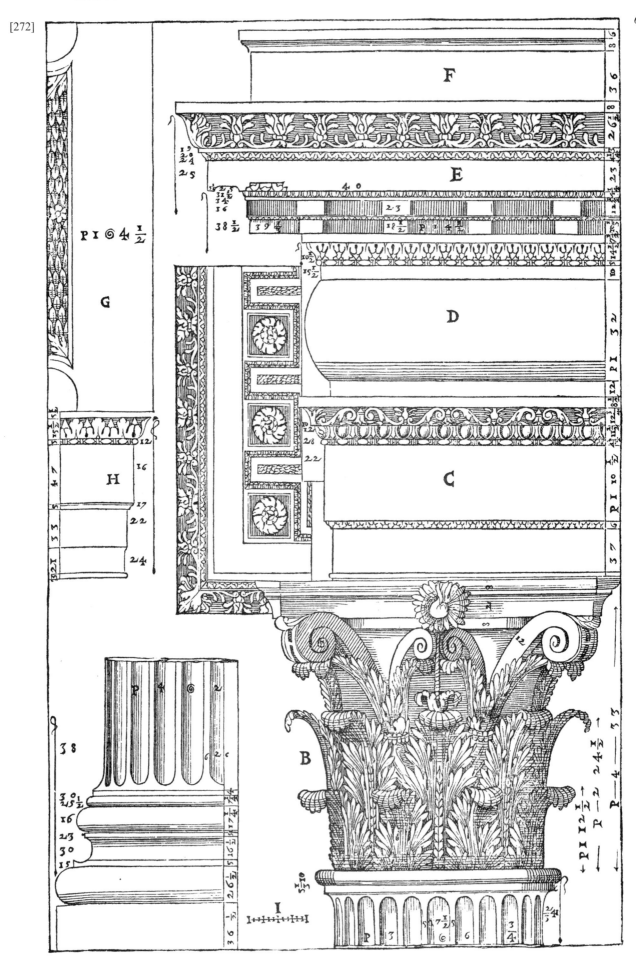

[273]

第十六章　君士坦丁洗礼堂

1 错印为53

下面的图表示了位于拉特兰圣约翰教堂①中的君士坦丁洗礼堂（Baptistry of Constantine）。[108] 我认为这座教堂是现代的，拆用古代建筑的材料所造，但是因为它设计精美，且精雕细刻着图案纷繁的装饰，让建筑师在许多场合都用得上，我想有必要将它纳入古代建筑之列，特别是因为人人都猜测它是古代的。立柱是斑岩（porphyry）②的组合式。柱础为阿提卡式与爱奥尼亚式的配搭样式；它有两条阿提卡式的塌圆节和两条爱奥尼亚式的束腰节，但置于爱奥尼亚式束腰节之间的不是两条圆盘条或圆箍条，而是只有一条，占据着本来应该是两条那种线脚占据的位置（和宽度）③。所有这些配搭的线脚都用奇妙的浮雕工艺做得很漂亮。值得注意的是在列柱廊的柱础之上支撑着柱身的叶子；建筑师知道如何将它们用得恰当，尽管柱身并未达到其应该有的高度，仍无损于建筑的优美和庄严，他的判断力应该得到喝彩。我也运用过立柱的这种设计，把它作为装饰放在威尼斯大圣乔治教堂④的大门上；它们未达到其本来应该的高度，但由于是用如此美丽的大理石建造的，必须在工程中留用。[109] 柱头是爱奥尼亚式和科林斯式的组合体，带有茛苕叶；我已在第一书中描述了应该怎样做出它们。楣基雕刻得特别好；它的盖口不用垂幔线脚，而是串珠纹线脚及其上半满的凸圆线脚[110]。楣腰是素平的。楣檐有两条仰杯线脚，一条直接在另一条上面；这倒是我们很难得看到的，即同种样式的两个要素一个放在另一个上面，而它们之间没有别的要素，除了贴线或涩线⑤。在这些仰杯线脚之上是一条齿饰，然后是带有垂幔线脚的檐口滴水板，最后是一条仰杯线脚；在此例的楣檐上我们也可以看到建筑师没有用檐底托，因为他用了齿饰。

我为该教堂作了两幅木刻图。平面图以及内部和外部的立面图画在第一幅。第二幅是细部。

A　是柱础

B　柱头

C　楣基、楣腰和楣檐

D　立柱之间楣基的底面

E　分为十二寸的尺

---

① 罗马帝国的 Lateranus 家族拥有多处地产，后有不少被君士坦丁陆续转给教会。
② 一种玄武岩，外观美丽呈紫红色，可用作雕塑和建筑材料，较其他石材昂贵。
③ 参见 I, 48 的图。
④ 大圣乔治教堂 1566 年完成设计并开始建造，在帕拉第奥出版《建筑四书》之前。
⑤ 原文 l'uno sopra l'altro, senza qualche altro membro di mezo <u>oltra</u> il listello, ò gradetto，英译为 one above the other without some other element <u>such as</u> a **listello** or **gradetto** between them，韦尔本译作 the one upon the other, without any other member between <u>except</u> the listello or gradetto. 英译将 oltra（介词，在……之外）作 such as（韦尔作 except），显然是理解反了；而且从图上看，两条仰杯线脚之间没有别的要素，而正是有一条 listello（贴线）或 gradetto（涩线）。

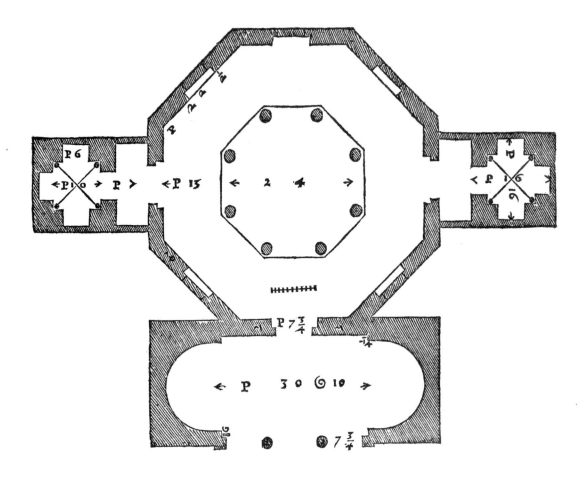

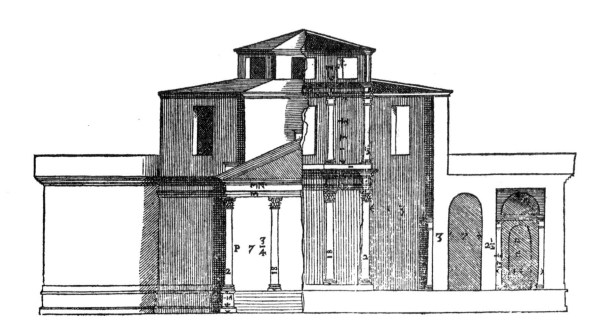

第四书

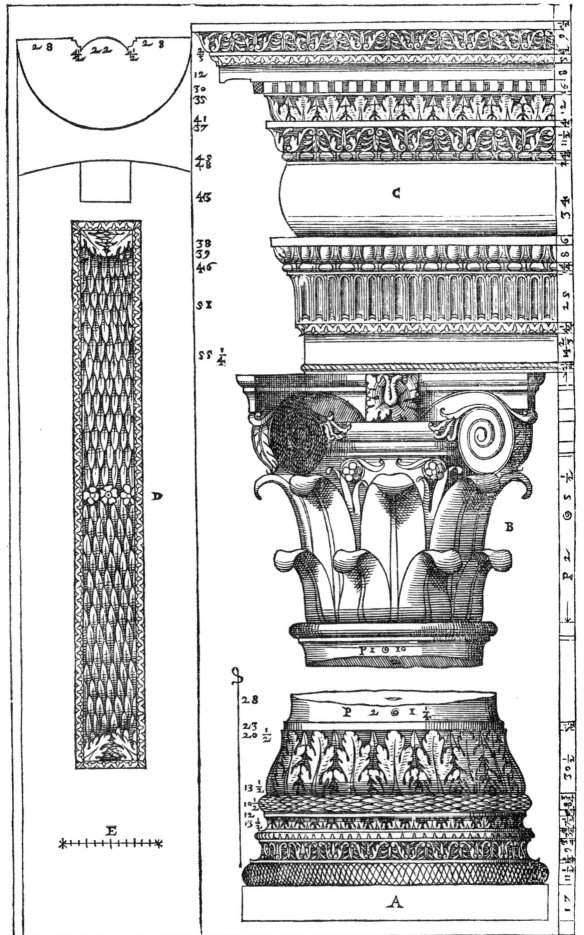

第十七章　布拉曼特的坦比哀多小教堂

当强盛的罗马帝国因为蛮族不断入侵而开始衰落时，建筑也离弃了原来的优美和精练，就像那个时候所有其他的技艺和学科一样，越来越退化，直到情况无法再坏，有关优美的比例和考究的建造方式的任何信息都荡然无存。

由于人类所有的事情总是永恒运动，在一个时期攀登到完美的顶峰，在另一个时期坠落到残败的深渊；但是建筑技艺，在我们父辈和祖辈的时期，从其被长期掩埋的黑暗中走出来，开始重见天日①。 111 所以，在教宗尤利乌斯二世（Pope Julius II）的任期，布拉曼特，一位超级天才和古代建筑的考察者，在罗马建造了一些奇妙的建筑；他后继有人，米开朗琪罗·博纳罗蒂（Michelangelo Buonarroti）、雅各布·圣索维诺（Jacopo Sansovino）、来自锡耶纳（Siena）的巴尔达萨雷（Baldassare）、112 安东尼奥·达圣加洛（Antonio da Sangallo）②、米凯莱·圣米凯利（Michele Sanmicheli）、塞巴斯蒂亚诺·塞利奥、乔治·瓦萨里、来自维尼奥拉（Vignola）的雅各布·巴罗齐（Jacopo Barozzi）③，以及莱奥尼骑士（Leoni the Knight），113 他们了不起的建筑可以在罗马、佛罗伦萨、威尼斯、米兰和其他意大利城市看到；而且，他们中大多数还是优秀的画家、雕塑家和作家；他们中有些人如今还活着，另外还有一些人我在此没有列出来，以免显得喋喋不休。114 那么（言归正传），由于布拉曼特是使善与美的建筑——它从古人的时代到现在已经被掩藏起来——为人所知的第一人，我认为理应将他的作品纳入古人的作品之列；因此我收入了下面这座由他设计的位于雅尼库鲁姆小山（Janiculan Hill）上的教堂；它称为蒙托里奥的圣彼得教堂（S. Pietro in Montorio），因为建造它是为了纪念使徒彼得（St. Peter the Apostle），据说他被钉在那里的十字架上。115 此教堂内外都用多立克柱式。柱身为花岗岩，柱础和柱头为大理石，其余的都是石灰华。我作了两幅木刻图说明它。第一幅是平面图。第二幅是室外和室内的立面图。

---

① 原文 rivedere nella luce del mondo，英译为 began to reveal itself in the light of the world，韦尔本译作 began to shew itself once more to the world。英译说不通，只是生硬地将原文逐字直译，与英语 in the light of 对应更准确的意大利语应该 alla luce di，而不是此处的 nella luce di，中译者以为应可理解为 began to reveal it self to the light of the world；韦尔的译法比较符合原意，只是没有将 luce（光、天日）直白地译出来。
② 通常称为小圣加洛。
③ 通常称为维尼奥拉。

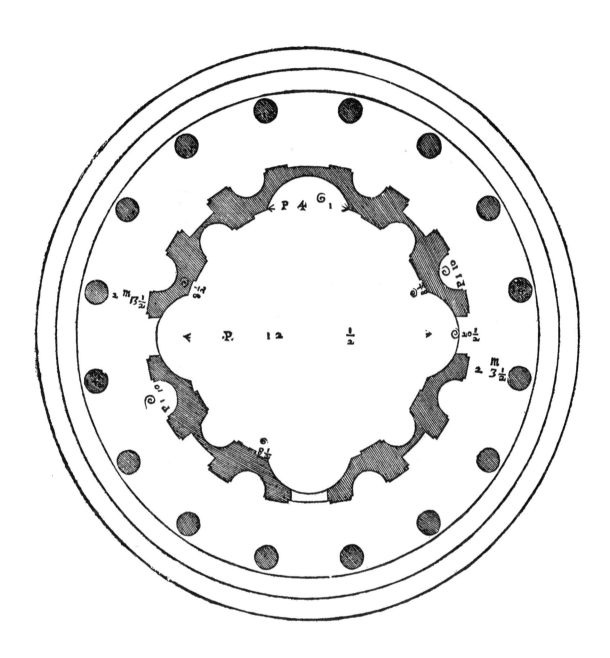

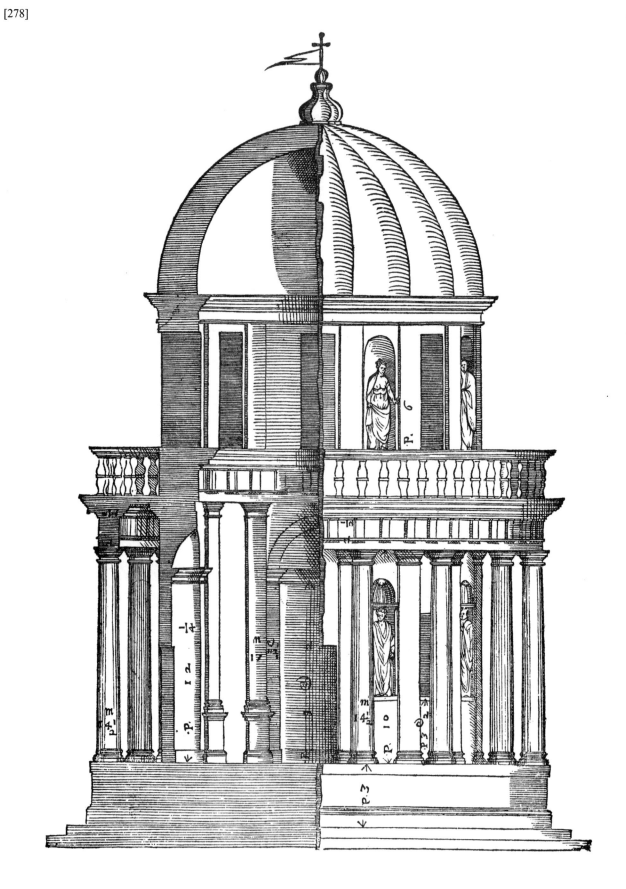

第十八章　定军者尤皮特神庙

在坎皮多利奥丘和帕拉丁丘之间的罗马广场附近能看到三根科林斯式立柱，据一些人说，它们曾位于伏尔甘神庙（Temple of Vulcan）一侧，而另一些人说属于罗穆卢斯神庙；还有人说属于定军者尤皮特神庙（Temple of Jupiter Stator）；[116] 我也认为它是罗穆卢斯向神立誓（求止其溃败）的结果，当时萨宾人（Sabines）用诡计攻占了坎皮多利奥丘和堡垒，冲向宫殿，大有得胜之势①。有些人说这几根立柱，并与坎皮多利奥丘下面的那些，都属于卡利古拉建造的从帕拉丁丘到坎皮多利奥丘的一座桥；我知道这种想法远不符合事实，因为从装饰可以看出来，这些立柱属于两座不同的建筑，而且卡利古拉建造的是木桥，横跨罗马广场。不过言归正传，无论人们认为这几根立柱原属何处，我从没见过任何比它们更好更精巧的工艺；所有要素都构思美妙，制作精良。我认为此神庙的外观是围廊列柱式，即周围有围廊环绕，品类为密柱距式。正面八根立柱，侧面十五根，包括转角处那些；柱础是阿提卡式与爱奥尼亚式的组合体；柱头很值得细看，为其柱顶板上浮雕工艺的美丽图案。楣基、楣腰和楣檐为柱高的四分之一；单单楣檐的高度比楣基和楣腰加在一起稍小些，这一点我在其他神庙中没见过。我作了三幅木刻图表示该神庙。第一幅是建筑的立面图。第二幅是平面图。第三幅为细部图。

A　是柱础
B　柱头
C　楣基、楣腰和楣檐
D　立柱之间楣基底面局部

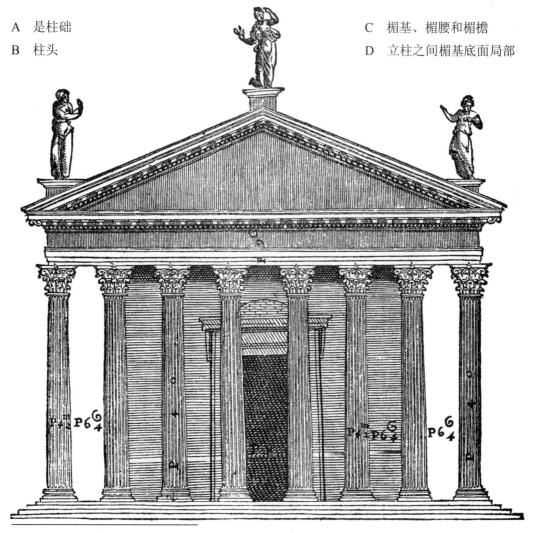

---

① 参见《李维·建城以来史：前言·卷一》，穆启乐等译，上海人民出版社，2005年，第46—49页。

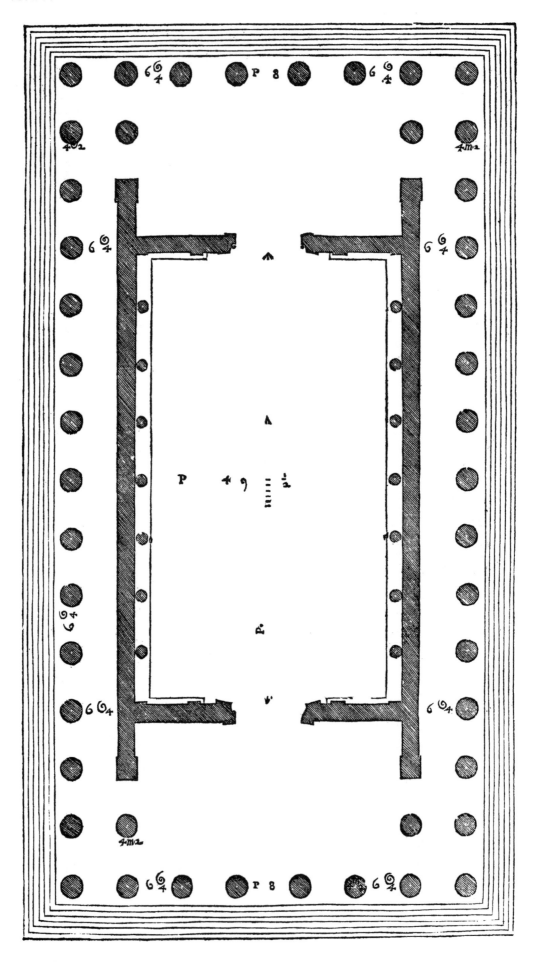

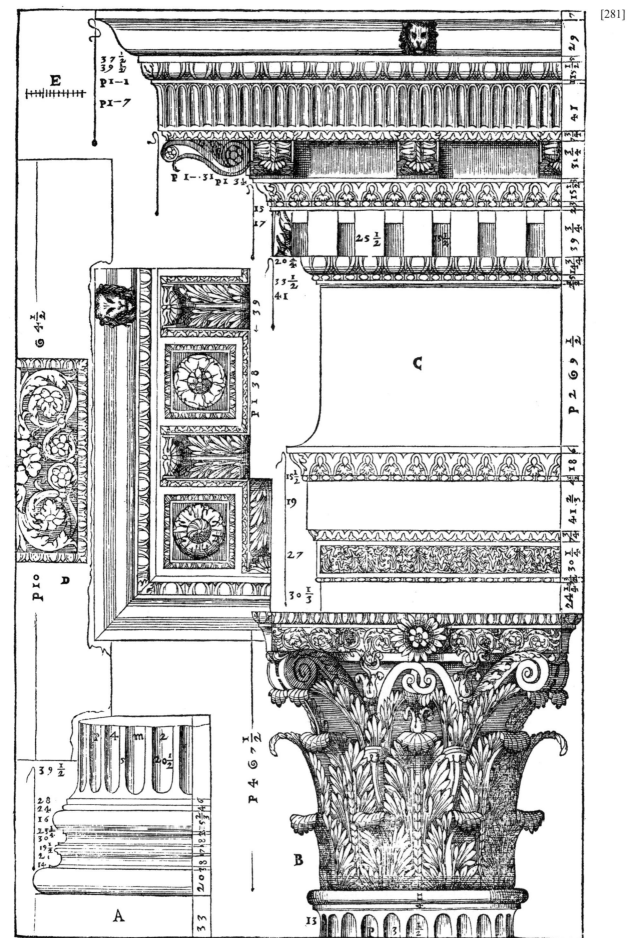

建筑四书

[282]

第十九章　司雷者尤皮特神庙

在坎皮多利奥丘脚下可以看到下面这座神庙的遗迹；[117] 有人说这是奉祀司雷者尤皮特（Jupiter the Thunderer）的，由奥古斯都因为一次脱险而建造，那是在坎塔布里亚战争（Cantabrian War）的一次夜行军过程中，当时他所乘的肩舆被雷电击中，击毙了走在前面的奴仆，奥古斯都却安然无恙[①]。我对此是非常怀疑的，因为我们所能看到的装饰，用美丽的雕工刻得很精细，然而在奥古斯都的时代，建筑物却明显造得更朴实些，就像在马尔库斯·阿格里帕（M. Agrippa）所建造的圣马利亚圆形教堂[118]的列柱廊中看到的那样，非常简单，其他建筑也是。[119] 有人坚持那里的立柱是卡利古拉建造的桥梁的一部分，这种观点我刚才解释过，是完全错误的。这座神庙的外观界定为重围廊列柱式，即带有双重围廊；它在朝向坎皮多利奥丘的那一面的确没有列柱廊，但就我所能够对建造在山丘附近的其他建筑物的观察来看，我倾向于认为在这一点上它正如平面图所示那样建造的；也就是，它有一道很厚的墙将内殿与列柱廊约束在一起，拉开一点距离之后，还有另一道平行的墙，带有插入山体的扶壁。在这种情况下，古人将第一道墙体建造得非常厚，以使山体中的潮气无法渗透到建筑的内部；他们再建造另一道带扶壁的墙，以便它能够抵抗山体的持续推力；他们在两道墙之间留出距离，使山上流下来的水能汇集起来并通畅地流走，如此一来，不会对建筑物造成任何损害。这座建筑的品类是密柱距式。正面的楣基和楣腰在同一个面上，以便容得下雕刻的铭文[②]，其中的一些字母还可以看得到。在楣腰之上的楣檐的凸圆线脚与我曾见过的其他所有的都不同，这种在楣檐上带有两道[mano]凸圆线脚的变体样式做得非常仔细。楣檐的檐底托是这样布置的，正对立柱的轴线上方是一段间距，而不是一个檐底托，就像在其他一些楣檐中一样，尽管作为一项法则，我们应该将檐底托布置在立柱的轴线上。我只作了两幅这座神庙的木刻图，因为它的立面图从前面的图也可以理解。第一幅是平面图。

A　是两道墙之间的空间

B　是连到山体的扶壁

C　扶壁之间的距离

第二幅是列柱廊的细部图。

A　是柱础

B　是柱头

C　楣基、楣腰和楣檐

D　立柱之间楣基的底面

---

① 参见《罗马十二帝王传》，第64页。

② 原文 acciò poteste capire l'intaglio dell'in scrittione，英译为 so that one could understand the carving of the inscription，韦尔本译作 that they might contain the carving of the inscription。capire（拉丁语词源 capio）在现代意大利语中有"理解"和"原谅"的意思，而在古语中还有"包含、容纳"之意。中译者趋向于韦尔的这种理解，这可能意味着楣基没有装饰线脚和出涩，而是与楣腰做成一整面，才足够放得下大量的铭文；参见本卷第三十章孔科尔狄娅神庙（萨图恩神庙）的做法及 I, 127 的图。如果是这样，则第二幅图画的是侧面列柱廊的细部。

第四书

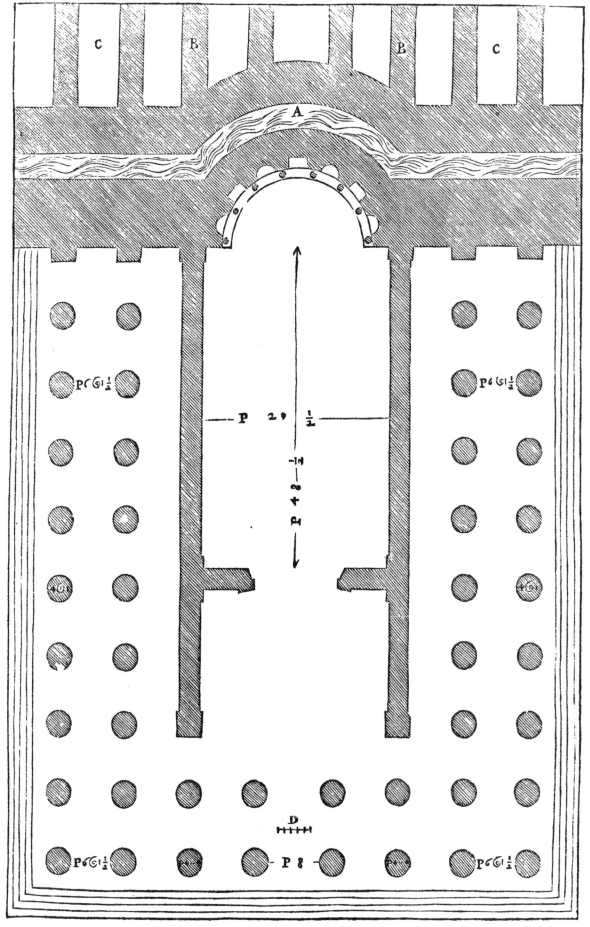

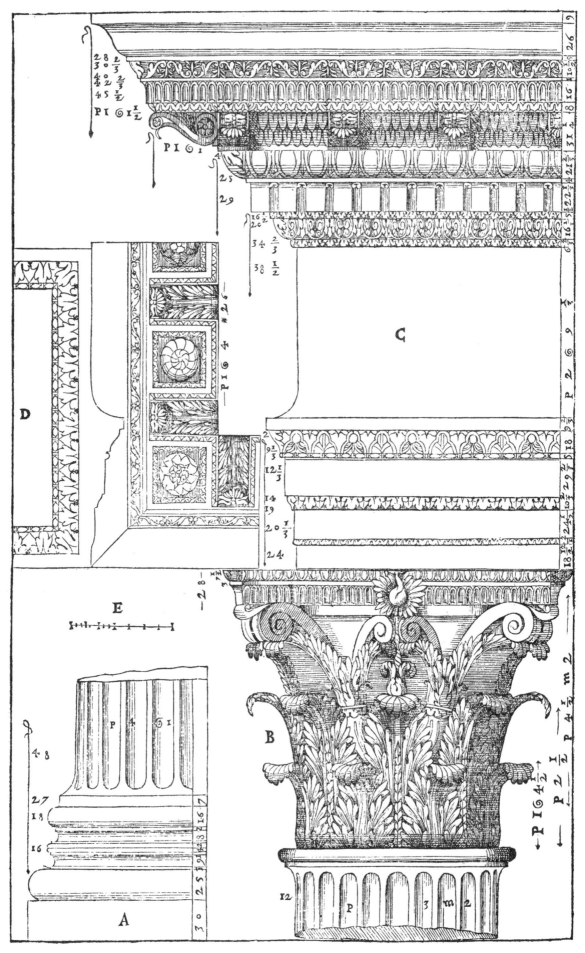

第二十章 万神庙，现称圆形教堂

在罗马能看到的神庙中，最有名、保存最完整的莫过于万神庙了，它如今称圆形教堂，因为这座建筑物保存得相当完整，几乎是它的原始状态，尽管雕像和其他装饰物被拆掉了。据一些人说这是由马尔库斯·阿格里帕在公元 14 年左右建造的；但我认为建筑的主体是在共和时期建造，马尔库斯·阿格里帕只是加建了列柱廊，这可以从立面上的两个山花推断出来。[120] 该神庙称为万神庙，因为这是献祭给尤皮特及其后所有的神祇，或其实（像另一些人所希望的）由于它像宇宙的形状，即圆的，因为它从地坪到采光的顶部开口的高度，与它从墙壁到墙壁的横向宽度的直径[121]一样大；就像现在我们向下走到地面或地坪**[pavimento]**一样，在古代人们由数级踏步走上去①。书上说神庙最著名的物品中，有一件是菲狄亚斯所做的弥涅尔瓦象牙雕像，还有一件是维纳斯雕像，它的一只耳坠是克利奥帕特拉（Cleopatra）的珍珠的一半做成，另一半被她在一次宴会上溶化喝掉了，以竞压马克·安东尼的豪奢；据说仅仅是这一半珍珠估价就达 250,000 达克特金币（ducats）②。[122] 整座神庙内外都是科林斯式的。柱础是阿提卡式与爱奥尼亚式的组合体；柱头雕刻成橄榄叶；楣基、楣腰和楣檐的轮廓或外缘美得惊人，却没有多少雕刻③。在神庙的环形墙体的厚度上做出一些空穴，这样能减少地震对建筑物的危害，并节省钱财和材料。这座神庙正面有一道美丽的列柱廊，在其楣腰上可以读到如下的字句：

M. AGRIPPA L. F. COS. III. FECIT④

在这些铭文下面，即楣基的挑口饰带上，还有另一些字体较小的字句，证明当它因时光流逝而损坏时，塞普提米乌斯·塞维鲁（Septimius Severus）皇帝和马尔库斯·奥勒留（M. Aurelius）皇帝修复了它：

IMP. CAES. SEPTIMIVS SEVERVS PIVS PERTINAX
ARABICVS PARTHICVS PONTIF. MAX. TRIB. POT.
XI. COS. III P. P. PROCOS. ET IMP. CAES. MARCVS
AVRELIVS ANTONINVS PIVS FELIX AVG. TRIB.
POT. V. COS. PROCOS. PANTHEVM VETVSTATE
CVM OMNI CVLTV RESTITVERVNT.⑤

神庙内部在墙体的厚度上有七个带壁龛的祭拜室，其中一定曾有雕像，在相邻祭拜室之间各有一个罩式神龛，共有八个。许多人认为，在入口对面居中的祭拜室不属于古代，因其拱券打断了二层的一些壁柱[123]，而属于基督徒时代。由博尼法斯（四世）（Boniface）在其任期最先将该神庙祝圣为礼拜场所；这个祭拜室被扩大以符合基督教时代的要求，即应该有一个比其他祭坛更大的主祭坛。但是因为我看到，它与建筑的所有其他部分非常一致，而且它的所有要

---

① 室内地面由于长期沉降而变低，室外广场的地面不断被填高，万神庙原来的踏步已经被埋没了。
② 欧洲各国中世纪流通的银币或金币。
③ 原文 e sono con pochi intagli，英译为 and have few carved <u>elements</u>，韦尔本译作 and are with few intaglio's。elements 是英译者添加的。从表示列柱廊装饰的第六幅图上看，楣部不缺要素，只是没多少雕刻纹样。
④ 大意为：卢基乌斯之子、三任执政官马尔库斯·阿格里帕建造。
⑤ 大意为：（各种头衔的）塞维鲁和奥勒留以精工细作修复了被岁月磨蚀的万神庙。

素工艺精美，我绝对肯定它是与建筑的其他部分同时建造的。主祭拜室有两根立柱，一边一根，它们凸露在外**[fare risalita]**并带有凹槽，在相邻凹槽的间隔处极其精确地雕刻着圆箍条。因为这座神庙所有的要素都很特别，我收入了十幅木刻图，好让这些要素都能让人看到。

[286] 第一幅是平面图。入口两旁有楼梯，向上通到一条秘密走道，它位于各祭拜室上方，环绕神庙。通过走道可以走到圆顶外表做成台阶状的位置，四边还有阶梯能让人爬到建筑顶上。在神庙后面可以看到标有 M 的建筑局部，是阿格里帕浴场（Baths of Agrippa）的一部分。[124]

第二幅是半边正立面**[facciata davanti]**。第三幅是列柱廊下的半边立面。正如我们在这两幅木刻图上看到，该神庙有两片山花；一片在列柱廊上方，另一片在神庙的墙上。在字母 T 处有一些石块稍稍突出；我想不出是做什么用的。列柱廊的梁都用青铜板制作。

第四幅木刻图是室外侧面的立面图。

X 是围绕着整个建筑的第二道楣檐

第五幅是侧面的室内立面图。第六幅是列柱廊的装饰。

A 是柱础

B 柱头

C 楣基、楣腰和楣檐

D 是放在列柱廊内侧立柱和壁柱之上的装饰件的轮廓图

T 列柱廊的壁柱，与立柱配称

V 柱头的卷叶须的螺旋体**[avolgimento]**

X 立柱之间楣基的底面

第七幅是入口对面的室内立面图的局部，其中我们能看到祭拜室和罩式神龛的位置和装饰，以及拱顶的井格天花是如何布置的；从那里尚存的一些痕迹判断，它们[125]很可能以银片装饰；因为如果有过用青铜做的此类装饰，无疑也会，正如我说过的，像列柱廊里的那些青铜一样，已经被剥掉了。

第八幅，比例较大，绘制的是从正面看到的罩式神龛之一，两边是祭拜室的局部。第九幅是室内立柱和壁柱的装饰。

L 是柱础

M 柱头

N 楣基、楣腰和楣檐

O 柱头的卷叶须的螺旋体

P 壁柱的凹槽

第十幅是在祭拜室之间的罩式神龛的装饰，我们应该注意其中建筑师上佳的决断，他将这些罩式神龛两旁墙面上的楣基、楣腰和楣檐结合在一起，楣檐只做了仰杯线脚，而将其余要素改为挑口饰带，因为祭拜室的壁柱从墙面外凸得不多，不足以含纳**[capire]**完整出涩的那些楣檐。[126]

E 是大门的装饰的轮廓

F 大门两侧的垂饰华板（garlands）图案① （应顺时针旋转 90 度来看，并对照第三幅图）

让我们以此神庙结束位于罗马城的神庙的设计吧。

---

① 应顺时针旋转 90 度来看，这是大比例的垂饰华板装饰图案，可与第三幅图相应位置对照。

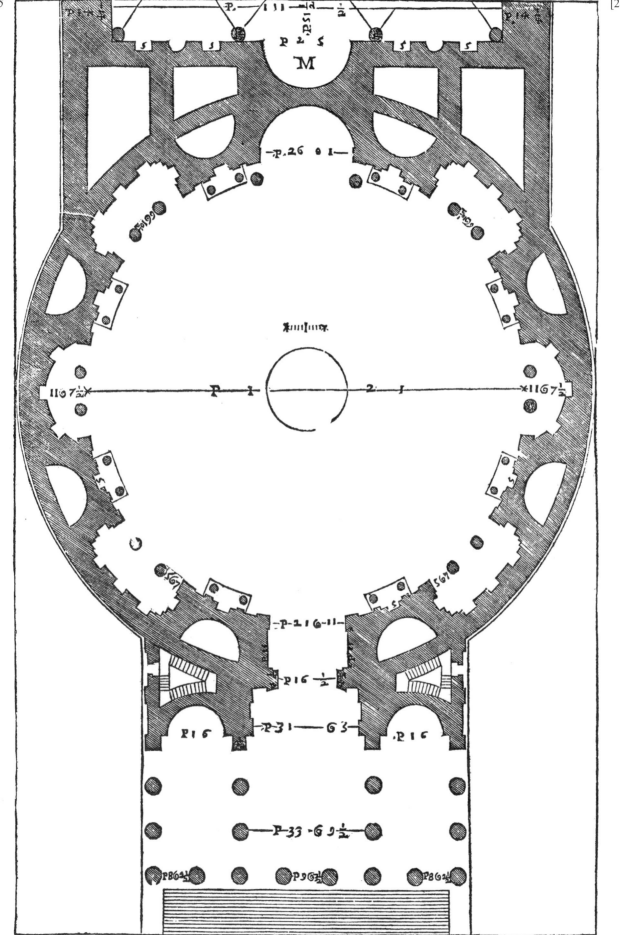

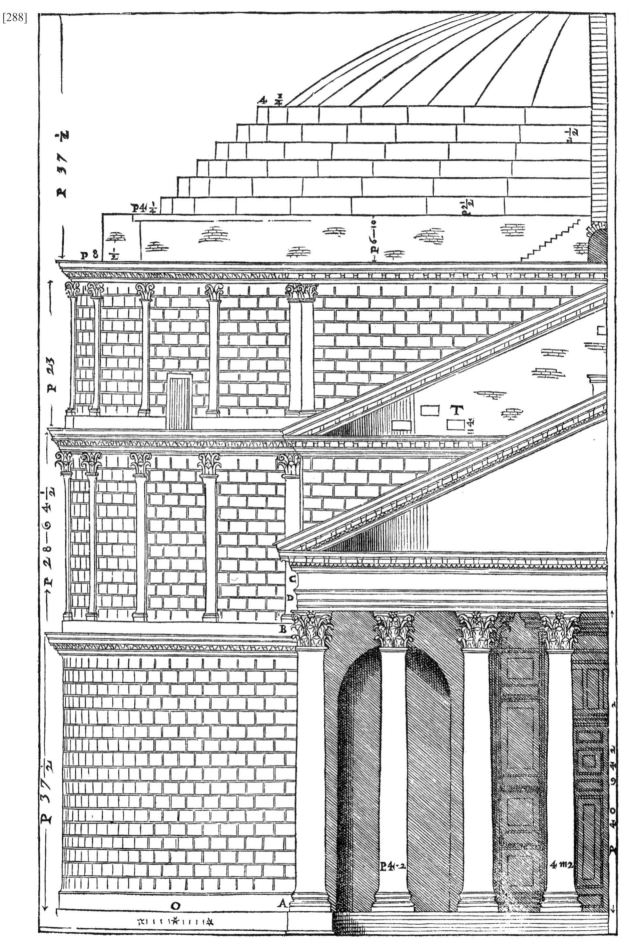

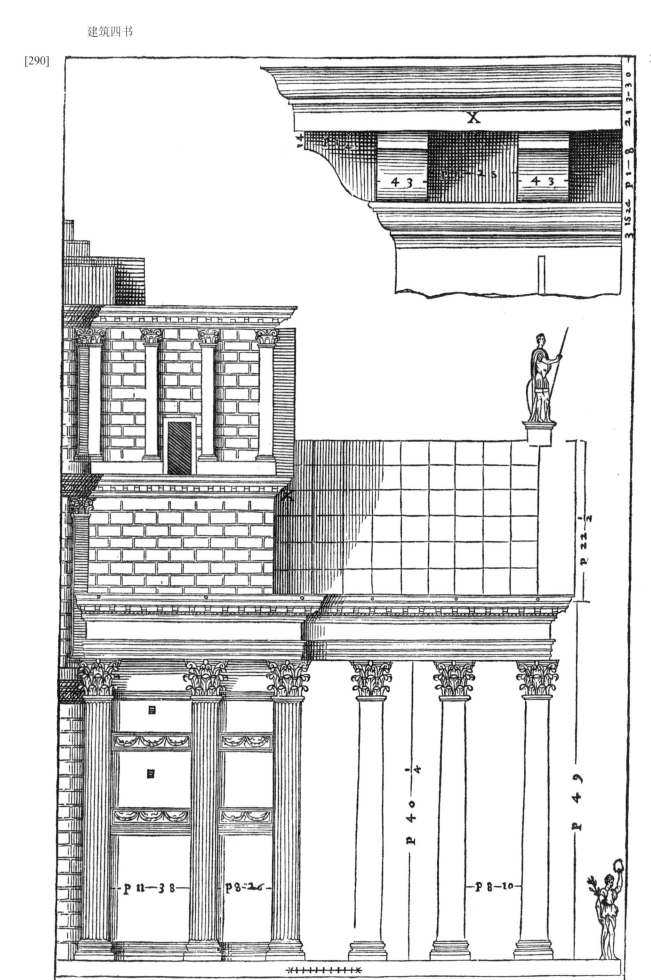

第四书

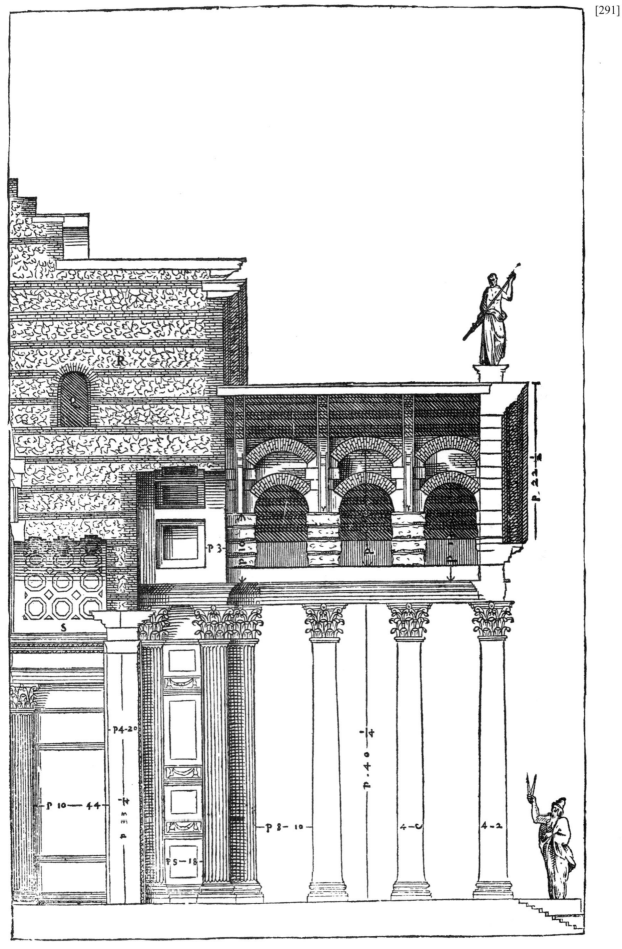

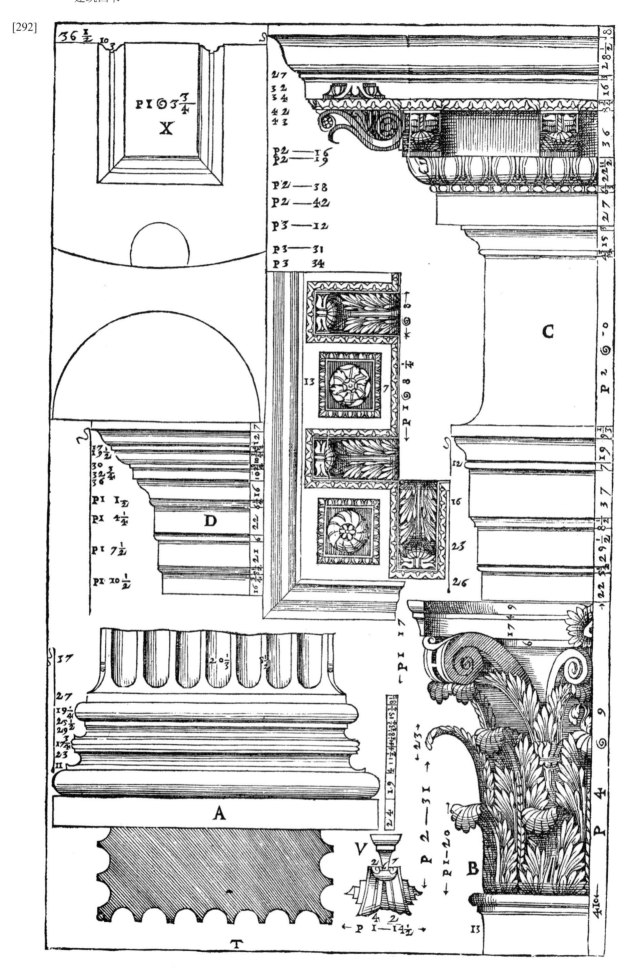

第四书

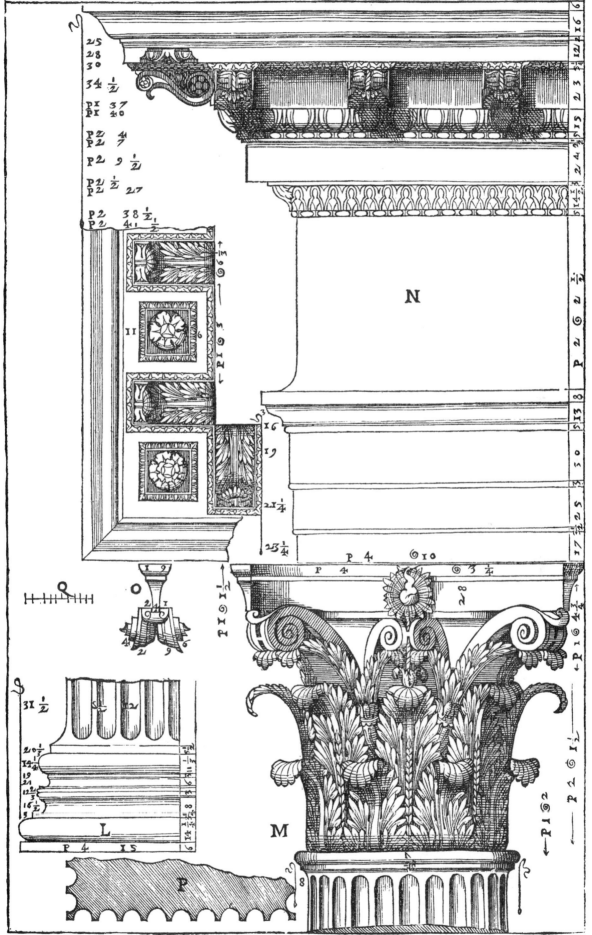

第二十一章　罗马城外几座意大利神庙的设计，先说巴库斯神庙

在如今叫圣阿涅塞门（Porta S. Agnese），古人因其所处山丘之名而称为维米纳尔门（Viminal）的城门外，我们能看到下面这座相当完整的、礼拜圣阿涅塞的教堂。[127] 我认为它是一座陵墓，因为那里有一具用斑岩制作的大型雕花石棺①，上面精美地雕刻着葡萄藤和采摘葡萄的小男孩，这使得一些人认为它是一座酒神巴库斯神庙；由于这个观点已广为接受，尽管它现在用作教堂，我还是将它归入神庙之列。在其门廊前面可以看到一个椭圆形庭院的残迹；我认为它装饰有立柱，而且在柱间有壁龛，其中一定有过雕像。

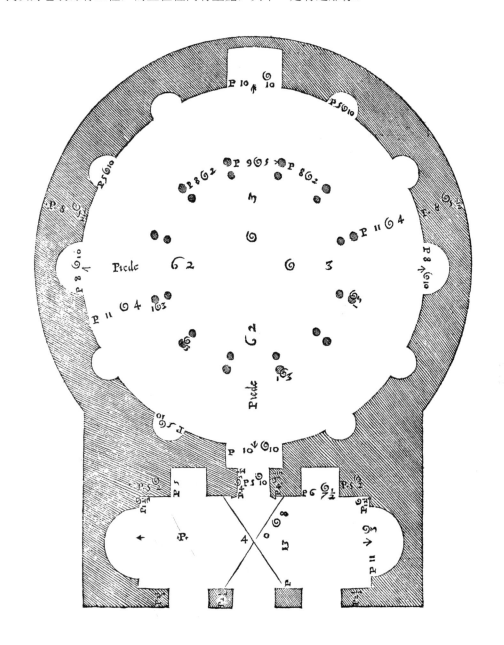

---

① 此石棺已被移至梵蒂冈的虔诚克莱门特博物馆（Museo Pio-Clementino）。

[298] 通过其可见物来判断，神庙的敞廊采用墩柱，有三个开口间。神庙室内有立柱，成双布置，支撑着小穹顶[cuba]。所有柱身都是花岗岩的，柱础、柱头和楣檐是大理石的。柱础为阿提卡式；柱头为组合式，很漂亮，并有一些从顶板花饰伸出来的叶片，涡卷饰仿佛从叶片那里生发出来，非常优雅地盘曲着。楣基、楣腰和楣檐雕刻得不是特别好，这让我觉得该神庙不是建于美好时代，[128] 而是后期皇帝的时代。[129] 它装饰得极为繁丽，并有各种分格天花，部分是美丽的石材，部分是马赛克，装饰不仅用在地坪上，而且用在墙壁和拱顶上。

我为这座神庙作了三幅木刻图。第一幅为平面。第二幅为立面。第三幅能看到立柱是如何布置的，这些立柱支撑拱券，接着上面是穹顶。

A　是柱础
B　柱头
C　楣基、楣腰和楣檐
D　拱券的起脚[principio]
E　用以度量这些要素的（比例）尺

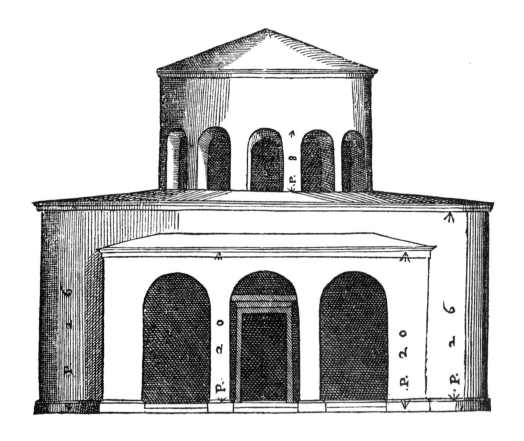

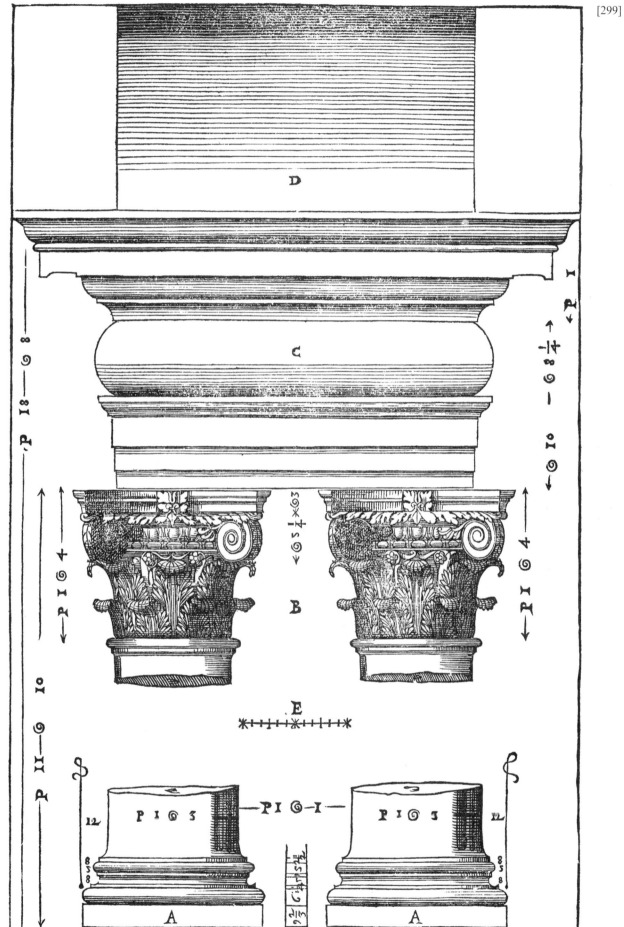

建筑四书

[300]

第二十二章 阿皮亚大道上圣塞巴斯蒂安教堂近旁那座遗迹可见的神庙

圣塞巴斯蒂安门（S. Sebastiano）在古代称阿皮亚门（Appian），得名于阿皮乌斯·克劳狄乌斯以超常的技能和费用建设的那条世界闻名的大道。在这座城门外，可以在圣塞巴斯蒂安教堂近旁看到下面这座建筑的遗迹。¹³⁰ ①就我所能看出来的，它完全用砖建造。围绕庭院的敞廊有一段仍然屹立着。此庭院的入口为双重敞廊，入口两边必定曾是祭司所用的房间。神庙位于庭院中央，那块地方仍然看得出地面抬高了，那上面是神庙的地面，非常坚实；除了门和壁龛处的六个小窗口之外完全没有采光，因而它比较暗，就像几乎所有的古代神庙一样。在神庙前面，正对庭院入口，是列柱廊的基础②，但立柱已经被拆走了；不过我仍然根据基础所暗示的情况给出了它们的尺寸和间距[distanza]¹³¹。因为在这座神庙中看不到任何装饰，我只作了一幅木刻图，绘制的是平面图。

A　是神庙的地坪或地面，列柱廊的立柱必定是从此处竖起
D　低于底层部位的列柱廊③和神庙的平面
B　是庭院角落的壁柱④
C　是形成周边敞廊的其他壁柱⑤

---

① 在罗马市中心区东南约 4 公里，圣塞巴斯蒂安门东南约 2 千米。
② 原文 fodamenti（应为笔误，下文又有 fondamenti，意思是"基础"），英译为 fountains（水泉）；韦尔本译作 foundations（基础），此处从之。
③ 图中画在庭院中央的是神庙基础部分（即地下室）的平面，而画在上端的是神庙上部结构复原设计的平面局部。
④ 可理解为正方形墩柱与 L 形墩柱复合的异形墩柱，并在朝向庭院的阴角的两个面上附了壁柱。
⑤ 这也是异形墩柱，可理解为在 T 形平面的墩柱朝向庭院的面上附了壁柱。

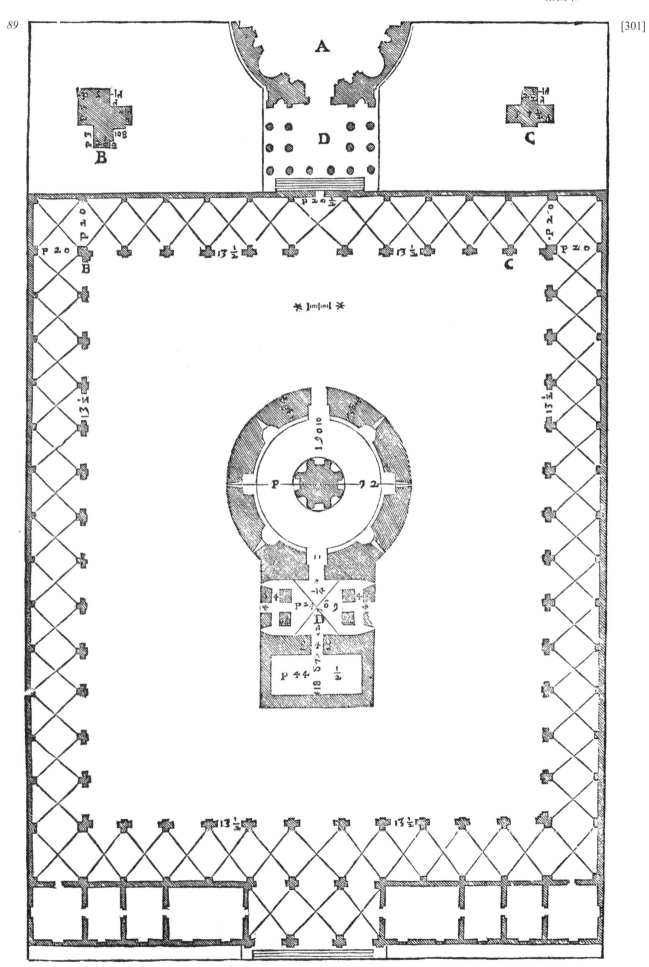

[302]

第二十三章　（位于蒂沃利的）维斯塔神庙

在蒂沃利，离罗马十六里处，阿涅内河（Aniene），即今称泰韦罗内河（Teverone）的瀑布上方，可以看到下面这座圆形神庙，按当地居民没有根由的说法，它是蒂布尔的西彼拉（Tiburtine Sybil）①的居所[stanza]；但是由于前面给出的原因 132，我相信这是奉祀维斯塔女神的神庙。133 该神庙是科林斯式。柱间距为两个柱径；其地面比室外地面抬高立柱高度的三分之一。柱础没有履石（pedestal）[zoccolo]，使圈柱廊下供走动的区域更加方便和宽敞。立柱高度恰好与内殿宽度完全相同，并朝着内殿的墙向内侧倾，这样一来，柱身顶部内表面就处在柱身底部内表面的垂直上方。134 柱头做工精致，刻有橄榄叶，所以我认为它是在美好时代建成的。135 它的门和窗的顶部比底部窄，正如维特鲁威在第四书第六章告诉我们其应该的样子。136 整座神庙全是用石灰华②建造，覆有非常薄的灰泥，使它显得像完全用大理石建造的。

我为这座神庙作了四幅木刻图。第一幅画的是平面图。第二幅是立面图。第三幅是圈柱廊（即立柱与内殿之间）的步间[membro]。

A　是环绕神庙的基座
B　立柱的柱础
C　柱头
D　楣基、楣腰和楣檐

第四幅表示的是门和窗的装饰。

A　是门的装饰
B　室外窗的装饰
C　室内窗的装饰

门和窗的装饰的挑口饰带不同于通常做法。盖口之下圆盘条的出涩比那些盖口还大一些③，这种做法我不曾在别处的装饰中见到过。

---

① 传说中受神启的女先知，住在蒂布尔（Tibur，今蒂沃利），故名。
② 原文 pietra tiburtina（蒂布尔石），可能是一种白色石灰华，英译为 travertine。
③ 从图上看，门窗楣基圆盘条出涩超出盖口的下缘，但未超过整个盖口，比较 I, 57 和 59 关于门窗装饰的图。

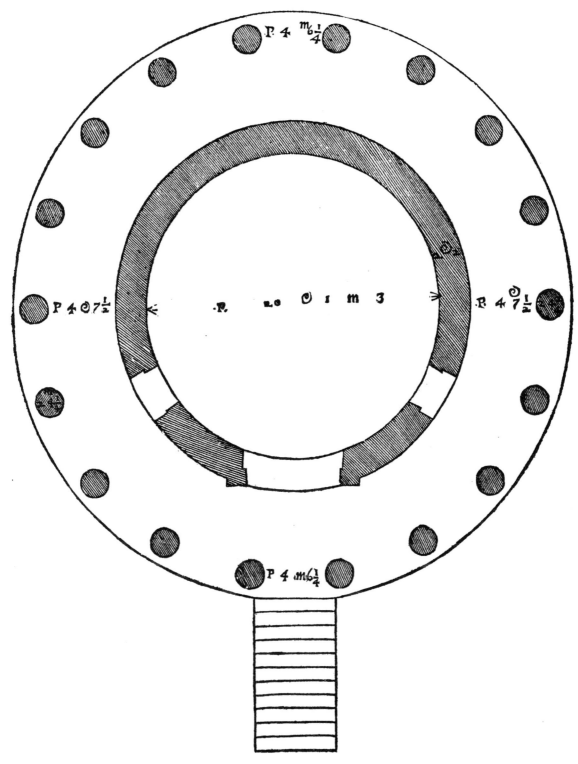

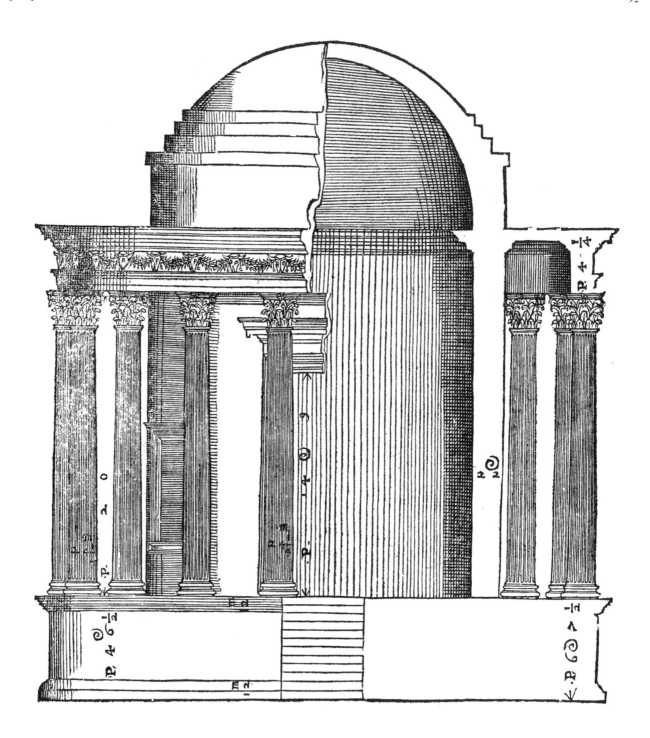

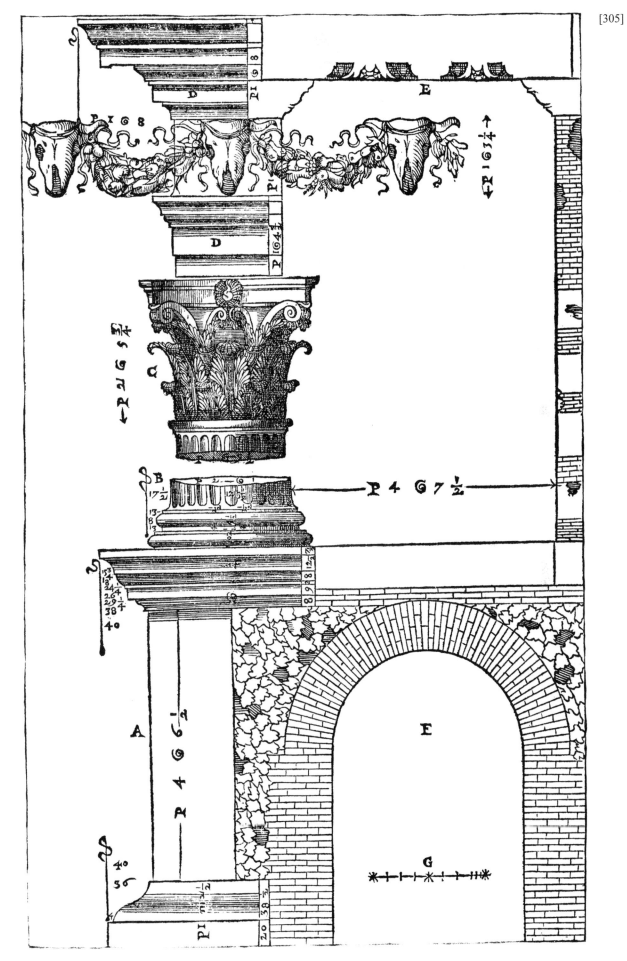

建筑四书

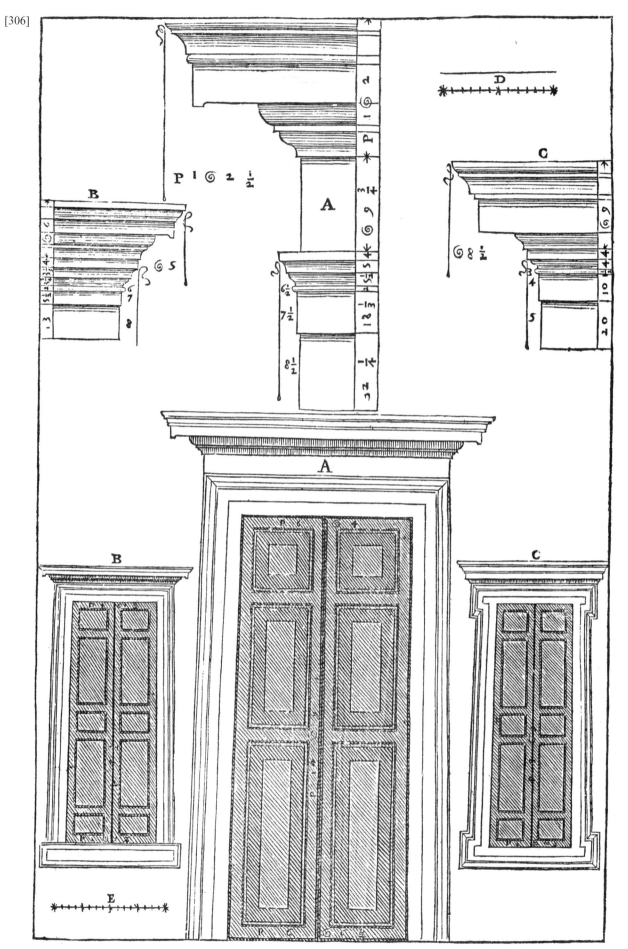

第二十四章　卡斯托尔与波卢克斯神庙

在那不勒斯的卡斯泰洛广场（Pizza del Castello，城堡广场）与维卡里亚区（Vicaria，总督府区，今圣洛伦索区）之间，该城最美丽的地方之一，可以看到一座神庙的列柱廊，神庙由提比里乌斯·尤利乌斯·塔尔苏斯（Tiberius Julius Tarsus）和奥古斯都的被释奴佩拉贡（Pelagon）建造，献祭给卡斯托尔与波卢克斯，[137] 此事由这段希腊铭文可以证明：

ΤΙΒΕΡΙΟΣ ΙΟΥΛΙΟΣ ΤΑΡΣΟΣ ΔΙΟΣΚΟΥΡΟΙΣ ΚΑΙ ΤΗΙ ΠΟΛΕΙ ΤΟΝ
ΝΑΟΝ ΚΑΙ ΤΑ ΕΝ ΤΩΙ ΝΑΩΙ

ΠΕΛΑΓΩΝ ΣΕΒΑΣΤΟΥ ΑΠΕΛΕΥΘΕΡΟΣ ΚΑΙ ΕΠΙΤΡΟΠΟΣ
ΣΥΝΤΕΛΕΣΑΣ ΕΚ ΤΩΝ ΙΔΙΩΝ ΚΑΘΙΕΡΟΣΕΝ

这就是：

TIBERIVS IVLIVS TARSVS IOVIS FILIIS, ET VRBI, TEMPLVM, ET
QUAE IN TEMPLO

PELAGON AVGVSTI LIBERTVS ET PROCURATOR PERFICIENS EX
PROPRIIS CONSECRAVIT.

这些话的意思是，提比里乌斯·尤利乌斯·塔尔苏斯为尤皮特的儿子们（即卡斯托尔与波卢克斯）和这座城市，开始兴建这座神庙及里面的物品；而奥古斯都的被释奴和财务使①佩拉贡，用自己的钱将它完成并献祭。这道列柱廊是科林斯式。柱间距超过一个半柱径，但小于两个柱径。柱础是阿提卡式；柱头雕刻了橄榄叶，制作得很精美；顶板花饰下面卷叶须的设计非常优美，它们相互缠绕，仿佛从四角的叶子中长出来，而那些叶子则盖在支撑柱头顶板角的卷叶须之上。从此例中，正如从散见于本卷书各处的其他许多例子中，我们可以看到，建筑师并没有被禁止偶尔放弃通常的做法，倘若这种变通做法是优雅和自然的。山花上有一流雕塑家所作高浮雕的祭祀场面。有些人说那里有两座神庙，一座是圆形的，另一座是长方形的[quadrangulare]；人们看不出圆形那座的一丁点儿痕迹，而我认为长方形的这座是现代的。因此，我略去了神庙的实体②，在第一幅木刻图中只收入了列柱廊正面的立面图，第二幅是其要素。

A　是柱础
B　柱头
C　楣基、楣腰和楣檐
D　用以度量细部的（比例）尺，分为十二寸

---

① 古罗马奴隶被释放，成为自由民后，往往还会依附于原主人，为其服务，如作为私人使者代其前往领地征税。
② 也就是说，没有作剖面图。

第二十五章 特雷维下面的神庙

在福利尼奥城（Foligno）和斯波莱托城（Spoleto）之间，特雷维镇（Trevi）下面①，可以发现后面的设计图所表示的小神庙。[138] 承托它的基座为八尺半高；人们通过布置在神庙两侧的阶梯登上那个地坪高度，阶梯尽端止于 **[mettere capo]** 两道小柱廊，它们从神庙的其余部位凸出来。这座神庙的外观是前廊列柱式，其品类属于密柱距式。内殿入口对面的祭拜室有精彩的装饰和刻有螺旋凹槽的立柱，这些立柱与列柱廊的立柱同样为科林斯式，并且有各种精良的浮雕工艺。从此例中，正如从其他所有神庙中，我们清楚地看到，我在第一卷中所说的没错，那就是在相似类型的建筑（指神庙）中，特别是在小型建筑中，古人精益求精地完成每一部分，确保装饰尽可能多，而且做得细致；但在大型建筑中，如竞技场和类似结构，他们只将某些细节完成得精细，而其余的则粗略，为了节省全部精雕细刻所必需的钱财和时间，[139] 就像我们将在关于竞技场的书中看到的，我希望不久能出版该书。[140]

我为这座小神庙作了四幅木刻图。第一幅中有该神庙地面层的平面图，标着 A。

B　是列柱廊地面以下的平面图
C　围绕并承托整座神庙的基座的座础
D　围绕并承托整座神庙的基座的座檐
E　正立面上立柱的柱础
F　阶梯尽端小柱廊的立柱和方立柱（pilasters）的柱础
G　阶梯尽端小柱廊的立柱和方立柱的柱头和楣檐

第二幅是室外正面的半边立面图。

H　是楣基、楣腰和楣檐

第三幅是室内的半边立面图。

L　列柱廊的柱头

第四幅是侧面的立面图。

---

① 因为（翁布里亚地区的）特雷维是山城，地势高，该神庙在城外，所以说在"下面"。

第四书

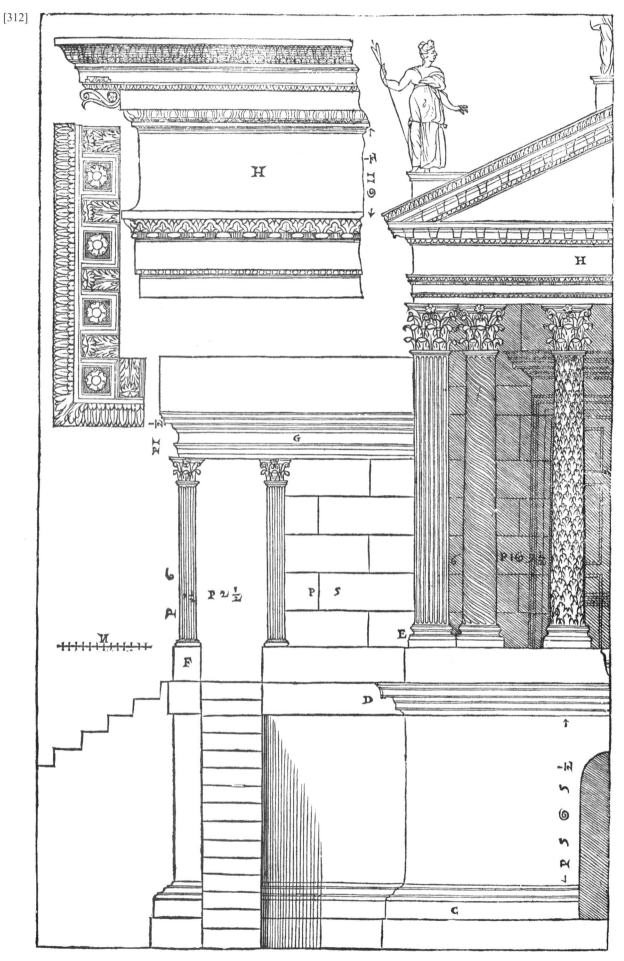

第二十六章　位于阿西西的神庙

下面这座神庙是科林斯式的，位于翁布里亚地区的一座城市阿西西（Assisi）的广场上。[141] 在这座神庙中，置于列柱廊立柱下的柱座值得留意，因为，正如我在前面说过的，在其他每一座古代神庙中，我们看到列柱廊的立柱直接落地，我还没有看到过任何其他带有柱座的实例。[142] 柱座之间是从广场登上列柱廊的踏步。柱座的高度等于居中的柱间距的宽度，比其他柱间距宽两寸。该神庙属于维特鲁威定名为窄柱距式的品类，即柱间距有两个柱径。楣基、楣腰和楣檐加在一起比立柱高度的五分之一稍高。形成山花的斜檐[143]带有列叶纹（foliate）而不是檐底托，而其余部分与直接在立柱上面的那条楣檐完全相同①。神庙内殿的长度比宽度多四分之一（也就是长宽比为五比四）。我为它作了三幅木刻图。第一幅是平面图。第二幅是正面的立面图。第三幅是装饰。

A　是柱头、楣基、楣腰和楣檐
B　立柱的柱础和柱座
C　形成山花的斜檐[144]
D　分为十二寸的（比例）尺

---

① 原文 & nel rimanente è in tutto simile à quella che camina diritta sopra le colonne，英译为 and in the rest <u>of the temple</u> is identical to that which runs immediately above the columns. of the temple 是英译者添加的，韦尔本译作 and in the remainder it is entirely like that which goes directly over the columns，较忠实于原意；"其余部分"（the rest / the remainder）是指<u>山花斜檐</u>之外的部分即山花的水平底边，而不是<u>神庙的</u>（of the temple）其余部分。

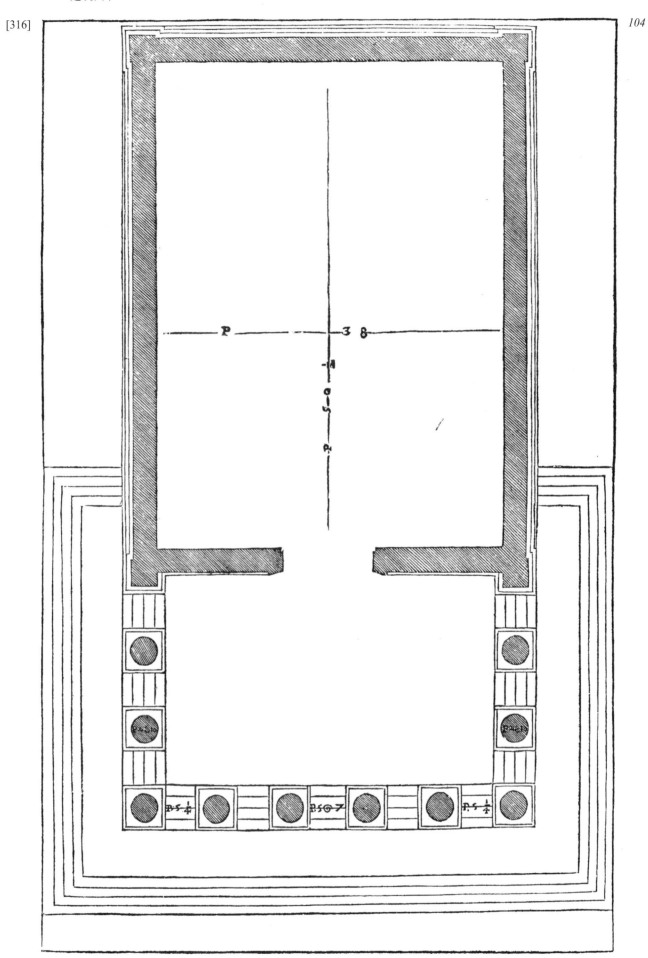

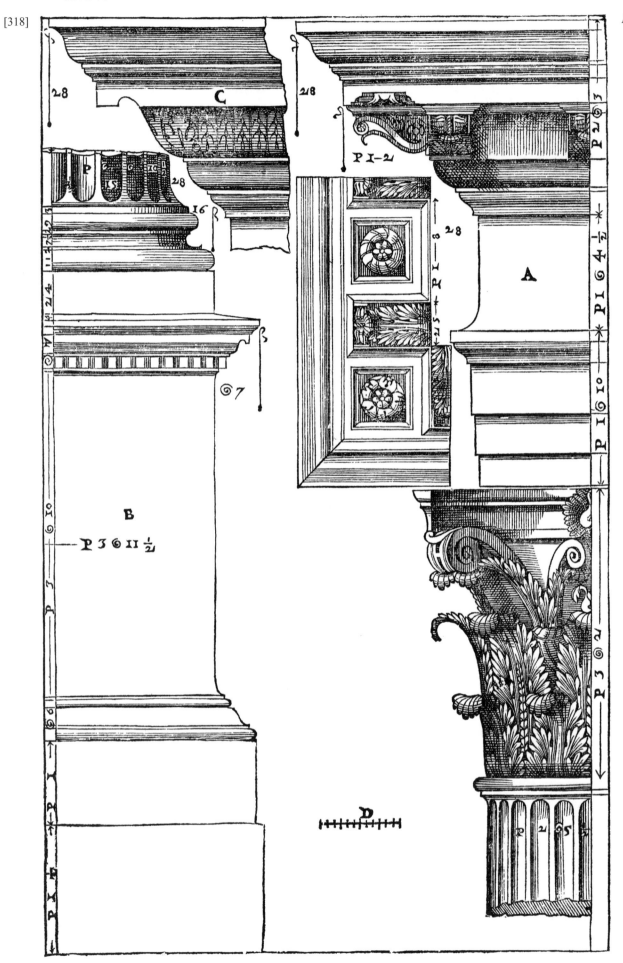

第二十七章　意大利以外几座神庙的设计，先说位于波拉的两座神庙之一

在波拉，伊斯特里亚的一座城市，有剧场、竞技场和凯旋门，除了这些我将在合适之处讨论并图示的所有美丽建筑外，[145] 还有两座大小和装饰都一模一样的神庙，两者在广场的同一侧，相距五十八尺四寸，在后面的设计图中表示。[146] 它们的外观是前廊列柱式。品类是维特鲁威所谓的窄柱距式，柱间距有两个柱径，居中的柱间距是二又四分之一个柱径。这两座神庙有基座围绕着，其顶面就是神庙的地面或宁可叫它地坪，可以从布置在正立面的踏步登上那里，正如我们在其他许多神庙中看到过的。立柱的柱础是阿提卡式，带有底石，厚度**[grosso]** 与柱础的其余部分一样。柱头非常仔细地雕刻着橄榄叶；卷叶须上覆盖着橡树叶，一种在别处不大见到的变式，值得注意。楣基也与其他大多数实例不同，因为第一条挑口饰带 [147] 大，第二条较小，第三条甚至小于其盖口；这些挑口饰带的下部向外侧倾，这样做的结果使得楣基几乎没有出涩，因此不会遮挡正面楣腰上的铭文，或围绕神庙其他部分的楣腰上的卷叶纹装饰①。铭文如下：

ROMAE ET AVGVSTO CAESARIS INVI. F. PAT. PATRIAE②.

楣檐要素很少，雕刻工艺普通。看不到门的装饰；不过我还是按照我认为它们应该的样式画了。内殿的长度比宽度多四分之一。包括列柱廊在内的整座神庙超过两个正方形长。我作了三幅木刻图说明这两座神庙。第一幅绘制的是平面图。

B　是柱座，上面是立柱的柱础

第二幅是正立面的立面图。

E　是立柱上的楣基、楣腰和楣檐
P　是我创造的门的装饰

第三幅是侧立面的立面图。

D　是柱头的钟体
F　该柱头的平面

---

① "围绕神庙……卷叶纹装饰"这一句原放在铭文之后，原文为 Et i fogliami fatti nel detto fregio intorno le alter parti del Tempio，意为：围绕神庙其他部分的上述楣腰上刻有卷叶纹。
② 大意为：罗马（女神）和恺撒之子、祖国之父、神圣的奥古斯都。帕拉第奥写错了个别字母，INVI 应为 DIVI。

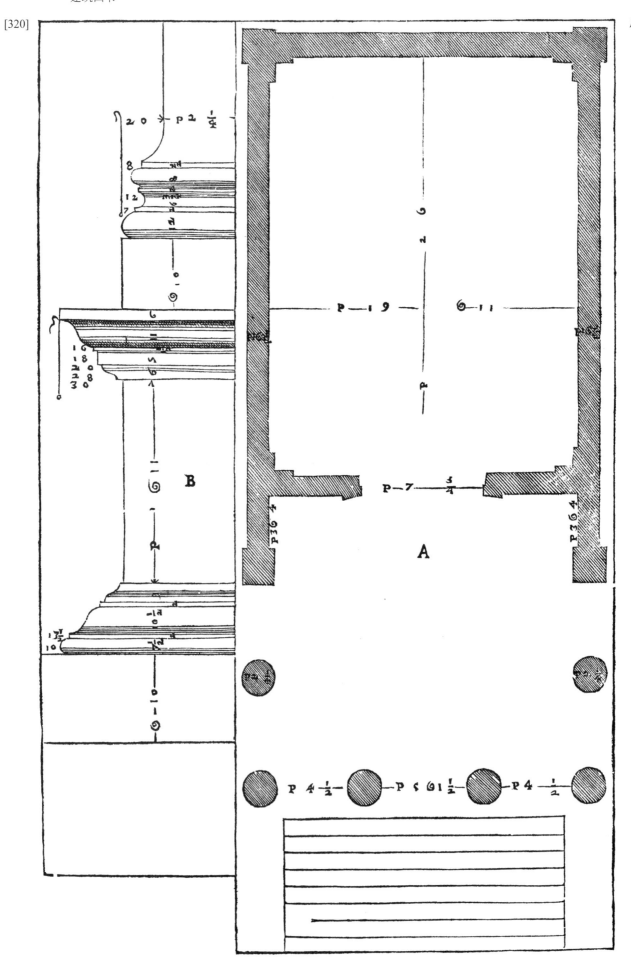

第四书

第二十八章 位于尼姆的两座神庙，第一座称为方殿

在安东尼努斯·皮乌斯皇帝的家乡，普罗旺斯（Provence）的城市尼姆（Nimes），可以看到下面的两座神庙栖身于众多其他[148]优美的古迹中。第一座被该城居民称为方殿（Maison Carrée，法语，意为方形大屋），因为它的形状是长方形**[di forma quadrangulare]**；[149] 他们说，这是一座巴西利卡（我在第三书中根据维特鲁威所说，讨论过巴西利卡是什么，以及它们是如何使用和建造的）；[150] 但因为此例的形制与巴西利卡不同，我认为这其实是一座神庙。此例的外观和品类与我说过的诸多其他神庙的区别相当明显。神庙的地面比室外地面抬高十尺五寸；有一片连续柱座形成基座围绕着它，其座檐之上有两级台阶支撑着立柱的柱础；它很可能是维特鲁威心里所想的那些台阶，在第三书第 3 章末尾，他说，当建造围绕神庙的底座（base）**[poggio]** 时，必须在立柱位置将不相等的垫板**[scamilo impare]**置于柱础下面，对正立柱下柱座的座身，其水平位置应该在柱础以下，柱座的座檐以上。这是一个让许多人百思不得其解的段落。[151] 基座的座础有若干要素，而且比座檐更厚，这一点已经在别处作为柱座的法则提出了。[152] 柱础为阿提卡式，但加上了一些塌圆小条，因此我们可以称之为复合的，适用于科林斯柱式。柱头刻有橄榄叶，柱顶板带有雕刻；柱顶板正面中间顶板卉饰的高度占足了柱顶板以及钟体的唇沿，我注意到这是所有此类古代柱头的一条法则。楣基、楣腰和楣檐是立柱高度的四分之一，其所有构件都雕刻得别具匠心；檐底托与我见过的所有其他的都不同，这种异乎寻常的变形非常优美；虽然柱头是橄榄叶，檐底托却刻着橡树叶。在仰杯线脚上有一条带雕饰的凸圆线脚而不是顶口线，这种做法极少在楣檐中看到。山花做得恰如上文所引维特鲁威的教导，山花斜檐的高度是楣檐长度的九分之一①。门的边框或边壁柱的正面宽度是门洞净宽的六分之一。[153] 这扇门有大量美丽的装饰，雕刻精良；在其楣檐之上对正边壁柱轴线的是两块枢石，雕刻得像楣基，从楣檐向前挑出；它们各有一个方窝，边长十寸半，我猜想古人在其中插上直抵地面的门枢，加出一个临时小门，可以挪走或装上，它一定做得像百叶门**[gelosia]**，使站在外面的人们可以看到神庙里发生了什么事而又不干扰里面的祭司。

有六幅这座神庙的木刻图。第一幅是平面图。第二幅是正面的立面图。第三幅是侧面的立面图。第四幅是一些细部。

A 是立柱的柱础
B 柱座的座檐
C 柱座的座础

在这些旁边是柱头的四分之一的立面图和平面图设计。第五幅是楣基、楣腰和楣檐。第六幅是门的装饰。上方的卷叶纹是刻在立柱之上围绕整座神庙的楣腰上的。

E 凿了窝的枢石，对正边壁柱，放在门的楣檐之上，其出涩比它[154]的出涩更大。

---

① 《建筑十书》3.5.12，参见陈平译本，第 96 页。

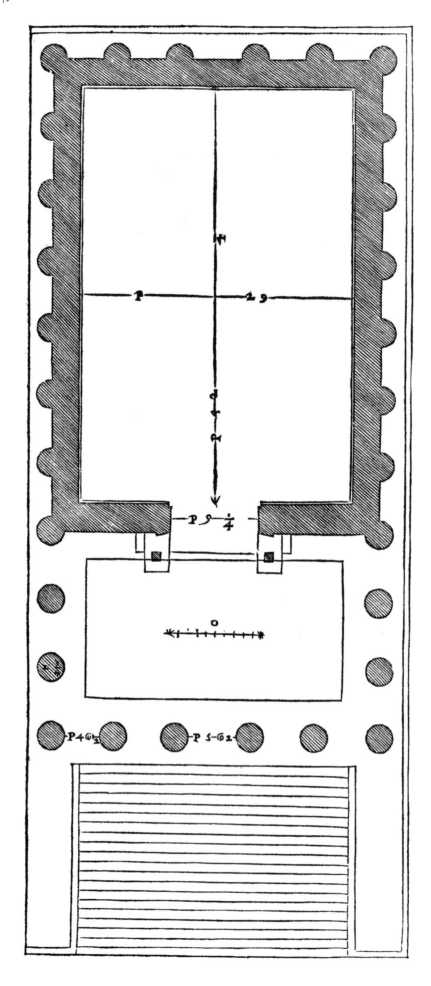

第四书

建筑四书

第四书

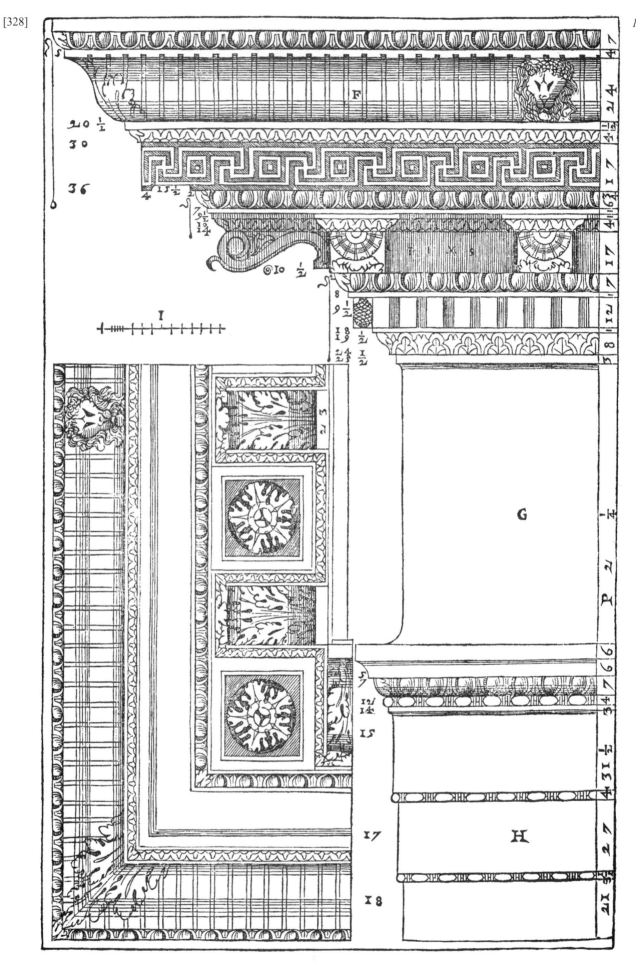

第四书

[329]

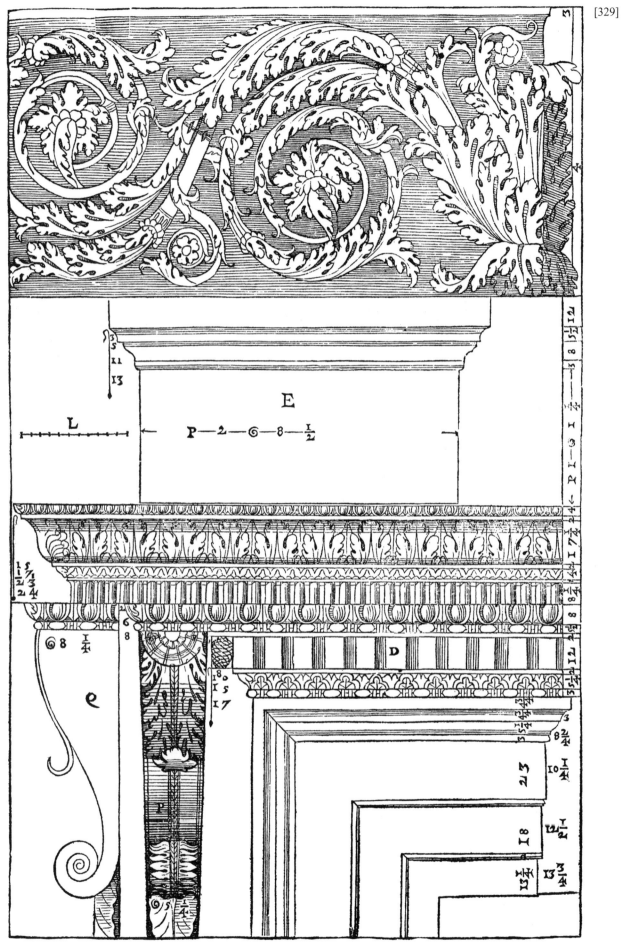

117

369

第二十九章　位于尼姆的另一座神庙

下面的设计图表示位于尼姆的另一座神庙，市民称作维斯塔神庙，[155] 我认为这不可能是真的，不仅因为古人为她建造圆形神庙以比拟地球这个星球，他们说维斯塔是其神祇；还因为该神庙三面有通廊[andido]围绕，通廊用连续墙封闭起来，墙上的门对着内殿的侧面；内殿的大门开在正面，如此一来它无法接受任何方向来的光线；人们无从解释为什么非要为维斯塔建造特别暗的神庙；正因此故，我认为它更可能是用来奉祀一位冥界神祇。神庙内部有几个罩式神龛，其中一定曾有雕像。正对大门的室内立面分为三部分；中间部分的地面或地坪与神庙其余部分在相同高度上，另两部分的地面高度与柱座相等；[156] 可以经由从通廊上起步的两处阶梯登上那个高度，那通廊，正如我说过，布置在神庙周围。柱座高度稍大于立柱长度的三分之一。立柱的柱础是阿提卡式与爱奥尼亚式的组合体，且有非常漂亮的轮廓；柱头也各不相同，雕刻得非常精细。楣基、楣腰和楣檐未做浮雕，围绕内殿的罩式神龛上的装饰也同样省了工。在入口对面的立柱后面，设有用我们（基督徒）的说法称主祭坛的祭拜室，有方立柱[pilastro quadro]，其柱头与圆立柱的不同，而它们自己也互有差别，因为靠近后者的两根方柱的柱头雕刻与另两根的不同；但它们都有美丽而优雅的形状，而且设计得这样好，我不认为我见过的这类柱头中有更好或做得更明智的。这些方柱要承受两侧祭拜室的楣基的重量，这些祭拜室就是，如我刚才所说，从两侧通廊经由阶梯登上去的那两间，因此方柱的宽度比圆立柱的粗细要大些，这一点非常值得注意。围绕内殿的立柱支撑着几道用料石砌筑的券，这些券之间铺了石板，构成神庙的大拱顶。该建筑整体都是用料石建造的，覆盖着以层层搭叠的方式铺设的石板，这样使雨水无法渗透。

我为这两座神庙煞费苦心，因为它们在我看来是值得认真研究的建筑。我们从中可以了解到，那个时代独有的特点就是古人明白如何在任何基地上适当地进行建造。我作了五幅木刻图表示这座神庙。第一幅是平面图，第二幅是正对大门的室内半边立面，第三幅是室内侧面的局部立面图，第四幅和第五幅是罩式神龛、立柱和祭拜室天棚的装饰，都用字母标记了。画在柱座的座身旁的轮廓图，表示的是方柱上的楣基、楣腰和小楣檐，也就是在室内侧面的设计图中标为 C 的那个。

A 是立柱上的楣基、楣腰和楣檐
B 立柱的柱头
P 其[即柱头的]平面图
D 立柱近旁的方柱的柱头
E 另外（距立柱较远）的方柱的柱头
F 立柱和方柱的柱础
G 是柱座
H 是围绕神庙的罩式神龛的装饰①
S 是主祭拜室的罩式神龛的装饰②
M，R 和 O 是祭拜室天棚的分格天花

---

① 此图中其山花为三角形，但在第三幅图中为弓形。
② 即第二幅图居中那间壁龛之上的装饰。

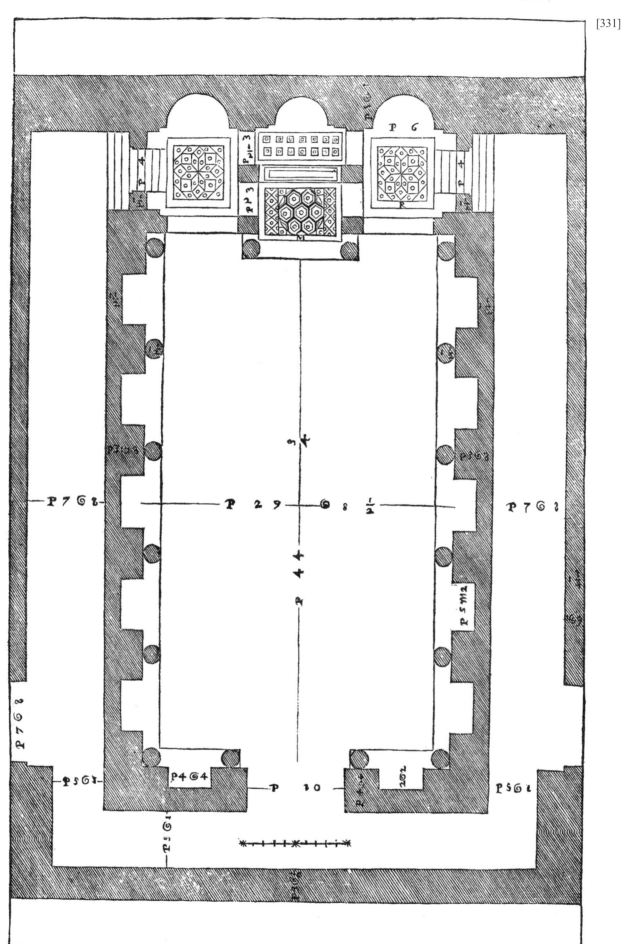

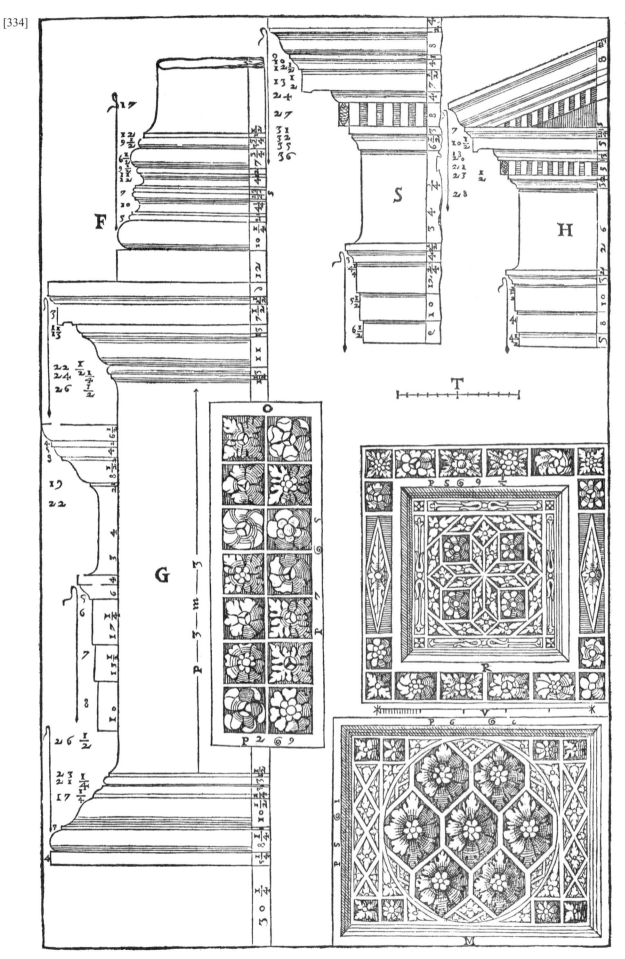

第四书

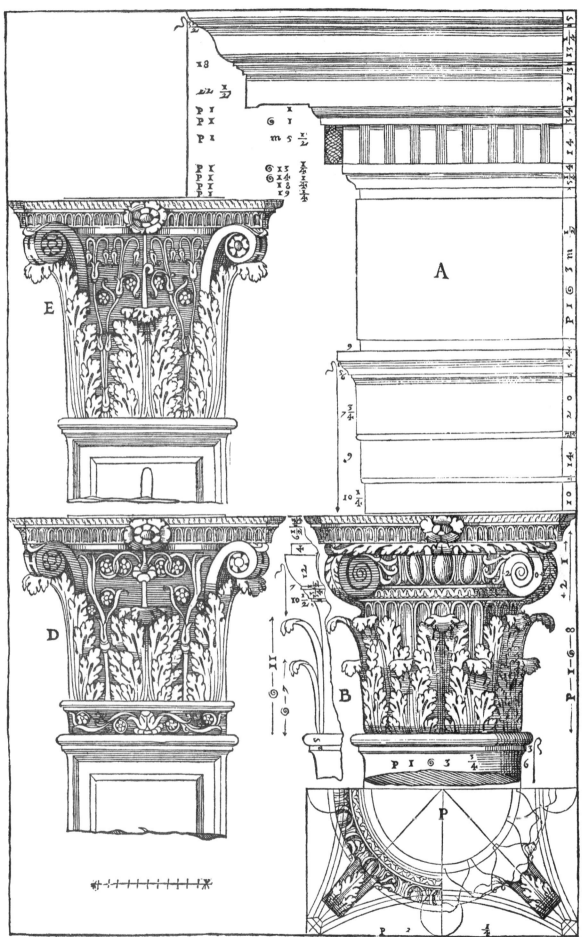

第三十章　罗马城的另两座神庙，先说孔科尔狄娅神庙

除了上面我在讨论罗马城的神庙时所谈到的那些之外，在坎皮多利奥丘脚下，塞普提米乌斯凯旋门（Arch of Septimius）附近，刚好在罗马广场开始的地方，还能看到下面这座神庙的列柱廊立柱。据一些人的说法，该神庙是由弗里乌斯·卡米卢斯（F. Camillus）为了履行他的誓约而建造，奉祀和谐女神孔科尔狄娅（Concord）的①。[157] 在这座神庙中经常讨论有关公众的大事要务，由此可推断它是献祭过的，因为祭司只允许元老院在献祭过的神庙里举行会议，讨论公共事务。古人只献祭那些经过占卜的神庙，因此在这种情况下建造的神庙也称作元老院议事堂（Senate Chambers）。在装饰它的许多雕像当中，作家们提及的有暗夜女神拉托娜（Latona）②怀抱着她的孩子阿波罗和狄安娜；有阿斯克勒庇俄斯和他的女儿健康女神许癸厄亚（Hygeia）；[158] 有马尔斯、弥涅尔瓦、谷物女神克瑞斯（Ceres）、墨丘利；还有胜利女神维克托里亚（Victory），她的雕像放在列柱廊的山花上，在马尔库斯·马塞卢斯（M. Marcellus）和马尔库斯·瓦勒里乌斯（M.Valerius）的执政官任期中被雷电击中。通过楣腰上依然可见的铭文来判断，这座神庙曾被火烧毁，后由元老院和罗马人民下令修复，如此缘故让我相信这不是以它之前同样美观和完善的水平重建的。铭文内容如下：

S.P.Q.R. INCENDIO CONSVMPTVM RESTITVIT

也就是，元老院和罗马人民修复这座被火烧毁的神庙。柱间距小于两个柱径。立柱的柱础是阿提卡式与爱奥尼亚式的组合体；它们有点不同于通常的类型，但还是十分优雅。柱头可以说是多立克式与爱奥尼亚式的组合体，雕刻精美。正立面外侧的楣基和楣腰的全都在同一个面上，它们之间也没有做区分；这样做使得底子很宽，好在那里放得下铭文；但在内侧，也就是在列柱廊下，楣基和楣腰被区分开，还加入了在其设计图中能看到的线脚。楣檐是素平的，也就是没有线脚。内殿墙壁上完全看不出古代部分，它们后来以低标准重建；不过，我们还是可以看到它曾经必定是怎样的。

我作了这座神庙的三幅木刻图。第一幅表示平面图。

G　是列柱廊下（内侧）的楣基和楣腰（图中标注字母类似C）

第二幅是神庙正面的立面图。第三幅是细部。

A　是围绕着整座神庙的基座

B　是柱础

C　是柱头的正面

D　是柱头的平面

E　是拿掉涡卷饰的柱头的轮廓

F　是（外侧的）楣基、楣腰和楣檐

---

① 参见普鲁塔克《希腊罗马名人传》第四篇，第二章，席代岳译，吉林出版集团，2009 年，第 278 页。
② 希腊女神勒托（Leto），宙斯（即尤皮特）的妻子之一，阿波罗和阿尔特弥斯（即狄安娜）的母亲。赫西俄德（Hesiod）称其为"爱穿黑色长袍的"（《神谱》405 行），参见《工作与时日·神谱》，张竹明、蒋平译，商务印书馆，2006 年，第 39 页。

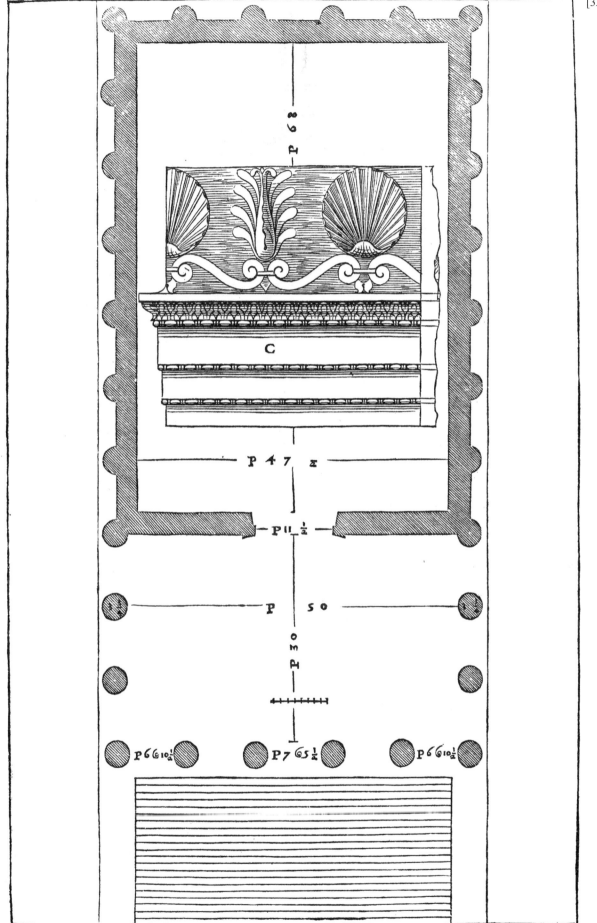

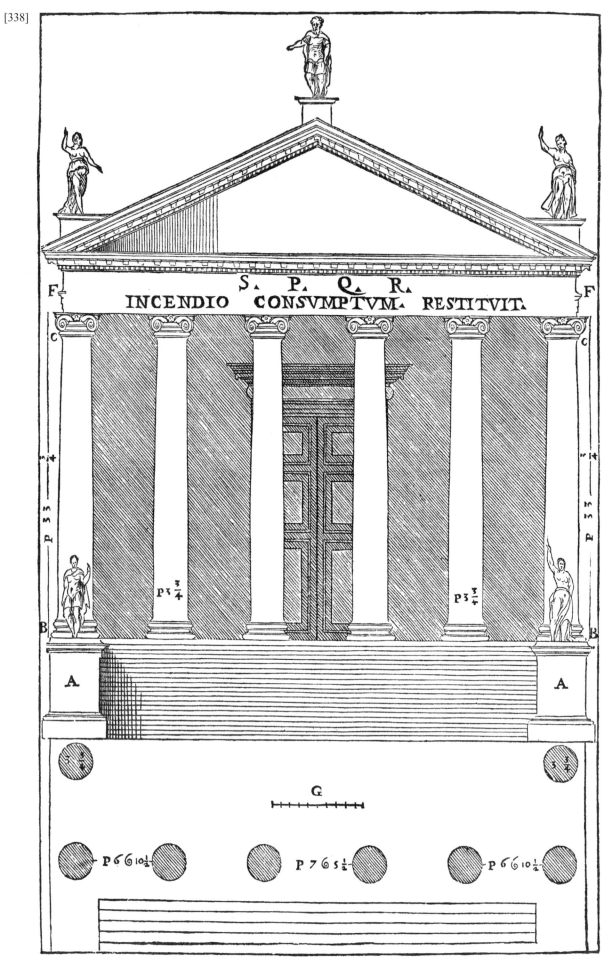

第四书

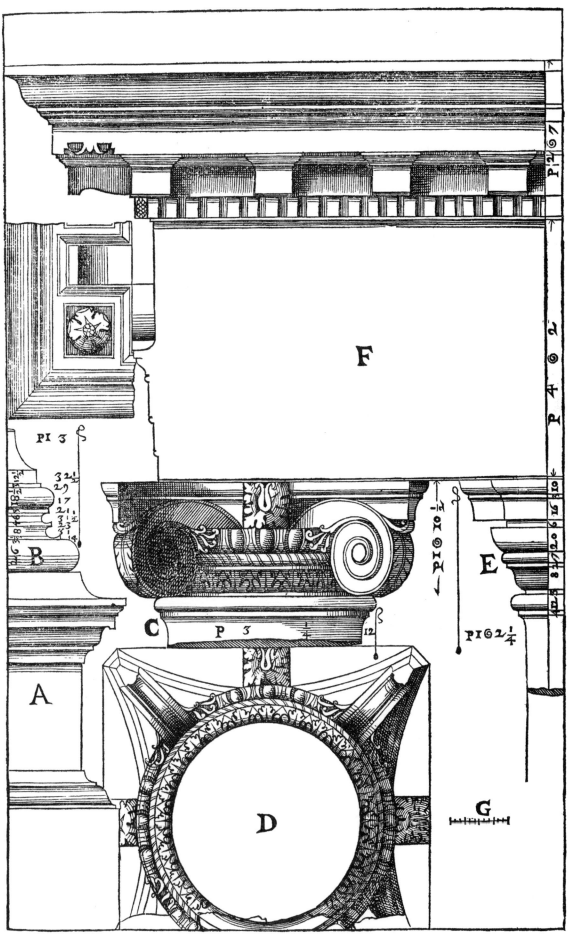

第三十一章 尼普顿神庙

在前面已经给过设计图的复仇者马尔斯神庙对面，一片称为"泥塘里"（in Pantano）的基地上，位于马尔福里奥（Marforio）①后面，[159] 在古代，曾有下面这座神庙，它的基础在为营建一座房屋开挖地基时被发掘出来了；还在那里发现了为数众多的大理石制品，全都是以最高水平加工的。不知道是谁建造了它，也不知道它奉祀哪一位神祇，不过在其楣檐的仰杯线脚的残片上可以看到刻有海豚，而且在某些残片上海豚与海豚之间还有三叉戟，因而我愿意相信这是奉祀海神尼普顿（Neptune）的。[160] 它的外观是围廊列柱式，品类属于密柱距式。柱间距比一个半柱径小十一分之一柱径，我想这是非常值得注意的，因为我从没有在任何古代建筑中见过这么小的柱间距。看不到这座神庙有任何部分现在还竖立着，但是可以从它众多的残迹中着手了解其总体情况，即平面、立面和细节，这些都是凭高超的技能实现的。

我作了它的五幅木刻图。第一幅是平面图。第二幅是列柱廊外部的半边正立面图。

D　是门（楣）的轮廓 [modeno]

第三幅是列柱廊下正面的半边立面图，即将首排 [primo][161] 立柱移开后看到的。

A　是对应于列柱廊立柱而围绕神庙内殿的壁柱的轮廓

E　是从外看的内殿墙壁的轮廓 [profilo]

第四幅是细部，即装饰。

A　是柱础

B　是柱头，之上是楣基、楣腰和楣檐

第五幅是围绕内殿的列柱廊天棚的分格天花和浮雕。

F　是分格天花的侧面轮廓

G　是分为十二寸的（比例）尺

H　是柱头之间楣基的底面

---

① 一座古代的大理石河神像，今藏于坎皮多利奥广场文物保存宫（Palazzo dei Conservatori）的庭院中。

第四书

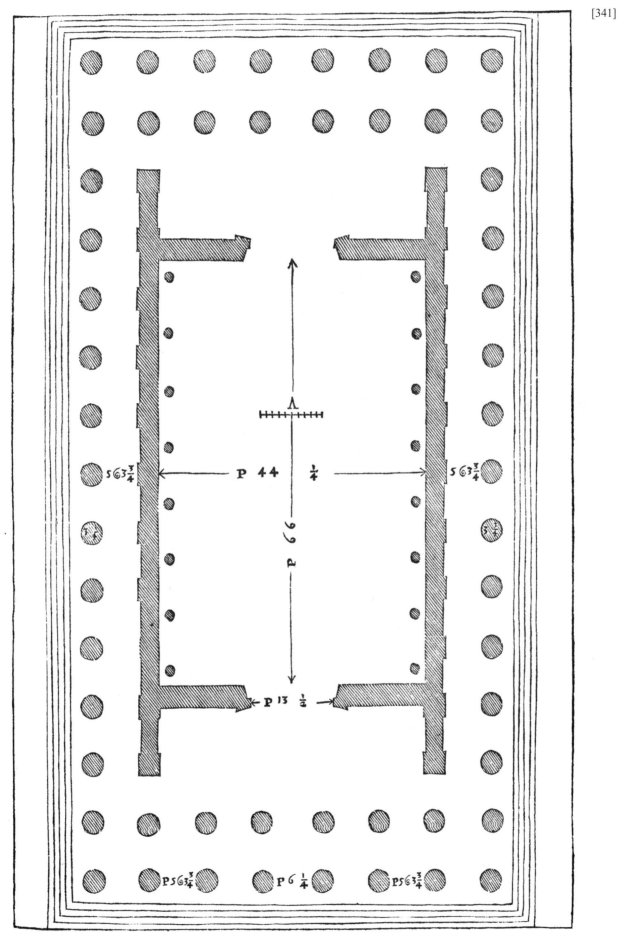

建筑四书

130

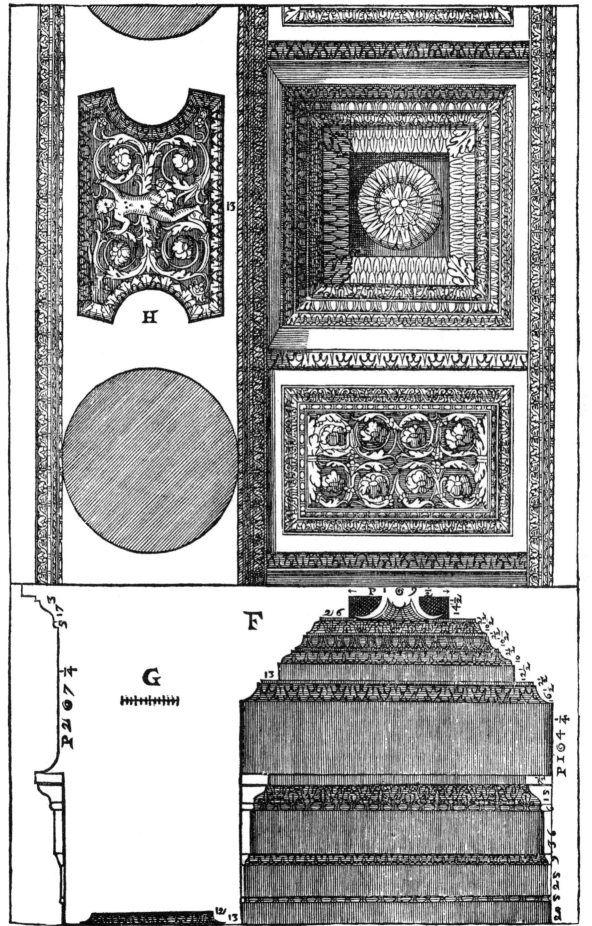

[346] 安德烈亚·帕拉第奥的建筑第四书终于此美德女王图标

威尼斯，多梅尼科·德弗兰切斯基（Domenico de' Franceschi）印坊

1570 年

注 释[①]

第一书

1. 前两卷题献给贾科莫·安加拉诺，第三、四卷题献给埃马努埃莱·菲利贝托·迪萨沃亚（Emanuele Filiberto di Savoia）。帕拉第奥与安加拉诺的关系，见 Zorzi 1965，263—266；Zorzi 1968，78—80；Puppi 1986，25，n. 83。

2. 帕拉第奥的成长岁月，见 Puppi 1986，7ff；Forssman 1965，12—18；Barbieri 1967；Tavernor 1991，18ff。

3. 帕拉第奥的四个主要来源是：维特鲁威的《建筑十书》（帕拉第奥配合达尼埃莱·巴尔巴罗编著了这部论著的评注版：Barbaro 1987）；阿尔伯蒂的《论建筑》（见如，Wittkower 1977，13，18—19，74，83，123）；塞利奥的《第三书》和《第四书》（*Terzo and Quarto libro*）（Puppi 1986，12；Tavernor 1991，各处），以及维尼奥拉的《建筑五种柱式的规范》（*Regola delli cinque ordini d'architettura*）（Forssman 1962，33）。

4. 帕拉第奥极可能在1541年、1545年、1546—1547年、1549年和1554年访问罗马：Gualdo 1958—1959，93—104。关于他更广泛的旅行，见 Zorzi 1958，15ff；Pane 1961，17—18；Puppi 1986，441。

5. 关于帕拉第奥的测绘图，见 Zorzi 1958，33ff；Lotz 1962，64—65；Forssman 1965，168ff；Spielmann 1966，各处；Burns 1973a，136—137；Burns et al. 1975[②]，85；Lewis 1981。

6. 这段话的意义并不完全清楚：帕拉第奥是说（1）废墟，恰恰因为它们已经成了废墟，证明蛮族是如何地具有破坏性；还是说（2）废墟，尽管遭受蛮族的破坏，仍然因为罗马的技能而壮丽呢？在前一句中他似乎是说第一个意思，但在下一句中是后一个意思。他在别处很明确地表示罗马时代以后蛮族所作所为恶劣且"barbara crudeltà"（野蛮残酷）；在Ⅰ，5 的 *proemio*（前言）中提到"barbare inventioni"（野蛮的发明）。还有人持类似观点：塞利奥在其《第三书》的 *frontispezio*（扉页），Serlio 1566，50r—v；另见（拉斐尔）《致教宗利奥十世的信》("Letter to Pope Leo X")，*Scritti rinascimentali*[③] 1978，473ff。

7. virtù 这个词在这里很难直译。对于建筑实践，*virtus* 的重要性用卷首页上拟人化的美德女王明确表示出来。建筑师的 **virtù** 与教育，见 Barbaro 1987，2—5；Alberti 1988，3 和 315（9.10）；Rusconi 1590，1。另见 Alberti 1988，426；Tavernor 1991，20。

8. 比较前注6，帕拉第奥在那里对比了罗马人的成就与随后优秀建筑的"野蛮的"衰败。

9. 比例在当时对于帕拉第奥的建筑的意义，见 Howard and Longair 1982；Tavernor 1991，37—42。

10. 1566年瓦萨里在威尼斯，并且可能见过帕拉第奥已建成的建筑，甚至可能遇见过他：Puppi 1973b，174；Puppi 1973c，329—330。

11. 关于威尼斯的神话，见 Puppi 1978，73ff；另见 Bettini 1949，55ff；Pane 1961，各处；Forssman 1965，130ff 及各处；Ackerman 1966，各处。

12. 通常称为雅各布·圣索维诺（1486—1570）。

13. 圣马可图书馆（Library of St. Mark）和新市政大厦。

[①] 注释中的脚注和小字号夹注为中译者注。注释中的古代作家名译出，近现代文献作者名不译。
[②] 即 Burns, H., B. Boucher, and Fairbairn, L., 1975. *Andrea Palladio 1508-1580: The Portico and the Farm-yard*. London，见参考文献。
[③] 可能是指 Scritti rinascimentali di architettura，见参考文献。

14. 关于圣索维诺与帕拉第奥，见 Zorzi 1965，47；Lotz 1961，1966 和 1967；Barbieri 1968；Tafuri 1969b，54；Tafuri 1973。

15. Puppi 1973d，各处；Burns et al. 1975，9—12；Puppi 1986，8ff；Boucher 1994，39ff。

16. Morsolin 1878 和 1894；Puppi 1966，7—9；Puppi 1971；Puppi 1973d，79—86；Ackerman 1972，4ff；Tafuri 1969a，120；Tavernor 1991，19ff；Boucher 1994，13 和各处；Moresi 1994。

17. Zorzi 1965，204ff；Zorzi 1968，109；Puppi 1986，252。

18. 对安泰诺雷·帕杰洛所知甚少，可参见 Da Schio[①]。

19. Zorzi 1965 和 1966，各处。

20. 埃利奥·贝利（Elio Belli）和瓦莱里奥·贝利（Valerio Belli），后者又称瓦莱里奥·维琴蒂诺（Valerio Vicentino），是米开朗琪罗（Michelangelo）和拉斐尔的密友，见 Barbieri 1965。

21. 见 Da Schio：《阿拉曼尼颂》（*La Alamanna*）出版于 1567 年。

22. 见 Da Schio。

23. 在此间即指在地上，而不是在天上。

24. 另见下文 II，45；并比较 Alberti 1988，23（1.9），119—121（5.2）；Tafuri 1969a，123—124。

25. 实际上，帕拉第奥没有出版他讨论这些主题的著作，推测这个夙愿是由于他的去世而告终。他在文中几次提到他的"论古迹的书"（I，12，19，49，52；III，前言）；"论神庙的书"（I，33，64；III，32）；"论浴场"（III，45）和"论圆形剧场"（IV，25，98）。据 Gualdo 1958—1959，93—94，他已为关于"古代神庙、拱门、陵墓、浴场、桥梁、塔和其他公共建筑"的一卷准备了材料：这些成了伯林顿勋爵收藏的图集，他出版了《维琴察的安德烈亚·帕拉第奥绘制的古代建筑》（*Fabbriche antiche disegnate da Andrea Palladio vicentino*）（伦敦，1730）；见 Lewis 1981。

26. 此处帕拉第奥明确指出了自己的读者是谁：见专用词汇表前言。相比而言，阿尔伯蒂虽然也很明确，但不是为工匠写作，而是为更有学识的读者："我已经告诉你们，我希望所用的拉丁语尽可能明确，以便容易理解"（Alberti 1988，186（6.13））。

27. 尤其是 Vitr.[②] 6.3。

28. Vitr. 1.3，1.2（应为 1.3.2）；Barbaro 1987，27f；比较 Alberti 1988，9（1.2）。

29. 比较 Vitr. 1.2 和 1.4（应为 Vitr. 1.2.2 和 1.2.4）；Alberti 1988，156（6.2），301ff（9.5），和 420，词汇表 "美与装饰"（Beauty and ornament）条目。

30. 比较 Alberti 1988，34（2.1）；Barbaro 1987，26ff。

31. Vitr. 2.3—10；Alberti 1988，38—58（2.4—12），65—66（3.4），75—79（3.10—11）。

32. 即，黎明。

33. Vitr. 4.2；Alberti[③] 38—46（2.4—7）。

34. Cataneo 的部分，*Trattati*，1985，266ff。

35. Vitr. 2.3；Alberti 1988，50—52（2.10）。

36. 另见 Cataneo 的部分，*Trattati*，1985，269ff。

37. Vitr. 2.6 和 5.12。"在巴亚和库迈一带的特拉-迪拉沃罗"邻近卡塞塔（Caserta），位于沃尔图诺河

---

① 即 Da Schio, G. "Memorabili." Manuscript，见参考文献。
② 指维特鲁威《建筑十书》。
③ 应指 1988 年英译版。

（Volturno）与弗莱格雷营地（Campi Flegrei）之间。

38. Cataneo 的部分，*Trattati*，1985，270ff。

39. 也就是，泥灰质和粘砂质白垩。

40. 维特鲁威更为详细：7.3—4。

41. Vitr. 2.5，Barbaro 1987，79f。

42. 氧化铅。

43. 二硫化钼。据老普林尼（Pliny）《博物志》（*NH*）① 34.18.173；塞尔苏斯（Celso）②《论医疗》（*De medicina*）5.15。

44. 老普林尼《博物志》2.67.167，2.108.242，2.1.5 等。

45. 即，用锤子。

46. 老普林尼《博物志》34.100ff.：镉黄为浓重的黄色颜料，正式名称是硫化镉（cadmium sulfide）。

47. 维吉尔（Virgil）《农事诗》（*Georgics*）3.28—29。

48. 比较下文 IV，73ff。

49. 帕拉第奥实际上是指元老院议事堂，后改为教堂，由教宗霍诺留斯一世（Pope Honorius I）献给圣阿德里安。至于萨图恩神庙，被帕拉第奥误认作孔科尔狄娅神庙（Concordia），见下文 IV，124。

50. 万神庙。

51. 老普林尼《博物志》9.40.139，34.3.6，特别是 34.3.8。

52. 字面意思，"纸片"。

53. Alberti 1988，63（3.2）。

54. 就像帕拉第奥在位于弗拉塔波莱西内的巴多埃尔别墅（Villa Badoer）所做的那样。

55. 比较下文 I，14。

56. 此处"Colonne"并不是指墩柱，值得注意的是，帕拉第奥从来不像许多建筑作家那样用"colonne quadrate"（方柱）表示墩柱。见专用词汇表。

57. 就像帕拉第奥在位于洛内多的戈迪别墅（Villa Godi）所做的那样，见下文 II，65。

58. 比较 Alberti 1988，64—65（3.3），68—70（3.6）。③

59. 本章内容比较 Vitr. 2.8 和老普林尼《博物志》36.51.171—173。

60. Vitr. 1.5，1.8，2.8；Alberti 1988，68—70（3.6）。

61. Vitr. 2.8。

62. 即，以丁面砌入。

63. 其实这些砖并不总是长方形，也可能是正方形：比较 Alberti 1988，52（2.10）。

64. 即，顺砖。

---

① 即 *Naturalis Historia*。
② 塞尔苏斯（Aulus Cornelius Celsus，约前 25—约后 50），罗马百科全书作家，其著作中唯有关于医疗的部分得以留存。
③ 这两处讨论了各种类型的地基以及基础和墙体的构造，但没有提到"在墙体厚度中"留通风井道，以及从底到顶设螺旋楼梯。

65. 比较 Serlio 1566，III，ff. 94—96。

66. 即，那些约束墙体的砌皮。

67. 比较 Serlio 1566，III，ff. 82—84。

68. 老普林尼《博物志》 36.51.172。

69. Vitr. 2.8.7。

70. 这种说法呼应了阿尔伯蒂在第三书中表达的人体与建筑之间的类比：见 Alberti 1988，421，词汇表"骨骼与嵌板"（Bones and paneling）条目。阿尔伯蒂在第 79 页（3.12）使用的术语是"韧带"，帕拉第奥用"nervi"（筋腱）与之对应。

71. 再次，对于维特鲁威的 *venustas*（美观），*commoditas*（适用）和 *firmitas*（坚固）的对应词，帕拉第奥在上文 I, 6 中首次使用：Vitr. 1.3 和 1.2，以及 Barbaro 1987，26ff；比较 Alberti 1988，9（1.2）。

72. Alberti 1988，181—182（6.12）。

73. Pellegrino 1990，418，及 189；Della Torre and Schofield 1994，207。

74. 加维凯旋门（Arco dei Gavi）。比较 Serlio 1566，III，ff. 112r—113。

75. 图拉真纪功柱（Trajan's column）在图拉真广场（Trajan's Forum）中央（见 Serlio 1566，III，ff. 76—77）。帕拉第奥所谓的"安东尼"纪功柱指的是科隆纳广场（Piazza Colonna，纪功柱广场）上的马尔库斯·奥勒留纪功柱（Column of Marcus Aurelius）。

76. 维罗纳的圆形剧场在当地被称作露天剧场。比较 Serlio 1566，III，ff. 82v—85v。

77. 比较 Cornaro 的部分，*Trattati*，1985，94；Alberti 1988，72—73（3.8）。

78. 比较 Alberti 1988，73—75（3.9）。

79. Alberti 1988，420，词汇表"美与装饰"条目，对美与装饰做了非常明确的区分。帕拉第奥使用这两个词语时区分不太明确：见下文专用词汇表前言。

80. 帕拉第奥与维尼奥拉一样，忽略了维特鲁威、阿尔伯蒂和塞利奥提及的立柱类型的拟人化基础：例如，见 Onians 1988。立柱的尺寸、间距和类型之间的关系与神庙的不同形式相关，他在下文第十四至十八章中做了陈述，总结如下：

立柱类型	立柱高度	神庙类型	柱间距
托斯卡纳	7 倍柱径	疏柱距式	4 倍柱径
多立克	7—8 倍柱径	宽柱距式	$2\frac{3}{4}$ 倍柱径
爱奥尼亚	9 倍柱径	正柱距式	$2\frac{1}{4}$ 倍柱径
科林斯	$9\frac{1}{2}$ 倍柱径	窄柱距式	2 倍柱径
组合式	10 倍柱径	密柱距式	$1\frac{1}{2}$ 倍柱径

81. 即，建筑的底层以上。

82. 比较 Cataneo 的部分，*Trattati*，1985，328。

83. 见下文 I，22—50；比较 Alberti 1988，25—26（1.10）和 183—188（6.13）。

84. 这是帕拉第奥避免技术奥语的一个明显例子，他用意大利语 **gonfiezza**——"鼓腹"——来代替维特鲁威的来自希腊语的 *entasis*（卷杀）：比较 Vitr. 3.4.13（应为 3.3.13）和 5.1.3。[①] 他追随了阿尔伯蒂在这方面开的头：Alberti 1988，186（6.13）："柱腹直径在立柱的中点以下，用这个名称是因为立

[①] Vitr. 5.1.3 实际上讨论的不是卷杀而是上下层叠柱式的缩分。

柱在那个位置仿佛外凸了"。

85. 帕拉第奥指的实际上是 Vitr. 3.3。

86. 例如，见 Alberti 1988，186（6.13）。

87. 见 E. Bassi 的部分，*Trattati*，1985，165ff。

88. 也就是，随之的间距分别指：密柱距式、窄柱距式、正柱距式和宽柱距式：比较 Vitr. 3.3。

89. Vitr. 3.3 和 3.11。

90. "Aere, che sarà tra i vani"：字面意思，"the air that will be between the spaces"（空气会在距离之间），这不符合英语习惯，但推测意思是，空气形成了更大空隙。

91. Vitr. 3.3；Alberti 1988，200（7.5）。

92. 帕拉第奥用 *pilastro* 这个词似乎是指带墩柱的敞廊（见专用词汇表：**pilastro**），而墩柱的宽度总体不得少于其间距的三分之一。见如，帕拉第奥的卡尔多诺（Caldogno）别墅和马尔切洛（Marcello）别墅（不在《四书》中），还有皮萨尼别墅、萨拉切诺（Saraceno）别墅和戈迪别墅。比较 Alberti 1988，200—201（7.6）和 298ff（9.4）。

93. 帕拉第奥指的是维琴察附近的一座古代剧场。帕拉第奥与达尼埃莱·巴尔巴罗提出了古罗马剧场类型的理想化复原设计（Barbaro 1987，249）。另见英国皇家建筑师学会收藏的图纸，RIBA X 1r 和 2v。

94. 也就是位于圣玛丽亚-卡普阿韦泰雷（S. Maria Capua Vetere）[①]的那座，规模仅次于罗马的大斗兽场（Colosseum），帕拉第奥可能是在第二次去罗马时首度造访该城：Zorzi 1938，18。

95. 比较 Serlio 1566，III，ff. 69—71。

96. 帕拉第奥根据这座剧场的遗迹做过几个复原设计，见 RIBA IX 4，IX 10，IX 11，X 13，XII 22v；Spielmann 1966，112ff；Zorzi 1958，218ff。

97. Vitr. 1.2.4，3.1，3.3，3.7，4.3；以及 Alberti 1988，197f（7.5），他描述的柱间距没有采用模度。

98. RIBA X 8 可能是为本章预备的图纸。

99. 就像，例如，位于弗拉塔波莱西内的巴多埃尔别墅（Villa Badoer）那样。

100. "Il quale si fa à sesta."（用两脚规做这事）他在这里提到分规[②]，这是所描述的每种柱式的第一个细节。

101. 帕拉第奥在 I，12 已经提过。位于波拉的古代剧场中较大者在帕拉第奥的时代之后被毁：图示见 Serlio 1566，III，ff. 71v—73r，以及 Palladio，RIBA X 3，X 5。

102. 关于古迹的书，帕拉第奥没有出版，见前注 25。

103. Vitr. 4.3.1—2。RIBA X 9 和 X 6r（左）可能是为这一章预备的图纸。位于凡佐洛的埃莫别墅（Villa Emo）有带三条挑口饰带的楣基，以及符合多立克柱式的立柱高度，但缺少该柱式特有的三陇板和陇间板。

104. Vitr. 3.3 和 4；Barbaro 1987，146ff。基耶里卡蒂府邸（Palazzo Chiericati）的多立克式立柱分开三个柱径，但埃莫别墅柱廊的正中柱间空是两个半柱径。见 Forssman 1978，各处。

105. 见 Serlio 1566，III，ff. 113v—117r；Palladio，RIBA XII 17，XII 18，XII 19，XII 20。

106. Palladio，RIBA VIII 5，XI 5r—6，XIV 3v；Serlio 1566，III，ff. 58v—60r。

[①] 即 Santa Maria Capua Vetere。

[②] 见正文此处中译者注②。

107. Vitr. 3.5；比较 Alberti① 202—204（7.7）；Barbaro 1987，III，3；Cataneo 的部分，*Trattati*，1985，352ff；Serlio 1566，IV，f. 139r。

108. "Facendola"："使它"，推测指的是楣檐。与 Vitr. 4.3 比较，帕拉第奥放大了楣檐。

109. 帕拉第奥在文本中用短语"prima fascia"（第一挑口饰带）来指较小的，也就是下面的挑口饰带，而用"seconda"（第二）来指较大的、上面的挑口饰带。图注的字母 L 和 M 把这种区分颠倒了，推测是笔误。另见专用词汇表 **primo** 条目。

110. 见 Palladio，RIBA X 6r（右），X 6v（左），X 7，X 10，XIII 19r（左）是为本章预备的图纸。位于以弗所的狄安娜神庙见 Vitr. 7.前言，12 和 16。帕拉第奥关于这种柱式的例子，很大程度上是根据位于罗马的丁男的福尔图娜神庙（Temple of Fortuna Virilis）、马塞卢斯剧场，以及 Vitr. 3.5 和 4.1。帕拉第奥将这种柱式普遍用于他的别墅柱廊。

111. Vitr. 3.3.6；Barbaro 1987，134ff。

112. 位于罗马的提图斯凯旋门（Arch of Titus），位于安科纳（Ancona）的图拉真凯旋门（Arch of Trajan）都是这种比例：比较下文Ⅰ，51。

113. 高：**grossa** 在这里一定是指高度，因为接着帕拉第奥描述了他在柱础垂直方向做的细分。见专用词汇表。

114. "La quarta e ottava parte"：字面意思是"四分之一加八分之一份"。

115. "前者的出涩量"，推测说的是上塌圆节。

116. Vitr. 4.5.3；Barbaro 1987，153。

117. 比较 Barbaro 1987，152—153。

118. 下文 IV，48ff。

119. **Grossa**：在这里指高度，而不是厚度。见专用词汇表。

120. 帕拉第奥在文本中用短语"prima fascia"（第一挑口饰带）来指最小的，也就是最下面的挑口饰带，而用"terza"（第三）来指最大的、最上面的挑口饰带。图上标注的字母 K 和 M 把这种区分颠倒了，看来是笔误。（见前注 109，以及专用词汇表 **primo** 条目。）

121. 比较 Vitr. 4.1。为这一章预备的图纸见 RIBA X 11，XIII 17，XIII 19r，XIII 19v（左）。

122. Vitr. 3.3.2；Barbaro 1987，123ff。

123. 比较下文Ⅰ，51。

124. 本章的主要依据是 Alberti 1988，200—202（7.6）。帕拉第奥预备的图纸见 RIBA X 6v（右），XIII 14，XIII 19r（右），XIII 19v（右）。

125. Vitr. 3.3.2；Barbaro 1987，123ff。

126. 在Ⅰ，42 帕拉第奥用 **membretto** 这个词来指附在墩柱上的侧边壁柱，所以在这里他说券脚石的高度等于这些墩柱侧贴的宽度。

127. 帕拉第奥似乎是指这么一个事实，即凸圆板的出涩超出柱顶板的曲边的最深处。

128. 见 RIBA X 6v（右）。

129. Serlio 1566，III，f. 99r；Barbaro 1987，207—209。

130. 图拉真凯旋门：Serlio 1566，III，ff. 107v—109r。

---

① 应指 1988 年英译版。

131. 见 RIBA XII 8，VIII 20v。

132. 也称塞尔吉凯旋门（Arch of the Sergii），或竞技场门（Porta Aurea）：见 RIBA XII 9，XII 10r，XII 10v，VIC，D29，D 23r；Serlio 1566，III，ff. 109—111。

133. 大斗兽场：Palladio，RIBA VIII 14r—17；Serlio 1566，III，ff. 77—81。

134. Barbaro 1987，207—209。

135. 实际上是 Vitr. 5.6.6——维特鲁威用的词是"podium"；Barbaro 1987，223ff。

136. Palladio，RIBA XII 5，XII 5r，VIC，D 14r，D 15；Barbaro 1987，207—209；Serlio 1566，III，ff. 105v—107r。

137. 感觉似乎是，柱座为立柱高度的"两份加半份"（two and a half parts）要大于立柱高度的三分之一；但未说明是几份中的两份半：Ware1738，25 将这个分数翻译为立柱高度的五分之二，这个译法似乎没道理。①

138. 这一观念源于维特鲁威关于建筑起源的说法：Vitr. 4.2。

139. 比较 Alberti 1988，119—121（1.9）。

140. 推测意思是"比楣檐出涩更大"（projecting out further than the cornices）而不是"从楣檐上面"（from above the cornices）。

141. 帕拉第奥这段话受了阿尔伯蒂所谓 *varietas*（变化）的影响，见 Alberti 1988，20ff 和 313f（1.8 和 9.9），以及 426，词汇表"变化"（Variety）条目。

142. 例如，位于罗马的总理府（Cancelleria）的转角墩柱。

143. 比较 Alberti 1988，119—121（5.2），其译文采用的术语是"Salon"（沙龙），而不是"大厅"，因为阿尔伯蒂认为，这个词源自动词 *saltare*，跳舞。在阿尔伯蒂看来，每个人都可以靠近敞廊和前轩（vestibule）一带，而庭院、中庭及大厅只为房屋的居住者使用。

144. 帕拉第奥推荐圆形、正方形和具有以下比例的矩形：$\sqrt{2}:1$，3:4，2:3，3:5，1:2。比较 Vitr. 6.3.3；Alberti 1988，306—308（9.6）；Francesco di Giorgio 1967，II，346 和 Serlio 1566，I，f. 15r 中提出的不同比例；另见 Howard and Longair 1982。

145. 字面意思是"在其他居室后面的居室"。

146. 字面意思是"比居室地面的其余部分"。

147. 这种计算是对 Alberti 1988，296f 和 306f（9.3 和 6）的简化；另见 Barbaro 1987，314—317。

148. 从帕拉第奥手稿作"il volto"，而非本书印刷的"in volto"。

149. 帕拉第奥在此列举了六种拱顶，但给了我们七幅插图；令人困扰的是在本书别处，他还提到其他类型的拱顶：见专用词汇表，**volto**。

150. 在第三幅插图中，帕拉第奥表示了覆盖居室的交叉筒形拱顶的宽和长为 3×4 个单位。

151. 在最后一幅插图中帕拉第奥表示的拱顶显然是筒形拱顶，如果这幅插图是其说法"volto a fascia"的正确图示，那是不寻常的，因为大多数的论著作家采用的说法是"volto a botte"。

152. 第四幅插图看来是表示"volto a remenato"——弓形或扁圆形拱顶——因为它的 **freccia**（矢高）大于它所覆盖居室宽度的三分之一（因而就不是他此处所说的 **volto a conca**（船底形拱顶），但小于一半（因而就少于半圆，不是 **volto ritondo**（圆形拱顶））。帕拉第奥的图示是混乱的，因为他在拱

---

① 原文 ove i piedestili sono per le due parti e meza dell'altezza della colonne，这种说法在语法上也许不够严格，但韦尔将 per le due parti emeza 理解为五分之二即"2.5 分之一"（正是大于三分之一）并非完全没道理，而巧合的是这个比例与该凯旋门的实际情况也比较接近。

顶的两端都画了凹弧线，所以，也可以说它代表 **volto a schiffo**（船底形拱顶）（见 II，38，52）。

153. 前两幅插图表示的拱顶是 "ritondi"（正圆形）或 "tondi"（圆形）。在第一幅中，居室和圆顶（cupola）的拱脚（base）是圆形的，尽管拱顶不是很饱满的半圆，但可能其本意却是；在第二幅中，居室是正方形而拱顶的拱脚是圆形。因此术语 "tondo" 和 "ritondo" 指的是所说圆顶的平面，而不是立面。帕拉第奥在下面几行解释了第二种形式的拱顶，他提到一个提图斯（图拉真）浴场的例子：拱顶的拱脚是圆形的，落在拱隅上，它们支撑着拱脚圆形的约一半周长；拱顶的顶部是平缓的（**remenato**），而越是接近拱脚处越是弯曲。该插图表示与居室墙面平行方向的拱顶剖切面。所以，这种拱顶是帆形拱顶（sail vault）（实际上，是一种 **volto a vela**（帆拱上的拱顶））。

154. 第六幅插图表示一种支撑在扁平形连拱上的船底形拱顶，覆盖宽和长为 3×5 个单位的居室。

155. 第五幅插图似乎表示船底形拱顶，即他所说其矢高——拱顶的顶点与起拱线之间的垂直高度——为居室宽度的三分之一。我们对帕拉第奥的图示度量的结果表明该插图就是这种情况。

156. 实际上是图拉真浴场（Baths of Trajan）。见 Palladio，RIBA IV 1—3，IV 4，IV 5；Serlio 1566，III，f. 92v。

157. 帕拉第奥意欲在比例和几何上的完美与场所的实际需要之间取得平衡，这种用心在此表露无遗。另见 Burns et al. 1975，225；Cevese 1972。

158. Vitr. 4.6.1ff；Barbaro 1987，182ff 关于这一章的内容。

159. 位于蒂沃利的维斯塔神庙（Temple of Vesta）：见下文 IV，90。

160. 见上文 I，14。

161. Vitr. 4.6.1—6。

162. 关于巴尔巴罗，见其维特鲁威译注本的前言（Barbaro 1987）；以及 Tafuri 1966，200—210；Tavernor 1991，46—52。

163. 即，等腰三角形。

164. 即，在三角形的顶点。

165. 帕拉第奥此处显然在说凹圆线脚，虽然他实际上写的是"角 C"，但在图中是用 G 表示的。

166. 这个观察可能是来自 Barbaro 1987，300—304。比较 Francesco di Giorgio 1967，II，332。帕拉第奥可能是指他绘制过的位于巴科利（Bacoli）的 "piscina mirabilis"（惊人的水池）[①]：RIBA XIV 3r。

167. 比较 Vitr. 2.7.1，维特鲁威在该处谈到软石；Barbaro 1987，81—83。

168. 位于隆加雷-迪科斯托扎（Longare di Costozza）的弗朗切斯科·特伦托的扼风山庄（Villa Eolia）。

169. 见上文 I，14；比较 Alberti 1988，145—150（5.17）。

170. 比较 Alberti 1988，294—296（9.2）；Cornaro 的部分，*Trattati*，1985，97—98，Cataneo 的部分，*Trattati*，1985，328。楼梯的构造见 Alberti 1988，31—32（1.13），帕拉第奥大体上沿用并扩展了这一段落。

171. 字面意思是"一尺中的六寸"。

172. 字面意思是"较少累你的脚"。

173. 比较 Vitr. 9.2[②] 和 3.4.4。

[①] piscina mirabilis 是罗马人建造的最大的蓄水池之一，主要是为罗马海军驻扎在那不勒斯湾尤利乌斯港（Portus Julius）的西部舰队提供淡水。

[②] Vitr. 9.2 未涉及与踏步尺寸有关的内容。

174. Vitr. 3.4.4；比较 Alberti 1988，31—32（1.13）；Serlio 1566，V，f. 203r；Viola Zanini 1629，I，35，111。

175. "Rami"：字面意思是"分支"。

176. 更合适的称呼是阿尔维塞·科尔纳罗（Alvise Cornaro）（1475—1566），阿尔维塞等同于阿卢伊西奥（Aluisio）或路易吉（Luigi）：Fiocco 1965；Puppi 1966，9—11；Puppi 1973a，12ff。

177. Serlio 1566，VII，ff. 218—219；Tavernor 1991，21—24；Boucher 1994，12ff。

178. 马尔坎托尼奥·巴尔巴罗（1518—1595），达尼埃莱·巴尔巴罗的弟弟：《意大利名人传记辞典》（Dizionario biografico degli Italiani），6（罗马，1964），110ff；Puppi 1986，380。

179. 帕拉第奥的椭圆形楼梯设计，见 Chastel 1965，15—16；Bassi 1978。

180. 见下文 II，30 帕拉第奥的平面图。

181. 由法国国王法兰西斯一世建于 1520 年至 1530 年间。

182. 关于庞培柱廊的图纸，即古代的米努基亚柱廊（Porticus Minucia）的图纸，见 Peruzzi, U. A.①484r；Serlio 1566，III，ff. 75r—76r；Palladio，RIBA XI 1，XI 2；Günther 1981。

183. 关于梵蒂冈该楼梯的柱式，见 Denker Nesselrath 1990，27f，60f，78f。另见 Serlio 1566，III，f. 120r。

184. 帕拉第奥指的是奎里纳尔丘上的塞剌皮斯神庙（Temple of Serapis）；见下文 IV，41ff 他的图示；以及 Serlio 1566，III，f. 86v。

185. Vitr. 2.1.3，4 和 7；Barbaro 1987，68f。

186. 关于大英图书馆（British Library）所藏曾属史密斯领事（Consul Smith）的《四书》副本上的注释，见 Fairbairn 的部分，Burns et al. 1975，108—110。

第二书

1. 比较 Cataneo 的部分，*Trattati*，1985，325ff。

2. Vitr. 1.2.5—7，6.5.1—3。比较 Barbaro 1987，同处。

3. 比较 Vitr. 6.5.1—3；Barbaro 1987，同处。

4. 关于著名的建筑与人之间的类比，见 Vitr. 3.1；Filarete 1972，190—191；Alberti 1988，146，301f 和 309f（5.17；9.5 和 7）；Cornaro 的部分，*Trattati*，1985，93，103；Cataneo 的部分，*Trattati*，1985，302f。

5. 帕拉第奥写作"i soli"（太阳、阳光），我们不确定他为什么用复数形式。

6. 关于一年四季所用的居室及它们的关系，见 Vitr. 6.4；Alberti 1988，145—153（5.17.18）（应为 5.17—18）；Barbaro 1987，295。

7. Alberti 1988，140—141（5.14）。

8. 位于乌迪内的安东尼尼府邸建于 1556 年，但经很多改变后于 17 世纪才建成。Zorzi 1965，227f（图纸见 RIBA VII 25）；Puppi 1986，147—149。

9. 见上文 I，53—54。

10. 比较 Alberti 1988，140—141（5.17）；Cornaro 的部分，*Trattati*，1985，98 和 109。

11. 基耶里卡蒂府邸始建于 1551 年，1554 年中断，于 17 世纪末建成。Zorzi 1965，196ff；Harris 1971

---

① 指乌菲齐美术馆（Uffizi Gallery）。

（关于伍斯特学院收藏的图纸）；Cevese 1973，100ff；Burns et al. 1975，39；Puppi 1986，125—129；另见 RIBA VIII 11，XVII 5 和 8。帕拉第奥提到的瓦莱里奥·基耶里卡蒂，实为其父吉罗拉莫（Girolamo）之误。

12. 也就是，一道占建筑外立面整个长度的敞廊。帕拉第奥的双层柱廊来自 Vitr. 5.1.1 和（5.）6.8 对希腊集市广场（Greek forums）① 的描述；Alberti 1988，264（8.6）；Barbaro 1987，207。另见下文 III，32—33。

13. 帕拉第奥的说法 "bel sito"（美观的基地）似乎有些奇怪且夸张了，鉴于实际上在府邸前面有一个牛市场。②

14. 关于里多尔菲的活动，详见 Zorzi 1951，145；Zorzi 1965，198f；Magagnato 1968，174—175。

15. 即多梅尼科·布鲁萨佐尔齐（Domenico Brusazorzi）：见 Barbieri 1962，I，48；Crosato 1962，42—43；Zorzi 1965，199，n. 27；Carpeggiani 1974；Barioli 1977。

16. 即詹巴蒂斯塔·泽洛蒂（Giambattista Zelotti）：见 Barbieri 1962，I，50—53；Pallucchini 1968。

17. 关于波尔托府邸（节庆府邸（Festa）③，见 Pane 1961，159—160；Barbieri 1964a，332—333；Forssman 1965，88；Zorzi 1965，190f；Ackerman 1967b，58；Forssman 1967，247—248；Rupprecht 1971，306—307；Zocconi 1972；Puppi 1986，120f。该府邸始建于 1550 年，但从未完成。相关的图纸见 RIBA XVI 8d, XVII 3, 9r—v, 12, 17；另见 Cevese 1973，102—106，127；Forssman 1973a，13—21。

18. Prinz 1969。

19. 见上文 I，54。

20. Vitr. 6.7.4；Barbaro 1987，300f。

21. 对这座府邸所知甚少，它现在已几乎完全被毁，见 Bertotti-Scamozzi 1776—1783，4:35—36 的（测绘）图；Zorzi 1965，213；Puppi 1986，129f。

22. 关于建造时间和建设者的讨论，见 Zorzi 1937，122，173；Cevese 1952，39—50；Forssman 1962，33；Barbieri 1964b；Zorzi 1965，213ff；Magagnato 1966，16；Ackerman 1967b，57；Cevese 1973，95；Burns 1973b，181—182；Cevese 1976，9；Puppi 1986，93ff；*Giulio Romano* 1989，502f 中 H. Burns 的文章；Boucher 1994，49f。设计图另见 RIBA XIV 4，XVII 6—7，10。

23. 比较 Alberti 1988，152（5.18）。

24. 关于这些艺术家的作品，见 Cevese 1952；Crosato 1962，4—49；Magagnato 1966 和 1974；Zorzi 1965，209；Zorzi 1968，209；Saccomani 1972，68。

25. 见 RIBA XVII 10。

26. 瓦尔马拉纳府邸设计于 1565 年，始建于 1566 年。见 Magrini 1845，XXIV，n. 47；Zorzi 1965，247f；Ackerman 1967b，58；Gioseffi 1972，61；Cevese 1973，107ff；Burns et al. 1975，15；Puppi 1986，211f；Boucher 1994，266；Burns 1973a 及 Burns et al. 1975，235 中的 RIBA XVII 4r—v。

27. Marzari 1604，204；Mantese 1964；Zorzi 1968，131—132。

28. 阿尔梅里科别墅始建于 1566 年（？）：Magrini 1845，238—239；Isermeyer 1967；Mantese 1967；Semenzato 1968；Zorzi 1968，127ff；Cevese 1971，153—154；Cevese 1973，82；关于 RIBA XVII 9v 见 Burns 1973a，136 和 148；Burns et al. 1975，198；Puppi 1986，222f；*Andrea Palladio* 1990；Boucher

---

① 即通常所说的 Agora。
② 牛市场虽说不上什么美景，与帕拉第奥设计的其他几座府邸的基地相比至少还算开阔，何况再前面向东一点就是巴基廖内河，倒也不失为美观。
③ 帕拉第奥在维琴察为这个家族设计了两座府邸，另一座仅局部建成，规模较小，也未收入《四书》，或为区别，称此为 Festa（节庆府邸）。

注 释

1994，290f。

29. Forssman 1969，160；比较阿尔伯蒂对 *villa suburbana*（郊外别墅）的描述，Alberti 1988，145—147 和 294—296（5.17 和 9.2）。

30. 此处 **famiglia** 这个词可能指的是仆人，鉴于帕拉第奥实际上特别说明阿尔梅里科自己的家人此时都已经死了，而在帕拉第奥的其他别墅中地下的房间通常是留给仆人的。见专用词汇表。

31. 见上文 I，53。

32. 即洛伦佐·鲁比尼（Lorenzo Rubini）：见 Zorzi 1951。

33. Marzari 1604，169；Zorzi 1965，260—261；Mantese 1968—1969，235—238。

34. Burns et al. 1975，42；Puppi 1986，191f。

35. Marzari 1604，160；Zorzi 1965，255—256；Mantese 1970—1973，39ff。

36. 蒙塔诺·巴尔巴拉诺府邸始建于 1570 年；Zorzi 1965，255f；Ackerman 1967b，59；Cevese 1973，109—110；Puppi 1986，234f；RIBA XVI 14。

37. 关于托斯卡纳式中庭，见 Vitr. 6.3.1。Barbaro 1987，282—288 讨论了维特鲁威提到的五种不同的中庭。帕拉第奥说，他将讨论其中四种，排除了"atrio discoperto"（分水式中庭）。

38. 见 Vitr. 6.3.1[①]和 Barbaro 1987，284 和 288。帕拉第奥所设的比例将 **ale**，即侧通道，与 **atrio**（中庭）的中央空间分离开来（比较 Vitr. 6.4（应为 6.3.4））。

39. 在意大利语中，*convento* 这个词也可以指修道院。Zorzi 1965；Forssman 1971；Carboneri 1971；Bassi 1971；Cevese 1973；Puppi 1986，173f；Boucher 1994，172f。卡里塔仁爱修道院从 1561 年起修建。[②]

40. 比较 Vitr. 6.3.1 和 6.3.8[③] 以及 Barbaro 1987，283ff，注意，之所以称为科林斯式中庭，不是因为所用的柱式（此处是组合式），而是因为它两侧各有一列立柱。

41. 字面意思是"三份半长度中的一份"："una delle tre parti, e meza della lunghezza"。

42. 关于这种类型的楼梯，见 Bassi 1978。

43. 见专用词汇表：韦尔似乎把这个词译作"scale"[④]（阶梯），但推测其意思是巷道（passageway）。

44. 帕拉第奥在图中表示的屋顶结构的类型，见 Zocconi 1972。

45. 比较 Vitr. 6.3.2；Barbaro 1987，282f。

46. 关于 **oeci**，见 Vitr. 6.3.8—10。

47. 字面意思是"两份半中的一份"："per una delle due parti e meza"。

48. Vitr. 6.3.8—10 提到四柱式、科林斯式、埃及式和西济库姆式大厅。

49. Vitr. 6.4.1—2。

50. 比较 Vitr. 6.3.8。RIBA XIII 20v 是帕拉第奥的图示的预备图，附有类似的 didascalia（注解）（Zorzi，1958，315；Spielmann 1966，39）。关于帕拉第奥的这些大厅类型，见 Prinz 1969，373f。

51. Prinz 1969。

52. 比较 Vitr. 6.3.9。RIBA XIII 20 是帕拉第奥的图示的预备图（Zorzi 1958，314—315；Spielmann 1966，39）。

---

① 维特鲁威讨论中庭的长宽比例的内容是在 6.3.3 而不是 6.3.1。
② 大部未建成，已建成的中庭于 1630 年毁于火灾，残存的局部今为美术学院美术馆（Gallerie dell'Accademia）的一部分。
③ 维特鲁威在 6.3.8 讨论的不是中庭而是大厅的长宽比例。
④ 韦尔的译文是 stairs。

53. 帕拉第奥所说的半圆形其实是指弯曲成类椭圆形的拱顶；在 **volto a schiffo**（船底形拱顶）中这条类椭圆曲线在最高处是平坦的顶棚，在两侧形成凹圆形。

54. 尺寸见 Vitr. 6.3.3。①

55. 比较 Vitr. 6.3.9。关于 RIBA XIII 20r，见 Zorzi 1958，314 和 Spielmann 1966，39。

56. 比较 Vitr. 6.7；Cesariano 1521，103r；Barbaro 1987，294。

57. 比较波尔托府邸、瓦尔马拉纳府邸和卡普拉府邸：Forssman 1965，102；Pée 1941，102f。

58. 关于本章的来源，见 Forssman 1969，154f；Vitr. 1.4；Alberti 1988，151—153（5.18）。

59. "Vertuosi amici"（有德行的朋友），英译为 brilliant friends。

60. Vitr. 6.6；Alberti 1988，140—141 和 294f（5.14 和 9.2）。

61. Vitr. 1.4，按照 Barbaro 1987 同处的翻译；Alberti 1988，140—141（5.14）。

62. Alberti 1988，12—15（1.4）。

63. Vitr. 1.6.3；Alberti 1988，9—15（1.3—4）；Cataneo 的部分，*Trattati*，1985，193。

64. Vitr. 8.4；Alberti 1988，13—14，331—334（1.4 和 10.6）。

65. Vitr. 1.4.6f；Alberti 1988，15—17（1.5）。

66. Cataneo 的部分，*Trattati*，1985，193。

67. 比较 Alberti 1988，12—13（1.4）。

68. "两个太阳"：意思是，房子会接受到直射阳光和被附近岩石反射的间接阳光。

69. 这个观念的提出是在 Alberti 1988，23 和 140（1.9 和 5.14），来源于亚里士多德（Aristotle）的《政治学》（*Politics*）和柏拉图（Plato）的《法律篇》（*Laws*）。

70. 比较 Alberti 1988，141—143（5.15）。

71. 见上文 II，3；比较 Vitr. 6.6，按照 Barbaro 1987，297f 的翻译。

72. 此处帕拉第奥的措辞类似于 Barbaro 1987，298（comm.（评注））。

73. 比较 Alberti 1988，143f（5.16）；Barbaro 1987，298—299 (comm.)。

74. "Strepito"（喧闹）：这个词是帕拉第奥从 Barbaro 1987，299 学得的，虽然为何酒窖要远离噪音和骚动——如果是这个意思——还不清楚。

75. Vitr. 6.6.2②；Barbaro 1987，299。

76. 比较 Alberti 1988，150—151（5.17）。③

77. Vitr. 6.6.4；Barbaro 1987，299。

78. Alberti 1988，150—151（5.17）。

79. Barbaro 1987，298。

80. 位于巴尼奥洛的皮萨尼别墅是在 1542 年至 1545 年之间建造的，但改变很多：Dalla Pozza

---

① 维特鲁威在 6.3.3 讨论的是中庭的长宽比例，在 6.3.4 提到中庭的尺寸；但他没有提过大厅的尺寸，在 6.3.8 讨论了大厅的长宽比例。
② 维特鲁威只说酒窖应朝北，没有提到酒窖的具体构造。
③ 阿尔伯蒂谈到酒窖的构造原则，但未提及酿酒桶与储酒桶的位置关系及酒的流转方法。

1964—1965，203ff; Zorzi 1968，52; Puppi 1986，97f, Boucher 1994，89f。关于 RIBA XVI 7，RIBA XVII 2v，17 和 18r，另见 Barbieri 1970，70—72; Cevese 1973，56; Burns et al. 1975，187—189。

81. 巴多尔别墅从 1556 年起建造：Zorzi 1968，94; Burns et al. 1975，237; Puppi 1972; Puppi 1986，149f; Boucher 1994，141f。

82. 这位画家的独特性见 Puppi 1972，67f。

83. 帕拉第奥用了单数的 **frontespicio**，可是他肯定打算让正面和背面的敞廊都带有山花。不过，他很可能是笼统地说说在敞廊上面放"个"山花的可取性。

84. 泽诺别墅建于 1566 年之前：Zorzi 1968，184; Puppi 1986，214f。

85. 见上文 I，53—54。

86. 福斯卡里别墅建于 1560 年之前：Ridolfi 1648，Ⅰ，367f; Rearick 1958—1959; Crosato 1962，139; Pallucchini 1968，212; Zorzi 1968，151; Cevese 1973，125; Cevese 1976，59—60; Puppi 1986，167f; Boucher 1994，162f。

87. 见上文Ⅰ，53—54。

88. 本书中提到的该别墅尺寸与其实际尺寸极其一致：Forssman 1973c。

89. 帕拉第奥说，楣檐线脚形成山花；可能用英语更自然的说法是，楣檐线脚只是形成山花的底边；还可比较第四卷，注 143。

90. 巴尔巴罗别墅从 1557—1558 年起建造：Cessi 1961; Cessi 1964; Ackerman 1967a; Zorzi 1968，171—173; Fagiolo 1972; Cevese 1973，78f; RIBA XVI 5v 见 Lewis 1973; Huse 1974; Burns et al. 1975，196; Puppi 1986，155f; Boucher 1994，148f。一点也不提保罗·韦罗内塞对室内装饰的重大贡献，这种忽略令人讶异，并引发巨大争论：Pallucchini 1960; Oberhube 1968，等等。

91. 泉水池（nymphaeum）建于 1565—1566 年。

92. 字面意思是"两面都做成正面"。

93. 这种类型的柱头见 Della Torre 与 Schofield 1994，89。

94. 皮萨尼别墅 1555 年已建成：Magagnò 1610，3，55; Temanza 1778，318; Zorzi 1965，219f; Magagnato 1966，45，92—93; Cevese 1973，125; Puppi 1986，131f; Boucher 1994，129f。

95. 见上文 I，53—54。

96. 见上文 II，8。

97. 科尔纳罗别墅始建于 1552—1533 年：Zorzi 1968，192—193; Prinz 1969，380; Lewis 1972，382f; Cevese 1973，69; Puppi 1986，135f; Boucher 1994，134f。另见 RIBA XI 22v 和 XVI 5r。

98. 即，大厅两侧的走道。

99. 见上文 I，53—54。

100. *massara* 是 *massaro*（农夫）的妻子，推测指女仆、侍女、主妇。

101. 莫切尼戈别墅始建于 1559 年之后（?），但已毁；Zorzi 1968，90; Burns et al. 1975，222; Puppi 1986，138。

102. 埃莫别墅的建造时间是不确定且有争论的：可能是 1564 年。Crosato 1962，31ff; Pallucchini 1968，214f; Bordignon Favero 1970; Cevese 1973，126; Bordignon Favero 1978; Puppi 1986，194f; Boucher 1994，157f。

103. 萨拉切诺别墅的建造时间不确定，文献上反映的时间范围是在 1545 年之前到 1560 年：Zorzi 1968，72; Cevese 1971，124f; Cevese 1973，63; Puppi 1986，100; Boucher 1994，97f。

104. 拉戈纳别墅的建造时间可能是 1553—1555 年；不确定帕拉第奥是否彻底从头建造此别墅，或更可能是介入改建业已存在的建筑。该建筑或者完全被毁，或者虽然尚存，但改变太多。Magrini 1845, 241; Zorzi 1968, 74f; Puppi 1986, 137f。

105. 波亚纳别墅的建造时间不确定：可能是在 1550 年之前设计，到 1555 年部分建成。Dalla Pozza 1964—1965, 56; Cevese 1968; Zorzi 1968, 84; Cevese 1973, 123; RIBA XVI 4r—v 见 Burns 1973a, 147; RIBA XVI 3 见 Burns et al. 1975, 193; Puppi 1986, 117f; Boucher 1994, 100f。

106. 关于因迪亚和卡内拉，见 Crosato 1962, 170f; Magagnato 1968, 180。

107. 位于利西埃拉的瓦尔马拉纳别墅建于 1563—1564 年（?），但没有按设计完成；Zorzi 1968, 198—199; Cevese 1971, 341; Puppi 1986, 192f。

108. 帕拉第奥的意思是立柱下面的柱础或底石为正方形，它们是围绕房屋的基座的一部分。①

109. 关于特里西诺兄弟，见 Zorzi 1965, 268f; Zorzi 1968, 143—144。建造时间（约 1567 年?），尤其是尚存结构中有没有什么是根据帕拉第奥的设计建造的，还存在争议：Zorzi 1955, 109f; Cevese 1971, 587; Kubelik 1974, 449ff; Burns et al. 1975, 251; Cevese 1976, 54; Puppi 1986, 228f。

110. "Tendono alla circonferenza"：字面意思是"按照/沿着（圆形的）周边伸展"。

111. 雷佩塔别墅始建于 1557—1558 年（?），到 1566 年仍在建设中；因火灾已严重烧毁。Zorzi 1968, 119f; Kubelik 1974, 460—461; Kubelik 1975; Burns et al. 1975, 83; Cevese 1976; Puppi 1986, 158—159。

112. 特别见于 Bandini 1989, 16f。

113. 位于奇科尼亚的蒂耶内别墅显然是建于 1556 年到 1563 年之间，但未完成；Zorzi 1968, 101ff; Mantese 1969—1970; Puppi 1986, 152f。

114. "La **famiglia** più minuta"（低级仆人）：见专用词汇表。

115. 安加拉诺别墅于 1548 年（?）始建，但未完成；现为比安基·米基耶尔（Bianchi Michiel）别墅。Zorzi 1968, 77f; Puppi 1986, 115。

116. 位于昆托的蒂耶内别墅始建于 1545—1546 年，但未完成：Burns et al. 1975, 191; Puppi 1986, 105; Boucher 1994, 96f。关于藏于牛津大学伍斯特学院的图纸（HT 89），见 Haris 1971, 34; Barbieri 1971, 455; Burns 1973a, 149f; Cevese 1973, 56; Burns et al. 1975, 191。

117. 即乔瓦尼·德米奥（Giovanni Demio）或德·米奥（De Mio）：见 Bora 1971。

118. 字面意思是"对应于"。

119. 戈迪别墅到 1542 年已建成：Dalla Pozza 1943—1963, 120; Cevese 1963, 306; Zorzi 1965; Hofer 1969; Puppi 1986, 80f, Boucher 1994, 78f。

120. 见 Crosato 1962, 45; Magagnato 1968, 181; Pallucchini 1968, 208; Cevese 1971, 83f; Sartori 1976, 78; Cosgrove 1989。

121. 始建于约 1565 年，但未完成：Ackerman 1967a, 67; Zorzi 1968, 115; Cevese 1973, 57; Burns et al. 1975, 201; Borelli 1976—1977; Cevese 1976, 40; Puppi 1986, 233f; Boucher 1994, 270f。

122. 位于米耶加的萨雷戈别墅，1562 年进行规划，1564 年始建，没有完成且严重损毁：Zorzi 1968, 187f; Puppi 1986, 190。

123. Vitr. 6.6.1—4 和 Barbaro 1987, 298—299 (comm.)。

---

① 这种解释比较含糊，结合图示也许可以这样理解：整座房屋的基座处于敞廊立柱本来应该有的底石所在的水平高度上（但此例柱础实际上不带底石），并从敞廊最靠外侧的两根立柱下前伸，形成阶梯两端的收头侧墙，收头侧墙的正立面为正方形。

注　释

124. 小普林尼（Pliny）《书信集》（*Letters*）2.17 和 5.6；另见 Ackerman 1990。

125. "Strepito"（喧闹）：见前注 74。

126. 比较 Vitr. 6.6.2；Barbaro 1987，298—299。

127. 见上文 II，29—33。①

128. 比较 Barbaro 1987，281 中帕拉第奥的古代住宅复原设计；Forssman 1962，36f；Boucher 1994，146f。

129. Vitr. 3.5.12。

130. 与这座府邸相似的是下一例，是为在威尼斯的一处基地设计的，推测前者也是打算为在威尼斯的某处基地设计。

131. 见上文 I，53—54。

132. 不清楚为什么帕拉第奥在这里说"两个大厅"高至屋顶，有可能在入口门厅上面还有第二个大厅，就如下一个设计那样。

133. 不能确定建造时间；Zorzi 1965，35f，认为是 1548 年；Puppi 1986，132f，认为是 1553 年，原基地位于圣萨穆埃莱区（Contrada S. Samuele）。关于 RIBA XVI 19v，见 De Angelis d'Ossat 1956。

134. 见上文 I，53—54。

135. 这种阶梯的想法可能来源于布拉曼特的观景楼和帕拉第奥在 I，64 提到的"庞培柱廊"。

136. "Che [the balcony] servirebbe anco alle finestre di sopra"，我们不能确定这种译法是正确的。②

137. 这似乎太乐观了，倘若该府邸建在威尼斯的话。③

138. 见 Puppi 1986，163f，他将方案设计时间定在 1558 年，并鉴别出该筹建基地就是位于孔特拉·里亚莱（Contrà Riale）的特里西诺·兰扎府邸（Palazzo Trissino Lanza）所占据的那一处。

139. 关于贾科莫·安加拉诺，见第一卷献词。约 1564 年的方案见 Puppi 1986，196f，该方案未曾实施。

140. Vitr. 4.2.1。

141. 推定时间约为 1565 年的一个未实施的方案；Magagnato 1979，7；Puppi 1986，181；关于詹巴蒂斯塔·德拉托雷，见上文 II，11。

142. 一个未实施的方案，设计时间（1555—1556 年？）和地点不确定；Zorzi 1965，270；Prinz 1969，378；Puppi 1986，146。

143. 设计时间和地点不确定；Gallo 1956；RIBA X 1v 和 X 2r 见 Burns 1973a，223；Puppi 1986，200；另见 RIBA XVI 1 和 2。

144. "Tendono alla circonferenza"：字面意思是"按照/沿着（圆形的）周边伸展"。

145. 帕拉第奥写作"edicare"，为"edificare"（兴建）之误。

第三书

1. 帕拉第奥将第三卷和第四卷题献给埃马努埃莱·菲利贝托·迪萨沃亚。关于帕拉第奥与这位君主的关系，见 Wittkower 1977，118。

2. 即，将他的书献给公爵这一行为。

---

① 更值得注意的是 II，34 的图。
② 英译为 which would also give access to the windows above。
③ 因为威尼斯的地下水位很高，难以建造地下室。

3. 帕拉第奥和他的儿子奥拉齐奥（Orazio）在 1556 年受埃马努埃莱·菲利贝托·迪萨沃亚之邀做客：Magrini 1869，75；Puppi 1973a，380。

4. 即，帕拉第奥的"成功之渺小"和"礼物之微薄"。

5. 另见帕拉第奥的第一卷献词。

6. Venturi 1928。

7. "Con la solita serena sua fronte"：字面意思是"以殿下一贯泰然的赞佑"。

8. 这些书没有出版：见第一卷前言

9. "E ricordato tutti quelli più necessarii avertimenti, che in loro si devono havere"；这很难翻译，因为建筑物很难说成是具有或含纳法则。我们希望我们的译法略微抓住了本意。①

10. 字面意思是"要说得少一点"。

11. 字面意思是"从一小片纸上"。

12. 比较第一卷前言。

13. 比较 Vitr. 5.1。

14. 比较 Vitr. 5.2。

15. 本章基于 Alberti 1988，105—107（4.5）。

16. 依照 Alberti 1988，105—107（4.5）。②

17. 阿尔伯蒂的书中找不到这一段；但见于小普林尼《图拉真颂》(Panegyricus) 29；狄奥·卡西乌斯（Dio Cassius）③ 68.7；盖伦（Galen）《医术》(Mat. Med.)④ 8；Corpus Inscriptionum Latinarum⑤ X，6833—5，6839，6853。关于阿皮亚大道，另见下文 III，9。

18. 阿尔伯蒂未曾表达过的情感。

19. 见上文 II，62。

20. 比较 Filarete 1972，166；Alberti 1988，106—107（4.5）。

21. "La testa"：字面意思是"头"。

22. 比较 Cataneo 的部分，Trattati，1985，202。

23. 比较 Cataneo 的部分，Trattati，1985，202。

24. 塔西佗（Tacitus）《编年史》(Annales) 15.43；比较 Alberti 1988，106（4.5）；Cataneo 的部分，Trattati，1985，202—203。

25. Cataneo 的部分，Trattati，1985，202。

---

① 英译为 and recorded all the most important rules [avertimento] governing their construction。
② 阿尔伯蒂在该处说军用道路的宽度在直线路段不少于 8 肘，或 12 足，弯曲路段不少于 16 足；维特鲁威在 3.1 中也提到足是身高的六分之一，肘是身高的四分之一，1 肘等于 6 掌，1 足等于 4 掌；这就意味着 1 肘=$1\frac{1}{2}$ 足。阿尔伯蒂的说法可能源于《法学汇纂》，属于《查士丁尼民法大全》的一部分，但该法典中的提法却是直线路段要有 8 足宽（参见里克沃特、利奇（Neil Leach）和塔弗诺英译的《论建筑的十书》(On the Art of Building in Ten Books)，Cambridge, Mass and London: The MIT Press, 1988，第 382 页，第四书注 73），因此阿尔伯蒂可能把肘和足弄混了；而帕拉第奥的说法可能是直接来自该法典或其他文献《法学汇纂》本身就是对古罗马法学家著作的编辑整理，这些著作还可能有其他流传渠道，而不是"依照"阿尔伯蒂。
③ 可能指狄奥·卡西乌斯（155—235）用希腊文写作的 80 卷本的罗马史，有残卷和他人的摘要留存。
④ 可能指利纳克尔（Thomas Linacre，1460—1524）编译成拉丁文的 Methodus Medendi。
⑤ 《拉丁铭文汇编》，见参考文献。

注 释

26. 比较 Cataneo 的部分，*Trattati*，1985，188—189 和 202。

27. Vitr. 1.6。

28. Livy[①]. 41.27。

29. 下文 III，9。

30. Filarete 1972，168；Alberti 1988，262（8.6）。

31. Filarete 1972，168。

32. 比较 Palladio 的部分，Puppi 1988，13。

33. Strabo[②] 5.1.2。

34. 斯塔提乌斯（Statius）《诗草集》（*Silvae*）2.2，12；Puppi 1988，13 中帕拉第奥的部分。

35. 普鲁塔克《恺撒传》（*Caes.*）[③]5.9。

36. 上文 III，7。

37. Alberti 1988，105—107（4.5）。

38. 比较 Alberti 1988，69（3.6），及上文 I，12 有关 **squadra di piombo**（铅制箍条）的描述。

39. Palladio 的部分，Puppi 1988，13；依照普鲁塔克《盖尤斯·格拉古传》（*C. Gracchus*）[④]7；阿庇安（Appian）《内战史》（*Bellum civile*）1.23。

40. 关于帕拉第奥的桥梁，见 Boucher 1994，205—229。

41. 帕拉第奥再次呼应维特鲁威的 *firmitas*（坚固）、*utilitas*（适用）、*venustas*（美观）三原则，或他用意大利语的不同词序所表达的 *commodi, belli e durabili*（适用、美观和耐久）。本章基于 Alberti 1988，107ff（4.6）。

42. Herodotus[⑤] 1.186；Diodorus Siculus[⑥] 2.8.2；比较 Alberti 1988，109（4.6）。

43. Livy 1.33。

44. Servius[⑦] 8.646。

45. 帕拉第奥其实指的是埃米利奥桥（Ponte Emilio）：他在 III，22 同样弄错了。

46. 恺撒《高卢战记》（*Bell. Gall.*）[⑧]4.17；比较 Dio Cassius 39.48。

47. 比较 Alberti 1988，108 所用 1550 年科西莫·巴尔托利版的插图，以及采用巴尔托利译文的威尼斯版第 114 页的插图。[⑨]

48. 见 Puppi 1973b，180—181。

49. Zorzi 1966，202—207；Puppi 1973a，327—328。

---

① 指李维《罗马建城以来史》（*Ab urbe condita*）。
② 指斯特拉博《地志》（*Geographica*）。
③ 参见《希腊罗马名人传》第十七篇，第二章。
④ 参见《希腊罗马名人传》第十九篇，第四章。
⑤ 指希罗多德《历史》（*Histories*），参见王以铸译本《希罗多德历史》。
⑥ 指西西里的狄奥多鲁斯《史库》（*Bibliotheca historica*）。
⑦ 指塞尔维乌斯《维吉尔评注》（*In tria Virgilii Opera Expositio*）。
⑧ 即 *Bellum Gallicum*，参见《高卢战记》，任炳湘译，商务印书馆，1979 年。
⑨ 1550 年版为巴尔托利翻译（为佛罗伦萨方言）的首个插图版，在佛罗伦萨出版；威尼斯版出版于 1565 年，为巴尔托利译本的重印版，加上了多梅尼奇（Lodovico Domenici）的插图。

50. 恺撒《高卢战记》4.17；比较 Alberti 1988，108—109（4.6）。

51. 关于安加拉诺，见第一卷献词。

52. "Sotto una istessa linea"（处在同一条线之下）：可能不是"低于"（below），而是"根据"（according to），"依照"（in the line with），否则"istessa"（同一条）没有意义。Puppi 1973a，287。

53. 我们在这里将 **braccia** 译为压杆（strut）；从结构上说，这种斜腹杆（cross beam）可以是压杆（受压），也可以是拉杆（tie）（受拉）。①

54. 关于此处所采用的结构系统的描述，见 De Fusco 1968，596—598。

55. Pane 1961，305—306；Zorzi 1966，215。

56. 可能是帕拉第奥在威尼斯遇见的一位木匠师傅：Ceretti 1904，127—129。

57. Zorzi 1966，215—216。

58. Zorzi 1966，216。

59. Puppi 1973a，389—390。

60. Livy 10.2.6。

61. 本章基于 Alberti 1988，109—112（4.6）。

62. 比较 Alberti 1988，110—111（4.6）。

63. 上文 I，10。

64. 比较上文 I，10。

65. 桥墩尺寸与阿尔伯蒂的不同：见 Alberti 1988，11（应为 111）（4.6）和 262（8.6）。

66. 见上文 III，8—9，比较 Alberti 1988，112（4.6）。

67. 另见 Alberti 1988，262（8.6）和 346（10.10）；Serlio 1566，III，f. 90r。

68. Serlio 1566，III，f. 90r。

69. Serlio 1566，III，f.89v，被误作西斯托桥。

70. 苏布利基乌斯桥在《罗马城的奇迹》中多处被错当作艾米利奥桥。比较上文 III，11。

71. Serlio 1566，III，f. 89v。

72. 比较苏维托尼乌斯（Suetonius）《卡利古拉传》（*Cal.*）19；约瑟夫斯（Josephus）《犹太古史》（*Ant. Iud.*）②19.1.1；Dio Cassius 49.17。

73. 在这里 modeno 一定是指拱缘线脚，因此就是拱缘本身，它有二又二分之一 **piedi**（尺）厚，正好是中间三个桥拱直径的十分之一。见专用词汇表。

74. 关于雷特罗内河上的桥，见下文 III，30。

75. **modeno** 一定还是指拱缘线脚，因此就是拱缘本身。见专用词汇表。

76. Zorzi 1966，223—263；Puppi 1973a，299—302；Burns 1973a，153—154；Burns et al. 1975，124—128。

77. 比较上文 III，21 和 Alberti 1988，262（8.6）。

78. 字面意思是"在桥的宽度的中间"。

---

① 未经计算难以确定桁架斜腹杆是受拉还是受压，因此中译一概作斜腹杆。

② 即 *Antiquitates Judaicae*。

79. 帕拉第奥可能是指他为位于托里-迪夸尔泰索洛（Torri di Quartesolo）（维琴察）的泰西纳河（Tessina）上的桥做的设计，虽然他给的 180 尺的宽度暗示一条更大的河流，例如布伦塔河[①]：Zorzi 1966，189—192；Puppi 1973a，257—258 和 326—327。

80. 看来这是一种不考究的说法，即桥墩外伸收尖或朝底部渐厚，或者说它们从侧面伸出超过桥宽的程度比常规更多。

81. 上文 III，21—22。

82. 当写到古罗马诸广场（fora）及其周围的建筑物时，帕拉第奥基于 Vitr. 5。比较 Filarete 1972，166；Cataneo 的部分，*Trattati*，1985，199ff；Alberti 1988，263ff（8.6）。

83. 比较 Vitr. 5.1.2 和 Barbaro 1987，207—209。

84. 比较 Vitr. 1.7；Alberti 1988，115（4.8）；Cataneo 的部分，*Trattati*，1985，202。

85. Alberti 1988，265（8.6）和 Barbaro 1987，207—209。

86. 比较 Alberti 1988，120f（5.2 和 3）；Cataneo 的部分，*Trattati*，1985，203。

87. 比较 Cataneo 的部分，*Trattati*，1985，203；Barbaro 1987，207—209。

88. 关于监狱，见 Alberti 1988，139—140（5.13）；Filarete 1972，275ff；Barbaro 1987，220—222。

89. 比较 Vitr. 5.2.1—2；Barbaro 1987，220—222；Alberti 1988，283—284（8.9）。

90. 下文 III，38ff。

91. Vitr. 5.1.1；Barbaro 1987，207—209；比较 Alberti 1988，230ff（7.14）。

92. Vitr. 5.1.3。

93. "Devozione"：一种奉献意识，推测是因为帕拉第奥认为，广场兼具宗教和世俗活动的功用。

94. 比较上文 III，31。

95. Vitr. 1.7.1。

96. 比较下文 IV，107f。

97. 字面意思是"在平面图后面[dietro]的立面图"，实际意思是在第 33 页的平面图之后的第 34 页。

98. Vitr. 5.1.1—2；Barbaro 1987，207—219；Alberti 1988，263ff（8.6）。

99. 我们不确定在这里"奖"（prizes）**[doni]** 是什么意思，或者为什么会影响广场（forum）的布局，不过除了授奖的意思之外，帕拉第奥也可能是说下赌注。[②] 那么就有另一种译法："在广场上对角斗士下赌注时"。

100. 上文 I，15；依照 Vitr. 5.1.3。

101. 关于元老院议事堂，见上文 III，31。

102. 普鲁塔克《小卡图传》（*Cat. Min.*）[③] 5.1；Alberti 1988，230ff（7.14）。

103. 普鲁塔克《恺撒传》[④] 39.3，同 Barbaro 1987，211—215 所引证的。

[①] 也许并非巧合，位于巴萨诺的那座木桥总跨径也是 180 尺，从图示比例来看，桥下净高也都在 30 尺左右，而桥墩较厚且外伸较大，是为了应对布伦塔河在那个地点的湍急水流。

[②] 如果仅仅从广场形状来看，那么更可能是为了下注方便，因为长方形有两个端头，下注者也分为两派，有分个输赢、站在哪头的问题；而授奖一事对广场四周的观众来说只需关注一个点，正方形广场亦无不可。

[③] 参见《希腊罗马名人传》第十八篇，第二章第 5 节。

[④] 参见《希腊罗马名人传》第十七篇，第二章，但不是第 39 节而是第 29 节。

104. Alberti 1988，232（7.14）提出了一个 1:2 的比例。

105. Vitr. 5.1.5；Alberti 1988，234—236（7.14）。

106. Vitr. 5.1.5。

107. Vitr. 5.1.6；Barbaro 1987，216ff。

108. 字面意思是"所以它们[市政会堂]成为前者[巴西利卡]的一部分"。

109. Cevese 1964，338—339；Zorzi 1965，90—109；Puppi 1973a，286，347—348，409—411；Burns et al. 1975，239—241；Puppi 1986，189—190，252—253；Hemsoll 1988；Hemsoll 1992—1993；Lupo 1991。

110. Barbieri 1968；Burns et al. 1975，27—31；Puppi 1986，109ff；Boucher 1994，107—125。

111. 字面意思是"由古人所建的和至今的"。

112. 石料来自皮奥维内（Piovene）。

113. 帕拉第奥说："vittorie delle giornate"（白天的胜利），如果现在翻译成英语没有多大意义：他暗指一种信念，即古人只在白天而不在黑夜相互搏杀，这样（光明正大）更像君子，跟我们今天一样。

114. 恺撒《高卢战记》2.25。

115. Vitr. 5.11；Barbaro 1987，265—267；Alberti 1988，128ff（5.8）。

116. 见 Barbaro 1987，265—267。帕拉第奥关于浴场建筑的书，一直到 1730 年才由伯林顿勋爵在伦敦出了一个版本，见第一卷，注 25。

第四书

1. O.M.：我们不确定帕拉第奥用这个缩写是什么意思。我们认为，仅为 *exempli gratia*（举例），它表示"omnium magister"（天地万物之主），或比照"Jupiter Optimus Maximus"（至善至尊的尤皮特）的方式表示"Optimus Maximus"（至善至尊）。

2. 关于教堂是城市中最重要的建筑物这个一贯命题，见 Filarete 1972，189ff；Alberti 1988，194—195（7.3）；Cataneo 的部分，*Trattati*，1985，289，301f；Pellegrino 1990，16—17，44，142—143，194—196。

3. "A questo grandissimo [tempio]"（于这最大的一个[圣殿]）：即，世界。

4. 比较 Puppi 1988，123f 中帕拉第奥关于教堂比例的段落。

5. 我们对"composerò"（英译为 composed）的这种译法，仿佛它包含着音乐的隐喻，是鉴于这样一个事实，即帕拉第奥很快就讨论起建筑中的"proportione"（比例）；若翻译成"设计"（designed）同样可行，但似乎平白一些。

6. "Inventioni"（英译为 designs）：一个有多种不同层次含义的词；有时是"设计"（III, 25）；有时没那么具体，例如，"理念"。

7. 帕拉第奥写作"possa variare"：字面意思是"能够变化/有能力变化"，但是应该具有一种表示 *varietas* 含义的抽象名词的意向。①

8. 关于基地的选择，比较 Vitr. 1.7；Alberti 1988，9ff（1.3）。

9. 比较 Vitr. 1.2.7，1.7.1；Alberti 1988，194f（7.3）。

10. 关于将神庙抬高，比较 Alberti 1988，194—195，198f（7.3，7.5）。

---

① possa variare 是意大利语动词，*varietas* 是拉丁语名词，意为"差别"。

11. Vitr. 4.5.2；Barbaro 1987，182。

12. 比较 Vitr. 1.2.5，4.8.1—3；Alberti 1988，194—197（7.3，7.4）。

13. 引用 Vitr. 4.8.1—2；比较下文IV，9—10。

14. 比较 Alberti 1988，195（7.3）；以及下文IV，41。

15. 下文 IV，8 和 41。

16. 即，多立克式。

17. 即，科林斯式。

18. 比较 Vitr. 1.2.5 和 Barbaro 1987，35；另见 Alberti 1988，194—195（7.3）。

19. Vitr. 1.2.5—7。

20. 关于集中式平面教堂的完美性的一贯命题，见 Alberti 1988，196—197（7.4）；Francesco di Giorgio 1967，372；Serlio 1566，V, f. 202r；Cataneo 的部分，*Trattati*，1985，289f；Palladio 的部分，Bassi，1572；Isermeyer 1968；Voelker 1977，51ff；Pellegrino 1990，197。

21. 见本卷注 1。

22. 即，横厅（transepts）。

23. 详见 Cataneo 的部分，*Trattati*，1985，302ff。

24. 深入查询见最新文献 Boucher 1994，182ff。

25. Alberti 1988，194—195，220—221（7.3，7.10）；Pellegrino 1990，178，216，227—229。

26. 不是 Vitr. 1.1，而是 3.2。维特鲁威的晦涩是诸多研究者共同的论题：Filarete 1972，216；Alberti 1988，154（6.1：Bartoli 1565，160，28）；Cornaro 的部分，*Trattati*，1985，90；Cataneo 的部分，*Trattati*，1985，295，296 和 363；Tolomei 的部分，*Trattati*，1985，52ff；Pellegrino 1990，171。

27. 即，正立面上有更多立柱。

28. 比较 Barbaro 1987，115f。

29. 即，从立柱到内殿的墙。

30. 位于尼姆的方殿（Maison Carrée）：见下文 IV，111。

31. 丁男的福尔图娜神庙：见下文 IV，48，在那里称为前廊列柱式，而不是围廊列柱式。

32. 即，柱廊的立柱与内殿墙壁之间的距离包括两个柱间距加上一个柱径，而内围的柱廊不见了。

33. 关于赫莫杰尼斯，见 Vitr. 3.2.6 和 3.3.8—9，他设计了位于马格尼西亚（Magnesia）[①] 的伪重围廊列柱式的阿尔忒弥斯白色弗里涅神庙（Temple of Artemis Leukophryene）。

34. 这座其实是塞拉皮斯神庙（Temple of Serapis），见下文IV，41，在那里帕拉第奥说，它是伪重围廊列柱式和 "scoperta"（无顶的），这是帕拉第奥的意大利语术语，用以代替维特鲁威的 hypaethral。另见 Vitr. 3.2.7（应为3.2.8），他说，他不知道在罗马有任何露天式神庙的实例。

35. 见上文 IV，7。

36. 这段话紧随 Barbaro 1987，123 中的 Vitr. 3.3.1；比较 Alberti 1988，199—200（7.5）。

37. 见上文 I，15—16，在那里帕拉第奥按照柱式类型搭配不同柱间距：组合式对密柱距式，科林斯对

[①] 同名者多，此处应指迈安德河畔马格尼西亚（Magnesia on the Maeander），位于今土耳其艾登（Aydin）以西约 45 千米的小村 Tekin 附近的那座古希腊城市。

窄柱距式；爱奥尼亚对正柱距式；多立克对宽柱距式，托斯坎对疏柱距式。

38. 摘自 Vitr. 3.3.3—4，经 Barbaro 1987，123ff 转引，正如本章许多别的部分。

39. 此处"uso"试译下来很难想到适当的译法；我们考虑过用"功能上的要求"（functional requirements），但这对于帕拉第奥的措辞显得过于现代了。

40. 见专用词汇表前言。

41. 这个观念来自 Vitr. 3.1.9。

42. 单圈柱式（monopteral）神庙，根据 Vitr. 4.8.1。帕拉第奥将尤诺·卢奇娜（Juno Lucina）误作尤诺·拉奇尼亚（Juno Lacinia）。①

43. "Pigliando il diametro nella parte di dentro dei piedestali"：也可能意思是"直径从柱座的内侧面（inside face）算起"。②

44. Vitr. 4.8.1—3 和 Barbaro 1987，196f。关于预备图，见 RIBA VII 6 和 X 4v（Spielmann 1966，20f；Zorzi 1958，288）。

45. 帕拉第奥所谓的"长"似乎是指该立面的长度，也就是说，宽度。

46. "Largo"：这似乎是指列柱廊的深度。

47. Alberti 1988，199—200（7.5）。

48. 即，带有四根立柱的列柱廊的整个长度为十一个半模度，其中每根立柱为一模度，居中的柱间为三，两边的柱间各为二又四分之一。

49. Vitr. 3.3.7：见第一卷，注 80 的表格。

50. 上文 I，15—16。

51. 字面意思是"包围不会让里面那些立柱的纤细显出来"。

52. 来自 Vitr. 4.4.2—3。

53. 帕拉第奥在此不断重复："come noi facciamo hora ne i tempii"（如同我们对教堂所做的）。

54. 即，基督教堂的形式。

55. 上文 III，25—40。比较 Alberti 1988，195，230（7.3 和 14）中的相同观点；Pellegrino 1990，3ff。

56. 即，修女。

57. Alberti 1988，127—128（5.7）。

58. 该教堂实际上是 306—310 年由马克森提乌斯（Maxentius）始建，313 年以后由君士坦丁（Constantine）完成的巴西利卡；它也被人与和平神庙弄混淆了。见 RIBA I 4，VII 5v，XV 3（Zorzi 1958，170；Spielmann 1966，40—42）。它是一座文艺复兴建筑师们经常绘制的建筑：见如，Bartoli 1914—1922；Buddensieg 1962；Rykwert and Tavernor 1986，36—57；Tavernor 1991，66ff。

59. 老普林尼《博物志》36.4.27。韦斯帕芗在公元 71 年至 75 年之间兴建了真正的和平神庙，以纪念他对犹太人的胜利，并在那里存放掠自耶路撒冷的圣殿的战利品。这座神庙建在奥古斯都广场附近，于康茂德在位期间的 192 年被烧毁，由塞普提米乌斯·塞维鲁（Septimius Severus）重建。马克森提乌斯巴西利卡（Basilica of Maxentius）建造在附近的维利亚小山（Velia）上。

---

① 生育女神尤诺（Juno Lucina）是罗马贵族妇女奉祀的尤诺，是最重要的女神之一；不过 Lacinia 也有可能是尤诺的别名之一，如史载第二次布匿战争中汉尼拔退出意大利之前在西西里的克罗托（Crotone）附近的尤诺·拉奇尼亚神庙（temple of Juno Lacinia）用布匿-拉丁双语立碑。

② dentro 意为在内部，在里面，正文译作 central axis，实属牵强，注释中理解为 indside face 可能更合适，帕拉第奥讨论建筑的尺寸时似乎从未涉及"中轴线"尺寸，而总是说"净"尺寸；韦尔译作 within。

注　释

60. "A i buoni tempi"（美好时代），帕拉第奥的惯用语之一：我们加上了"建筑的"；另见 IV，86。

61. 注意大圣乔治教堂和救世主教堂的双重山花都多少与万神庙的有些相像①；Boucher 1994，177，以及其他的威特科尔（Wittkower）著名论断的怀疑者的论著，威特科尔认为帕拉第奥意在让他的教堂立面看起来像相互穿插的神庙正立面的论断，是基于如此构形可能源自帕拉第奥为教堂立面做的相互横切的复原方案②。

62. 复仇者马尔斯神庙是奥古斯都为纪念他在腓力比（Philippi）③立誓为恺撒遇刺复仇而兴建的，于公元前 2 年在奥古斯都广场献祭。该神庙实际上侧面有八根立柱，而帕拉第奥定为九根；它有很高的墩座（podium），而帕拉第奥定为六级台阶④。见 Zorzi 1958，176—177 中的 RIBA XI 22r—v，以及 VIC，D 5r 和 24r；Forssman 1965，170f；Spielmann 1966，43ff；Burns 1973a，151f。

63. 老普林尼《博物志》35.10.93—94⑤。

64. 苏维托尼乌斯《奥古斯都传》（*Life of Augustus*）⑥31.5。

65. 见上文 IV，9（应为 IV，10）。该神庙实际上没有壁端柱，且龛为八边形，而不是半圆形。

66. 位于涅尔瓦广场（Forum of Nerva）上的弥涅尔瓦神庙（Temple of Minerva）由图密善（Domitian）建造，公元 97 年由涅尔瓦奉祀；其废墟于 1606 年教宗保罗五世（Paul V）时期被拆除。见 RIBA XI 19r 和 XIV 4r；VIC，D 7r，D 21r，D30；Zorzi 1958，146ff；Spielmann 1966，47ff；Burns 1973a，151f；Burns et al. 1975，248。

67. 有几次，帕拉第奥在描述神庙时，立柱用复数而其柱础用单数。

68. 见上文 I，22f。

69. **Struttura**：见专用词汇表。

70. Ammianus Marcellinus⑦ 16.10.16。

71. "Altre parti"：字面意思是"其他部分"。

72. 即，广场周围的立柱。

73. Cassiodorus⑧ *Var*. 7.13ff.

74. 龛为半圆形，不是矩形。

75. 该神庙是公元 141 年由安东尼努斯·皮乌斯兴建，以纪念其妻法乌斯提娜，在 161 年他去世后，由

---

① 不知为何英译者谈万神庙，因为本章是讨论和平神庙（实为君士坦丁巴西利卡），它在同一立面上采用高低大小不同的双重山花；若说大圣乔治教堂和救世主教堂的立面处理与本例有相似之处尚可理解，但与万神庙差异更大，因为其列柱廊的前后双重山花是大小相同且完整的。

② 所谓相互穿插，推测是指较低的不完整的大山花所完形的立面总体上较宽较矮呈横向，而较高的完整的小山花所完形的立面总体上较窄较高呈竖向，将这横竖两套相互横切的立面穿插成整体，形成了帕拉第奥的复原设计。他的设计基于他对古典建筑原则的整体理解，而万神庙以实物显示了采用双重山花（而不仅是单片山花）的古典"合法性"，但与本例的复原方案还存在一定差异，威特科尔的论断应该有商榷余地。

③ 古马其顿城市，今希腊卡瓦拉（Kaválla）西北约 10 千米。正文中的 Pharsalia（拉丁语 *Pharsalus*）是恺撒与庞培发生内战之地，古希腊城市，今希腊法尔萨拉（Farsala）；帕拉第奥可能是搞混了。

④ 从第三幅和第四幅图上看是七级台阶，若依"古法"，台阶级数取偶数很奇怪。

⑤ 不确定这个编目指什么，第 35 卷的第 10 章为总节数的第 27—28 节，篇幅不长，只有 6 句，其中第 27 节写到奥古斯都展示几幅画作，帕拉第奥所述细节有些微差异，而总节数的第 93—94 节属于篇幅很长、共有 52 节的第 36 章，写到出自阿佩莱斯的这两幅画作。

⑥ 参见《罗马十二帝王传》，第 66 页。

⑦ 阿米亚努斯·马塞利努斯（325/330—391 以后），古罗马历史学家，著有《大事记三十一卷》（*Res Gestae*，即 *Rerum gestarum Libri XXXI*），有残卷留存。

⑧ 卡西奥多鲁斯（约 485—约 585），古罗马末期政治家、学者、修士，曾任东哥特王国重臣，有多部著作，此处所引可能是《诏函杂录》（*Variae*，即 *Veriae epistolae*）。

元老院敕令供奉他（*Corpus Inscriptionum Latinarum* VI，1005，31224）。它后来成了米兰达的圣洛伦索教堂（church of S. Lorenzo in Miranda）。帕拉第奥臆造了某些东西，如围绕神庙的广场和内殿的内含物①。比较 RIBA IX 18r，XI 11，15v，16，20v 的相关图纸（Zorzi 1958，158ff；Spielmann 1966，33f，52；Burns 1973a，145）。

76. *Scriptores Historiae Augusti* ②，《安东尼努斯传》（Vit. Ant.）XIII。

77. 字面意思是"它们（即踏步）的收头侧墙由两个基座形成"。

78. 为了迎接（神圣罗马帝国皇帝）查理五世（Charles V）在 1536 年的访问，室外地面被抬高至神庙大门处，墩座被埋。

79. 即，台阶的收头侧墙。

80. 见本卷注 67。

81. "L'architrave, il fregio e la cornice sono per il quatro, e un terzo di detta quarta parte dell'altezza dell colonne"：字面意思是楣部为"立柱高度的四分之一加上这四分之一的三分之一"。因此楣部合计为立柱高度的三分之一；这不同于第一卷所给科林斯式楣部的理想高度，那是立柱高度的五分之一。

82. "Non ha il dentello incavato"：即，没有齿饰。

83. 在此例中带有成行的卵箭纹。

84. 一份文献提到马尔库斯·奥勒留的雕像于 1538 年按照教宗保罗三世的敕令安放在坎皮多利奥丘的广场上。但这尊雕像最初是在拉特兰圣约翰教堂前面；最新文献见 Bober and Rubinstein 1986，no.176；*Da Pisanello*③，1988，202f。

85. 维纳斯与罗马女神神庙（Temple of Venus and Rome），由哈德良于 136 年或 137 年兴建和献祭。火灾可能烧毁了拱顶和小神龛（apses），由马克森提乌斯于 307 年重建。相关图纸见 RIBA VIII 9v，XI 25（Zorzi 1958，168f；Spielmann 1966，56f）。

86. 一座塞维鲁喷泉（Severan fountain）④的局部，如今在卡皮托丘（Capitol，即坎皮多利奥丘）的护栏上：Bober and Rubinstein 1986，no. 174a—b。

87. 医药神弥涅尔瓦神庙（Temple of Minerva Medica），得此称谓，是因为据信在那里发现了持蛇的雅典娜雕像，现存于梵蒂冈（Haskell and Penny 1981，269—271）。该结构可能是属于普布利乌斯·李西尼乌斯·伽列努斯（P. Licinius Gallienus）的李西尼组园（Horti Liciniani）中的一座泉仙祭窟（nymphaeum）。

88. 塞拉皮斯神庙，由卡拉卡拉（Caracalla）兴建，用一座巨大的楼梯连接到马尔斯演武场（Campus Martius）。在文艺复兴时期，它又被称为尼禄的门面（Frontispicium Neronis）、迈塞纳斯宫（Palace of Maecenas），等等；毁于 1615 年。相关图纸见 RIBA IX 18v，XI 23—24；Zorzi 1958，157，153；Spielmann 1966，35f，61；Borsi 1989；Scaglia 1992。

89. 帕拉第奥认为这座神庙是伪重围廊列柱式，他在这里的用词是"falso alato"（假围廊）（推测是指"伪重围廊列柱式"），而不是他常用的"falso alato doppio"（假的双重围廊）。

90. 即，不随着山花的坡度而向上倾斜。

91. 见 Bober and Rubinstein 1986，no. 125；*Da Pisanello*，1988，196f。

---

① 即庭院和内殿中的雕像。
② 应为《罗马皇帝本纪》（*Historia Augusta*），该书是 117—284 年间的罗马皇帝及其副手，以及僭主的传记集，署名作家六位，尚存疑，统称 Scriptores Historiae Augusti（帝传六子，又译皇史六家），英译者视其为书名，以斜体表示，似有不妥；而将 Vit. Ant.当作卷册编码而未采用斜体，与第三卷注 35、注 39、注 72、注 102、注 103 及第四卷注 64 等多处的体例也不一致。
③ 即 *Da Pisanello alla nascita dei Musei Capitolini. L'antico a Roma alla vigilia del Rinascimento*，见参考文献。
④ 这是指亚历山大·塞维鲁（Alexander Severus，222—235 年在位），罗马帝国塞维鲁王朝的末代皇帝，而非建朝的塞维鲁。喷泉于 1590 年被迁移至如今所在处。

92. 上文 I, 64。

93. 误称为丁男的福尔图娜神庙；据普鲁塔克所述，它由塞尔维乌斯·图利乌斯王 (Servius Tullius) 兴建；其真正名称可能是海港神波尔图努斯神庙 (Temple of Portunus)。从公元 872 年起成为圣埃及的马利亚教堂。

94. 在木刻图中显示的柱间距实际上是两个柱径，除了中间的柱间距是二又四分之一柱径。因此，前者的确应称为窄柱距式，而后者是正柱距式。

95. 关于困扰文艺复兴时期建筑师的这个问题，见 Della Torre and Schofield 1994，86—87。

96. 字面意思是"有凹槽，且有二十四道凹槽"。

97. "Fanno fronte da due parti": "在两面[即，相邻面]都形成正/前面"。

98. Della Torre and Schofield 1994，89。

99. 即，柱头涡卷饰的端面/正面。

100. 胜利者海格立斯神庙 (Temple of Hercules Victor)，建于公元前 2 世纪末，在提比略时期修复；通常称为维斯塔神庙或母神马图塔 (Mater Matuta) 神庙。帕拉第奥模仿位于蒂沃利的维斯塔神庙，在复原设计中恢复了佚失的楣部和小圆顶：见 IV, 90。RIBA VIII 1r：Zorzi 1958，181；Spielmann 1966，62；Burns 1973a，141f。

101. 哈利卡纳苏斯的狄奥尼修斯 (Dionysius of Halicarnassus)《罗马古史》(*Ant. Rom.*)① 2.65—66；奥维德 (Ovid)《变形记》(*Fasti*) 6.265，267，281。

102. 即，立柱柱身的底部。

103. 即，万神庙。

104. 神圣的哈德良神庙 (Temple of the Divine Hadrian)，由安东尼努斯·皮乌斯于公元 145 年供奉。遗迹尚存右侧带有部分楣部的十一根科林斯式立柱和部分内殿，如今埋裹在证券交易所中。该神庙在 16 世纪受损严重，为（正面）八柱型 (octostyle)，长长的侧面有十五根立柱的围廊列柱式，它立在一个台座 (stybate) 上；内殿呈长方形，无壁端柱，并有带嵌格天花的筒形拱顶。相关图纸：VIC, D 6r, D 12r；RIBA VI 9, 11v：Zorzi 1958, 124；Spielmann 1966, 64ff；Burns 1973a, 152, 162f。

105. 即，（非建筑语境中）大或粗的棍子。②

106. 即，这种情况中是四分之三满的卵箭纹。③

107. Vitr. 4.2.5。

108. 拉特兰圣约翰洗礼堂 (Baptistry of St. John Lateran) 由君士坦丁兴建，又被多次重修，特别是 17 世纪由教宗乌尔班八世 (Urban VIII) 修复。相关图纸见 RIBA XII 3v, XIV 2r, XV 9r：Zorzi 1958, 182f, 262；Spielmann 1966, 41—42, 68。

109. 该教堂主入口内面大门两侧的半圆立柱。

110. 即，这种情况中是四分之三满，而不是半满的卵箭纹。

111. 关于建筑的中兴者布拉曼特，见 *Scritti rinascimentali*, 1978, 473 中拉斐尔致利奥十世的信；Serlio 1566, III, f. 64v 和 IV, f. 126r；Pellegrino 1990, 172。

---

① 即 *Roman Antiquitates*。
② 因此不怕折断。
③ 此处卵箭纹是做满的，不如理解为凸圆线脚（饰有卵箭纹）与其上的凹圆线脚组合，形成类似于仰杯线脚的效果，但比之略显饱满度不足。虽然楣基上部多为垂幔线脚或其与凹圆线脚的组合（参见 I, 36、43 和 50 的图），但此处做法并非孤例，另见 IV, 14、47 和 116 的图；下文也提到此处凹圆线脚上的浮雕装饰与前面 IV, 14 和 47 处的不同。

112. 此人是佩鲁齐。

113. 莱奥内·莱奥尼（Leone Leoni）。

114. 伟大的艺术家和建筑师的名单成了文艺复兴时期论著的一贯命题：Filarete 1972，170f；以及 Serlio 1566，ff. 64v—65v 和 IV，f. 126r，除布拉曼特之外塞利奥还收入了佩鲁齐和拉斐尔；帕拉第奥在此又加上米开朗琪罗、安东尼奥·达圣加洛、圣米凯莱（Sanmichele，即正文中的 Michele Sanmicheli）、圣索维诺、塞利奥、瓦萨里、维尼奥拉和莱奥内·莱奥尼；奇怪的是，帕拉第奥忽略了朱利奥·罗马诺①。比较 Pellegrino 1990，357f，同样奇怪的是，他②忽略了 A. 达圣加洛。在 16 世纪，建筑作家们说，是布拉曼特复兴了古代建筑，而在 15 世纪，则是布鲁内莱斯基（Brunelleschi）。

115. 除帕拉第奥自己的作品之外，此书中唯一收入的现代建筑：文献见 Howard 1992。见 RIBA VIII 1r：Spielmann 1966，42—43；Burns 1973a，154；Burns et al. 1975，88；Howard 1992。

116. "定军者尤皮特神庙"（Jupiter the Steadfast）。其实是卡斯托尔与波卢克斯神庙，这是在公元前 484 年由独裁官奥卢斯·波斯图米乌斯·阿尔比努斯（Aulus Postumius Albinus）的儿子献祭的，以履行其父在公元前 494 年瑞吉卢斯湖战役（Battle of Lake Regillus）期间所立的誓约。公元前 117 年由卢基乌斯·凯基利乌斯·墨特卢斯（L. Caecilius Metellus）修复，公元 6 年由提比略重建，供奉他自己和他的兄弟德鲁苏斯（Drusus）。残存的三根科林斯式立柱属于公元 6 世纪进行的最后一次重建。该神庙被严重毁坏和掩埋，所以帕拉第奥弄错了：该神庙其实是围廊列柱式，八乘十一而不是十五根立柱，并且立在一个较高的底座上，而不是台阶形的基座上。

117. 韦斯帕芗神庙（Temple of Vespasian），由提图斯始建，公元 81 年由图密善完成，由塞普提米乌·塞维鲁和卡拉卡拉修复。它是背靠着古罗马档案馆（Tabularium）下面的高墙③建造起来的，如今只有殿前廊（pronaos）右角处的三根立柱残存下来。帕拉第奥的复原设计是相当富于幻想的，因为除了这几根立柱就什么都看不到了；该建筑不是重围廊列柱式和八柱型，而是前廊列柱式和六柱型（hexastyle）；它有一间宽大的内殿和六根前廊列柱式的立柱，其中两根立在壁端柱正前方；它不是建在带有台阶的基座上，而是建在墩座上。

118. 即，万神庙；见下一章。

119. 这又是一次针对真正的建造时间和当时对该神庙名称错误判定的正确而敏锐的视觉判断。

120. 在该基地上，阿格里帕于公元前 27 年他第三次任执政官期间或之后，建造了一座朝南的神庙；遭火灾后于公元 80 年由图密善修复。在另一次火灾后，由哈德良彻底重建；带穹顶的结构始建于 118—119 年，于 125—128 年献祭；这次入口朝北。第一块铭牌是由哈德良设立在那里的；第二块记载修复情况的铭牌由塞普提米乌斯·塞维鲁和卡拉卡拉于公元 202 年设立（*Corpus Inscriptionum Latinarum* VI，896，31196）。609 年万神庙被赠予教宗博尼法斯四世（Pope Boniface IV），他将其改作圣马利亚与诸殉教者教堂（S. Maria ad Martyres）；拜占庭皇帝君士坦斯二世（Constans II）在 667 年访问罗马期间将其青铜铭牌扒下；乌尔班八世弄走了殿前廊的青铜梁。RIBA VI 11，VIII 9r—v，XIV 2v，XV 12v；VIC，D 8v 和 D 16r：Zorzi 1958，123f；145，252，166f；Spielmann 1966，1，72ff；Burns et al. 1975，106f；245，255，263。关于其他文艺复兴时期的图纸以及这座建筑的影响，见 Burns 1966；Tafuri 1992，165f；Della Torre and Schofield 1994，54—57。

121. 原文如此："横向宽度"，当指称直径时就赘述了。

122. 比较老普林尼《博物志》9.35.121。

123. 见专用词汇表 **colonna** 条目。

124. 紧挨着万神庙后面的废墟不属于阿格里帕浴场，而是属于尼普顿巴西利卡（Basilica of Neptune），由

---

① 还忽略了拉斐尔。
② 佩莱格里诺（Pellegrino Tibaldi / Pellegrino di Tibaldo de Pellegrini，1527—1596），意大利手法主义建筑师、雕塑家和壁画家。
③ 档案馆建在坎皮多利奥丘的坡脚陡坎之上，下面是高大厚重的挡土墙。

阿格里帕始建于公元前 25 年，以纪念其在海军的功勋；在提图斯统治期间的公元 80 年遭火灾严重破坏，由哈德良修复，可能是在重建万神庙的同时进行。在这些废墟后面的阿格里帕浴场的残迹到 16 世纪时仍然可见。VIC，D 33r；RIBA VII 1，2，3，4，6，IV 14v：Zorzi 1958，136ff；Spielmann 1966，79ff，188ff；Burns 1973b，176f。

125. 井格天花。

126. 帕拉第奥观察到，罩式神龛的楣部不同于罩式神龛两旁沿墙面延伸的楣部；墙面上的楣部未采用完全成形的楣檐，而代之以仰杯线脚和挑口饰带。帕拉第奥认为建筑师对它们进行不同处理的原因是，如果他将沿墙面延伸的楣部做成与罩式神龛的楣部一样完整，前者的楣檐将比嵌入礼拜室的巨大壁柱从墙上外伸得更远，这样行不通。见最后一幅木刻图，他用图并在最右边用剖面轮廓，从侧面表现了罩式神龛，清晰地画出了罩式神龛与大壁柱之间墙面上的楣部的简化做法。

127. 为君士坦丁的女儿海伦娜（Helena）和康斯坦提娅（Constantia）修建的陵庙，现为圣康斯坦萨教堂（S. Costanza）。见 Serlio 1566，III，ff. 56v—58r；RIBA VIII 12r：Zorzi 1958，257；Spielmann 1966，111。

128. 见注 60。

129. 字面意思是"而是离我们最近的皇帝们的时代"。

130. 该陵墓是 309 年为马克森提乌斯皇帝的儿子罗穆卢斯（Romulus）建造的。比较 RIBA VIII 1：Zorzi 1958，181，316；Spielmann 1966，43—44；Burns 1973a，142；Scaglia 1991。

131. 即，柱间距。

132. 见上文 IV，6。

133. 位于蒂沃利的所谓维斯塔神庙，建于公元前 1 世纪。其所真正奉祀的神祇未知，尽管也有人提出是海格立斯。VIC，D 4；见 Zorzi 1958，18，194—195；Spielmann 1966，80；Burns 1973a，151；Forssman 1973b，21f。

134. 帕拉第奥的意思是，通过这样做，立柱内表面正对内殿的一点的连线是绝对垂直的，没有收分（entasis），或者立柱整体轻微侧倾以达到同样效果。该神庙的第二张图看来表示他说的是前者。①

135. 见本卷注 60。

136. Vitr. 4.6.1—6；Barbaro 1987，182f。

137. 卡斯托尔与波卢克斯神庙，在尼禄统治时期建成，后成为大圣保罗（S. Paolo Maggiore）教堂；殿前廊幸存至 16 世纪，但被包入了由格里马尔迪（Grimaldi）建造的新教堂之内。图：RIBA XIII 18；Zorzi 1958，198；Strandberg 1961；Spielmann 1966，45；Forssman 1973b，22。

138. 这是位于斯波莱托附近早期基督教时期小型的克利图姆努斯（Clitumnus）②神庙。帕拉第奥在 1545 年去罗马的途中到过斯波莱托。图：VIC，D 22v；RIBA IX 17r，XI 15r：Zorzi 1958，17ff；Spielmann 1966，2；Burns 1973a，153；Burns 1973b，173；Forssman 1973b，21。

139. 见上文 I，14。

140. 一个没有实现的承诺。

141. 这座神庙建于共和制后期或帝国早期，在 16 世纪变成弥涅尔瓦（神庙基址）上的圣马利亚教堂（S.

---

① 图太小，难以看清。从构造原则来看，前者似乎更合理些，也就是立柱内侧垂直而外侧收分，柱身的顶面和底面仍保持水平。如果是后者那样"整体侧倾"，那么柱身的顶面和底面就不在水平面上，而是微微呈斜坡状，与柱头、柱础的接触面，乃至与楣基底面和地面都不平行，会留出一牙宽度渐变的楔形缝隙，构造做法更复杂，也难以做得精确而合乎比例了；如果柱身不是整根，而是由几段石鼓累叠而成的话，上下石鼓也容易错位。

② 克利图姆努斯河，今克利通诺（Clitunno）的河神，传说牛若饮了此河水会变成白色。该神庙位于河源附近，IV，99 的图最下端以波浪线示意此河。

Maria sopra Minerva）。图：RIBA XI 14，XV 9v；Antolini 1803；Zorzi 1958，190ff；Spielmann 1966，46f，84f。

142. 见上文 IV，9，在那里帕拉第奥谈论到，古人并不将在神庙中使用柱座当作一项规则。帕拉第奥在 I，51 列出了带有柱座的古代建筑，但它们都是拱门。

143. 帕拉第奥说山花的斜边是楣檐的一部分，而在英语中更自然的说法似乎是，楣檐构成了山花的一部分，即它的水平底边。

144. 见上一条注。

145. 这些类型帕拉第奥从未出版。

146. 帕拉第奥在 III，32 已经提到。帕拉第奥复原了两者中保存较好的一个，即供奉奥古斯都与罗马女神的神庙，建于公元 2 年至 14 年之间。见 RIBA VIII 4，XI 12；VIC，D 28r；Zorzi 1958，188f；Spielmann 1966，47f，87f；Pavan 1971。

147. 即最低的挑口饰带。科林斯式楣部通常的布置是最低那条挑口饰带为三条中最小的；见上文 I，43。

148. Palladio 1980 年版从 *editio princeps*（初版），写作 "molte alte"；本书作 "molte altre"。

149. 该神庙建于公元前 20 年至前 12 年之间，最初供奉阿格里帕，然后是供奉他的儿子（即被恺撒收养的）盖尤斯•恺撒和卢基乌斯•恺撒（Gaius and Lucius Caesar）。关于帕拉第奥是否去过尼姆的问题，见 Poldo d'Albenas 1560，74ff；Spielmann 1966，48；Forssman 1973b，22f。

150. 比较上文 III，38—39。

151. Vitr. 3.4.4—5；见 Barbaro 1987，136f。关于著名的 "scamilli impares"①，其含义从未得到让所有考古学家都满意的解释，见 Campbell 1980。

152. 上文 I，51 和 IV，30。

153. 即，净宽度或门框之间的空间。

154. 即，比门的楣檐。

155. 所谓的狄安娜神庙（Temple of Diana），奥古斯都时期建造，哈德良时期修复：见 RIBA XI 13，XIII 18；Poldo d'Albenas 1560；Zorzi 1958，196f；Spielmann 1966，48，89f。

156. 看来帕拉第奥是说，中间部分或者说罩式神龛的地面，与神庙的其余部分处在同一水平高度，倒是左右两个小间（compartments）的地面抬高到柱座顶面的高度，人们可以利用从侧面走廊起步的阶梯向上走到那里。这些阶梯在前两幅木刻图中表示得很清楚；然而，从第二幅或第三幅木刻图中看不出上述三个部分之间在地面高度上有任何变化。②

---

① 字面意思是高低不等的小板凳，参见陈平译本，第 94 页。
② 这三个部分在地面高度上的不同在第二幅和第三幅中还是不难看出来的。这两幅图可以理解为剖面图。帕拉第奥在画剖面图（他一般称为室内立面图）时，没有对剖切线与投影线作粗细线宽的区分，但比例较大时会用或直或曲的碎短线条表示材料，比较 IV，38、46、79、81、93 等等，他往往用短直线表示料石或砖块，用曲线表示碎石填充料；未被剖切到的构件只表示其投影线，由于室内界面一般装饰得比较平整光滑，多数情况下看不到表示宽大勾缝的线条，为了增强效果，他会画一些表现阴影的密排细线，但与表示被剖切到构件的材料的短线明显不同。

先看第二幅图，可以将它理解为横剖面图，将剖切位置设定在平面图中标注走道和内殿宽度尺寸的位置，向雕像方向看，中间罩式神龛和它两边的小间都没有被剖切到，图中表示的是它们的立面投影，雕像都放在半圆龛中，左边小间中的雕像有一个从该小间地面高度上竖起的不太高的像座（右边应该也是一样），这样该雕像的位置就比中间罩式神龛中（图中可以看到一半）的雕像高一些，而中间的这尊雕像的底座高度与左右小间的地面高度一致，如果像英译者所暗示的，三个部分的地面高度没有变化，那么在左右小间的"大底座"（即地面）上特意再做一个小像座，从而使两边的雕像高于中间的主尊，这就太不可思议了。

再看第三幅图，可以将它理解为纵剖面图，将剖切位置设定在平面图中标注内殿长度尺寸的位置，向左看，剖切到的构件主要在图的顶部（屋顶）和右侧（后墙），有碎短的材料线，中间的罩式神龛被剖切到了，放在半圆龛中的雕像（图中右者）的底座与内殿中放在其他浅方龛中的雕像（图中左者是其中之一）的底座高度相同，从罩式神龛（转下页）

注　释

157. 实际上是萨图恩神庙；可能在公元前 497 年献祭；由穆纳提乌斯·普兰库斯（Munatius Plancus）于公元前 42 年重建；公元 283 年在铭文中提到的火灾后修复（*Corpus Inscriptionum Latinarum* VI，937，31209）；墩座是穆纳提乌斯重建的结果；立柱、山花和铭文出于 283 年的那次修复。从共和国时期起该神庙就是国库。侧面有十三根而不是十一根立柱。见 RIBA VIII 14r，XI 11r 和 2r，20v：Zorzi 1958，173f；Spielmann 1966，91f，120。

158. 老普林尼《博物志》34.80。

159. Bober and Rubinstein 1986，99ff。

160. 其实这是女始祖维纳斯神庙（Temple of Venus Genetrix），位于恺撒广场（Forum of Caesar）上。在帕尔萨卢斯战役（Battle of Pharsalus）之前，恺撒立下誓约为维纳斯建造神庙，据说他的家族是女神的后代。该神庙于公元前 46 年献祭，后由图拉真重建。帕拉第奥的复原设计格外不准确（譬如，它是八乘九根而不是八乘十五根立柱），因为它毁损严重，且在他那个年代大部分被埋。RIBA XI 20r，XIV 12：Zorzi 1958，174f；Spielmann 1966，93f。

161. 即，在前面的那些。

（接上页）中的雕像向左数到字母 F 的三根立柱，分别是平面图上中间的罩式神龛由后到前的方立柱、方立柱和圆柱，此雕像底座座身的竖向剖切线到正对字母 F 下的柱座座身的竖向轮廓线之间都是投影线，而没有材料线，说明中间罩式神龛的地面与内殿其余部分是一样高的，没有像其中雕像的底座一样被剖切到，否则从底座直到字母 F 下的竖向线条之间（字母 G 周围）都应该像最右侧一样画上表示料石的材料线。如果真的那样做，让中间罩式神龛的地面提高到与两边小间一样，像一个六尺加一又二分之一寸（约 2.1 米）高的"大底座"，那其中的雕像距离这个"大底座"的前缘（字母 F 处）过远，当人们在一定距离内观看雕像时，它的腿部会被遮挡，这显然是不妥的；同理，第二幅图中两侧小间中的雕像需要在较高的地面上再竖起一个不太高的像座，因而其雕像的位置比中间罩式神龛中的更高些，以免雕像的腿部被遮挡，这也再次反证了中间罩式神龛的地面与两边小间的地面是不同的，而不是看不出"有任何变化"。

意英专用词汇表

理查德·斯科菲尔德（Richard Schofield）

前 言

在第一卷的前言中，帕拉第奥说他在书中将采用工匠们使用的专门术语："在本书所有各卷中，我会避免长篇大论，而仅仅提供在我看来必不可少的建议，并会使用如今工匠们广泛采用的行话。"帕拉第奥异常忠实地实践这一承诺并无论在何处都力求采用俗语（比较塞利奥的做法：Jelmini 1986，特别是 206ff）。虽然他对于古代结构和建筑细节的许多描述是依据博学的巴尔巴罗，后者往往给出建筑术语的希腊文、拉丁文、意大利文，甚至法文名称，帕拉第奥试图避免维特鲁威式的希腊-拉丁混用词汇，而尽可能代之以意大利语对应词：例如，用 **bastone** 代替 *torto*；用 **corte** 和 **cortile** 代替 *peristilio*；用 **frontespicio** 代替 *fastigio* 或 *timpano*；用 **gonfiezza** 替代 *entasis*；用 **gorna** 代替 *stilicidio* 或 *piovitorium*；用 **grossezza**，**piede** 和 **testa** 代替 *diametro*；用 **mattone** 和 **quadrello** 代替 *pentadoron* 和 *tetradoron*；用 **ovolo** 代替 *echino*；用 **pilastro** 代替 *parastatica*；用 **sala** 和 **salotto** 代替 *oeco*；在第四卷中他经常用 **di spesso colonne** 代替 *picnostilos* 和 *alato a torno*，*alato doppio*，用 **falso alato doppio** 代替 *peripteros*，*dipteros* 和 *pseudo-dipteros*，诸如此类。显然帕拉第奥常常没有选择，只能采用古典术语，特别是在表述已不存在而又被维特鲁威详详细细描写过的建筑类型时；那么他就仅仅重复维特鲁威的术语（例如，**palestra**，**peridromides**，**xisto**，等等）。

奇怪的是，他也宣称他将使用维特鲁威的术语（**dipteral**，**peripteral**，**picnostyle**，等等），因为如果他不这样做，会引起混淆，而且无论如何这些术语"看来已经为我们当代语言所沿用，人人都理解它们了[si ancho perche tali nomi paiono già esser stati ricevuti dalla nostra lingua, e da ciascuno s'intendono]"：IV，9。话虽如此，他还是在几十处继续采用平白的术语，代替那些他既然又说"ciascuna"（人人）都理解了的古典–维特鲁威式词汇。帕拉第奥在可能之处都采用了通俗术语，不仅代替维特鲁威式的希腊-拉丁语词汇，而且代替他知道的更为正式的意大利语术语；我们可以推测，在这些情况下他的替代词表明，人们在合同或较正式的书面文章中写的词语，与人们在交谈中说的词语有差别。在这两种情况下，替代词有时用如"volgarmente si dice"（俗话所说）这类提法表示：参见，如 **colonello**[①] 表示一根垂直放置的木杆（"travi che...si pongnon diritto in piedi"（那些铅直安放……的木杆）），**dado** 表示 **abaco**，**goccidatoio** 表示 **corona**，还有 **dorone**，帕拉第奥认为它是 **chiodo** 的古代通俗术语。

帕拉第奥的读者面临着一个问题，我们可能会认定其为中心问题。跳进脑海中的三个主要例子包括帕拉第奥的书中最常使用的词语：**ornamento**，**membro** 和 **ritondo**（详见下文）。**ornamento** 被帕拉第奥用在几十个不同之处；有时很明显这个词旨在聚焦或"着重"于立柱、柱头、柱础、壁柱、门和窗是装饰这个阿尔伯蒂式理论的意义上；另外还指附加于建筑物的结构上的美化要素（例如 IV，3 的"gli ornamenti, cioè base, colonne, capitelli, cornici, e cose simili"（装饰物，即柱础、柱身、柱头、楣檐这一类的））。然而，我们不确定帕拉第奥是否打算在每一处都用这个词承载理论重担；这个问题不需要做太多译解，因为这个词在许多情况下可译

[①] 此处英译者可能漏写了一个字母"n"，正文（III，15）和下文的条目均作 colonnello。

作"ornament"（装饰），但在某些情况下译作"decoration"（装点）或其他词语会更合适。这个问题可以通过帕拉第奥在Ⅳ，7关于教堂中所用立柱所说的话加以说明："每种柱式必须加上适当的、匹配的装饰[si deve à ciascun'ordine dare i suoi proprii, e convenienti ornamenti]"。这是否意味着，在阿尔伯蒂式观念中属于 *ornamenta*（装饰）的立柱也被加上其自己的 *ornamenta*，这也属于一种阿尔伯蒂式观念（参见阿尔伯蒂《论建筑的十书》1988，420）？这个问题特别出现在第四卷中，帕拉第奥在其中给出了对古代建筑最细微部分的详细描述，这样事情就清楚了，在许多情况下 ornamento 纯粹是 membro 或 membro particolare 的同义词或近义词。从这个疑问来看，为了抓住这个词语含义的核心，根据语境，我们灵活变通地将 ornamento 译为"装饰"或用更自然的英语同义词或近义词来翻译。

membro：帕拉第奥在许多情况下用这个词来表达一种信念，就是建筑物像人体（**corpi humani**，II，4），具有肢体（**membri**），它们应该是对称的（尤其是Ⅰ，6—7；Ⅱ，3—4）；美丽的部分应该显露，丑陋的应该隐藏，等等，与大多数文艺复兴理论家，尤其是阿尔伯蒂，相一致（参见阿尔伯蒂《论建筑的十书》1988，421）。但尚不能确定，每一次采用 **membro**、**membretto**，或 **membro particolare** 这些词语时，他是否在心目中与人相类比。如果帕拉第奥每次都将这种类比作为中心的话，那么译者应该在所有情况下将 **membro** 尝试译为"部分"（member）或"肢体"（limb）；但帕拉第奥使用该词太频繁，在许多不同的语境下可能让人无法相信他在任何时候都聚焦在与人相类比，所以在某些语境下，译者不应该采用更方便的英语表达，而应采用诸如"要素"（element）、"细部"（detail）或"构件"（component）。总之，我们在所有情况下都将 **membro** 这个词语保留在方括号中，并在词汇表中收集其用法的例子。

ritondo，ritondità：当帕拉第奥谈到建筑物时，再次出现的中心问题是 **ritondi**①。在许多情况下他明确地选择了这个词，因为它涵盖了多个理想性的概念；而 **ritondità** 更像是一种纯理念的②圆（Platonic roundness），象征地球的形状、神的无尽均称性，等等——这完美的一般理想物在尘世间的个别征象就是圆形神庙，还可以用几何学的说法表述为圆形的（circular）（Ⅳ，6，9，52）。对译者来说问题在于是否在所有情况下都将 **ritondo** 译为"圆的"（round）——基于帕拉第奥是指理念上的 **ritondità**——还是假定帕拉第奥并非始终都聚焦于圆形结构的理想特性，而是在很多情况下用这个词作为其几何学上的等同物之一 **cirolare**（圆形的）的同义词。由于我们对此并不确知，而我们认为，如果将滴锥饰，或者阿尔梅里科别墅以及位于梅莱多的特里西诺别墅的中央大厅说成是"圆的"，那很怪异，遂将那里和其他几处的 **ritonda**③译为"circular"（圆形的）。

帕拉第奥的文字包含了无数的建筑术语，可以分为几类。第一类：许多术语有恰当的英语译法：例如，**listello** 通常可译为 fillet（贴线），**fusarolo** 为 bead-and-reel（串珠纹），**ovolo** 为 egg-and-dart（卵箭纹）或 echinus（凸圆线脚）。第二类：帕拉第奥的意大利语术语大量来自拉丁语，也大致以原来的拉丁语形式保留在英语中（abacus（柱顶板）、base（柱础）、capital（柱头）、caulicolus（卷叶须）、echinus（凸圆线脚）、torus（塌圆节）、volute（涡卷饰）），因此不存在困难。然而第三类：帕拉第奥经常采用不同词语指称形状相同、但有时大小和位置不同的建筑要素；很明显，他常常采用同义词。这对译者来说是个难题，因为英语的对应词往往不容易找到，

---

① ritondo 的复数，阳性。
② 即柏拉图哲学的。
③ ritondo 的阴性。

就算有，也很难表达帕拉第奥所用词语之间的意思差异；比如 **tondino**（一种小的凸圆形线脚）与 **astragalo**（也是一种小的凸圆形线脚）之间的差别无论在英语或意大利语中都不明显；在英语中倒是"torus"或"small torus"这两个词，作为 **tondino** 和/或 **astragalo** 的译文可能会令人满意，不过若是每处都这么译，会造成混乱，因为"torus"这个词在英语中也用来指柱础上的大得多的凸圆形线脚（即墣圆节），帕拉第奥称之为 **bastoni**（趴圆棍），或偶尔称 **tori**（墣圆节）；**orlo**（在各个位置都看得到的一种带有垂直轮廓的线脚）与 **listello**（大致差不多的另一种线脚）之间也是类似情况；更不用说 **anello**（环线）、**gradetto**（涩线）和 **quadretto**（方口线）之间的差别根本就不清楚或其实不存在，而且即使差异明显，要翻成英语也难。

一个奇怪而有趣的事实是，帕拉第奥在书中从未使用单词 *trabeazione* 或 *lesena* 或短语"piano nobile"——这些全都是对帕拉第奥建筑的现代描述中常见的新造的词。

词汇表中定义的词后面多列有：（1）引用帕拉第奥在本书及其他著述中的用法；（2）来自其圈子或启发其用法的其他来源的段落（例如，巴尔巴罗、巴尔托利、卡塔内奥、切萨里亚诺（Cesariano）[①]、科尔纳罗、塞利奥）。参考帕拉第奥本书的，首先是列出卷次，然后是依据初版的页码（而不是章次，因为一章往往长达几页）；我们所用的版本是由奥埃普利出版社1980年在米兰出版的1570年版的复刻版。参考巴尔托利1565年的，给出页码，然后是行序：例如，Bartoli 1565, 114, 1（第114页，第1行）。参考巴尔巴罗1987 [1567]年的和切萨里亚诺1521年的，通常指明引证的词语或段落是来自对维特鲁威的翻译文字还是评注文字：例如，Barbaro 1987, 199 comm.（评注）；Cesariano 1521, 36r, comm.。有时也指明参考巴尔巴罗版的图示及其说明：Barbaro 1987, 142D, diag.（图）。引用的建筑文献，给出了所属的时间和城市：例如，Pavia（帕维亚），1396。

Abaco: abacus of a capital, also popularly called a die, or dice: "abaco, il quale per la sua forma volgarmente si dice dado" (I. 19, 26, passim). See **dado** [2].

Acroteria: acroterion, pylon (IV, 41). See **cornicietta** [2]; **pilastrello**.

Aere: space: "per lo molto arre che sarà tra i vani" (between columns) (I, 16). See **distanza**; **intercolunno**; **intervallo**; **luce**; **lume**; **spazio**; **vano**.

Ala: a "wing", a structure or corridor, usually long and thin, flanking and part of a larger building or some part of one; thus used by Palladio for the corridors or passages down the sides of atria (II, 27, 29, 53); the corridors around the cellas of temples (IV, 9; cf. 10); the spur walls projecting from the flanks of temples and ending in **antae**: "da i lati ha [l'antitempio] due ali di mura continuati alle mura della cella, nel fine delle quail si fanno due anti" (IV, 10); the aisles in a church (IV, 10). Barbaro also uses the term for the colonnades of temples and the spaces at the sides of atria: Barbaro 1987, 199 and comm., 289 comm.: "ale, che sono…portichi e colonnati".

Alato a torno: peripteral; of a temple with one colonnade around it (IV, 8, 15, 55). See **alato doppio**; **amphiprostilos**; **antis, in**; **dipteros**; **falso dato doppio**; **hipethros**; **peripteros**; **prostilos**; **pseudodipteros**.

[①] Cesare Cesariano（1475—1543），意大利文艺复兴画家、建筑师和建筑理论家，维特鲁威《建筑十书》的第一位意大利语译者。

Alato doppio: dipteral; of a temple with two colonnades around it. See **amphiprostilos**; **antis, in**; **dipteros**; **falso alato doppio**; **hipethros**; **peripteros**; **prostilos**; **pseudodipteros**.

Alzato: elevation drawing; apparently interchangeable with **diritto** (III, 16, 25; IV, 30, 64; and passim). Cf. "E terminata che sia ben la pianta, bisogna per farne l'alzato valersi de la prospettiva o vero farne il modello di cartone, di legno, di cera, o di terra, secondo la grandezza o degnità dell'edificio; ma sempre che sia ben distgnato e per ordine di buon prospettivo ne sia fatto l'alzato, tirandolo da la sua pianta, si dimostreranno gli effetti dell'edificio non molto men facili che se ne fusse fatto il modello" (Cataneo in *Trattati* 1985, 185); "Il disegno che segue rappresenta l'alzato della pianta passata, tirato da quello per ordine di prospettiva" (Cataneo in *Trattati* 1985, 231). See **diritto**; **impiè**; **maestà**.

Amezare: to partition, subdivide a room creating mezzanines **[(a)mezato]**: "le picciole [stanze] si amezeranno per cavarne camerini, ove si ripongano gli studioli", etc. (II, 4); "i camerini sono ancor essi in volto e sono amezati" (II, 6, 18).

Amezato: a mezzanine room (passim); same as **mezato**.

Amphiprostilos: amphiprostyle; of a temple with rows of prostyle columns at the front and back (IV, 7). See **antis, in**; **dipteros**; **falso dato doppio**; **hipethros**; **peripteros**; **prostilos**; **pseudodipteros**.

Andido, andito: a corridor, passageway (passim).

Anello: a ring or molding of vertical profile below the echinus of a Doric capital (also called a **listello**, **gradetto**, or **quadretto**): "la seconda perte principale [of a Doric capital] si divide in tre parti uguali; una si dà agli annelli o quadretti, i quali sono tre uguali" (I, 26). See **gradetto**; **listello**; **quadretto**.

Angolo: corner, of a room, temple, etc.: "angoli over cantoni" (I, 11). See **cantone**; **voltare [1, 2]**.

Anticamera: anticamera; cf. English anteroom, waiting room: "alcune stanze, le quali noi possiamo chiamare anticamera, camera e postcamera, per esser una dietro l'altra" (II, 43). For its functions in the Renaissance, see Frommel 1973, I, 71ff; Waddy 1990, 3ff; Thornton 1991, 294f. See **appartamento**; **camera**; **postcamera**.

Antis, in: "within pilasters", referring to the facade of a temple with a portico comprising columns set between pilasters at left and right (IV, 7). Palladio says that such temples do not now exist (IV, 7). See **alato doppio**; **amphiprostilos**; **dipteros**; **falso alato doppio**; **peripteros**; **prostilos**; **pseudodipteros**.

Antitempio: pronaos, porch of a temple (IV, 10).

Anto: anta or pilaster; often used of the pilasters at the ends of the spur walls projecting from the cellas of temples; Palladio regarded them as the ends of the surrounding walls of the cellas: "anti cioè pilastri" (II, 43); "anti, cioè di pilastri grossi quanto le colonne del portico" (IV, 10). See **antis, in**; **erta**; **parastatica**; **pilastro**.

Appartamento: a set or suite of rooms. No doubt the rooms mentioned in II, 13 were regarded as an **appartamento** by Palladio: "alcune stanze, le quail noi possiamo chiamare anticamera, camera e postcamera, per esser una dietro l'altra"; see also "in caso che i discendenti del sudetto gentiluomo volessero avere i suoi appartamenti separati" (II, 8); "dai fianchi vi sarebbono stati due appartamenti di sette stanze per uno" (II, 73; and I, 64; II, 54 and 64). For the **appartamento** in the Renaissance, see Waddy 1990, 3—13; Thornton 1991,

300ff. See **anticamera**; **camera**; **postcamera**.

Appearance, of temples: see **aspetto [2]**.

Arcade: see **colonnato**; **coperto [2]**; **loggia**; **portico**.

Archetto: a continuous decoration with little arches on a horizontal molding, frequently used on **gola riversa** moldings in cornices: "intavolati piccioli intagliati a fogliette e archetti" (IV, 55). See **foglietta**; **gola riversa**; **intavolato**.

Architettura: architecture (IV, 6); also a book on architecture (III, 3).

Architrave: architrave. See **astragalo**; **cavetto**; **cimacia**; **fascia**; **gola riversa**; **intavolato**; **orlo [2]**; **piano [2]**.

Arco: semicircular arch (passim); an **arco diminuito** is a segmental arch: "archi c'habbiano di frezza il terzo del lor diametro" (III, 21). See **freccia**.

Areostilos: aerostyle, the widest intercolumniation mentioned by Vitruvius, four base diameters (IV, 8). See **diastilos**; **eustilos**; **picnostilos**; **sistilos**.

Ariete: ram, and also battering ram; but in the treatise used to describe beams of wood positioned so as to counter the impetus of river water: "oltra di ciò, nella parte di sotto del fiume si aggiognevano pali piegati, i quali, sottoposti in luogo di ariete e congionti con tutta l'opera, resistessero alla forza del fiume" (III, 13); cf. "alcune travi più sottili a pendio…in cambio di ariete [to act as shoring]" (Bartoli 1565, 114, 1).

Armamento: see **colonnello**.

Arpese: clamp, iron tie (I, 9; III, 31). Cf. Barbaro 1987, 86 comm.; "pietre…inarpesati con arpesi di ferro over di rame" and "li arpisi di ferro" (Palladio in Puppi 1988, 129 and 157). See **arpice**; **fibula**.

Arpice: clamp (III, 15). See **arpese**; **fibula**.

Aspetto [1]: appearance: "un aspetto gonfio e senza grazia" (of columns) (I, 16).

Aspetto [2]: the "appearance" or "form" of temples, but veering toward "type" as well (I, 3; IV, passim). Palladio explains his use of this word at IV, 7: "aspetto s'intende quella prima mostra che fa il tempio di se a chi a lui si avicina". The impression is that this use of the word is technical and probably not a plain-language term. Palladio consistently uses it to express the type of ground plans used in temples (peripteral, dipteral, etc.) and reserves the terms **specie** or **maniera** for their column spacing (sistyle, diastyle, eustyle, etc.), as does Barbaro: e.g., "lo aspetto di questo tempio era il falso alato detto da Vitruvio pseudodipteros; la maniera sua era di spesse colonne" (IV, 41). Both Barbaro's and Palladio's usage follows Vitruvius', who uses *aspectus* (form, appearance) for the plans of temples: "aedium autem principia sunt, e quibus constat figurarum aspectus" (3.2.1); and *species* for the column spacings: "species autem aedium sunt quinque, quarum ea sunt vocabula…" (3.3.1). The seven "appearances" of temples are amphiprostyle; in antis; dipteral; hypeteral; peripteral; prostyle; pseudodipteral.

Astragalo: a small molding with a convex profile, as opposed to a **listello** which has a straight, vertical profile; more or less identical to a **tondino**. It is used for the "astragalo o tondino" at the top of column shafts below the **collarino** (I, 26, 33, 35), and for the astragals on bases, though Palladio also calls them **tondini**: "ma in vece di due astragali, o tondini, che si fanno tra i cavetti nella ionica" (IV, 53; I, 31). Barbaro offers an interesting etymology: "astragalus è così detto dalla forma di quell'osso, che è nella giontura del piede; latinamente è detto talus; che volgarmente si chiama talone, ma gli architetti pure dalla forma li chiamano tondino, et nelle base se ne fanno due" (Barbaro 1987, 141 comm.; cf. 142 D astragalus, talus, tondino (diag.), 183 comm., 190 F., diag.).

Atrio: the atrium of a Roman house. Palladio mentions five types: **atrio di quattro colonne**, i.e., tetrastilo (II, 24, 27); **atrio corinthio** (II, 29); **atrio discoperto**, which he does not want to discuss (II, 24); **atrio testugginato** (II, 24, 33); and **atrio toscano** (II, 24); cf. Barbaro 1987, 288—289 comm.

Attico: Attic, used of bases with two toruses separated by a scotia (passim).

Av(v)ertenza: advice, body of advice, instruction, merging into convention, rule: apparently interchangeable with **avertimento**; at I, 6 the word seems to be interchangeable with "precetti"; "ma perche pare che gli antichi non habbiano havuto questa avertenza di fare un Piedestilo d'una grandezza più ad un'ordine" (I, 51); "dirò quelle avvertenze, che nell'edificare i tempii si devono osservare" (IV, 4; see also I, 7).

Av(v)ertimento: advice, body of advice, instruction, merging into convention and rule: apparently interchangeable with **avertenza**: "quelli avertimenti che sono più necessarii nel fabricare" (I, title page); "scriver gli avertimenti necessarii che si devono osservare da tutti i belli ingegni" (I, 3); "e benchè Vitruvio, Leon Battista Alberti e altri eccellenti scrittori habbiano dato quegli avvertimenti, che si debbono havere nell'elegger essa material" (I, 7); "havendo io…ricordato tutti quelli più necessarii avertimenti, che in loro si devono havere [in edificii privati]" (III, 5); "dei ponti di legno et di quelli avertimenti, che nell'edificarli si devono havere" (III, 11).

Avolgere: to wrap around something, become tangled up with something: "avolgendosi [la material] à i pilastri rinchiude l'aperture de gli archi onde l'opera ne patisce in modo che dal peso dell'acqua viene co'l tempo tirata à ruina" (III, 11).

Avolgimento: the complexities, windings, spirals of **caulicoli**: "gli avolgimenti dei caulicoli dei capitelli" (IV, 74). See **involgimento**.

Basa: a base of a column, pedestal, pilaster, or basement (I, 12, 22; IV, 48, 98; and passim); at II, 59 the "basa" seems to be a plinth. See **orlo**.

Basilica: basilica, hall of justice (III, 38ff). Cf. "erano luoghi [basiliche] dove litigavano li Romani et erano ornate di statue e di belle colonne con duoi ordini di porticali" (Palladio in Puppi 1988, 23); Palladio's descriptions are heavily dependent on Barbaro's (Barbaro 1987, 214 comm.; Bartoli 1565, 250, 4ff).

Bastoncino: small convex molding, equivalent to an **astragalo** or **tondino** in Palladio's terminology; used of the **astragalo** above the upper torus of bases, for which he also uses the word **tondino** (I, 31). "La basa è Attica, e ha un bastoncino sotto la cimbia della colonna; la cimbia, ò listello è sottile molto, e così riesce molto gratiosa; e si fa così sottile ogni volta che è congiunta con un bastoncino sopra il toro della basa detto anche bastone, perche non è pericolo che si spezzi" (IV, 55). Cf. "duoi bastoncini, che infra l'uno mazzocchio e l'altro stanno quasi come in soppresso; i quali cavetti e bastoncini, feciono in questo modo" (Bartoli 1565, 216, 11). See **bastone**; **cimbia**; **listello**; **toro**.

Bastone: the torus of the base of a column or pedestal: "toro overo bastone" (I, 19); "bastone di sopra"; "bastone di sotto" for upper and lower toruses of Doric bases (I, 22 and 26); also "bastoni con la sua gola" of the base of pedestals (I, 47); "toro della basa detto anch'esso bastone" (IV, 55). Cataneo also uses the terms as synonyms: "toro, o vero bastone" (Cataneo in *Trattati* 1985, 350). Elsewhere Palladio uses the word in a different sense: "li modegioni nell'opera che si ha da far d'alcune prie [=prede] cotte chiamano loro bastoni" (the modillions that they have to make of brick for the structure are called **bastoni**) (Magrini 1845, Annotazioni, xx-xxi, n. 38). See **bastoncino**; **gola**.

Battipolo: pile driver (III, 13).

Bell of capital: see **campana**; **vivo**.

Benda: a continuous horizontal molding separating the architrave from the frieze in Doric, synonymous with **tenia**: "[the architrave] si divide in sette parti: d'una si fa la tenia overo benda" (I, 26). The same synonyms are used by Barbaro: "la benda, fascia, o tenia, che si dica" (Barbaro 1987, 146 comm.)

Borgho: not a neighborhood of a town or city, but here a small gathering of houses (I, 6).

Bottegha: shop (II, 35).

Braccio [1]: a unit of measurement for length; the braccio da panno (the cloth measure) was 0.690 m (Martini 1883, 823; Burns et al. 1975, 209; Zupko 1981, 40ff), but this may not have been exactly the same as the **braccio** used for building. See also **minuto**; **oncia**; **palmo passo**; **piede**; **stadio**.

Braccio [2]: Strut or small transverse beam used in bridge construction (III, 15).Cf. "due altri pezzi di legno…le quali si dicono braccia, e qui in Venetia, con voce latina da Vitruvio biscanterii" (Scamozzi 1615, 2:344; Concina 1988, 47).

Brick: see **mattone**; **muro**; **pietra cotta**; **quadrello**.

Bruolo: garden or orchard, which can be of considerable extent (II, 45): "il bruolo, il quale è grandissimo, è pieno di frutti eccellentissimi e di diverse selvaticine" (II, 51, 58). Cf. Scamozzi 1615, 1:234: "I bruolli si sogliono situare di dietro alle fabriche de'padroni, e di là più oltre a'giardini, e si lascino à belle praterie, e con alberi di tutte le sorti de'più eccellentissimi frutti, che si possono havere messi per ordine; e si fanno grandi e perciò alle volte si chiamano parchi, come quello della Regina Cornaro presso ad Asolo dei Trevisana, tutto cinto di mura; ove sono ruscelli d'acque correnti, per irrigar hor quà e hor là, secondo il bisogno, con strade bellissime diritte, et ampie, che vanno al lungo, et al traverse", etc.

Building: see **edificio**; **fabrica**.

Buttress: see **pilastro**; **sperone**.

Cacciare: to drive, set into a wall: of chapels see in thick walls (IV, 39); of driving piles into a river bed (III, 13).

Cadino, volto a: see **volto**.

Calce: lime (I, 8). See Concina 1988, 52 for a description of types.

Calle: alley, small road, lane, passage, usually outside and between buildings. Palladio appears to go against his own and normal Venetian usage when he mentions a **calle** inside the Carità: "rincontro all'atrio et inclaustro, oltre la calle, si trova il refettorio" (II, 29); usually he uses the word **andito**.

Camera: room, synonymous with **stanza**; **stanza mediocre**, a room of medium size (II, 43). For functions, see Frommel 1973, I, 71ff; Waddy 1990, 3ff; Thornton 1991, 285f. For Cornaro **camera** was synonymous with **stanza** as well: "quando dirò stanzie se intenderà le camere" (Cornaro in *Trattati* 1985, 91). See **anticamera**; **appartamento**; **postcamera**.

Camerino: a room smaller than a **stanza**; a **stanza picciola** (I, 53 and passim): "le [stanze minori] cioè i camerini" (II, 54). See **anticamera**; **appartamento**; **postcamera**.

Camino: fireplace: "la piramide [chimney breast] del camino, d'onde usciva il fumo" (I, 60).

Campana: the bell of a capital (I, 42, 49; IV, 107). See **vivo**.

Campo [1]: a space, area; in Palladio, the square space between brackets in a cornice (IV, 70).

Campo [2]: a unit of square measurement; the "campo trivigiano" (II, 55) is not recorded by Zupko 1981, 59f, or Martini 1883, 823; but that used in Venice and Euganea was 0.279 ha.

Canale [1]: groove, flute, in triglyph, in Ionic volute, on column (I, 14, 26): "canale overo incavo della voluta" (I, 33). Bartoli uses **canale** of flutes on a column (Bartoli 1565, 233, 6); Barbaro uses it of the grooves of triglyphs (Barbaro 1987, 146F, diag.) and volutes (ibid., 150 comm.). See **canellatura**; **incanellare**; **incanellatura**; **inccavo**.

Canale [2]: water channel (I, 10).

Canaletto: pipe or tube (I, 9). See **canna**; **fistula**.

Canellatura: fluting of a column (IV, 98). See **canale**; **incanellare**; **incanellatura**; **incavo**.

Canna [1]: reed; used for constructing roofs to make them light (II, 29, 54). Cf. Palladio in Puppi 1988, 151; see the fascinating comments of Cornaro in *Trattati* 1985, 99, and Scamozzi 1615, 2:327.

Canna [2]: tube, chimney: "canne o trombe" (I, 60). Cf. "la canna del cammino è quella per la quale il fumo ascende il camino e quello che è sopra li coppi" (Cornaro in *Trattati* 1985, 93); also used by Barbaro for drainage pipes in walls: "d'intorno i pareti le canne contengono i cadimenti dell'acque" (Barbaro 1987, 283); "le canne, che fistule si chiamano" (Barbaro 1987, 288 comm.).

Cantina: cellar (II, 46, and passim).

Cantone: corner, of a room, temple, etc.: "angoli over cantoni" (I, 11; IV, 7). See **angolo**; **voltare [1, 2]**.

Capire: to accommodate, have sufficient space or, in this case, depth, for something: "non essendo i pilastri delle capelle tanto fuori del muro, che potessero capire tutta la proiettura di quella cornice" (IV, 74 and note 126).

Capitello: the capital of a column (passim), but also the "capital" of the triglyph (I, 26). Palladio uses the term "corner capital" for the Temple of Fortuna Virilis and Villa Sarego: "onde vengono ad havere la fronte da due bande, e si dimandano capitelli angolari" (I, 33; cp. II, 51).

Capo: the end of almost any kind of object or structure, large or small, very like **testa [2]** in Palladio's usage: "in capo dell'entrata io vi facea due stanze lunghe un quadro e mezo" (II, 71); "i capi che nelle ripe si fanno [the ends of bridges at the bank]" (III, 19, 20, 25); the head or end of the stairs of the Temple of Clitumnus at Spoleto (IV, 98). In Bartoli also as the head of a nail (Bartoli 1565, 84, 38); cf. the "ends" of the diameter of arches: "corda poi si dice quella linea, che passa da un capo dell'arco all'altro" (Barbaro 1987, 45 comm.); "il capo de la colonna [top or bottom of column]" (Bartoli 1565, 188, 24); **capo** of **travamenta**: beam ends (Venice, 1578: Lorenzi 1868, 436), etc.

Cartella: scroll: "cartelle, le quail si dicono cartocci, che sono certe involgimenti i quali agli intelligenti fanno bruttissima vista" (I, 51). See **cartoccio**.

Cartoccio: scroll. See **cartella**.

Casa: house; "casa de'particolari", "casa privata": house of a private citizen; "casa da villa": farm building; "casa dominicale": the owner's house on an estate (passim). Also, evidently, lodgings within a house, in this case of the **padrone**: "sono come luoghi publici, e l'entrate servorno per luogo, ove stiano quelli, che aspettano, che'l padrone esca di casa per salutarlo, e per negotiar seco" (I, 52): "uscire di casa" feels like a stock phrase referring to a patron's emergence from his quarters, whether an apartment or house, to greet clients. In the Greek house, **casa** refers to separate houses or lodgings for guests (II, 43; cf. II, 45). See **villa**.

Casamento: used by Palladio in the treatise to mean a large house in a town (II, 8; III, 8). Cf. "uno bello et nobile casamento" (Siena, 1462: Borghesi and Banchi 1898, 212); "parlare delle buone qualità che si deveno ricercare nella edificazione dei palazzi, casamenti, o alter fabriche abitabili di qual si voglia re, prencipe, prelato, signore, o onorato gentiluomo; gran palazzo o casamento che nella città si pensasse edificare" (Cataneo in *Trattati* 1985, 326). The word is used with other meanings in other types of architectural documentation: e.g., [1] house, building in the country: "le terre et palludi, che se ha a bonificar …li sia fatti li suoi casamenti de tempo secondo li sarà di bisogno" (Venice, 1517: Concina 1988, 56); [2] small or humble structures or houses: "atachata a quella [capella] ghè una capelleta picola cum uno poco de ccasamento dove sta un frate" (Milan, 1456: Beltrami 1894, 191); "palazzi da gentili uomini, e casamenti da populari e da comuni artigiani e da persone di bassa condizione e poveraglia" (Filarete 1972, 1:52). See **palagio**.

Cassa [1]: caisson or coffer used in wall construction (I, 13).

Cassa [2]: coffer in the soffit of a cornice (I, 42; IV, 11). See **compartimento [2]**; **lacunare**; **quadro [2]**; **soffittato**; **soffitto**; **soppalcho**.

Cat(h)eto: a plumb line let down from the **cimacio** of the abacus used in the projection of Ionic volutes (I, 43). Cf. "catheti, cioè linee a piombo" (Barbaro 1987, 149 comm.).

Caulicolo: caulicolus; the stalk that supports the volutes of Corinthian capitals (IV, 95). Cf. "caulicoli, o fusti," of a Corinthian capital (Barbaro 1987, 155 comm.).

Cavetto: a small concave molding; [l] used in cornices, where it is frequently a quarter-circle and usually surmounted by a small **listello** (I, 19, 26, 56); [2] used in bases, where it forms the **scotia** (I, 26 and passim);

cavetto primo, **cavetto secondo**: upper and lower scotias (I, 33; cf. IV, 61).

Cavriola or **cauriola**: a word used only once in the treatise and evidently meaning a type of stringcourse or small cornice, referring to the stringcourse with the celebrated wave pattern in the Temple of Mars Ultor: "è la cavriola dalla quale cominciano le divisioni dei quadri fatti per ornamento nel muro sotto i portici" (IV, 16). We have been unable to find another example of the use of this word anywhere.

Ceiling: see **coperta**; **palcho**; **soffittato**; **soffitto**; **solaro, in**; **travamenta**.

Cella [1]: cella, naos of temple (passim).

Cella [2]: cell (of monks) (II, 29).

Cementi: rubble or concrete. *Cementum* can mean mortar/cement or rubble and therefore, presumably, concrete (i.e., cement plus rubble) in medieval Latin. Palladio uses it only in the plural (cf. the use of the plural only for **ciotoli** and **cuocoli** at I, 11, 12). It is possible that he means concrete, a mixture of rubble and mortar; he makes no mention of the mortar, but then he does not mention it in connection with any other wall type either: "cementi, cioè di pietre roze di montagna, o di fiume" (I, 11); "cementi, o cuocoli di fiume" (I, 12). Cf., for example: [1] mortar/cement: "parietes intonegare seu cementare" (Annali 1877, 2, 31); "cementum vol significare la calce molle in la quale sedendo le altre pietre epsa gli cede il loco e così fa coadunare e congregare in se ogni cosa che si gli impone e le integre e le incise pietre le constringe e le fa coherer in una unione" (Cesariano 1521, 36r, comm.); [2] rubble: "coementi si è saxo di grossa congeratione quale ben sia meliore adoperando de grossi e magni pezi" (Cesariano 1521, 22v and comm.); "cementi minutissimi": small stones (ibid., 39r); "cementi quasi cernimenti de pietre vel saxi" (ibid., 39r, comm.); "cementi marmorei": marble rubble (ibid., 119v). See *I portici da Bologna* 1990, 302-303.

Chiesa: church (IV, 3 and passim); Palladio sometimes uses the word **tempio** for church. See **tempio**.

Chimney: see **canna**; **fumaruolo**; **tromba**.

Chiocciola, scala a: spiral staircase. See **lumaca, scala a**.

Cimacia/o: a small horizontal molding forming the "cornice" to various elements; for complete, fullscale cornices Palladio uses the word **cornice**. The **cimacia** may be [1] on a pedestal or basement (I, 22, 31, 38, 40; IV, 30, 38, 48, 98); [2] above the abacus of capitals (I, 19, 26, 33); [3] "cimacio dei modiglioni": horizontal molding above modillions or of an Ionic cornice (I, 35); [4] "cimacio dell'architrave": crowning molding of the architrave (I, 35, 56; IV, 41, 61); [5] an isolated cornice-like molding low down on the Temple of Vesta, contrasted with the larger cornice above, upon which the cupola rests (IV, 52); [6] cornice of the architrave surrounding the door of the Temple of Vesta at Tivoli (IV, 90). See **cornicietta**, with which **cimacia** seems to be synonymous in some contexts.

Cimbia: the apophyge, the small molding of vertical profile at the bottom or top of the column shaft; also called a listello by Palladio: "listello...et altramente si dimanda cimbia" (I, 19, 26, 31, 33; IV, 61). The treatise writers used a number of terms for the cimbia: "la cinta o nastro, detto da Vettruvio apophygue" (Cataneo in *Trattati* 1985, 350); "quella parte dove termina il fusto della colonna, detta cimbia overo annulo, o lestello dell'apofige; apofige, o cimbia si dica" (Barbaro 1987, 141-142 F, diag.).

Ciotoli (always in the plural): gravel, pebbles, stones found in rivers. Palladio also calls them cuocoli (I, 8 and 12). Filarete defines them as gravel: "cuocoli…nascono in fiumi e in luoghi acquosi, e queste universalmente si chiamano ghiara" (Filarete 1972, 1:70).

Clamp: see **arpese**; **arpice**.

Clear space, between columns, pilaster, door jambs: see **aere**; **distanza**; **intercolunno**; **luce**; **lume**; **spazio**; **vano**.

Collarino: the "frieze" or "neck" below the echinus of the capital and above the **listello** or **astragalo** at the top of the column (I, 15, 19, 26, and passim).

Colmo [1]: (adj.) of roofs, raised in the middle: "fastigiati, cioè colmi nel mezo" (I, 52, 67; also of roads, III, 9).

Colmo [2]: (n.) a triangular roof, used by Palladio in contrast to flat roofs (**coperti**): "questi colmi si deono fare e più, e meno alti secondo le ragioni ove fabrica" (I, 67), and passim. The word was a common Venetian one: see, for example, Paoletti 1893, 102 (1488), and the fascinating description of roof construction in Lorenzi 1868, 18 (1496). Cf. "disopra legando insieme molti fusti fanno i colmi de i tetti piramidali, e coprendo quelli con canne e paglie inalzano sopra le stanze grandissimi grumi di terra" (Barbaro 1987, 70), where the meaning is ridge piece (*colmigno* or *colmignolo*).

Colonna: column (passim); also used for a half-column (II, 29 when describing the cloister; II, 22), although Palladio uses the term **meza colonna** as well (II, 41, 60; IV, 48); **a colonna semplice** is a column not attached to a pier (I, 22, 37); at IV, 73 Palladio calls the pilasters of the upper story of the Pantheon "colonne"; Renaissance architects sometimes called piers/pilasters "colonne quadrate/quadre", and maybe he had that in mind; but the adjective is normally present, so we must assume a slip on Palladio's part.

Colonnade: see **colonnato**; **coperto** [2]; **loggia**; **portico**.

Colonnato: row of columns, colonnade (I, 16 and passim); **colonnati semplici** (rows of columns) are contrasted with **loggie con gli archi** (a colonnade with a minor order of piers and arches) (I, 16 and cf. 44); **colonnato** is apparently more or less synonymous with **portico** (I, 33). See **loggia**; **portico**.

Colonnello: a small vertical beam of wood used in bridge building; "colonnelli (così chiamiamo volgarmente quelle travi che in simili opere si pongono diritte in piedi)" (III, 15); also called **armamenti** (III, 17-18). Cf. "pezzo di legno, che si dice colonnello, perchè sta in piede, come una colonna" (Scamozzi 1615, 2:344).

Coltello, in: an expression used by Palladio of planks of wood or pieces of stone placed on their edges vertically one on top of the other (I, 13; III, 9). Sometimes the expression used is "per coltello" (see, for example, Milanesi 1854, 2:254): "io ho veduto mattoni, che non sono più longhi di sei dita, ne più grossi di uno, ne più larghi di tre, ma con questi facevano il più delle volte gli ammattonati per coltello a spiga" (Bartoli 1565, 53, 33); Scamozzi uses it as a noun referring to the thin edge of a beam of wood: "la grossezza in quella parte [of a wooden beam], che è volta all'ingiù, che si dice coltello" (Scamozzi 1615, 2:341).

Commodità [n.], cf. **commodo** [adj.]: appropriateness, usefulness, suitability, also possibility, convenience, practicality, advantage (passim); a word with a wide spread of meaning decided by context. Palladio sometimes uses it as a synonym for *l'utile*: "l'utile, o commodità, la perpetuità e la bellezza" (I, 6); "ha questa fabrica la commodità…cioè che per tutto si può andare al coperto" (II, 57); possibility: "e che le ricchezze diedero loro animo, e commodità a cose maggiori, cominciarono a farli [bridges] di pietra" (III, 20). Palladio's triad of "l'utile, o commodità, la perpetuità, e la bellezza" is a variant of Vitruvius' *firmitas*, *utilitas*, and *venustas* (1.3.2.); these became *commoditas*, *firmitas* or *perpetuitas*, and *gratia* or *amoenitas* in Alberti I 2. Cf. Barbaro 1987 ad loc. Palladio also uses **convenevole** as a synonym for **commodo**.

Compartimento [1]: division, subdivision, internal planning, layout (passim). Sometimes it is not easy to decide whether the word refers to a plan or subdivision of a building, or to the act of planning, an ambiguity that is also disguised by the English word "planning": "del compartimento delle syaze" (II, 3); "compartimenti di ditto ordine" (I, 16); "del compartimento delle vie" (III, 7); "con altri compartimenti fu ordinata da esso Vitruvio una basilica in Fano" (III, 38); "del compartimento dei tempii" (IV, 9). Cf. "la compositione delle sacre case è fatta di compartimento, la cui ragione deve esser con somma diligenza da gli architetti conosciuta; il compartimento si piglia dalla proportione, che grecamente è detta analogia" (Barbaro 1987, 108); "mi è piaciuto sommamente il compartimento del suo modello, perchè la lunghezza, larghezza et altezza benissimo corrispondono" (Palladio in Puppi 1988, 123).

Compartimento [2]: compartment or panel in a ceiling, often of stucco and accommodating paintings; Palladio seems to prefer to use the word for ceiling decoration that is not as deep as coffering, for which he uses the words **cassa**, **lacunare**, and **quadro** (I, 53; II, 6 and passim); but he uses it of the coffering in the Temple of Venus and Rome, where perhaps one would expect one of the latter (IV, 36). See **cassa** [2]; **lacunare**; **quadro** [2]; **soffittato**; **soffitto**; **soppalcho**.

Compartire: to arrange, distribute, plan, lay out: "le stanze grandi con le mediocri, e queste con le picciole deono essere in maniera compartite che una parte della fabrica corrisponde all'altra" (I, 6; II, 4 and passim).

Contraforte: buttress (III, 22; IV, 70): "speroni overo contraforti [of a bridge]" (Palladio in Puppi 1988, 172). See **pilastro**; **sperone**.

Convenevole: suitable, fitting, appropriate (passim); used by Palladio as a synonym for **commodo**.

Conveniente, convenienza: appropriateness, convenience, suitability, practicality (passim, e.g., IV, 5); in many cases used as synonyms for **commodo** and **commodità**: "decoro o convenienza" (II, 3).

Coperta/o [1]: roof, roofing, covering (II, 46): "la coperta sarà troppo ratta" (I, 67); "sopra gli anditi non vi sarebbe coperta alcuna, ma intorno avrebbono i poggi" (II, 24); "la testudine o coperta dell'atrio" (II, 33); and passim. Cf. "vorria poi che'l letto del ponte fusse fatto secondo che appare nel disegno, di legname di larase et la coperta di albedo o veramente di pezzo, che è tutto uno" (Palladio in Puppi 1988, 171); "li tetti, cioè li coperti delle fabriche" (Cornaro in *Trattati* 1985, 112). See **testudine**.

Coperto [2]: on the farm a **coperto** is a long one-story, one-sided outbuilding with piers or colonnades flanking the **casa dominicale**; the best translation is perhaps "portico"; Palladio also calls them **portici** (II, 46) or **loggie** (II, 62). The words "shed" or "lean-to", while suggestive of their shape, convey neither the length nor the splendor of the structures concerned.

Coppo: see **tegola**.

Corner: see **angolo**; **cantone**; **voltare [1, 2]**.

Cornice: cornice; almost invariably used of the cornice as a whole with all its components: "l'architrave, il fregio e la cornice sono per la quinta parte dell'altezza della colonna" (I, 33, 56f). In Palladio's usage there is a contrast with the word **cimacia/o**, which he uses of smaller cornice-like elements: for example, he uses **cimacia** for the isolated cornice-like molding low down on the "Temple of Vesta" and, by contrast, **cornice** for the larger cornice above upon which the cupola rests (IV, 52). However, he is not entirely consistent in his usage: on one occasion only, in his description of the Doric cornice, he describes the **gocciolatoio** or **corona** as a **cornice** too, even though on the same page he uses **cornice** for the whole cornice as well: contrast "la corona o cornice, che volgarmente si dice gocciolatoio" with "la cornice deve essere alta un modulo e un sesto" (I, 26). See **cavetto**; **cimacia/o**; **cornicietta** [1, 2]; **cornicione**; **corona**; **dentello**; **fusaiolo**; **gocciolatoio**; **gola diritta**; **gradetto**; **incavo**; **intavolato**; **orlo**; **ovolo**.

Cornicia: a cornice-like stringcourse applied to a wall (IV, 52-53).

Cornicietta [1]: a small cornice-like molding (IV, 30, 52, 53); sometimes synonymous with **cimacia**.

Cornicietta [2]: a low continuous parapet above a cornice on which statues stand (IV, 57). See **acroteria**; **pilastrello**.

Cornicione: a large cornice (III, 31).

Corno (pl. **corna**): the chamfered "corners" or "horns" of the abacuses of Corinthian and Composite capitals (IV, 95; cf. I, 42, 49; IV, 95).

Corona: a large horizontal element or molding in the cornice below the terminal **gola** which ends in a vertical profile. In the treatise, the **gocciolatoio** is almost invariably treated as identical to the **corona**; e.g., when discussing Doric he refers to "la corona o cornice, che volgarmente si dice gocciolatoio" (I, 26, 56). But once, in his description of Tuscan, he separates the **corona** from the **gocciolatoio** with its **gola diritta** (cyma recta): "B, Corona: C, Gocciolatoio, e gola diritta" (I, 19). See **cornice**; **gocciolatoio**.

Corpo: human body (II, 3); bulk, body, mass of a building (II, 4, 61; IV, 41, 95): see the introduction to the Glossary.

Corrente: long horizontal beam: "questa sorte di travi così poste volgarmente si chiamano correnti" (III, 19).

Corridor: see **ala**; **andido**.

Corritore: walkway, balcony (II, 11, 16, 33). See **poggiuolo**.

Corso: course, row of bricks (I, 11 and 12).

Corte: a courtyard, smaller than a **cortile** or **peristilio** (II, 16 and 20): "corte da galline [chicken yard]" (II, 29); only once does Palladio use **corte** for a big courtyard when one would expect him to write **cortile**: "una corte circondata da portici: le colonne sono lunghi piedi trentasei", of the projected Palazzo Angarano; here, surprisingly, Palladio uses **corte** of both courtyards in the plan, one of which was larger than the other (II, 75).

Corticella: a small courtyard, smaller than a **corte** (II, 43, 72).

Cortile: a large courtyard within a house or in front of the **casa dominicale** on an estate (II, 3, 8, 11, 20, and passim); Rhodian courtyard (II, 43). See **corte**; **corticella, peristilio**.

Cuba: cupola (IV, 86). The innumerable examples of the use of this word show that when it refers to structures its meaning is always a cupola or vault of some kind. For Venetian examples, see Lorenzi 1868, 78 (1453); Paoletti 1893, 123 and 242 (241, note 6) (1507 and 1525); and Lorenzi 1868, 382 (1574); for Mantuan examples, D'Arco 1857, 2, 15 (1480); and for the Sala dei Giganti, Ferrari 1992, 1:633 (1534); particularly interesting is this reference from Ferrara in 1547: "verba habita fuerunt…super pinnaculo, vulgo la cuba ecclesiae; depingere la cuba grande della chiesa, da la cima sino allo extremo delli quatro peduzzi della crosara de ditta chiesa; ne la summità overo cadino de essa cuba l'Ascensione del nostro Signore cum li Apostoli", etc. (Cittadella 1868, 86). Palladio's acquaintances and sources used the word in the same way: Cornaro in *Trattati* 1985, 112; also Barbaro: "le piramidi, le sfere, l'aguglie, li tagli, e altre cose che alle colonne, agli architravi, alle cube, tribune, lanterne, e a molte altre parti appartengono" (Barbaro 1987, 14 comm.). See **cupola**; **tribuna**.

Cuneo: wedge; but used by Palladio of the wooden framework of a bridge with a wedge-shaped configuration (III, 18).

Cuocoli (always plural): gravel, shingle, pebbles (I, 8, 12): cf. "cuocoli…nascono in fiumi e in luoghi acquosi, e queste universalmente si chiamano ghiara" (Filarete 1972, 1:70). See **ciottoli**.

Cupola: cupola; tribuna over cupola (IV, 9). See **Cuba**; **tribuna**.

Curia: Senate house (III, 31 and passim).

Cyma recta, cyma reversa: see **gola diritta, gola riversa**.

Dado [1]: the main block of a pedestal as opposed to the **basa** (base) and **zocco** (plinth): "dado, cioè piano di mezo" (I, 31; I, 22; IV, 48, 118). **Dado** overlaps **zoccolo** in meaning: at IV, 52 he says that the columns of the Temple of Vesta have bases that are "senza zoccolo over dado ma il grado ove posano serve per quello" (IV, 52).

Dado [2]: abacus: "abaco, il quale per la sua forma volgarmente si dice dado [die or dice]" (I, 19; the only occurrence of this usage in the treatise).

Decoro: appropriateness, convenience, suitability: "decoro o convenienza" (IV, 6; II, 3).

Dentello: dentilation in cornices (I, 42), a molding below the **ovolo** or egg-and-dart; usually dentilated, but in the Temple of Antoninus and Faustina it was left uncut ("dentello non intagliato", IV, 30).

Dentilation: see **dentello**.

Diametro: diameter (I, 15 and passim). See **grossezza; piede [2]; testa [3]**.

Diastilos: diastyle, an intercolumniation of three lower column diameters (I, 22; IV, 257). See **areostilos**; **eustilos; picnostilos; sistilos**.

Dipteros: dipteral: describes a temple with two colonnades around it (IV, 8). See **alato doppio**; **amphiprostilos; antis, in; falso alato doppio; hipethros; peripteros; prostilos; pseudodipteros**.

Diritto: elevation drawing showing the side or front of a building, which can include cutaways of the interior (III, 25; IV, 11, 16, 23, 30, and passim): apparently synonymous with **alzato** and **impiede**. Cf. "Il dritto in piè è quando è finita la fabrica e che si vede da terra infino al tetto, et ancora di dentrovia. E lo disegno di tal dritto in piè si disegna sopra una carta per far tal fabrica" (Cornaro in *Trattati* 1985, 92). See **alzato**; **impiè**; **maestà**.

Dispensa: pantry (II, 3). Cf. "cucine, dispense, tinegli da mangiare per la famiglia [servants]" (Filarete 1972, 1:223); "ne la dispensa non gli lassi mangiare ne altrimenti praticare se non quelli officiali gli sono deputati et el medesimo diremo ne la credenza et canepa" (Milan, 1486: Beltrami 1894, 44); "rimover la dispensa che al presente si fa nel tinello da basso" (Venice, 1566: Lorenzi 1868, 335); "questa casa ha da basso i servitii come sono cuccine, tinello, dispensa, stanze per staffieri, dispensieri et simili officiali" (Rome, 1601: Frommel 1973, 2:66); "si è allungato il cenacolo, fatta una dispensa congiunta alla cucina" (Milan, 1617-19: Baroni 1940, 17); see also Waddy 1990, 38: "dispensing store-room".

Distanza: used at IV, 88 for intercolumniation. See **aere**; **intercolunno**; **intervallo**; **luce**; **spazio**; **vano**.

Dome: see **cuba**; **cupola**; **tribuna**.

Door jamb: see **erta**; **pilastrata**.

Dorone: a large copper dowel or nail for clamping stones together: "e ne fecero [di rame] gli antichi chiodi, che doroni volgarmente si chiamano" (I, 9). This seems to be one of the rare occasions when Palladio departs from his sources, who all regard the **doron(e)** as a type of brick. Vitruvius tells us of the bricks, but not dowels or nails, called *didoron*, *pentadoron*, and *tetradoron* and gives the etymology from the *doron* (2.3.3). Cesariano gives several descriptions: e.g., "cum siano in molti loci in Roma de le muraglie constructe de consimile aligature procedente dal doron qual è como uno cubato corpo largo quatro digiti per ogni lato quali digiti quatro da Vitruvio habiamo nel I capo del libro 3 formano un palmo, e così multiplica insiema poi formare il latero", etc. (Cesariano 1521, 34v, comm.). Barbaro uses the same term in compounds in his translation to refer to various types of brick, not dowels (Barbaro 1987, 74-75 comm.).

Dowel: see **arpese**; **arpice**; **dorone**.

Drawings, architectural: see **alzato**; **diritto**; **forma**; **impiè**; **maestà**; **pianta**; **profilo**; **sacoma**.

Echino: echinus, passim. Cf. "echino o vuovolo" (Cataneo in *Trattati* 1985, 354). See **ovolo**.

Edificatore: builder, but always used by Palladio to refer to the patron, not the contractor or architect (I, 51; II, 4 and passim): e.g., "le insegne overo armi degli edificatori, le quail si sogliono collocare nel mezo delle facciate" (II, 69). See **fabricatore**; **padrone**.

Edificio: building; synonymous with **fabrica**.

Elevation drawings: see **alzato**; **diritto**; **impiè**; **maestà**; **profilo**.

End of an object, bridge, column, beam: see **capo**; **testa**.

Entasis: the swelling of a column; see **gonfiezza**.

Entrata: entrance, entrance hall (passim); for its functions, see I, 52.

Erario: treasury (III, 31). Cf. Palladio in Puppi 1988, 24; Barbaro 1987, 221 comm.

Erta: door jamb or window frame: "le pilastrate, overo erte delle porte e delle finestre" (I, 7, 9, 55; IV, 111). This is the usual Venetian word: cf. Paoletti 1893, 97 (1490) and 124 (1524); Lorenzi 1868, 410 (1577) and 467 (1580). See **anto**; **parastatica**; **pilastro**.

Eustilos: eustyle; an intercolumniation of two and a quarter diameters (I, 28; IV, 9 and passim). See **areostilos**; **diastilos**; **picnostilos**; **sistilos**.

Fabrica: building; synonymous with **edificio**. Cf. "Ma ben dichiarirò ciò che si chiama fabrica, perchè la fabrica si dice ancor edificio, et è una cosa medema [= medesima]. E così chiamarò fabrica ad una casa che si faccia come è fatta e così tal fabrica sarà d'una chiesa, o monasterio, e tanto serà si dirò edificio, perchè queste due cose sono generali e sono però una cosa medema" (Cornaro in *Trattati* 1985, 91).

Fabricatore: builder, constructor, meaning the patron (II, 12). See **edificatore**; **padrone**.

Faccia: face of a wall, facade of a building. See **facciata**; **fronte**.

Facciare: to have a facade, to be faced with, used by Palladio of temples which have facades of a certain type, e.g., with pilasters or columns: "l'uno [type of temple] si nomina in antis, cioè faccia in pilastri; uno [another type of temple] si dice prostilos, cioè faccia in colonne" (IV, 7).

Facciata: a facade of a house, palace, or temple; not necessarily the main facade, however, which Palladio sometimes qualifies with "facciata davanti" (IV, 8). See **faccia**; **fronte**.

Falso alato doppio: pseudodipteral, used of temples with space for two colonnades around it, but of which only the outer colonnade is present; "pseudodiptero, cioè falso alato doppio" (IV, 8). See **alato doppio**; **amphiprostilos**; **antis, in**; **dipteros**; **hipethros**; **peripteros**; **prostilos**; **pseudodipteros**.

Famiglia: household. In Italian it is sometimes difficult to tell whether **famiglia** refers to the family of the **padrone** or to his servants: it seems that the word usually means "servants" in the treatise, even though he also has the words "massara" and "servitore" to hand (II, 52, 53, 64). At II, 18 (description of Villa Rotonda) it seems reasonable to suppose that **famiglia** means servants since Palladio specifically tells us that Almerico's relatives (for which he uses the expression "i suoi") have died and the quarters of the **famiglia** are under the floor of the hall and loggias; the **famiglia** mentioned at II, 47 also has rooms under the main floor; at II, 54 the **famiglia** is located in the roof; at II, 62 the **famiglia più minuta** is located at the end of one of the quadrants; and at II, 68 the **famiglia** is again under the main floor.

Farm, estate: see **villa**.

Fascia: fascia of an architrave, a window, or door frames (I, 35; IV, 90 and passim). See **primo**.

Fastigiato: gabled, of roofs: "[coperti] fastigiati, cioè colmi nel mezo" (I, 67). See **colmo [1, 2]**; **frontespicio**.

Fattore: estate manager, administrator of a farm (II, 46).

Ferrata: metal bars or grills for doors and windows (I, 9).

Ferro: iron; for uses, see I, 9.

Fianco: side, here of a bridge (III, 16). Cf. "i fianchi de le ripe, le pile, le volte, e la lastricatura; infra i fianchi de le ripe, e le pile, vi è questa differentia, che i fianchi bisogna, che sieno oltra modo gagliardissimi, atti non solamente a sostenere il peso de gli archi positivi sopra, come le pile, ma che sieno molto più gagliardi a sostenere le teste del ponte, e a reggere contro al pondo de gli archi; di maniera che non si aprino in luogo alcuno [= abutments of a bridge on a bank]" (Bartoli 1565, 115, 2ff).

Fibula: wooden or metal brace or clamp (III 13): Venetian fibia (Concia 1988, 77). Cf. "epsi trabi da uno capo coniuncti cum la **fibula**: id est colligati cum colligatione facta di orbiculata fune o vero de ferreo circulo", etc. (Cesariano 1521, 163v, comm.). See **arpese**; **arpice**.

Fillet: see **listello**.

Fiore: flower in front of the echinus of Corinthian and Composite capitals (I, 49; IV, 111). See **rosa**.

Fiorire: of the surface metal, to bloom or effloresce: "[rame] è ben fiorito, cioè pieno di buchi" (I, 9).

First, second, third: see **primo, secondo, terzo**.

Fistula: pipe or tube: "di piombo…si fanno le fistule, o canaletti che diciamo, da condurre le acque" (I, 9). See **canaletto**.

Floor: see **ordine [2]; pavimento, piano [1]; solaro [1, 2]; suolo; terrazzato [1, 2]**.

Flue: see **canna; fumaruolo; tromba**.

Flute: see **canale; canellatura; incanellatura; incavo**.

Foglietta: a continuous foliate decoration on a horizontal molding: "intavolati piccioli intagliati a fogliette e archetto" (IV, 55). See **archetto; gola riversa; intavolato**.

Forma: drawing, probably particularly a profile drawing: "è la forma da per se di una delle dette travi" (III, 13). **Forma** is a word with three clear meanings in Renaissance architectural documents, and it is interesting that Palladio uses the word only once in the treatise and ignores the other senses ([2] and [3] below), even though they are used by his sources. We select, from innumerable examples: [1] Design, drawing: "unus pulcher et excellens modellus seu forma designata in carta bombacina; faciata…aedificanda iuxta formam predicti modelli seu designi" (Feltre, 1518: Zorzi 1965, 75); "piedistalli saranno corniciati…secondo la forma et modello…a qual forma e modeno si è fatto e datto per…G. Alessio" (Milan, 1557: Baroni 1968, 403). [2] Three-dimensional model: "fosse deliberato i'lavorio di S. Reparata si debba fare e seguire secondo la forma de rilievo e disengnamento facto nuovamente di mattone" (Florence, 1368: Guasti 1887, 218); "[Francesco di Giorgio] se contulit ad dictam civitatem Cortone, et viso locho et situ edifitii fundandi, construxit formam templi scultam in legno, secundum cuius formam, suprascripta die fuit fondatum dictum templum" (Cortona, 1485: Borghesi and Banchi 1989, 335). [3] Template, formwork, armature: "si è trovato il modo di gettare le colonne nelle **forme** di legno, per scemare la spesa. Et si riempie la forma d'ogni sorte di rottame con molta calce" (Barbaro 1987, 86 comm.); "io disegno i lineamenti de la forme, che io voglio sopra l'armadura de la volta, di quattro di sei, o d'otto facce, e dove io voglio che le volte sfondino, alzo insino a quella determinata altezza di mattoni crudi murati con terra in scambio di calcina (Bartoli 1565, 240, 27ff).

Foro: forum, square, piazza: "i fori cioè piazze" (Palladio in Puppi 1988, 18). Cf. Barbaro 1987, 65 comm., 207 trans.

Freccia, frezza: the vertical distance between the apex of an arch and the middle of its diameter (I, 54; II, 33, 38, 78; III, 19, 30): "archi c'habbiano di frezza il terzo del lor diametro" (III, 21, 24); Concina 1988, 80.

Free, of halls: see **sala**.

Fregio: frieze. See **trave**.

Fronte [1]: face, facade of a building, sometimes meaning a side facade, sometimes the main or front facade (passim).

Fronte [2]: the "face" of a capital, in this case referring to Ionic volutes (II, 51); of a Corinthian capital, referring to the area between the horns (IV, 111).

Fronte [3]: the leading edge of a pier of a bridge (III, 21).

Frontespicio: gable, pediment, tympanum, of a house, temple, doors, and windows. Palladio uses the Latinate adjective **fastigiato** once in the treatise (I, 67), and *timpano* never. The meaning of **frontespicio** in Palladio is certain, and Barbaro and Bartoli use it in the same sense as Palladio does; but this is not to deny that in other Renaissance architectural sources it can mean **facciata**. For Palladio's explanation of why he likes the **frontespicio** so much, see II, 69. Cf. "il frontespizo delle porte sopra la cornice" (Palladio in Puppi 1988, 88); "il frontispicio, che Vitruvio chiama fastigio" (Barbaro 1987, 151 comm..); see also Bartoli 1565, 36, 27; 240, 42. Barbaro presents two possible terms (or three, if you count *timpano*) for this architectural feature: "sopra la cornice è il fastigio, che noi chiamamo frontispicio, che ha un piano nel mezo, che si chiama timpano, perchè è cinto da i medesimi membri della corona, e da una gola schiacciata, che si chiama sima, a simiglianza del naso delle capre" (Barbaro 1987, 145 comm.); but, as so often, Palladio avoids the Greek or Latin forms and selects an Italian one instead (I, 20; II, 48; IV, 7, 73).

Fumaruolo: chimney, flue (I, 60). See **canna**; **tromba**.

Fusaiolo, fusarolo: bead-and-reel; a horizontal molding used in architraves, cornices, and capitals (I, 49; IV, 55, 61).

Fusto: shaft, usually of a column. See **vivo**.

Gastaldo: estate accountant.

Gelosia, porta posticcia fatta a: a movable or temporary door made in the manner of a **gelosia**, that is, a type of door or window shutter (IV, 111). Cf. "gli ornamenti di quelle porte non si fanno a gelosie, ne di due pezzi, ma valvate e hanno le apriture nelle parti esteriori" (Barbaro 1567, 188) as a translation of Vitruvius' "ipsaque non fiunt clathrata [with bars or lattice work] neque bifora sed valvata, et aperturas habent in exteriores partes".

Goccia: gutta; used in the plural and referring either to those below triglyphs or those in the soffits of mutules: "le goccie, le quali deono esser sei" (I, 26). Cf. "simelmente per goccie intende, non quelle che sono sotto gli triglifi, ma quelle, che sono disposte sotto'l gocciolatoio, nel piano di sotto, come haveano detto i moderni le chiamano fusaiolo, non sapendo l'origine di quelle" (Barbaro 1567, 163 comm.).

Gocciolatoio: **corona**, a horizontal molding in cornices. In his description of the Tuscan cornice Palladio seem to use **gocciolatoio** to mean a molding in the cornice with a **gola diritta** (I, 19 B and C); but elsewhere, he invariably defines this element as the **corona**: "la corona o cornice, che volgarmente si dice gocciolatoio", which does not have a gola but a vertical profile (I, 26); "la cornice ha i modillioni invece di gocciolatoio" (IV, 11); at I, 58 he uses it to describe part of a door frame. See **corona; cornice**.

Gola diritta: moldings with a particular curvature used in cornices; cyma recta: [1] at the top of the cornice (I, 19, 26 and 35, 56); [2] as the echinus of a capital (I, 19); [3] as the torus of certain bases: "bastone e gola della basa" (I, 19); [4] with a **listello** as the crowning element of an abacus (I, 26).

Gola riversa: cyma reversa: a curved molding used in cornices, immediately below the terminal **gola diritta** (I, 35); a molding used in architraves, also called the **intavolato** (I, 26, 56, 53).

Gonfiezza: swelling, convex curve, in pulvinate friezes or columns (i.e., their entasis): "gonfiezza e diminuzione delle colonne" (I, 15); "gonfiezza del fregio" (I, 56).

Gorna: gutter, the standard word in the Veneto (I, 67); Concina 1988, 82.

Gradetto: a "little step", a horizontal molding with a vertical profile. There seems to be no difference between a single **gradetto** and a **listello**: "listello o gradetto" (IV, 61); but Palladio probably prefers to use the word **gradetto** when there is a group of them where the effect is like that of a series of little steps, as in the rings below the echinus of a Doric capital. Some examples: [1] the rings below the echinus of a Doric capital (I, 26), called "anelli, ò quadretti" in the text and labeled "Gradetti" in the key to the corresponding woodcut; [2] the molding or lip at the top of the bell of a Corinthian capital below the **fusarolo** and egg-and-dart of the echinus: "il gradetto, che va sotto il fusarolo, e fa l'orlo della campana del capitello" (I, 49); [3] a small molding above the echinus or ovolo of a cornice (I, 56). See **anello; campana; listello; orlo [2]; quadretto**.

Granito: granite: "le colonne sono di granito" (of Bramante's Tempietto) (IV, 64).

Gravel: see **ciotoli; cuocoli**.

Groove: see **canale; canellatura; incavo**.

Grossezza: thickness of an object, often used for the diameters at the bottom of columns and pilasters; "la grossezza da basso…la grossezza di sopra" refers to the diameter at the bottom and at the top of a column shaft (I, 15). See **diametro; piede [2]; testa [3]**.

Grosso [1]: broad, thick; frequently of columns, with reference to the diameter at the bottom: "le colonne…grosse tre piedi e mezo" (II, 29).

Grosso [2]: tall, referring, to the thickness of an element, usually a base, from top to bottom: "la basa dell'ordine ionico è grossa mezo modulo" (I, 33); "la basa di questi basamenti è grossa più della metà della cimacia, et è fatta più schietta" (IV, 30); "le base delle colonne sono all'attica, e hanno l'orlo grosso quanto è tutto il rimanente della basa" (IV, 107; see also IV, 11).

Gutta: see **goccia**.

Gutter: see **gorna**.

Hipethros: hypaethral, of a temple with an unroofed cella: "hipethros, cioè discoperto" (IV, 8). See **alato doppio**; **amphiprostilos**; **antis, in**; **dipteros**; **falso alato doppio**; **peripteros**; **prostilos**; **pseudodipteros**.

House: see **casa**.

Impastare: to mix: "della calce e modo d'impastarla" (I, 8). Cf. "ad impastandum moltam" (Pavia, 1396: Beltrami 1896, 154); "sieno tenuti ad impastar et bagnar la calcina et smalto, dandoglie l'acqua ad sufficientia" (Iesi, 1486: Borghesi and Banchi 1898, 338).

Impiè, **impiede**: elevation drawing; can apply to large objects (e.g., temple facades) or small ones (the elevation of a capital); apparently synonymous with **alzato** and **diritto**: "le piante e gli impiedi di molte fabriche" (I, 6); "appreso vi è disegnata la quarta parte dell'impiè e della pianta del capitello" (IV, 112); "nella seconda l'impiede della facciata davanti" (IV, 57). Cf. "dritto in piè": "Il dritto in piè è quando è finita la fabrica e che si vede da terra infino al tetto, et ancora di dentrovia. E lo disegno di tal dritto in piè si disegna sopra una carta per far tal fabrica" (Cornaro in *Trattati* 1985, 92). See **alzato**; **diritto**; **forma**; **maestà**; **profilo**.

In antis: see **antis, in**.

Incanellare: to be fluted, of columns and pilasters (I, 37; IV, 48). See **canale**; **canellatura**; **incanellatura**; **incavo**.

Incanellatura: flutes, fluting (IV, 74). See **canale**; **canellatura**; **canellare**; **incavo**.

Incatenare: to clamp, bind, secure things together: "si devono fare questi tai ponti che siano ben fermi et incatenati con forti e grosse travi" (III, 12).

Incavo: a continuous concave molding or groove: "canale overo incavo della voluta" (I, 33 and 35); also in a **corona** or **gocciolatoio** (I, 56). See **canale**; **canellatura**; **incanellare**; **incanellatura**.

Intavolato: a continuous horizontal molding with interlocking leaf pattern and/or a profile usually formed by a **gola riversa**. It may appear [1] in cornices: "d'una [of the eight parts of the Corinthian cornice] si fa l'intavolato, dell'altra il dentello, della terza l'ovolo", etc. (I, 42, 56); [2] in architraves, as a horizontal molding with a **gola riversa**: "intavolato, over gola riversa" (I, 26); "due [parts of the architrave] si danno al regolo over orlo, e le tre che restano alla gola riversa, che altrimenti si dice intavolato" (I, 56); "i membri che dividono l'una fascia dall'altra sono intavolati piccioli intagliati a fogliette et archetti, e la fascia minore è intagliata a foglie ancor essa; oltra di ciò, in luogo di intavolato, questo ha un fusaiolo sopra una gola diritta lavorata a foglie molto delicatamente" (IV, 55). Cf. "la goletta overo lo intavolato" (Bartoli 1565, 217, 10). See **archetto**; **foglietta**; **gola riversa**.

Intercolunno: intercolumniation: "intercolunni overo spazi" (I, 15). See **aere**; **areostilos**; **diastilos**; **distanza**; **eustilos**; **intervallo**; **luce**; **lume**; **picnostilos**; **sistilos**; **spazio**; **vano**.

Intervallo: intercolumniation (IV, 8). See **aere**; **distanza**; **intercolunno**; **luce**; **lume**; **spazio**; **vano**.

Intonic(h)are: usually means to plaster a surface; but Palladio also uses it to mean to face or to surface, in this case with bricks: "s'intonicheranno [le mura] poi dall'una e dall'altra parte di pietra cotta" (III, 31).

Intonicatura: layer of plaster or stucco: "quella [arena] di fiume è buonissima per le intonicature o vogliam dire per la smaltatura di fuori" (I, 8); and cf. Palladio in Puppi 1988, 73-74.

Invenzione: design, invention, project.

Invoglio: evidently tackle, equipment, to judge from the context, although it now means bundle, package, wrapping: "gli arnesi da cavalcare, o altri invogli" (II, 4).

Involgimento: a complicated form: "cartocci, che sono certi involgimenti" (I, 51). See **avolgimento**.

Involtare: see **volto**.

Isola, essere in: of a detached palace or house forming its own **insula** or block: "questa casa è in isola, cioè circondata da quattro strade" (II, 12).

Laconico: sudatorium in ancient baths (Vitruvius 5.10): "era questo il luogo ove sudavano" (III, 44-45). Cf. Barbaro 1987, 264 comm.: "il laconico era quello, che anche sudatoio si chiama, detto così da i Lacedemonii, perchè in luoghi simili si solevano essercitare".

Lacunare: coffer: "i soffitti loro, over lacunari, ornati di bellissimi quadri di pittura" (II, 6); "i lacunari del portico, cioè i soppalchi" (IV, 16, 52). See **cassa [2]**; **compartimento [2]**; **quadro [2]**; **soffitatto**; **soffitto**; **soppalcho**.

Lasta di pietra: strip of stone, slab (III, 9; IV, 118). Palladio prefers the form **lasta** instead of the more common *lastra*: "il corpo che sustenta è magior del sustentato, et quanto alle laste in piedi sono tutte chiavellate et messe di fuori per ornamento e nel arco di Costantino et qui nel gravissimo tempio di S. Marco il resto è muro sodo" (Palladio in Puppi 1988, 132).

Letto: deck, platform of a bridge (III, 15). See **pavimneto**; **piano [1]**; **suolo**.

Libero: free, meaning free of columns; see **sala**.

Lingua: the "tongue" of stone from which, or on which, the leaves of capitals were carved (IV, 23).

Listello: fillet; a small molding with vertical profile used in a number of positions in the orders: [1] as the **cimbia** (apophyge) at the bottom of the column immediately above the base and at the top of the column immediately below the **astragalo** or **tondino** (I, 19); sometimes it was described as a **tondino** rather than a fillet; [2] immediately below the echinus in Tuscan (I, 19); [3] used immediately above and below a scotia: "cavetto co'suoi listelli" (I, 22); [4] as the crowning element of the abacus (I, 26f); [5] as the molding between the taenia and guttae (I, 26); [6] as a molding in the cornice, where it is synonymous with a **gradetto**: "listello o gradetto" (I, 56; IV, 61); [7] as part of the "cornice" of capitals, when it is accompanied by a **gola** (I, 19 and 26). See **gradetto**.

Loggia: loggia: since the distinctions in English between arcade, colonnade, loggia, and portico are far from clear cut (perhaps loggias and porticoes are usually smaller than the other two), we have adopted the simple expedient of translating each of them as they appear in Palladio. For some authors **loggia** and **portico** are synonymous: "loggie over portici" (Vignola in *Trattati* 1985, 519; tav. x); "porteghi o ver lozze sostentate da colonne tonde" (Cornaro in *Trattati* 1985, 103). For others there is a distinct difference: for example, Scamozzi 1615, 1:303 says: "noi facciamo questa distintione da'portici, alle loggie: perchè questi [portici] hanno gli archi tra pilastro e pilastro. ... Le loggie...sono differenti da'portici, perchè hanni i vani tra colonna e colonna"; that is, porticoes comprise arches between piers/pilasters and loggias comprise only rows of columns.

An observation of Palladio's usage suggests: [1] Usually the distinction between **loggia** and **portico** (but apparently not that between **portico** and **colonnato**) depends on size as much as anything else, with a **loggia** comprising a relatively small row of columns; [2] but a **loggia** sometimes has the more specific meaning of a structure with piers, half-columns, and arches of one story and often not very long, as opposed to a simple row of columns: e.g., at I, 16, where the "colonnati semplici" (rows of columns) become "loggie con archi" when piers, half-columns, and arches are present; or in front of the Basilica of Constantine (IV, 11, and cf. I, 19, 52, 12; II, 3, 12).

In particular: [1] Palladio in variably uses the word **loggia** (never **colonnato**; rarely **portico**) for the loggias on the fronts and backs of houses, or for the small colonnades occupying one side of a structure; the deciding factor seems to be length and height (II, 3, 18, 47); indeed he specifically states that the **loggie** of houses in the country should not usually be less than ten feet nor more than twenty feet wide (I, 52).Thus the porticoes formed by the large, two-story Ionic columns of the courtyard of Villa Sarego at S. Sofia have an upper story called a loggia at II, 66. [2] Palladio usually calls the long one-sided colonnades extending forward of the **casa padronale** in villas **loggie**: sometimes he calls them both **loggie** and **portici** (II, 60, 62, 66), at other times **coperti**. [3] There are some relatively long arcades or colonnades that he describes as **loggie**; e.g., that proposed for the bridge in Venice (III, 25) and that on each floor of the Palazzo Chiericati (II, 6). For the longer or taller colonnades, i.e., those around temples, in big courtyards, city streets, fora, etc., he uses **portico** most frequently and sometimes **colonnato**. [4] Whilst Palladio's usual word for a temple colonnade is **portico**, there are occasions when he describes the front porches of temples and the arcades in the courtyards of temples as **loggie**, where the common factor seems to be that they are relatively low structures: e.g., that in front of the Basilica of Constantine (IV, 11); in front of the Temple of Venus and Rome (IV, 36); inside the cella of the Temple of Serapis, which was half the height of the exterior columns (IV, 41); in front of the Tomb of Romulus (IV, 86) and the extended arcading forming the **loggie** of the courtyard (IV, 88).

For functions of the loggia, see I, 52. See **colonnato; portico**.

Luce: the clear space between columns, pilasters, door frames, etc. (I, 7, 28, etc.). Cf. "lo spatio e il vano o lume [of columns]" (Barbaro 1987, 18 comm.); "l'altezza del lume" (Barbaro 1987, 184 C D E F (diag.)). See **aere; distanza; intercolunno; intervallo; lume; spazio; vano**.

Lumaca, scala a: spiral staircase; **scala a chiocciola** (I, 61).

Lume: see **luce**.

Lunette, volto a: see **volto**.

Luogho da liscia o bucata: place where they whitened linen and other sorts of cloth using ash and boiling water, i.e., laundry (II, 3). Cf. "tre camere da bassa verso levante, sala et loggia con la servitù necessaria alle altre due parti, il camerino a mezza scala et il loggetto sotto la scala, la caneva del volto, la terza parte della cusina, loco delle lissia, tinello et canevetta sotto il tinello pro individo con le altre due parti" (1601; Zorzi 1969, 208, note 14).

Machina: used of something vast, the world, a huge building (I, 15; IV, 3, II, 39 (Pantheon)). Cf. **machina** used of the Palazzo Strozzi in Florence (Gaye 1839, 1:355); "tanta machina et fabrica," of the Scuola di S. Rocco (1534; Paoletti 1893, 125); of vast masses of rock (Battoli 1563, 24, 14); of the Temple of Artemis at Ephesus (ibid., 69, 11); of vast walls: "gran machina di muraglia" (ibid., 302, 3).

Maestà, magiestà: elevation drawing of the front, as opposed to the side (**profilo**) of an architectural element; in the treatise, the front elevation of a small or medium-sized feature (scroll of a door, tabernacle in Pantheon) (IV, 48 G and 74). It seems to be virtually synonymous with **alzato** and **diritto** in the treatise. Cf. "restando oppresso di voi fornita la magiestà della fazza del coro" (Palladio in Puppi 1988, 121); "pilastro, i quali fussini in maestà br. 4, onc. $1^1/_2$ et grossi br. 3, onc. 2; colonne lunghe br. $15^1/_2$ et grosse in maestà br $1^1/_2$" (Palladio in Puppi 1988, 123). Barbaro seems to regard it is an orthogonal drawing without shading or perspective, which is why he says the **profilo** is necessary: "la elevatione della fronte, e la maestà non dimostra gli sporti, le ritrationi, le grossezze delle cornici, de i capitelli, de i basamenti, delle scale, e d'altre cose, però è necessario il profilo" (Barbaro 1987, 30 comm.); cf. "la cornisetta dell'intavola' e caveto sotto li modioni del cornison nella maestà sora canal grando del ponte" (Concina 1988, 93). See **alzato**; **diritto**; **forma**; **impiè**; **profilo**; **sacoma**.

Magazino da legne: storeroom (II, 3). See **salvarobba**.

Maniera: type, kind; synonym for **qualità [1]** and *specie*: "maniere de'muri" (I, 11); "maniera di colonnati, …maniere di sacome" (I, 22); "maniere de' volti" (I, 54); "specie o maniere" (IV, 8).

Mano: here, probably "layer": "l'ovolo della cornice sopra il fregio è diverso da quanti io ne habbia ancora veduti, e questa maniera, essendovi in questa cornice due mani di ovoli, è fatta molto giudicosamente" (IV, 70). We have not found the word used elsewhere in architectural texts exactly the way Palladio uses it here; but cf. "colonne…ben lavorate e frappate minutamente a tre mani o più [columns well worked and chiseled carefully three times or more, referring to cutting away successive layers]" (Milan, 1619: Baroni 1968, 465); "pagerà per le due mani di malta che darà sopra li muri et volte, cioè intonegatura et reboccatura ben fatta" (Milan, 1620: Baroni 1968, 182).

Margine: pavement, track at the side of a road (III, 8 and 9); a walkway in one of the porticoes of the palaestra, "which Vitruvius calls a **margine**" (III, 44).

Mattone: brick; according to Palladio, **mattoni** are broader and longer than **quadrelli** (III, 8). There are fascinating descriptions of many of the types in Bartoli 1565, 52, II; 53, 20ff; and particularly Cataneo in *Trattati* 1985, 261. Barbaro says **mattoni** are the same as **quadrelli**: "tratta Vitruvio de i mattoni, o quadrelli, che noi dichiamo" (Barbaro 1987, 74 comm.). See **quadrello**.

Measurements: see **braccio**; **campo**; **miglio**; **minuto**; **modulo**; **oncia**; **palmo**; **passo**; **piede [1]**; **stadio**.

Membro, membretto: "member"; an analogy with the human body may be intended in the description of the building or detail concerned (see introduction to the Glossary): "la commodità sarà, quando a ciascun membro sarà dato luogo atto" (I, 6; II, 3, 4); but on many other occasions Palladio may not have had the building/body analog firmly in focus, and perhaps the translation "detail", "component", "or "element" is legitimate: e.g., "membri, che sono in luogo di contraforti" (IV, 39); the **membri particolari** of the Temple of

Vesta (IV, 53); the **membri** that divide one fascia of an architrave from another (IV, 55); the details of the Pantheon (IV, 73; cf. also I, 33, 44, 47, 49, 51, 55, 57; II, 3; IV, 67, 87, 90, 95, 107). Palladio uses **membretto** on a couple of occasions referring to pilasters (I, 40; IV, 47).

Metopa: metope (I, 26).

Mezato: mezzanine room (I, 53; II, 12, 47, and passim).

Mezzanine: see **amezare**; **amezato**; **mezato**.

Miglio (II, 47): not quite an English mile, but about a kilometer and a half (1,473 meters).

Minuto: [1] one-sixtieth of a **modulo**: "sarà il modulo il diametro della colonna da basso diviso in minuti sessanta" (I, 16); [2] also, one-forty-eighth of a piede, or a **piede**, or 0.74cm (II, 4; III, 6; see Zupko 1981, 158-159 for other cities). See **braccio [1]**; **modulo**; **oncia**; **piede [1]**; **stadio**.

Modano, modeno [1]: a profile drawing, apparently the same as a **profilo** and **sacoma**: "il profilo, e sacoma…il profilo, e modano dei detti quadri" (IV, 36); "sacome e modani" (IV, 73, 128). See **forma; profilo; sacoma.**

Modana, modeno [2]: archivolt; sometimes Palladio uses **modano** to refer to the object of which he has drawn the profile, here, the archivolt of the arch of a bridge: "sono tutti questi archi di mezo circulo, et il lor modeno è per la decima parte della luce de' maggiori e per l'ottava parte della luce de' minori" (III, 22); "gli archi hanno di frezza la terza parte del lor diametro; il lor modeno è grosso per la nona parte dei volti piccioli e per la duodecima di quel di mezo" (III, 24; see also 28). This interpretation is supported by Scamozzi: "oltre di questo fanno i modoni, che noi più propriamente chiamamo archivolti" (Scamozzi 1615, 2:25).

Modello: model; mentioned once by Palladio (I, 7).

Modiglione: modillion, bracket (I, 35, 51; IV, 11 and passim); also refers to wooden beams acting as supporting brackets in bridges (III, 19).

Modulo: module; a unit of measurement derived from the bottom diameter of columns: "sarà il modulo per il diametro della colonna da basso" (II, 16); "le colonne…sono lunghe nove teste, cioè nove moduli" (II, 28). See **diametro**; **grossezza**; **piede [2]**; **testa [3]**.

Morsa: key; alternate bricks left projecting from a wall to enable the next stage of walling to be locked into it (IV, 15). Barbaro 1987, 54 (comm.) calls them "riprese e immorsature." Cf. "quando io arò domane alzate le mura sette braccia, io farò lasciare una morsa per tirare su una volta" (Filarete 1972, 1:117); "illos [lateres coctos] …qui erunt…onendi seu trahendi ad morsas pro fatiendo cantonatas quam parietes" (Milan, 1508: Amadeo 1989, doc. 1086 and Glossary); "bisogna lasciare morse, cioè alcune pietre di quà e di là, che sportino in fuori da l'uno ordine si e dall'altro no delle pietre; quasi che aiutamenti e appiccamenti a sostenere il restanti dell altro muro" (Bartoli 1565, 73, 41; 400, 30).

Muro: wall. For types, see I, 11-14: [1] "reticolata": *opus reticulatum*, a technique of wall building that leaves a diamond pattern on the visible surfaces; [2] "di terra cotta o quadrello": brick wall; [3] "di cementi": wall made of rubble or concrete; [4] "di sasso quadrato": wall made of dressed stone; [5] "di pietre incerte": wall made of irregular stone; [6] "la riemputa, che si dice ancho a cassa": walls filled in with caissons of rubble or concrete. Palladio again studiously avoids some of the classical terms for various types of walling rehearsed by Vitruvius 2.8 and Pliny *NH* 36.51.171-173: e.g., *emplecton, isodomum, pseudisodomum*.

Muro semplice: a wall by itself without its ornaments such as half-columns, doors, and windows (I, 14, 51).

Nail: see **dorone**.

Nappa: mantle piece, above the fireplace but below the hood (*piramide*) (I, 14, 60). A particularly Venetian word; there is a good definition in Cornaro: "le nappe son quelle che si fanno perchè il fuoco non posse far fumo nella stanzia o cucina, la canna del cammino è quella per la quale il fumo ascende il camino e quello che è sopra li coppi: le nappe ne le canne de li camini non dieno esser fuora del dritto delli muri, se ben quello è grosso, se non un piedi e mezo solo, et essendo il piede longo onze dodici, la canna, overo il vano e nappa di detto camino, può rimaner in quella grossezza di onze 12" (Cornaro in *Trattati* 1985, 93 and 97).

Neck: see **collarino**.

Nervo: tendon or muscle, applied figuratively to elements that serve to bind a wall (I, 13). Cf. "nerve per le fibule che se incrocino; G H nerva ocorrente di legno che riceve in se i capi della catene" (Barbaro 1987, 54D (diag.)); "è vero, che una muraglia quanto non più è alta, ha ancora più nervo per il gran peso, che è in essa, purchè sia dritta e a piombo" (1575; Todeschini in Zamboni 1778, 145); "le catene che sono nervi della fabrica" (Venice, 1578: Lorenzi 1868, 435).

Oeco: hall; a Greco-Latin word synonymous in Palladio with **sala** and **salotto**. Palladio's description owes much to Barbaro: "oeci sono le stanze, dove si facevano i conviti, e le feste, e dove le donne lavoravano, e noi le potemo nominare sale, o salotti" (Barbaro 1987, 293 comm.). Function, definition, and types: Corinthian (II, 33, 38); Cyzicene (II, 33); Egyptian (II, 33, 41); tetrastyle (II, 33, 36).

Oncia: one-twelfth of a **piede**, divided into four **minuti** (I, 60); 2.98 cm in Vicenza and Padua according to Martini 1883, 823. Cf. the measured drawings at II, 4 and III, 6. See also **braccio**; **miglio**; **minuto**; **palmo**; **passo**; **piede [1]**; **stadio**.

Opera corinthia (IV, 6); **opera dorica** (IV, 6); **opera ionicha** (IV, 6); **opera reticolata** (I, 11); **opera rustica** (II, 4; III, 22): since in the first three cases the distinction between a building which employs "opera corinthia" rather than "opera dorica" or "opera ionicha" lies principally in the order used, we have translated these phrases simply as Corinthian, Doric, etc. rather than saying "of Corinthian work", etc., which is very cumbersome, despite the fact that it was what Palladio said.

Ordinare [1]: to design, and perhaps arrange and supervise, a building project; in the treatise it often appears to be a synonym for **disegnare**, but perhaps implies organizing and overseeing as well: "quelle fabriche, che da me sono state in diversi luoghi ordinate" (I, 3); "io porrò le piante, e gli impiedi di molte fabriche da me per diversi gentil'huomini ordinate" (I, 6; and II, 24, 46, 69; III, 5, 7, 12).

Ordinare [2]: at other times it seems to mean to organize, build, have something built, without the notion that the person concerned personally carries out the design or action: "come fece Nitocre Regina di Babilonia nel ponte ch'ella ordinò sopra l'Eufrate" (III, 11); and sometimes it is difficult to tell which is meant: "del ponte ordinate da Cesare sopra il Rheno" (III, 12). See also III, 25, 32, 38, 41; IV, 5, 39, 52, where the exact nuance is often equally difficult to grasp.

In the Renaissance it seems most frequently to mean to conceive or prepare a design or project, but with a suggestion of personal supervision of the enactment of that design or project: "Dopo il Brunellesco, fu tenuto [Michelozzo] il più ordinate architettore de' tempi suoi, e quello che più agiatamente dispensasse ed accommoddasse l'abitazione de' palazzi, conventi e case; e quello che con più giudicio le ordinasse miglio" (Vasari 1878, 2:432); "ordinò [Donatello] ancora i pergami di bronzo dentrovi la passione di Cristo" (Vasari 1878, 1:416).

Ordine [1]: an order of architecture, i.e., Tuscan, Doric, Ionic, Corinthian, or Composite (I, 15, 22, 28, 37; II, 4, 71; IV, 9, and passim).

Ordine [2]: story of a house; layer, row: "fabriche di un ordine solo" as opposed to "machine grandissime… le quali avendo più ordini" (I, 15); "le finestre deono essere tutte uguali nel loro ordine o solaro" (I, 55); in bridge construction, the lowest level: "sono gli ordini delle travi fitte nel fiume" (III, 19, 25); of a row of columns (IV, 30); a row of windows (II, 65; also IV, 8, 23). In Palladio, **ordine [2]** is synonymous with **solaro [1]**: "ordine o solaro" (I, 55). The **ordine principale**, usually the *piano nobile* (an expression Palladio does not use in the treatise), is contrasted to the **cantine** below and the **granari** above (II, 47). We have adopted the American numbering system which is clearer than the English, although we have often used "ground floor" for "first floor":
primo ordine = English ground floor = American first floor;
secondo ordine = English first floor = American second floor;
terzo ordine = English second floor = American third floor.
Sometimes the two senses, order and row/story, are difficult to separate, if indeed they need to be: "l'inclaustro [della Carità], il quale ha tre ordini di colonne uno sopra l'altro" (II, 29); "devono esser fatti con bellissimi ordini di colonne, e si deve a ciascun'ordine dare i suoi proprii, a convenienti ornamenti" (IV, 7).

Ordine [3]: order, sequence, arrangement: "nelle proportioni de' pilastri, e de gli archi s'è osservato quell'istesso ordine, e quelle istesse regole che sono osservate ne' ponti posti di sopra" (III, 25); "ora io porrò li disegni di molti tempii antichi, nei quali osserverò quest'ordine" (IV, 10 and probably IV, 11, 15); "non servai l'ordine di una parte, ancho nell'altra" (II, 22); "due basamenti che continuano co'l loro ordine intorno tutto il tempio" (IV, 30): presumably the meaning here is that the two basementi continue "in the same way", i.e., at the same level, or with the same arrangement in general, around the whole temple.

Orlo [1]: a plinth under the bases of columns. In the chapter on Doric, the **orlo** of the base of the column mentioned in the text is also called the **plinto overo zocco** in the illustration (I, 22); "orlo della basa attaccata alla cimacia del piedistilo" (I, 40; IV, 11, 107); it may also be a plinth below the pedestal: "orlo della basa del piedestilo" (I, 31 and 40). When describing the Corinthian pedestal, Palladio calls the plinth below it a **zocco** in his text, but an **orlo** in his illustration (I, 40, 41). Cf. "lauderei che alle basi non si facesse l'orlo, ma l'ultimo dei gradi servisse in luogo di quello come fecero gli antichi nel tempio rotondo a Tivoli, et in quello che è in Roma e si dimanda S. Stefano Rotondo" (Palladio in Puppi 1988, 128). See **plinto**; **zocco**.

Orlo [2]: a horizontal molding of vertical profile at the very top of the cornice above the gola (I, 27, 56); in architraves and friezes: "due [parts in an architrave] si danno regolo over orlo, e le tre che restano alla gola riversa, che altramente si dice intavolato" (I, 56); "sopra la gola diritta invece di orlo v'e l'ovolo intagliato, il che si vede in rare cornici" (IV, 111); it may also be the rim, lip, or **listello** of the bell of capitals immediately below the echinus (IV, 111), also called a **gradetto**: "il gradetto, che và sotto il fusarolo e fa l'orlo della campana del capitello è per la metà del fusarolo" (I, 49).

Orlo [3]: rim or lip around a piece of cut stone (I, 14).

Ornamento: ornament; but, depending on the context, can also be translated as "detail" or "component"; it is a term that can be applied to all architectural elements apart from the walls of a building: the bases, columns, capitals, entablatures, windows, doors, tympanums, etc. In this sense it is equivalent to the Albertian *ornamenta* (e.g., I, 7, 14, 51, 52; II, 3, 12, 61?; III, 5, 7?; IV, 3, 5, 6, 7; see introduction to the Glossary). Cf. "quando nominarò li adornamenti d'una fabrica, se intenderà le colonne tonde o quadre, vi va lo architravo, freso o cornicione, et ancora frontispicio, e di tal colonne e base et adornamenti suddetti si mutano la longhezza di colonne, e così la forma delle basi e delli capitelli, et altri adornamenti, come architravo, friso e cornisone, si come si muta la sorte dell'opera et adornamento, perchè l'opera dorica ha la sua misura e la ionica la sua, e la corinzia la sua" (Cornaro in *Trattati* 1985, 91).

Palladio uses the word very frequently; as we remarked in the introduction, it seems clear that on many occasions he does not have the Albertian meaning in mind but is using the word as a synonym for **membro** or **membro particolare** (meaning, in some contexts, element, component, detail, etc.); for example, when describing the Tuscan order he says that "manca di tutti quegli ornamenti che rendono gli altri riguardevole e belli" (I, 16); "gli ornamenti che si danno alle porte e finestre sono l'architrave, il fiegio e la cornice" (I, 55); do we understand that the ornaments of the order, doors, and windows, which are the **omamenta** of the building in the Albertian sense, have further **ornamenta** in the Albertian sense? There are many such cases: when Palladio discusses the details of the order, cities, bridges, etc., should these subsidiary details also be regarded as **ornamenta** in the Albertian sense: I, 22 and 51 (pedestals), 55 (doors); II, 16 (? stuccoes and paintings), 51 (nymphaeum, Maser); III, 5, 8 (cities), 21 and 25 (bridges), 31 (squares), 32 (statues decorating forum; temples), 42 (basilica, Vicenza); IV, 8 (half-columns); etc. Throughout Book IV, Palladio uses the word to describe the details of the orders in his descriptions of temples (e.g., IV, 16, 23, 30, 36, 41, 48, 55, 74, 103, etc.); sometimes he clearly uses it as a synonym for **membri** or **membri particolari** (IV, 53, 67, 70, 90); and **ornamenti** and **membri** are used on the same page at IV, 95, 124, 128.

Ovolo [1]: echinus of a capital (I, 19, 26, 49). Cf. Barbaro 1987, 142 comm.: "questa parte Vitruvio chiama encarpi, parlando del capitello ionico perchè erano ornate di frutti, e di foglie, come si vede in molti capitelli antichi; i moderni chiamano questa parte ovolo, non sapendo l'origine, e parendo loro, che siano ova scolpite…l'ovolo occupa la parte di mezo".

Ovolo [2]: in the cornice it is an "echinus", usually in the form of convex quarter-circle molding (thus a **cavetto** inside out) and frequently decorated with egg-and-dart (I, 26, 35, 56; IV, 30); also in architraves (IV, 61).

Padrone, patrone: patron: "Bisogna che i padroni che vogliono fabricare s'informino bene da i periti della natura de i legnami" (I, 7, 55); "Giacomo Angarano, il quale è patrone del ponte" (III, 15). Palladio uses the word rarely in the treatise, preferring **edificatore**. See **edificatore**; **fabricatore**.

Palace: see **casamento**; **palagio**.

Palagio: palace; a splendid house in the town or country (I, 9, 64 of Chambord; III, 7); also, a country house with one story (Villa Thiene at Quinto) (II, 64).

Palcho: ceiling (I, 7, 51). See **coperta [1]**; **soffittato**; **soffitto**; **solaro, in**; **travamenta**.

Palestra: palaestra, a wrestling school, place of exercise (III, 44f).

Palmo: a unit of measurement that varied according to city (I, 16; cf. Zupko 1981, 183ff). See also **braccio**; **minuto**; **oncia**; **passo**; **piede [1]**; **stadio**.

Parastatica: pilaster (II, 75). See **anto**; **erta**; **pilastro**.

Passo: a unit of measurement for length; 125 **passi** = one **stadio** (III, 44-45); see the quotation from Pliny cited under **stadio**. For the modern **passo** see Zupko 1981, 187f. See also **braccio [1]**; **minuto**; **oncia**; **palmo**; **piede [I]**; **stadio**.

Patron: See **edificatore**; **fabricatore**; **padrone**.

Pavimento: floor pavement, deck of a bridge; often as a synonym for **suolo**: "il suolo o pavimento" (I, 53; III, 20, 21, 25; IV, 73, 107, 108). There is an interesting discussion of varients in Palladio's report on the Duomo in Brescia (Palladio in Puppi 1988, 124). See **piano [1]**; **solaro [2]**; **suolo**; **terrazzato [1, 2]**; **terrazzo**.

Pebbles: see **ciotoli**; **cuocoli**.

Peridromide: in a palaestra, an unroofed area for walking near the xystus and the porticoes [III, 44-45].

Peripteros: peripteral: of a temple with colonnades all round the cella; particulary, according to Palladio, one with six columns at the front and back and eleven down the sides, including the corner columns: "peripteros, cioè alato a torno" (IV, 8). See **alato a torno**; **alato doppio**; **antis, in**; **falso alato doppio**; **hipethros**; **prostilos**; **pseudodipteros**.

Peristilio: Greco-Latin name for a courtyard with colonnades around it (usually **cortile** in Palladio) (II, 24, 33). Cf. "peristilio o colonnato" (Barbaro 1987, 301 comm.). See **cortile**.

Piano [1]: a horizontal surface of various kinds: a landing in a staircase (i.e., a **requie**: I, 61); the bottom or floor of a pit for foundations (I, 11); the deck of a bridge; "piano o suolo" (I, 55; IV, 30 and 88); floor of a house in the country (II, 18); also ground level: "discendendo poi al piano si ritrovano luoghi da fattore, gastaldo, stalle" (II, 48, 60); the floor of a temple (IV, 5). See **suolo**.

Piano [2]: vertical surface of the dado of a pedestal: "dado cioè piano di mezo" (I, 31, 47); of an architrave (I, 58).

Piano [3]: underface, soffit of the **corona** or **gocciolatoio** of a Doric cornice (I, 26).

Pianta: ground plan. Palladio's favorite word for plan; he never uses the common word **piano** in the treatise. Cf. "ho voluto far la pianta de tutto il choro come doveria star ragionevolmente…doppo la pianta tutta vederete l'ordine della fazza come va" (Palladio in Puppi 1988, 121).

Pianuzzo: fillet or arris, the raised ridge between flutes on columns and pilasters (I, 37). So too Bartoli 1565, 233, 14; Barbaro 1987, 146 comm. gives a synonym from Vitruvius, *semora*; cf. ibid., 155-156 (trans.) for another usage. See **tondino [4]**.

Picnostilos: picnostyle, referring to the Vitruvian intercolumniation of one and a half diameters: "gli intercolunnii sono d'un diametro e mezo, e questa maniera è dimandata da Vitruvio picnostilos" (I, 44; IV, 10, 15, 30, 67, 70); Palladio often uses the vernacular periphrasis "spesse colonne" for picnostyle (see **spesso**), but that phrase sometimes refers to intercolumniations which are slightly larger (sistyle) or smaller as well. See **areostilos**; **diastilos**; **eustilos**; **sistilos**.

Piede [1]: Vicentine foot = 0.357 m according to Martini 1883, 823: it equals twelve **oncie**, which are then divided into four **minuti** (compare the measured drawings of half Vicentine feet at II, 4; III, 6). See also **braccio [1]**; **minuto**; **oncia**; **palmo**; **passo**; **stadio**.

Piede [2] and **da piede**: the lowest part of a column, used by Palladio for diameter (I, 33, 42): "il diametro della colonna da piede" (IV, 52). See **diametro**; **grossezza**; **testa [3]**.

Piedestallo or **piedestilo**: pedestal. See **poggio**.

Pieno: solid wall (I, 55; II, 27).

Pie piano, a: on the ground, level with the ground: "l'antiche [basiliche] erano in terreno, o vogliam dire à pie piano e queste nostre sono sopra i volti" (III, 41).

Pietra cotta: brick; there are fascinating comments by Palladio on the relative advantages of brick and stone in his report on the Duomo in Brescia (Palladio in Puppi 1988, 124).

Pietra viva: hard, dense, or fine-grained stone, another name for **pietra dura**, hard stone, as opposed to **pietra tenera** or soft stone: "[le pietre] delle quali si fanno i muri o sono marmi, e pietre dure, che si dicono ancho pietre vive; overo sono pietre molli, e tenere. I marmi, e le pietre vive si lavoreranno subito perche sarà più facile il lavorarle all'hora" (I, 7); we have translated the phrase as "fine stone" or "fine-grained stone" to enable the word *durissima* in the phrase "pietra viva durissima" (III, 41) to have a distinct meaning and not become tautologous. There are fascinating discussions and descriptions in Serlio and Scamozzi: "è cosa conveniente, ch'io tratti ancora, come si debban mettere in opera et massimamente havendosi da compagnar pietre vive con pietre cotte...le pietre cotte sono la carne della fabrica et le pietre vive sono le ossa che la sostengono.... Le qual due cose, s'elle non saranno ben collegate...in processo di tempo mancheranno, et però...bisogna che l'aveduto architetto habbia fatto preparare et lavorare tutte le pietre vive, et anco le cotte...et così ad un tempo venire murando, et collegando le pietre vive con le cotte insieme.... Quei pochi edificii, che furon fatti dagli antique, coperti di marmi, et d'altre pietre fini, si veggon hoggidi senza la scorza [veneer, exterior sheeting], dove è restato solo la massa de le pietre cotte" (Serlio 1566, IV, 188v); "ogni sorte di pietra viva si conduce più al suo finimento che quelle che fussero tenere, e frali; perchè in queste non si possino mantenere gli orli, i listelli e i gradetti e i canti, che fanno gli anguli retti, o sia perchè elle non hanno nervo, o anco perchè sono di grana grossetta, o finalmente per la fragilità loro" (Scamozzi 1615, 2:204).

Pietre incerte: stonework comprising stones of various sizes; cf. the English "crazy paving" (I, 12). There is a good definition in Barbaro 1987, 84: "sono le pietre overo di soperficie, anguli, e linee eguali dette quadrate, overo variate, e sono dette incerte, sono alcune grandi, che senza stromenti, e machine non si possono maneggiare; altre minute, che con una mano si levano; altre mezane, dette giuste".

Pietre quadrate: not necessarily squared stones, but dressed, squared-off stone (IV, 118); see **quadrato**.

Pilaster: see **anto**; **erta**; **parastatica**; **pilastrata**; **pilastro**; **sperone**.

Pilastrata: pilaster, here forming a door jamb or window frame (I, 55; IV, 111). See **erta**.

Pilastrello: the acroterion, the pedestal-like block or pylon on the tympanums of temples and elsewhere for statues (IV, 23). So too Barbaro 1987, 146 S, diag.: "pilastrello overo acroterio dove vanno le statue". See **acroteria**; **cornicietta [2]**.

Pilastro: pier, buttress, pilaster, though sometimes it is difficult to separate pilasters from piers; buttresses of bridges on the bank or in the river (III, 16, 17, 20, 21); piers (I, 16, 22, 31, 37; II, 12, 29; IV, 11, 86); pilasters (I, 7, 51 [pier or pilaster?]; II, 8, 66, 75 [?], 78). When describing the so-called Temple of Diana at Nîmes, Palladio mentions **pilastri quadri**; but the pilasters are clearly rectangular in section (IV, 118); see under **quadro**. See **anto**; **contraforte**; **erta**; **parastatica**; **pilastrata**; **sperone**.

Piovere: incline, shape of roof: "essendo essi [frontespici] fatti per dimostrare, e accusare il piovere delle fabriche" (I, 52).

Plinto: an element placed between the base of a column and the cornice of the pedestal; the **plinto overo zocco** below the base of the column in the illustration of the Doric pedestal is also called the **orlo** in the text (I, 22). See **orlo [1]**; **zocco**.

Poggio [1]: "poggio o piedestilo": pedestal, but also in the sense of the supporting wall or basement below a colonnade (I, 51; II, 18, 29; III, 32, 38; IV, 48). **Fare poggio a**: to buttress or support (II, 18, 48).

Poggio [2]: a balcony, apparently the same as **poggiuolo**: "sopra gli anditi non vi sarebbe coperta alcuna, ma intorno havrebbono i poggi" (II, 24; IV, 11).

Poggiuolo: a balcony, usually with balustrade, roofed or unroofed: "corritori o poggiuoli intorno" (II, 11, 16, 27, 33). Cf. "pozuoli over corradori et altre muraglie mal conditionate nel palazo Ducal" (Venice, 1504: Lorenzi 1868, 128); etymology in Barbaro 1987, 208 comm., who uses it to mean a balcony with a roof, a loggia ("un tavolato, o solaro…i poggiuoli, o pergolate coperte, che sportano in fuori si chiamavano, meniana"); cf. "sopra le principal porte alle sale di mezzo si potrà lassare alle finestre sopra colonna o pilastri la medesima apertura della porta sotto, per avere più commodo transito ai loro poggioli, volendo far quelli" (Cataneo in *Trattati* 1985, 337); "la terza regola è che niuna cosa esce fuori del dritto dei muri che non abbia fondamento in terra, come sarebbe far pozzoli, con modioni sottomessi nel muro, che escono fuori del dritto di quello" (ibid., 94).

Porch, of temples: see **antitempio**.

Portico: portico, colonnade; apparently synonymous with **colonnato**, but not with **loggia**. **Portico** is Palladio's standard word (with **colonnato**, which he uses less often) for temple colonnades (e.g., IV, 6-7), for the extensive colonnades inside basilicas (II, 41), for large colonnades in courtyards (e.g, II, 24, 33, 47), and for long arcades down the sides of streets (III, 8, 31, 32). He also uses **portico** for the long colonnades in farms (which he also calls **coperti** and, for quadrants, **loggie**); otherwise for shorter colonnades he uses **loggia**. Thus **cortili** (large courtyards inside and outside buildings) have **portici** or **coperti**, rarely **loggie**, temples have **colonnati** and **portici** around them, and occasionally **loggie** in front of them, and house facades have **loggie**. See **colonnato**; **loggia**.

Postcamera: a room after a main room: "anticamera, camera e postcamera, per esser una dietro l'altra" (II, 43); probably the same as a **stanza mediocre** or **camerino**. For functions, see Frommel 1973, I, 71ff; Waddy 1990, 3ff. See **anticamera**; **appartamento**; **camera**.

Primo, secondo, terzo: first, second, third.

[1] Palladio uses **primo** to refer to the lower of two or three stories of a house, the lower of two porticoes around a forum, etc.; also of rows of leaves on Corinthian capitals, rows of bricks (I, 42, 49; II, 4; III, 32; IV, 11, 15). Similarly, the **prima fascia** of an architrave is the lower of the two (or three) fascias, with

the **seconda** and **terza fascia** next above (I, 26, 35, 56; IV, 107)—though the keys on I, 26 and I, 35 reverse these identities, presumably by mistake. The key on I, 33, referring to the Ionic base according to Vitruvius, makes the *upper* scotia the **cavetto primo** and the lower one **secondo**.

[2] Referring to the beams used in the first, second, and third segments of bridges, where the first is that nearest to the banks on either side (III, 16, 17).

[3] Referring to the front or first row of columns of the portico of a temple (IV, 128).

Principio: the springing point of an arch (IV, 86).

Procinto: a horizontal band around the middle of a building, somewhat like a cornice: "procinto o fascia" (I, 14). There is a good definition in Barbaro 1987, 83 comm. (and 85 comm.): "procinto, e corona sono parti del muro una di sopra, l'altra nel mezo. Procinto è la parte di mezo, e è quella legatura, che cigne il muro d'intorno come cornice, che nelle mura della città si potrebbe chiamar cordone, e nelle alter mura, si dicono fascie, e cinte, e regoloni".

Profil(l)o: profile drawing:

[1] A drawing of the profile of an architectural detail, apparently synonymous with **modano** and **sacoma**: "il profilo, e sacoma di detti quadri…il profilo, e modano dei detti quadri" (profiles of coffering, IV, 36); **profili** of pilasters, walls, and soffits (IV, 128). See **modano [1]**; **sacoma**.

[2] An elevation drawing of a building or part of one: "il profilo del luogo fatto per porvi il tribunale rincontro all'entrata" (an elevation drawing of the cross section of the tribuna of a basilica, III, 38). See **alzato**; **diritto**; **maestà**.

Prostilos: prostyle, of a temple with columns forming the whole front, as opposed to a temple **in antis** of which the facade is formed by columns placed between the pilasters projecting from the side walls of the cella (IV, 7 and passim). Palladio is haphazard in his use of this term. He remarks (IV, 7) that prostyle temples and temples **in antis** do not exist any more; but in fact he describes the Temple of Minerva in the Forum of Nerva (IV, 23), of Fortuna Virilis (IV, 48), and those at Clitumnus (IV, 98) and Pola (IV, 107) as prostyle: cf. the Temple of Antoninus and Faustina (IV, 30) and that at Assisi (IV, 103), which are hexastyle and prostyle, though Palladio does not say so. See **alato a torno**; **alato doppio**; **amphiprostilos**; **antis, in**; **dipteros**; **falso alato doppio**; **hipethros**; **peripteros**; **pseudodipteros**.

Pseudodipteros: pseudodipteral, of a temple that has the space for two colonnades around it, but with the inner one omitted (IV, 8 and passim). See **alato a torno**; **alato doppio**; **amphiprostilos**; **antis, in**; **dipteros**; **falso alato doppio**; **hipethros**; **peripteros**; **prostilos**.

Pylon: see **acroteria**; **cornicietta**; **pilastrello**.

Quadrangulare: rectangular, but we have used the word "quadrangular" on two occasions as a translation. In the passage where Palladio discusses the plans for temples, he says that the best ones are the circular and the **quadrangulare**: "i tempii si fanno ritondi, quadrangulari, di sei, otto, e più cantoni, i quali tutti finiscono nella capacità di un cerchio…le più belle, e più regolate forme, e dalle quali le altre ricevono le misure, sono la ritonda, e la quadrangulare" (IV, 6). Clearly it would be desirable to be able to translate the word **quadrangulare** as "square" here, to suit his argument, since rectangles can hardly be said to look like, or be more readily generated by circles than squares or to resemble the various polygons more obviously than squares. But Palladio knew perfectly well that there were no square ancient temples (at least he illustrates none in Book IV, if there were), only rectangular ones, and elsewhere in the treatise he consistently uses the word **quadro** and sometimes **quadrato** for objects that are square. It may therefore be that there is an intentional fudge in his use of the word, since **quadrangulare** can refter to both rectangles and squares as it means simply four-cornered. In the rest of the treatise Palladio consistently uses **quadrangulare** for rectangular structures: he describes the rectangular temples at Naples as **quadrangulare** (IV, 95) and at Nîmes (the Maison Carrée) as "di forma quadrangulare" (IV, 111) and records that "ne i tempii quadrangulari i portci nelle fronti si faranno longhi quanto sarà la larghezza di essi tempii" (IV, 9), where the translation has to be "rectangular".

This problem, the slippage between the theoretical desire to be able to talk of square temples and the observable ancient practice of building rectangular structures, is illustrated by Alberti and Bartoli's usage: Albert and Bartoli (7.4) talk of temples that are "quidem alia ritonda, alia quadrangula, alia demum angulorum plurium" / "tondi, alcuni quadrati et alcuni di più facce", then, when talking of the rectangular ones alone, "in quadrangulis ferme omnibus templis maiores observabunt aream producere, ut esset ea quidem longior amplius ex dimidia quam lata" / "ne tempii quadri usarono gli antichi che la pianta fusse una meza volta più longa che larga"; in the first passage **quadrangula/quadrati** could be translated as square, rectangular, or best, for the sense, quadrangular, but in the second passage **quadrangulus/quadri** is certainly rectangular, but could be translated as quadrangular, as do the translators in Alberti 1988, 196.

Quadrato: used of stone, dressed, squared off: meaning that the corners have been squared off to form right angles, not necessarily that the pieces of stone are square (IV, 118).

Quadrello: a kind of brick. The word has many meanings in the documents and treatises, e.g., a square measure, little tiles, little drawn squares, etc., but Palladio adheres to just one meaning in the treatise. He says **quadrelli** differ from **mattoni** because they are shorter and thinner (I, 8; III, 8). There are good descriptions in Cesariano: "li lateri quail noi chiamamo communamente quadrelli per che hanno li soi lati plani como è cosa notissima" (Cesariano 1521, 34r); "le lateritie, cioè pariete de quadrelli cocti vel di saxi ordinariamente facte in li quali edifici sono positi le forti membri de saxo, cioè come al uso moderno dicemo di vivo admixto con il cocto, cioè li quadrelli cocti in le fornace como è notissimo; in Aretio…uno muro facto tanto egregiamente de quadrelli incisi et refilati al martello" (ibid., 40v).

Quadretto: a molding of vertical profile below the echinus of a Doric capital: also called **anello**, and in fact indistinguishable in profile from a **gradetto** or **listello** (I, 26). See **anello**; **gradetto**; **listello**.

Quadro [1] and **quadrato**: square (noun and adjective); sometimes it is uncertain in fifteenth-century Italian usage whether **quadro/quadrato** means square or rectangle/rectangular, but Palladio seem to be consistent in using them to mean square; sometimes he offers explanations of the term: "quadri, cioè tanto lunghi quanto larghi" (I, 51, 52); at other times, one must assume that **quadro** means square else nonsense results: "si farà che'l dado sia quadro" (I, 22); "le casse delle rose…vogliono esser quadre" (drawn square in this case; I, 42); "gli archi sono alti sin sotto il volto due quadri e mezo" (I, 44); "[stanze] o si faranno ritonde…o quadrate o la lunghezza loro sarà per la linea diagonale del quadrato della larghezza, o d'un quadro e un terzo, o d'un quadro e mezo, o d'un quadro e due terzi, o di due quadri" (I, 52). See also I, 5, 61; II, 33, 36, 47, 49, 53, 56, 58, 71; III, 31, 32, 35, 38, 43; IV, 52.

There is one problem which we are not able to resolve satisfactorily. In one of the twenty-five-odd occasions when Palladio uses the word **quadro** or **quadrato**, it does not mean square, or if it does, it is used by mistake by Palladio: in his description of the so-called Temple of Diana at Nîmes, he describes the **pilastri** (pilasters, in this case) near the *altare maggiore* as **quadri**; they are not, of course, square in elevation, but neither are they square in cross section, as his drawing makes clear (IV, 118). One might suppose that Palladio had mistakenly written **pilastri** for **colonne**, because **colonna quadra/ato** is a phrase sometimes used by other architectural writers for pilasters: but there is not one example of such a phrase in Palladio's treatise. We are accordingly unable to explain this mismatch between Palladio's text and drawing.

Quadro [2]: coffer (IV, 36, where the word is applied to both lozenge-shaped and square coffers; IV, 74). See **cassa [1, 2]**; **compartimento [2]**; **lacunare**; **soffittato**; **soffitto**; **soppalcho**.

Quadro [3]: caisson or coffer, synonymous with **cassa [1]**: "sono legati insieme questi muri da altri muri per traverso, e le casse, che rimangono fra detti traversi, et muri esteriori sono sei piedi per quadro [but they were not necessarily square], e sono empiute di sassi e di terra" (I, 13).

Qualità [1]: type, class, status, category. This word has a spread of meaning that resolves itself into two in English, although in some cases a neat distinction is not easy or even necessary. Some examples of the first: "nel secondo tratterò della qualità delle fabriche, che a diversi gradi d'huomini si convengono" (I, 6); "oltra la quantità, si deve ancho haver consideratione alla qualità, e bontà della materia" (I, 7); "quanto…che richieda la qualità della fabrica, e la sodezza di esso terreno" (I, 10); "commoda si diverà dire quella casa, la quale sarà conveniente alla qualità di chi l'haverà ad habitare…di che qualità fabrica loro stia bene" (II, 3). **Qualità** meaning "type" was long established; cf. "Sono, come ho detto, più maniere di colonne, ma tre sono le principali; come ho detto che sono di più qualità d'uomini, come de'gentili, i quali appresso e'signori sono per sostegno e per ornamento" (Filarete 1972, 1:217-218); "donde che in questo consiste per questo rispetto angoli di tre ragioni, o vogliamo dire di tre qualità; angolo retto, e acuto, e ottuso" (ibid., 2:643-644). See **ragione [2]**.

Qualità [2]: quality, characteristic, attribute: "questi [ponti] devono haver quelle istesse qualità, c'habbiamo detto richiedersi in tutte le fabriche, cioè che siano commodi, belli e durabili per lungo tempo" (I, 11); "Traiano…havendo rispetto a queste due qualità, che necessariamente si ricercano nelle vie…quelle vie c'hanno le tre già dette qualità, sono anco necessariamente belle, e dilettevoli…dilettevoli…dirò prima particolarmente le qualità, che devono haver quelle delle città, e poi come si devono far quelle di fuori" (III, 7); "qual sorte di tempii, e in qual luogo, e con quali ornamenti secondo la qualità de gli dii" (IV, 5); the use of **qualità** here may also be an example of **qualità [1]**. Palladio's use of the word in these cases is similar to Cataneo's: "parlare delle buone qualità che si devono ricercare nella edificazione dei palazzi, casamenti, o altre fabriche abitabili di qual si voglia re, prencipe, prelato, signore, o onorato gentiluomo" (Cataneo in *Trattati* 1985, 326).

Ragione [1]: reason (I, 6; II, 70; IV, 6).

Ragione [2]: characteristic, type (and, in effect, form, model, typology), variety: "si deve credere, che quelle [case de' particolari] à i publici edificii le ragioni somministrassero" (I, 6); "i quali [the ancients] pigliassero la inventione e le ragioni [of tympanums] da gli edificii privati, cioè dalle case [for use in temples]" (II, 69); "di quelli c'hanno le ale a torno sono queste le ragioni" (IV, 9). This sense was also well established: "ragioni di edifizii" (Filarete 1972, 1:7, 9); "ancora altre ragioni di misure, le quali anticamente si chiamavano gomiti, non s'usano a questi nostri tempi" (ibid., I; 22-23); "pietre mistie di più ragioni" (Siena, 1534: Borghesi and Banchi 1898, 455); "nel mezo poi [of a circular peripteral temple] egli si haverà la ragione del coperto in questo modo, che quanto sarà il diametro di tutta l'opera, la metà sia l'altezza del tholo" (Barbaro 1987, 199 trans. and comm.); "questa ragione di machinatione, che si rivolge con tre raggi, si chiama trispastos; ma quando nella taglia di sotto due raggi, e nella di sopra tre si ruotano, pentaspaston" (ibid., 447 trans.). See **qualità [1]**.

Regolo: a molding of vertical profile immediately above the upper fascia of an architrave and often below a **gola riversa**: "due [parts in an architrave] si danno al regolo over orlo, e le tre che restano alla gola riversa, che altramente si dice intavolato" (I, 56); also as the crowning molding of cornices (I, 56-57). Cf. Bartoli's usage: "I Dorici…in esso [the architrave] posono tre fasce, sotto la prima di sopra de le quali sono distesi alcuni regoletti, da qual s'è l'uno de' quali spenzolano sei chiodi confitti dal disotto del regolo; perchè vadino a ritenere i correnti, le teste de' quali escon fuori fino a essi regoli, e questo accioche detti correnti non rientrino dentro" (Bartoli 1565, 226, 10ff). See **orlo [2]**.

Relascio: a setback (I, 14). See **risalita**.

Remenato: see **volto**.

Requie: a landing on stairs, synonymous with **piano [1]** (I, 61). The same word appears in Barbaro 1987, 136 comm. Oddly, Palladio says that the **requie** is useful because if anything falls from above, then it will come to rest on the landing; instead, Barbaro 1987, 350 says that the **requie** will bring any person falling down the stairs to a stop: "si per dar riposo a chi nel salire si stancava, si perchè cadendo alcuno, non cadesse da luogo molto alto, ma havesse dove fermarsi". Palladio does not use the word as the Venetians sometimes did, to mean a small courtyard, yard: Concina 1988, 124.

Riga: a ruler (I, 15).

Rings, below echinuses of capitals: see **anello**; **gradetto**; **listello**; **quadretto**.

Riquadrato: same as **quadrato**.

Risalita: projection, also setback (IV, 55, 73). Once again Palladio avoids the Greco-Latin equivalents presented by Barbaro: "deono i piedestali uscir del poggio, e questa risalita Vitruvio chiama aggiunta, e la parte del poggio, che si ritira a dietro, e detto alvedato" (Barbaro 1987, 136 comm.). Cf. "aggiungendovi le colonne tonde sopra le prime, facendoli sopra architrave, fregio e cornice faranno un risalto, che averà grandissima sproporzione con la colonna per la gran proiettura, che faranno dalli lati, ed il fregio resterà spezzato" (1575: Todeschini in Zamboni 1778, 144); "quello di G. Rainaldi è ricchissimo dissegno…; temo…che le cinque cuppolette et i tanti ressalti, rotture et piccolezza de' membri non facessero riuscire l'opera dritta et di maniera antica moderna" (Milan, 1602: Baroni 1940, 278); "la cornice si farà con li resalti sopra il dritto delli termini, come si vede per il modello et dalla forma che per le sagome li darà l'architetto" (Milan, 1604: Baroni 1940, 284). See **relascio**.

Ritondo, tondo: round, but also circular: terms applied by Palladio to the plans, not the elevations of temples and churches. Some Renaissance treatise writers included various types of polygon; Palladio uses them to refer to circular structures only and describes the polygons with other words and phrases (IV, 6). For reasons given in the introduction to the Glossary, we have translated this word as "circular" on some occasions on the grounds that Palladio may not always have had in mind the more ideal or theoretical meaning on all occasions; e.g., "circular" not "round" guttae (I, 26); circular rooms (I, 52); vaults (I, 54); halls (II, 18 and 60); Temple of Vesta (IV, 90); but it may be that the "edificio di figura ritonda, il quale dopo la machina del Pantheon, è la maggior fabrica di Roma di ritondità" (IV, 39) and the "tempii alla Fortuna si facevano ritondi" (IV, 48) should be called "round". Cf. Della Torre and Schofield 1994, 390: "Chiesa tonda".

Roof: see **colmo [1, 2]**; **coperta [1]**; **testudine**; **tetto**.

Room: see **anticamera**; **appartamento**; **camera**; **camerino**; **dispensa**; **magazino da legne**; **mezato**; **oeco**; **postcamera**; **sala**; **salotto**; **salvarobba**; **stanza**; **tinello**.

Rosa: the floral decoration in the soffit of the **gocciolatoio** in Doric cornices (I, 26); rosettes in coffers (I, 35;

IV, 11); the flower placed against the abacus of Corinthian capitals (IV, 95). See **fiore**.

Sacoma: template or drawing of the profile of an architectural member (I, 15 (column profile), 19, 55; IV, 73 and passim). **Sacoma** seems to be synonymous with **modano [1]** and **profilo [1]** in Palladio's vocabulary: "il profilo, e sacoma di detti quadri…il profilo, e modano dei detti quadri" (IV, 36); "sacome e modani" (IV, 73). There is an interesting passage in Scamozzi: "cotal voce sacoma, propriamente significa forma, o profilo, overo contrasegno e marco delle parti o membra dell'optra…le sacome sono il vero ritratto della forma particolare delle parti" (Scamozzi 1615, 2:139-140). See **modano**; **profilo**.

Sala: the hall, the highest-status room in the house, frequently rising to the roof level in two-story villas. Palladio occasionally describes a **sala** as "free" (**libera**), which means without columns: "sala…di sopra è libera, cioè senza colonne" (II, 20, 73, 78). It is virtually synonymous with **oeco**: "oeci…erano…sale over salotti ne i quali si facevano i conviti, e le feste, e stavano le donne a lavorare" (II, 33). The functions of the **sala** are described in I, 52-53; see also Frommel 1973, 1:66f, 71-72; Waddy 1990, 10ff and passim; Thornton 1991, 290f. Types include "sale corinthie" (II, 38); "sale egizzie" (I, 19); "sale private de' Greci" (II, 43); "sale di quattro colonne" (**tetrastilo**, II, 36). Cf. the etymology given in Alberti/Bartoli: "la sala (la qual credo io che sia chiamata così dal saltare, che in quella si fa nel celebrarvisi l'allegrezza delle nozze e de conviti)" (Bartoli 1565, 124, 37). See **oeco**.

Salotto: room, hall; in Palladio's treatise very close or identical in function and size to the **sala**. It is not clear that Palladio regards the **salotto** as necessarily smaller than the **sala**: "oeci…erano questi sale, over salotti, ne i quali facevano i conviti, e le feste, e le stavano le donne a lavorare (II, 33); "K, Salotti da mangiarvi dentro"; cf. "R, Sala" on the same page (II, 43). It is also unclear whether Palladio would have regarded the **sale minori** mentioned twice at II, 72 as equivalent to **salotti** and **oeci**.

In the seventeenth-century architectural literature its meaning becomes clearer—a hall of lesser size and importance—but in the fifteenth and part of the sixteenth centuries authors were ambivalent, which is odd because the form of the word should imply that it automatically meant a small hall: see Frommel 1973, 1:66f, 71-72; Waddy 1990, 10ff and passim; Thornton 1991, 290-291. For Cataneo the **salotto** certainly was smaller than a **sala**: "le due stanze maggiori…una potrà servire per cucina, o dispensa, e l'altra per salotto" (Cataneo in *Trattati* 1985, 331); he also says: "i due salotti segnati A sono per un verso br. 16 e per l'altro $21^{1}/_{2}$", having described the "sale grandi" as $21^{1}/_{2}$ by 30 braccia (Cataneo in *Trattati* 1985, 338). But Barbaro uses the terms as synonyms: "oeci sono le stanze, dove si facevano conviti, e le feste, e dove le donne lavoravano, e noi le potemo nominare sale, o salotti" (Barbaro 1987, 293 comm.). There are interesting comments on function in Cesariano: "oeci quadrati erano loci como discemo vulgarmente uno saloto egregiamente facto dove entro si dormivano e etiam stavano li patroni de la aede a discumbere, giocare e a fare qualche loro secrete delectatione" (Cesariano 1521, 109r, comm.); Scamozzi 1615, 1:304-305 has no hard-and-fast distinction between the two either. See **oeco**; **sala**.

Salvarobba: storeroom (II, 46, 64).

Sasso quadrato: squared and/or dressed stones (I, 11).

Scala: staircase. Types are described in I, 61—62. There is a detailed description by Cornaro in *Trattati* 1985, 98.

Scamil(l)o: step (grado), according to Palladio; he regards the steps of unequal projection ($5^{2}/_{3}$ oncie, 8 oncie, and $8^{1}/_{4}$ for the top of the basement) below the bases of the colonnade of the Maison Carrée at Nîmes as "scamili impari" (IV, 111); but the term is a famous *crux* in Vitruvius, never explained to the satisfaction of

Renaissance authors, modern archaeologists, or architectural historians: see Campbell 1980.

Scandola: shingles, wooden roof tiles: "scandole che sono alcune tavolette picciole di legno" (I, 67). Cf. *I portici di Bologna* 1990, 332.

Scaranto: used by Palladio to mean earth with a lot of stone in it (I, 10; III, 21); cf. Concina 1988, 55 and 133.

Scemità: concave curvature of Corinthian abacuses: "la curvatura, overo scemità" (I, 42).

Schiffo, volto a: see **volto**.

Scotia: concave molding between the toruses of base. See **cavetto**.

Scroll: see **cartella**; **cartoccio**.

Segnare: to draw, construct, mark up: "dimostrerò a segare ciascun membro particolarmente c'habbia gratia, e il suo debito sporto" (I, 55); "l'intavolato si segna in questo modo; [il fregio] si segna di portione di cerchio minore del mezo circulo" (I, 56).

Selice: "limestone" may be satisfactory as a translation here, despite other meanings; at any rate Scamozzi says that it means **sarizzo**, the widely used hard, gray stone gneiss of Lombard origin: "il selce, che i mastri chiamano sarieccio ancor esso si conduse dal Lago Maggiore…e ne sono in gran parte lastricate le strade delle città" (Scamozzi 1615, 2:199). One may suspect that Palladio owes this particular word—which can mean specifically flint but can also be used as a generic name for a variety of hard stone—to Pliny 36.49-51.168-173.

Semplice: see **colonna**; **colonnato**; **muro**.

Sesquialtera: a proportion between two things such that one is two-thirds the other (I, 53).

Sistilos: an intercolumniation of twice base diameter (I, 37; IV, 8f, 48, 107). See **areostilos**; **diastilos**; **eustilos**; **picnostilos**.

Sisto: see **xisto**.

Smaltatura: a layer of plaster, here for exteriors, synonymous in Palladio with **intonicatura**: "[l'arena] di fiume e buonissima per le intonicature, o vogliam dire per la smaltatura di fuori" (I, 8). Cf. "si potria anche ordire le volte di legname, e poi smaltarle di gesso, coperto poi di buona calcina" (Serlio 1566, 7:98); "quando sopra li parieti serano inducti tre smaltature di calce harenosa subtilmente come li corii nè le scissure nè anche altro vitio in si potrano recipere" (Cesariano 1521, 114r).

Smusso [1]: chamfering, of the "horns" of the abacuses of Corinthian and Composite capitals (I, 49).

Smusso [2]: spandrel: "i volti tondi si fanno nelle stanze in quadro…si lasciano ne gli angoli della stanza alcuni smussi, che togliono suso il mezo tondo del volto" (I, 54). Cf. "si possono anco fare le cupole sopra le piante quadrate alzando alcuni smussi negli angoli e gettando per ogn'una delle faccie un'arco" (Scamozzi 1615, 2: 320).

Soffitta: attic; apparently used only once in the treatise: "un poggiuolo; nel quale si entra per la soffitta" (II, 22). Cf. "sopra tal solari vi è poi la soffitta, e quello che cuopre quella e che è coperta da copi è detto il tetto" (Cornaro in *Tattati* 1985, 92); "più ad alto nelle soffitte o sotto a' tetti all'uso d'Italia, vi ripongono gli impedimenti della casa, e parte delle serve" (Scamozzi 1615, 1:250).

Soffittato: ceiling (I, 53). Interesting regional synonyms are given in Serlio: "i cieli piani di legname, li quali hanno diversi nomi, gli antichi gli dicevano lacunarij, hora i Romani gli dicono palchi, e così a Fiorenza, a Bologna e per tutta la Romagna si dicono tasselli, Venetia et nei luoghi circonvicini gli dicono travamenti o vero soffittadi" (Serlio 1566, 4: 192v). See **palco**; **soppalcho**; **travamenta**.

Soffitto: ceiling, sometimes with compartments or coffers in it; also coffer: "soffitti o lacunari" (II, 6, 41; also I, 53; IV, 16); also the underside of the **gocciolatoio** of cornices, decorated in Doric with three-by-six arrays of **guttae** and floral patterns in panels (I, 26). Cf. "soffitti, come chiamamo communemente qui in Venetia, o sopalchi (che dicono a Roma)" (Scamozzi 1615, 2:156). See **cassa [2]**; **compartimento [2]**; **lacunare**; **piano [3]**; **quadro [2]**; **soppalcho**.

Soglia: window sill (IV, 53).

Solaro [1]: story: "saranno [i muri] più sottili delle fondamenta la metà e quelli del secondo solaro più sottili del primo mezo quadrello" (I, 14, 53); synonymous with **ordine [2]**: "ordine o solaro" (I, 55); "pilastri che tolgono suso il pavimento delle loggie di sopra cioè del secondo solaro. In questo secondo solaro vi sono due sale" (II, 66). This meaning is common in Palladio's circle: cf. "il primo solaro è quello che si trova montate le prime scale, che principiano nel piè piano…e sopra quello ve ne sarà un altro si chiamarà secondo solaro, e sopra tal solari vi è poi la soffitta" (Cornaro in *Trattati* 1985, 92). See **ordine [2]**.

Solaro [2]: a flat, wooden ceiling: "le travamenta de' solari delle sale e della stanze" (I, 7); "i soffittati ancora essi diversamente si fanno percioche molti si dilettan d'haverli di travi belle e ben lavorate; ove bisogna avertire che queste travi deono essere distanti una dall'altra un grossezza e meza di trave: per che così riescono i solari belli all'occhio" (I, 53); "pilastri che reggevano le travi de i solari più a dentro" (II, 43). Cf. "copertura plana di legnamo qual vulgarmente dicemo solaro seu tassello" (Cesariano 1521, 2r).

Solaro, in: referring to rooms, this means that they have flat ceilings as opposed to vaults.

Soppalcho: soffit (IV, 16). See **compartimento [1]**; **lacunare**; **quadro [2]**; **soffittato**; **soffitto**; **travamenta**.

Sopraciglio: lintel of a door or window (I, 55). See **sopralimitare**.

Sopralimitare: lintel of a door or window (I, 55). See **sopraciglio**.

Sottolimitare: threshold (I, 53).

Space between columns: Palladio, following Vitruvius, gives five types (IV, 8-9): **areostilos** (four diameters); **diastilos** (three diameters); **eustilos** (two and a quarter diameters); **sistilos** (two diameters); **picnostilos** (one and a half diameters). Also see **aere**; **distanza**; **intercolunno**; **intervallo**; **luce**; **lume**; **spazio**; **vano [1]**.

Spazio: distance, sometimes used by Palladio for intercolumniation. See **space between columns**.

Sperone: here, buttress built to protect the supports of a bridge from objects brought down by the river (III,

19).

Spesso: always in the phrase "di spesse colonne" in the treatise, meaning "with columns close together" (II, 78; IV, 23, 41, 52, 55, 98). Usually Palladio uses the term as a plain-language equivalent of "picnostyle" or one and one-half diameters; "picnostilos, cioè di spesse colonne" (IV, 8). But he also uses the phrase for spacing that was not exactly picnostyle: "di spesse colonne, cioè distanti l'una dall'altra un diametro e mezo di colonna; o al più, due diametri [which, strictly speaking, would be sistyle]" (III, 32); "la sua maniera era di spesse colonne. Gli intercolunnii erano la undecima parte del diametro delle colonne meno un diametro e mezo; il che io reputo degno di avertimento, per non haver veduto intercolunnii così piccioli in alcun'altro edificio antico" (IV, 128).

Sponda: projections forming the sides to the flights of steps up to the facades of temples or villas, often surmounted by statues; regarded by Palladio as the ends (**teste**) of the basement going around the whole building; the term also refers to the beams at the sides or edges of the decks of bridges and to the side parapets of bridges (III, 15, 16, 23, 24; IV, 23; same usage in Bartoli 1565, 287, 21; 299, 42; 300, 42).

Squadra di piombo: an adjustable length/strip of lead. To judge from Palladio's descriptions of the use of this object (I, 9 and 12; III, 9), it had nothing to do with an A-frame with plumb bob, i.e., the "archipendolo" (Palladio 1980, 420, note 7) or Cesariano's "norma" and "squadra" (Cesariano 1521, 4v, comm. and 145r-v, comm.). The device was probably a length of lead which was folded around the angles of one stone in order to determine the shape of the one that was to be positioned next to it; it is difficult, if this is the case, to translate "squadra", which is usually rendered by "set square" in English. Scamozzi mentions other devices with the same function called "squadre mobili", which were adjustable and shaped like an X or a V (the latter was also called a "squadra zoppa" by some sources): "le righe mobili e pieghevoli da prender gli angoli; la squadra mobile con la quale si forma ogni sorte d'angoli" (Scamozzi 1615, 1:51). These too could be opened or shut at the angles of stones, thus enabling the stonemason to determine the shape or angle of the piece of stone to be set next to the first one; but they were presumably made of wood, not lead.

Palladio uses the phrases **a squadra**, **sotto squadra**, and **sopra squadra**, which clearly mean "with squared angles/with right angles", "sharply angled/acutely angled", and "with blunt angles/with obtuse angles": "perchè tutti gli orli delle pietre venivano ad esser sopra squadra, cioè grossi e sodi, potevano meglio maneggiarle e moverle più volte fin che commettessero bene, senza pericolo di romperli, che se tutte le faccie fussero state lavorate, perche allora sarebbono stati gli orli o a squadra o soto squadra, e così molto deboli e facili da guastarsi" (I, 14). The corners or angles of the stone that are "a squadra" (right-angled) or "sopra squadra" (obtusely angled) are strong because they are less liable to break; those that are "sotto squadra" (acutely angled) are more likely to break because they are pointed.

Square: see **quadro [1]**.

Stadio: a measure of length equal to 125 **passi**, or 625 Roman feet (III, 44-45). Doubtless the *locus classicus* is Pliny *NH* 2.23.21: "stadium centum viginti quinque nostros efficit passus, hoc est pedes sexcentos viginti quinque".

Stanza: a term used for room of varying size and shape (**maggiore**, **mediocre**, **minore**, **picciola**; II, 4, 20); synonymous with **camera**, which Palladio uses rarely. Stanza are lower in status than halls (**oeci**, **sale**, **salotti**) but higher in status and larger than "little rooms" (**camerini**) and the **cantina**, **cucina**, **dispensa**, **mezzato**, **tinello**, etc. For their functions and proportions, see I, 52f. Cf. "quando dirò stanzie se intenderà le camere" (Cornaro in *Trattati* 1985, 91). A **stanza in solaro** is a room with a flat ceiling (I, 52f and passim); a **stanza in volto** is a room with a vault (I, 52f and passim).

More generally, a dwelling place: "il seguente tempio ritondo, il quale dicono gli habitatori di quei luoghi che era la stanza della Sibilla Tiburtina" (IV, 90).

Stone: see **pietra**; **scaranto**.

Struttura: form, configuration: "Costanzo Imperatore…si meravigliò della rara struttura di questo edificio" (IV, 23), which shows that it is not a synonym for **edificio** or **fabrica**.

Sublices: Palladio thinks that the word was Volscian for "wooden", whence the name Pons Sublicius (III, 11).

Suburbano (noun): property on land just outside a city; in this case, on the site on which the Villa Almerico was built: "si ridusse ad un suo suburbano in monte, longo dalla città meno di un quarto di miglio, ove ha fabricato secondo l'inventione che segue" (II, 18).

Suolo: floor or pavement, deck of a bridge: "il suolo o pavimento" (I, 53; II, 46; III, 17, 19, 25; IV, 30, 88, 107). In the treatise, a synonym for **pavimento**. See **pavimento**; **piano [1]**; **solaro [2]**; **terrazzato [1, 2]**; **terrazzo**.

Taglino: tablinum; a room between the atrium and courtyard of the Roman house where the images of ancestors were kept (II, 24 and 29).

Taglio, in: "on its edge'; when a ruler is placed on its edge next to a column it is inflexible, but flexible when placed flat against it: "a canto l'estremità della quale [of the column] pongo in taglio una riga sottile alquanto, lunga come la colonna" (I, 15).

Tegola: tile. There is a description of types in Alberti/Bartoli 1565: "i tegoli, i quali sono di due sorti, l'uno è largo, e piano; largo un piede, e lungo tre quarti di braccio con sponde ritte di quà, e di là, secondo la nona parte della sua larghezza, che si chiama embrice; l'altro è tondo, e simile a gli stinieri da armare le gambe, detto tegolino, amenduoi più larghi donde hanno a ricevere le acque, e più stretti, donde le hanno a versare. Ma gli embrici piani, cioè le gronde sono più commode, pur che le si congiunghino l'una appo l'altra a filo, e con l'archipenzolo, che le non pendino da alcuno de lati, e che le non rimanghino in alcun luogo come catini, o in alcun'altro, come poggiuoli rilevati, acciochè non vi sia a traverso cosa alcuna, che impedisca l'acqua nel corso, e che non sia intralasciata cosa alcuna non coperta" (Bartoli 1565, 93, 9-19). Synonymous with **coppo**: "tegole over coppi" (I, 67).

Tempio: temple; but sometimes used for church (**chiesa**): "i tempii ne' quali…DIO…deve essere da noi adorato"; "i piccioli tempii che noi facciamo"; "i quali…hanno già al sommo Dio chiese e tempii fabricati"; "i tempii che noi christiani usiamo" (IV, 3, 9 and passim). For types, see IV, 7-8; and see **alato a torno**; **alato doppio**; **amphiprostilos**; **antis, in**; **dipteros**; **falso alato doppio**; **hipethros**; **peripteros**; **prostilos**; **pseudodipteros**.

Tenia: taenia, a continuous horizontal molding dividing the architrave from the frieze in Doric: "tenia overo benda" (I, 26). See **benda**.

Terrazzato [1]: floor made of **terrazzo**: "il suolo o pavimento loro deve essere di terrazzato" (II, 46; I, 53).

Terrazzato [2]: a terrace or balcony, often, but not necessarily, paved with **terrazzo**: "sopra le colonne vi è un terrazzato scoperto al pari del piano del terzo ordine dell'inclaustro ove sono le celle dei frati" (II, 29); "le stanze poi hanno sopra un terrazzato scoperto" (II, 33).

Terrazzo: pavement made of small piece of stone or marble: "il suolo o pavimento loro deve essere di terrazo" (II, 46). Types are described in I, 53. See **pavimento**; **suolo**.

Tessire: to fit, splice, mesh beams together: "queste travi erano tessute con altre travi, e coperte di pertiche e di gradici" (III, 13).

Testa [1]: head: "le teste et altre parti delle figure [of Trajan's column]" (I, 14).

Testa [2]: the end of something: of a brick, of a piece of iron, of beams of wood, of a loggia, of a basement (I, 9, 51; III, 13, 16, 18; IV, 23, 30); also the **testa** of an oval, presumably one of the tightly curved "ends" (I, 61); probably synonymous with **capo**. Cf. "ne l'una e l'altra testa di detto arco [of Septimius Severus] vi sono scolpite le vittorie allate con i trofei della guerra terrestre e maritima" (Palladio in Puppi 1988, 18); "ho fatto il muro per testa della logia, il qual faria l'edificio più forte col fare spale alla chiesa, perchè incontra con el muro che divide le capelle dalle navi picciole" (ibid., 134-135). Cf. *I portici di Bologna* 1990, 344.

Testa [3]: diameter of the lower (not upper) end or "head" of a column: "testa s'intende il diametro della colonna da basso" (I, 16, 28); "testa s'intende…il diametro della colonna piede" (IV, 52). See **diametro**; **grossezza**; **modulo**; **piede [2]**.

Testudine: roof; covering; Latin form for **coperta**: "la testudine o coperta dell'atrio" (II, 33).

Testugginato: with a roof or covering (II, 24, 33); Latinate adjective for **coperto**, "roofed". See **atrio**.

Tetrastilo: including or containing four columns; of **sale**, **salotti**, or **oeci** (noun or adjective).

Tetto: roof. Cf. "tetto overo palco" (Bartoli 1565, 259, 12); "li tetti, cioè li coperti delle fabriche" (Cornaro in *Trattati* 1985, 99). See **colmo [1, 2]**; **coperta [1]**; **testudine**.

Tinello: a small dining room, probably mainly for the servants (II, 3, 33, 50); in very large households it functioned as a dining room for courtiers as well as servants. Cf. "cucine, dispense, tinegli da mangiare per la famiglia [servants]" (Filarete 1972, 1:223); "stanza da pranzo; tinelo per le donzelle" (Mantua, 1531: D'Arco 1857, 13); "rimover la dispensa che al presente si fa nel tinello da basso" (Venice, 1566: Lorenzi 1868, 335); "questa casa ha da basso i servitti come sono cuccine, tinello, dispensa, stanze per staffieri, dispensieri et simili officiali" (Rome, 1601: Frommel 1973, 2:66). See Frommel 1973, 1:81-82; Waddy 1990, 44-45; Thornton 1991, 290-291.

Tondino: tondino, a small molding of convex profile; apparently synonymous with **astragalo**, occurring in many places in the orders, e.g.: [1] at the top of the column shaft: "tondino della colonna overo astragalo" (I, 26, 43); [2] under the echinus in Ionic: "tondino sotto l'ovolo", also called the **astragalo** (I, 33, 35, 52); [3] used of the astragals separating the scotias of the Ionic base (I, 33; IV, 61); see also **astragalo**; [4] separating the flutes of columns (IV, 73); see **pianuzzo**; [5] above the upper fascia of an architrave (I, 56).

Tools: see **battipolo**; **squadra di piombo**.

Toro: torus, synonymous with **bastone**: "toro overo bastone" (I, 19; IV, 55). Cf. the same usage in Cataneo: "toro, o vero bastone" (*Trattati* 1985, 350). Barbaro's slightly tedious erudition is once again ignored by

Palladio: "torus è un membrello ritondo, che va sopra l'orlo, e detto in Greco stivas; e si chiama torus, perchè è come una gonfiezza carnosa, overo come uno piumazzetto; noi perche è ritondo lo chiamamo bastone; e Francesi, bozel, per la istessa ragione"; and B in his diagram: "thorus, stivas, rondbozel, bastone" (Barbaro 1987, 141 comm.). See **bastone**.

Travamenta: woodwork, hence ceiling: "le travamenta de' solari delle sale e delle stanze" (I, 7). Cf. "tute le travamente se abiano a far de bone chiave fornido d'albedo con i soi suoli de tolle invembelade senza chantinele" (Venice, 1535: Paoletti 1893, 126); see also the passage from Serlio 1566, 4:192v quoted under **soffittato**.

Trave: wooden beam; **prime, seconde, terze travi** used in connection with bridges to indicate those closest to the bank moving inward to the center of the bridge (III, 16-17); "trave limitare, over fregio dell'atrio": the terminal wooden beam, or frieze, called terminal because the main, uppermost beams went around the top of the structure around the courtyard and looked like a frieze (II, 25, 33, 34).

Tribuna: dome or cupola: "la tribuna, over cupola" (IV, 9, 52, 86); cf. Palladio in Puppi 1988, 128; "quella imagine del Salvatore che insino ad oggidì si vede sopra la tribuna dell'altare grande" (Palladio in Puppi 1988, 39). The dozens of references to **tribune** in the architectural documents from the 1390s to the end of the sixteenth century suggest that the meaning is almost invariably a vault or dome of some configuration: but cf. "le cholonne nelle quali finisce i'lungo della chiesa e chominciasi la croce overo tribuna" (Florence, 1367: Guasti 1887, 194). Otherwise the references are uniform in meaning across Italy: Siena, 1421 (Borghesi and Banchi 1898, 92); Florence, 1457 (Gaye 1839, 1:167); Rome, 1467 (Müntz 1878-1882, 2:75); Florence, 1470/1 (Gaye 1839, 1:227 (SS. Annunziata) and 1:29); Rome, 1471 (Müntz 1878-1882, 2:46, note 1); Venice, 1501-1502 (Paoletti 1893, 191, note 1); Siena, 1504 (Milanesi 1854, 3:21 (S. Biagio, Montepulciano)); Montepulciano, 1519 (Borghesi and Banchi 1898, 416); Cataneo in *Trattati* 1985, 303, 306; Bartoli 1565, 89, 42; 90, 21f; 211, 8; 237, 12; 248, 15; 312, 36; Venice, 1532 (Paoletti 1893, 108); Barbaro 1987, 199 comm., 352 comm.; Milan, 1580s (Baroni 1940, 182); Milan, 1598 (Baroni 1968, 47 and 171). See **cuba**; **cupola**.

Tribunale: the apsidal, curved end of a basilica (III, 31, 38). Palladio's sources use the word in other contexts, which Palladio ignores: "quelli [circular temples] che si fanno senza cella, hanno il tribunale, e l'ascesa per la terza parte del suo diametro" (Barbaro 1987, 196 trans.); this is defined later: "tutto lo spatio che è da C ad A lo lascio a i gradi, e alla salita sul piano del tempio, che Vitruvio chiama tribunale, se non m'inganno" (ibid., 197 comm. and diag.); (in theater) "tribunale egli chiama tutte quelle parti, alle quail s'ascende per gradi" (ibid., 255 comm.); but cf. Palladio, talking of S. Marco in Venice: "nella chiesia di S. Marco, vi staranno comodamente persone 1300 sentade, restando il tribunal vacuo, et le stradde per andar attorno, et per dove hanno da passar i Ballotini, et lasciando vacui li cantoni delle porte più piccole, parte più scura di detta chiesa" (1577; Palladio in Puppi 1988, 153).

Triclinio: dining room: "i ticlini [sic], i quali erano luoghi dove mangiavano" (II, 33); "triclini ciziceni e cancellarie, overo luoghi da dipingere" (II, 43). Cf. the etymology in Barbaro 1987, 292 (comm.) and 293 (trans.): "[triclinio] che era luogo dove si cenava, detto da tre letti, sopra i quali stesi col comito riposandosi mangiavano…chiamate triclinii, che in una stanza per l'ordinario erano apparecchiati, e si puo formare diclinio, tetraclinio, e dedaclinio, dove sono due, quattro e dieci letti".

Triglifo: triglyph (I, 26). Cf. Barbaro 1987, 34 (comm..), 145, 169 (comm.).

Tromba: tube, flue: "canne o trombe" (I, 60). Cf. "trombe o canali nella grossezza de i pareti" (Barbaro 1987, 263 comm. and 344 trans.); other Venetian sources use the word to mean a sort of tunnel conducting light:

"farli [for the windows] quatro tronbe di legname le qual li darà luxe" (Venice, 1577: Lorenzi 1868, 412); "far ala fenestra un parapeto di piera viva requadra(t)o in forma de tromba, il qual ne la parte di sopra saria fuora onze oto e da baso saria el dreto del muro" (Venice, 1587: Lorenzi 1868, 501).

Tube: See **canaletto**; **fistula**; **tromba**.

Tympanum: see **frontespicio**.

Type of stones, columns, etc.: see **aspetto [2]**; **maniera**; **qualità [1]**; **ragione [2]**.

Vano [1]: intercolumniation. See **aere**; **distanza**; **intercolunno**; **intervallo**; **luce**; **lume**; **spazio**.

Vano [2]: compartment, space within a loggia, e.g., on the facade of the Basilica of Constantine (IV, 10 and 11); in the loggia of the Temple of Bacchus (IV, 86).

Vault: see **volto**.

Ventidotto: a tube or pipe through which air was channeled into a room or house (I, 60).

Vestibulo: Latinate name for **entrata**: "loggia avanti l'atrio, che potremo chiamare vestibulo" (II, 25).

Villa: a country estate or farm (II, 45ff and passim). See Ackerman 1990 and Holberton 1990, 103-108 for good recent discussions. **Case** and **fabriche di villa** are buildings on an estate, and have their own qualifications. The house of the owner is not called the **villa** but the **abitazione** or **casa del padrone**, **casa dominicale**; other buildings are also qualified: "fabrica per governare e custodire l'entrate e gli animali di villa"; "i coperti per le cose di villa"; "stanze del fattore, del gastaldo, cantine, granari, stalle, altri luoghi di villa", etc. The contrast between the **villa** (farm) and **casa padronale** is clearly expressed here: "la parte per l'habitatione del padrone e quella per l'uso di villa sono di uno istesso ordine" (II, 61); "quelle due loggie che come bracia escono fuor della fabrica sono fatte per unir la casa del padrone con quella di villa" (II, 62). Cf. "habitationi de le ville, alcune che servano per i padroni e alcuni per i lavoratori" (Bartoli 1565, 148, 26ff).

Vivo [1] (adjective): fine, fine-grained or hard, usually of stone (**pietra**), sometimes in contrast to brick (**pietra cotta**) (I, 7 and passim). See **pietra**.

Vivo [2] (noun): usually means the shaft of a column; also the body or bell of a capital stripped of its ornament (I, 49; IV, 48). See **campana**; **fusto**.

Voltar(e) [1] (noun): corner, turn (II, 32, 35; IV, 30).

Voltare [2] (verb): to turn round a corner, turn in another direction from: "due pilastri ne i cantoni che voltano ancho da i lati del tempio" (IV, 7, 16). See **angolo**; **cantone**.

Volto: vault. At I, 54 Palladio describes six types of vaults (nos. 1-6 below), but elsewhere in the treatise mentions three others (nos. 7-9):

[1] **volto a crociera**: cross vault (I, 54); a "volto a crociera di mezo cerchio" is a cross vault of semicircular section [II, 50];

[2] **volto a fascia** (I, 54; II, 49, 58, 59): evidently a barrel vault; Palladio never uses the more common expression "volto a botte" in the treatise;

[3] **volto a remenato** ("che così chiamano i volti che sono di porzione di cerchio e non arrivano a semicircolo") (I, 54, 55): a segmental or depressed vault of which the curves are less than semicircular (I, 55); also used of strainers or relieving arches over doors: "archi, che volgarmente si chiamano remenati" (I, 55) or architraves (IV, 9): see also nos. [6] and [9];

[4] **volto ritondo** (I, 54): a vault with a circular base, but not necessarily of semicircular section: see also no. [8];

[5] **volto a lunette**: a lunette vault (I, 54; II, 6, 53); "le quadre [stanze] hanno le lunette ne gli angoli al diritto delle finestre" (II, 49);

[6] **volto a conca**, "i quali hanno di frezza il terzo della larghezza della stanza" (I, 54): synonymous with **volto a schiffo**: a coved vault: see also no. [9]; and cf. "le volte a conca overo a vela…per maggior ornamento se le fa un quadro nel mezo sfondrato all'insù" (Scamozzi 1615, 2:321);

[7] **volto a cadino**: "le [stanze] mediocre sono quadre e involtate a cadino" (II, 52); "[le stanze] quadrate [hanno i volti] a mezo cadino" (II, 62). This phrase can be used of cupolas on circular bases, sail vaults on square bases, or depressed cupolas on spandrels: that is, it is used generically to refer to cupolas or vaults of various configurations. Presumably, when used of hemispherical cupolas the phrases "a cadino" and "a mezo cadino" amount to the same thing;

[8] **volto a cupola**: a vault, not necessarily hemispherical, on spandrels: "le quadre [i.e., square rooms] hanno i volti a cupola" (II, 50): see also [4];

[9] **volto a schiffo**: a depressed vault with a horizontal top or central compartment; a coved vault: "il volto si faceva o di mezo cerchio overo a schiffo, cioè che avea tanto di frezza quanto era il terzo della larghezza della sala" (II, 38, of the Corinthian hall), "i volti sono à schiffo, alti secondo il secondo modo delle altezze de' volti" (II, 52, 62); "quelle [stanze] de gli angoli sono quadre, e hanno i volti à schiffo, alti alla imposta, quanto è larga la stanza; e hanno di freccia il terzo della larghezza" (II, 78). This vault appears to be the same as the **volto a conca** [6].

Voluta: volute; for its construction, see I, 33.

Wing: see **ala**.

Xisto: xystus (III, 44f). The Greeks built xysti that were covered porticoes in which athletes exercised in the winter; the Roman xystus was an open colonnade or portico with trees for recreation. Palladio reports on the former, after Vitruvius 5.11.4 and 6.10.5.

Zocco: a plinth sometimes placed between the base of a column and the cornice of the pedestal (I, 31); the "plinto overo zocco" of the base of the column in the illustration of the Doric pedestal is called the **orlo** in the text (I, 19 and again on 31). The base of a pedestal can also have a **zocco** or plinth below it; when describing the Corinthian pedestal Palladio calls this plinth a **zocco** (I, 40), and in the drawing, an **orlo** (I, 41). See **orlo** [1, 2].

Zoccolo: small block, plinth, or pedestal sometimes placed under the bases of columns: "le base non hanno zoccolo" (IV, 90); "le base sono senza zoccolo over dado ma il grado ove posano serve per quello" (IV, 52). See **orlo** [1].

参考文献[1]

在过去的三十年间，帕拉第奥可能是所有文艺复兴建筑师中得到最深入研究的。为符合本译本的宗旨，我们将参考文献压减到最低数量。B. 鲍彻新出的一本帕拉第奥建筑总览的英语著作，内有许多之前的相关文献参考；我们在注释中频繁引用了该书，还参考了 L. 普皮所撰意大利语的帕拉第奥建筑最详尽的目录，其在 1973 年分两卷首次发行，后在 1986 年再度发行。我们所参考为普皮著作的 1986 年版，因为该版可在最广范围得到。我们还收入了 G. G. 佐尔齐的多部著作，大多数帕拉第奥作品的现代研究都仰赖于它们所构成的文献基础。

新近的帕拉第奥总览文献，包括 L. 普皮和 J. 阿克曼（Ackerman）的文章，收入《安德烈亚·帕拉第奥研究新成果》(*Andrea Palladio: nuovi contributi*)[2]，A. 沙泰尔（Chastel）和 R. A. 切韦塞（Cevese）编（米兰，1990 年），70f 和 120f，以及 D. 霍华德（Howard）的《帕拉第奥研究文献四百年》("Four Centuries of Literature on Palladio")，载于《建筑史家学会会刊》(*Journal of the Society of Architectural Historians*)，第 39 期（1980 年），第 224—241 页。

尚没有帕拉第奥论著的带评注英文版。我们一直采用由 L. 马加尼亚托和 R. 马里尼详加注释的帕拉第奥版本，米兰，1980 年出版；另一个带注释的版本由 M. 比拉吉于 1992 年出版。遗憾的是，由哈特和希克斯（Hicks）翻译的塞利奥《著作全集》(*Tutte le opere*)一至五书的英语新译本（纽黑文，1996 年），出版时为时已晚，未能纳入我们此处的参考文献。

Ackerman, J. S. 1966. *Palladio* (《帕拉第奥》). Harmondsworth.

Ackerman, J. S. 1967 年 a. *Palladio's Villas* (《帕拉第奥的别墅》). New York.

Ackerman, J. S. 1967b. "Palladio's Vicenza: A Bird's-Eye Plan of c.1571." In *Studies in Rennaissance and Baroque Art Presented to Anthony Blunt* (《帕拉第奥的维琴察：1571 年前后的鸟瞰》，收入《献给安东尼·布朗特的文艺复兴和巴洛克艺术研究》), 53-61. London.

Ackerman, J. S. 1972. *Palladio* (《帕拉第奥》). Turin.

Ackerman, J. S. 1990. *The Villa: Form and Ideology of Country Houses* (《别墅：乡村住宅的形式与观念》). Princeton.

Alberti, L. B. 1988. *On the Art of Building in Ten Books* (《论建筑的十书》). Trans. J. Rykwert, N. Leach, and R. Tavernor. Cambridge, Mass.

Allsopp, B. 1970. *Inigo Jones on Palladio, Being the Notes by Inigo Jones in the Copy of I quattro libri dell'architettura di Andrea Palladio, 1601, in the Library of Worcester College, Oxford* (《伊尼戈·琼斯的帕拉第奥研究，即牛津伍斯特学院图书馆收藏之伊尼戈·琼斯在 1601 年版安德烈亚·帕拉第奥建筑四书副本中所作注释》). 2 vols. Newcastle-upon-Tyne.

---

[1] 参考文献中的绝大部分目前尚无从查阅原文，译文仅从字面直译，意在帮助读者对帕拉第奥研究现状和涉及范围有一概略印象。文献名保留原文，并以圆括号内小字给出译文；刊物名保留原文，并在首次出现时以圆括号内小字给出译文，再次出现则不译。

[2] 即《安德烈亚·帕拉第奥研究新成果：第七届国际建筑史研讨会论文选》(*Andrea Palladio: nuovi contribute: Settimo Seminario internazionale di storia dell'architettura*)。

Andrea Palladio, La Rotunda （《安德烈亚·帕拉第奥圆厅别墅》）. 1990. Various authors. Milan.

Annali della fabbrica del Duomo di Milano （《米兰大教堂刊行创作年鉴》）. 1877-1885.

Antolini, G. 1803. *Il tempio di Minerva in Assisi confrontato colle tavole di Andrea Palladio* （《阿西西的弥涅尔瓦神庙与安德烈亚·帕拉第奥的木刻图比较》）. Milan.

Bandini, F. 1989. In *Storia di Vicenza* （收入《维琴察历史》）, ed. F. Barbieri and R. Preto. Vicenza.

Barbaro, D. 1556. *I dieci libri dell'architettura di M. Vitruvio, tradotti e commentati da Daniele Barbaro* （《达尼埃莱·巴尔巴罗的维特鲁威建筑十书译注》）. Venice.

Barbaro, D. 1987. *Vitruvio, i dieci libri dell'architettura tradotti e commentati da Daniele Barbaro, 1567* （《维特鲁威建筑十书，1567年达尼埃莱·巴尔巴罗的翻译和评注》）. Ed. M. Tafuri and M. Morresi. Milan.

Barbieri, F. 1962. "Il Palazzo Chiericati sede del Museo Civico di Vicenza." In *Il Museo Civico di Vicena* （《维琴察市立博物馆驻所基耶里卡蒂府邸》，收入《维琴察市立博物馆》）. Vicenza.

Barbieri, F. 1964a. "Palladio e il manierismo." *Bollettino del CISA* （《帕拉第奥与手法主义》，载于《CISA 通报》）[1], 6, 2, 49-63.

Barbieri, F. 1964b. "'Palladios Lehrgebäude' di Erik Forssman."（《埃里克·弗斯曼的"帕拉第奥的大厦"》）*Bollettino del CISA*, 6, 2, 323-333.

Barbieri, F. 1965. "Belli Valerio." In *Dizionario Biografico degli Italiani* （《贝利·巴莱里奥》，收入《意大利名人传记辞典》）, 7: 680-682. Rome.

Barbieri, F. 1967. "Il primo Palladio." （《帕拉第奥初步》）*Bollettino del CISA*, 9, 24-26.

Barbieri, F. 1968. *La basilica Palladiana* （《帕拉第奥的巴西利卡》）. Vicenza.

Barbieri, F. 1970. "Palladio in villa negli anni Quaranta: da Lonedo a Bagnolo." *Arte Veneta* （《帕拉第奥在1540 年代的别墅：从罗内多到巴尼奥洛"》，载于《威尼托艺术》）, 24, 63-80.

Barbieri, F. 1971. "Palladio come stimolo all'architettura neoclassica: lo 'specimen' della villa di Quinto." （《帕拉第奥对新古典主义建筑的激发：以昆托的别墅为"标本"》）*Bollettino del CISA*, 13, 43-54.

Barbieri, F. 1972. "Il valore dei Quattro Libri." （《四书的价值》）*Bollettino del CISA*, 14, 63-79.

Barioli, G. 1977. *La moneta romana nel Rinascimento vicentino* （《文艺复兴时期维琴察的古罗马钱币》）. Vicenza.

Baroni, C. 1940 and 1968. *Documenti per la storia dell'architettura a Milano nel Rinascimento e nel Barocco* （《文艺复兴和巴洛克时期米兰建筑史文献》）. 2 vols. Florence and Rome.

Bartoli, A. 1914-1922. *I monumenti antichi di Roma nei disegni degli Uffizi di Firenze* （《佛罗伦萨乌菲齐美术馆所藏罗马古迹图纸》）. Rome.

Bartoli, C. 1565. *L'Architettura di Leonbatista Alberti…* （《莱昂·巴蒂斯塔·阿尔伯蒂的论建筑》）. Venice.

Bassi, E. 1971. *Il Convento della Carità* （《卡里塔仁爱修道院》）. Vicenza.

Bassi, E. 1978. "La scala ovata del Palladio nei suoi precedenti e nei suoi conseguenti." （《帕拉第奥的椭圆形楼梯，先例与后尘之间》）*Bollettino del CISA*, 20.

Bassi, M. 1572. *Dispareri in materia d'architettura, et perspettiva* （《关于建筑和透视的异议》）. Brescia.

Beltrami, L. 1894. *Il Castello di Milano* （《米兰的城堡》）. Milan.

---

[1] 安德烈亚·帕拉第奥国际建筑研究中心（Centro Internazionale di Studi di Architettura Andrea Palladio）发行的学术刊物，1989 年起改名为《建筑学年鉴》（*Annali di Architettura*）。

参考文献

Beltrami, L. 1896. *Storia documentata della Certosa di Pavia, 1389-1402* (《帕维亚的卡尔特会修道院 1389—1402 年间的历史文献》). Milan.

Bertotti-Scamozzi, O. 1776-1783. *Le frabbriche e i disegni di Andrea Palladio raccolti ed illustrati* (《安德烈亚·帕拉第奥的建筑和设计的测绘图集与说明》). 4 vols. Vicenza.

Bettini, S. 1949. "La critica dell'architettura e l'arte del Palladio." (《帕拉第奥的建筑与艺术之批评》), *Arte Veneta*, 3, 55-69.

Bober, P. P., and R. Rubinstein. 1986. *Renaissance Artists and Antique Sculpture* (《文艺复兴艺术家与古代雕塑》). London.

Bora, G. 1971. "Giovanni Demio." *Kalòs*(《乔瓦尼·德米奥》,载于《美少年》), 2, 4.

Bordignon Favero, G. P. 1970. *La Villa Emo di Fanzolo*(《凡佐洛的埃莫别墅》). Vicenza.

Bordignon Favero, G. P. 1978. "Una precisazione sul committente di Villa Emo a Fanzolo." (《关于凡佐洛埃莫别墅的委托人的一篇辨析》) *Bollettino del CISA*, 20.

Borelli, G. 1976-1977. "Terre e patrizi nel XVI secolo: Marcantonio Serego." *Studi storici veronesi Luigi Simeoni* (《16 世纪的土地和贵族:马尔坎托尼奥·萨雷戈》,载于《路易吉·西梅奥尼维罗纳名人历史研究集刊》), 26-27, 43-73.

Borghesi, S., and L. Banchi. 1898. *Nuovi documenti per la storia dell'arte senese* (《锡耶纳艺术史的新文献》). Siena.

Borsi, S. 1989. "La fortuna del Frontespizio di Nerone nel Rinascimento." In *Roma, Centro ideale della cultura dell'antico nei secoli XV e XVI* (《尼禄的门面在文艺复兴时期的命运》,收入《罗马,15 和 16 世纪的古代文化的理想中心》), ed. S. Danesi Squarzina, 390-400. Milan.

Boucher, B. 1994. *Andrea Palladio: The Architect in His Time* (《安德烈亚·帕拉第奥:一代巨匠》). New York and London.

Buddensieg, T. 1962. "Die Konstantinbasilika in einer Zeichnung Francescos di Giorgio und der Marmorkolossos Konstantins des Grossen." *Münchner Jahrbuch der bildenden Kunst* (《弗朗切斯科·迪乔治一幅图中的君士坦丁巴西利卡与君士坦丁大帝的大理石巨像》,载于《慕尼黑美术年鉴》), 13, 37-48.

Burns, H. 1966. "A Peruzzi Drawing in Ferrara." *Mitteilungen des Kunsthistorischen Instituts in Florenz* (《存于费拉拉的佩鲁齐的一幅图》,载于《驻佛罗伦萨艺术史研究所学报》), 12, 245-270.

Burns, H. 1973a. "I dsegni." In *Palladio*, exhib. cat. (《图纸》,收入《帕拉第奥》展览目录) 133-154. Venice.

Burns, H. 1973b. "I disegni di Pallado." (《帕拉第奥的图》) *Bollettino del CISA*, 15, 169-191.

Burns, H. B. Boucher, and L. Fairbairn. 1975. *Andrea Palladio 1508-1580: The Portico and the Farm-yard* (《安德烈亚·帕拉第奥 1508—1580:柱廊和农庄场院》展览). London.

Campbell, I. 1980. "Scamilli inpares: A Problem in Vitruvius." *Papers of the British School at Rome* (《不等高的小板凳:维特鲁威书中的一个问题》,载于《罗马英国学院论文集刊》), 48, 17-22.

Carboneri, N. 1971. " 'Il convento della Carità' di E. Bassi." (《E. 巴西的"卡里塔仁爱修道院"》) *Bollettino del CISA*, 13, 361-366.

Carpeggiani, P. 1974. "Domenico Brusasorzi." In *Maestri della Pittura Veronese* (《多梅尼科·布鲁萨索尔齐》,收入《维罗纳绘画大师》), 217-226. Verona.

Ceretti, F. 1904. *Memorie storiche della città e dell'antico ducato della Mirandola* (《米兰多拉城和古公国历史回顾》). Mirandola.

Cesariano, C. 1521. *Di Lucio Vitruvio Pollione de Architectura libri dece* (《维特鲁威的建筑十书》). Como. Reprint, Milan 1981, ed. A. Bruschi.

Cessi, F. 1961. *Alessandro Vittoria architetto e stuccatore* （《建筑师和灰泥堆塑师亚历山德罗·维多利亚》）. Trento.

Cessi, F. 1964. "L'attività di Alessandro Vittoria a Maser." *Studi Trentini di Scienze Storiche* （《亚历山德罗·维多利亚在马塞尔的活动》，载于《特伦托历史学研究集刊》）, 43, 1, 3-18.

Cevese, R. 1952. *I Palazzi dei Thiene* （《蒂耶内的诸府邸》）. Vicenza.

Cevese, R. 1964. " 'Le opere pubbliche e i palazzi privati di Andrea Palladio' di Gian Giorgio Zorzi." （《詹乔治·佐尔齐的"安德烈亚·帕拉第奥的公共建筑和私人府邸"》）*Bollettino del CISA*, 6, 2, 334-359.

Cevese, R. 1965. "Appunti palladani." （《帕拉第奥的笔记》）*Bollettino del CISA*, 7, 2, 305-315.

Cevese, R. 1968. "Una scala convessa a villa Pojana." （《波亚纳别墅的凸圆阶梯》）*Bollettino del CISA*, 10, 313-314.

Cevese, R. 1971. *Le ville della provincia di Vicenza* （《维琴察省的别墅》）. Milan.

Cevese, R. 1972. "Porte e archi di trionfo nell'arte di Andrea Palladio." （《安德烈亚·帕拉第奥的艺术中的城门和凯旋门》）, *Bollettino del CISA*, 14, 309-326.

Cevese, R. 1973. "L'opera del Palladio." （《帕拉第奥的作品》）In *Palladio*, exhib. cat., 45-130. Venice.

Cevese, R. 1976. *I modelli della mostra di Palladio* （《帕拉第奥展的模型》）. Venice.

Chastel, A. 1965. "Palladio et l'escalier." （《帕拉第奥与楼梯》）*Bollettino del CISA*, 7, 2, 11-22.

Chastel, A., and J. Guillaume, eds. 1985. *L'Escalier dans l'architecture de la Renaissance* （《文艺复兴建筑中的楼梯》）. Paris.

Cittadella, L. N. 1868. *Documenti ed illustrazioni riguardanti la storia artistica ferrarese* （《关于费拉拉艺术史的文献和插图》）. Ferrara.

Concina, E. 1988. *Pietre. Parole. Storia. Glossario della costruzione nelle fonti veneziane (secoli XV-XVIII)* （《石头·言语·历史：来源于威尼斯方言的建筑词汇（15—18世纪）》）. Venice.

Corpus Inscriptionum Latinarum （《拉丁铭文汇编》）. 1893-. Berlin.

Cosgrove, D. 1989. "Power and Place in the Venetian Territories." In *The Power of Place: Bringing Together Geographical and Sociological Imaginations* （《威尼斯陆地领土的力量和位置》，收入《位置的力量：地理和社会想象力的聚合》）, ed. J. Agnew and J. Duncan. Boston.

Crosato, L. 1962. *Gli affreschi nelle ville venete del Cinquecento* （《16世纪威尼托别墅中的壁画》）, Treviso.

Dalla Pozza, A. M. 1943-1963. "Palladiana VIII, IX." *Odeo Olimpico*（《帕拉第奥之八，九》，载于《奥林匹克歌乐堂》）, 4, 99-131.

Dalla Pozza, A. M. 1964-1965. "Palladiana X, XI, XII." *Odeo Olimpico* （《帕拉第奥之十，十一，十二》）, 5, 203-238.

Da Pisanello alla nascita dei Musei Capitolini. L'antico a Roma alla vigilia del Rinascimento （《从皮萨内洛到卡皮托利博物馆的诞生：文艺复兴前夕罗马城的古物》）, 1988. Milan and Rome.

D'Arco, C. 1857. *Delle arti e degli artefici di Mantova* （《曼托瓦的艺术和工匠》）. Reprint, Bologna 1975.

Da Schio, G. "Memorabili." Manuscript，Biblioteca Bertoliana.（《要事记》手稿，藏于贝尔托洛图书馆）.Vicenza.

De Angelis d'Ossat, G. 1956. "Un palazzo veneziano progettato da Palladio." （《帕拉第奥的一个威尼斯府邸的方案》）*Palladio*，4, 158-161.

De Fusco, R. 1968. *Il codice dell'architettura. Antologia di trattatisti* （《抄本建筑论文作者选集》）. Naples.

Della Torre, S., and R. Schofield. 1994. *Pellegrino Tibaldi architetto e il S Fedele di Milano. Invenzione e costruzione di una chiesa esemplare*　（《建筑师佩莱格里诺·蒂巴尔迪和米兰的圣费代莱教堂：一个教堂模型的创造和建构》）. Como.

Denker Nesselrath, C. 1990. *Die Säulenordnungen bei Bramante*　（《布拉曼特的柱式》）. Worms.

Fagiolo, M. 1972. "Contributo all'interpretazione dell'ermetismo in Palladio."　（《对帕拉第奥的隐寓的解读》）*Bollettino del CISA*, 14, 357-380.

Ferrari, D., ed. 1992. *Giulio Romano. Repertorio di fonti documentarie*　（《朱利奥·罗马诺：原始文献一览》）. 2 vols. Rome.

Filarete, 1972. *Antonio Averlino detto il Filarete. Trattato di Architettura*　（《安东尼奥·阿韦利诺别号慕德者菲拉雷特的建筑论》）. Ed. A. M. Finoli and L. Grassi. Milan.

Forssman, E. 1962. "Palladio e Vitruvio."　（《帕拉第奥与维特鲁威》）*Bollettino del CISA*, 4, 31-42.

Forssman, E. 1965. *Palladios Lehrgebäude*　（《帕拉第奥的大厦》）. Stockholm, Göteborg, and Uppsala.

Forssman, E. 1967. "Tradizione e innovazione nelle opere e nel pensiero di Palladio."　（《帕拉第奥的作品和思想中的传统与创新》）*Bollettino del CISA*, 9, 243-256.

Forssman, E. 1969. " 'Del sito da eleggersi per le fabriche di villa.' Interpretazione di un testo palladiano."　（《"在乡村庄园建房的基地选择"：帕拉第奥一段文本的解读》）*Bollettino del CISA*, 11, 149-162.

Forssman, E. 1971. " 'Corpus Palladianum': il Convento della Carità."　（《"帕拉第奥的实体"：卡里塔仁爱修道院》）*Arte Veneta*, 25, 308-309.

Forssman, E. 1973a. *Il Palazzo Da Porto Festa di Vicenza*　（《维琴察的达波尔托节庆府邸》）. Vicenza.

Forssman, E. 1973b. "Palladio e l'antichità."　（《帕拉第奥与古代》）, In *Palladio*, exhib. cat., 17-26. Venice.

Forssman, E. 1973c. *Visible Harmony: Palladio's Villa Foscari at Malcontenta*　（《视觉的和谐：位于马尔孔滕塔的帕拉第奥的福斯卡里别墅》）. Stockholm.

Forssman, E. 1978. "Palladio e le colonne."　（《帕拉第奥与列柱》）*Bollettino del CISA*, 11, 20.

Francesco di Giorgio. 1967. *Francesco di Giorgio Martini. Trattati di architettura, ingegneria e arte militare*　（《弗朗切斯科·迪乔治·马丁尼的建筑、工程和军事艺术论文集》）. Ed. C. Maltese and L. M. Degrassi. Milan.

Frommel, C. L. 1973. *Der Römische Palastbau der Hochrenaissance*　（《文艺复兴盛期罗马的府邸》）. Tübingen.

Gallo, R. 1956. "Andrea Palladio e Venezia…" *Atti del XVIII congresso Internazionale di Storia dell'Arte*　（《安德烈亚·帕拉第奥与威尼斯》，收入《第十八届国际艺术史大会论文集》）, Venice, 398-402.

Gaye, G. 1839. *Carteggio inedito d'artisti dei secoli XIV-XVI*　（《14-16世纪艺术家未发表的书信》）. 3 vols. Florence.

Gioseffi, D. 1972. "Il disegno come fase progettuale dell'attività palladiana."　（《帕拉第奥业务方案阶段的图纸》）*Bollettino del CISA*, 14, 45-62.

Giulio Romano　（《朱利奥·罗马诺》）. 1989. Milan.

Gualdo, P. 1958-1959. "La vita di Andrea Palladio." Ed. G. G. Zorzi. *Saggi e Memorie di Storia dell'Arte*（《安德烈亚·帕拉第奥传》，载于《艺术史杂文与随笔集刊》）, 2, 91-104.

Guasti, C. 1887. *Santa Maria del Fiore*　（《花之圣母教堂》）. Florence.

Günther, H. 1981. "Porticus Pompej. Zur archaologischen Erforschung eines antiken Bauwerkes in der Renaissance und seiner Rekonstruktion im dritten Buch des Sebastiano Serlio." *Zeitschrift für Kunstgeschichte*　（《庞培柱廊：文艺复兴时期对古建筑的考古研究及其在塞巴斯蒂亚诺·塞利奥的第三书中的重建》，载于《艺术史杂志》）, 44, 358-398.

Harris. E. 1990. *British Architectural Books and Writers, 1556-1785* (《1556—1785年间的英国建筑书籍和作家》). Cambridge.

Harris, J. 1971. "Three Unrecorded Palladio Designs from Inigo Jones' Collection." *Burlington Magazine* (《伊尼戈·琼斯的收藏中三件未记录的帕拉第奥的设计图》，载于《伯林顿杂志》), 34-37.

Haskell, F., and N. Penny. 1981. *Taste and the Antique* (《趣味与古物》). New Haven and London.

Hemsoll, D. 1988. "Bramante and the Palazzo della Loggia in Brescia." *Arte Lombarda* (《布拉曼特与布雷西亚的敞廊大厦》，载于《伦巴第艺术》), 86-87, 167-179.

Hemsoll, D. 1992-1993. "Le piazza di Brescia nel medioevo e nel Rinascimento; lo sviluppo di piazza della Loggia." *Annali di Architettura* (《中世纪和文艺复兴时期布雷西亚的广场：敞廊广场的发展》，载于《建筑学年鉴》), 4-5, 178-189.

Hofer, P. 1969. *Palladios Erstling. Die Villa Godi Valmarana in Lonedo bei Vicenza* (《帕拉第奥的处女作：位于维琴察附近洛内多的戈迪-瓦尔马拉纳别墅》). Basel and Stuttgart.

Holberton, P. 1990. *Palladio's Villas: Life in the Renaissance Countryside* (《帕拉第奥的别墅：文艺复兴时期的乡村生活》). London.

Howard, D. 1992. "Bramante's Tempietto: Spanish Royal Patronage in Rome." *Apollo* (《布拉曼特的坦比哀多小教堂：侨居罗马的西班牙王室赞佑人》，载于《阿波罗》), 136, 211-217.

Howard, D., and M. Longair. 1982. "Harmonly and Proportion and Palladio's *Quattro Libri*." (《和谐和比例与帕拉第奥的"四书"》) *Journal of the Society of Architectural Historians*, 41, 116-143.

Huse, N. 1974. "Palladio und die Villa Barbaro in Maser: Bemerkungen zum Problem der Autorschaft." (《帕拉第奥与马塞尔的巴尔巴罗别墅：关于原作者问题的讨论》) *Arte Veneta*, 28, 106-122.

Isermeyer, C. 1967. "Die villa Rotonda von Palladio." (《帕拉第奥的圆厅别墅》) *Zeitschrift für Kunstgeschichte*, 207-221.

Isermeyer, C. 1968. "Le chiese del Palladio in rapporto al culto." (《帕拉第奥在宗教礼仪记录中涉及的教堂》) *Bollettino del CISA*, 10, 42-58.

Jelmini, A. 1986. *Sebastiano Serlio. Il Trattato d'Architettura* (《塞巴斯蒂亚诺·塞利奥的建筑论》). Locarno.

Kubelik, M. 1974. "Gli edifici palladiani nei disegni del magistrato veneto dei Beni Inculti." (《威尼托行政官未整理物品中帕拉第奥建筑的图纸》) *Bollettino del CISA*, 16, 445-465.

Kubelik, M. 1975. *Andrea Palladio*. Exhib. cat. (《安德烈亚·帕拉第奥》展览目录) Zurich.

Lewis, D. 1972. "La datazione della villa Corner a Piombino Dese." (《皮翁比诺德塞的科尔纳罗别墅的确切年代》) *Bollettino del CISA*, 14, 381-393.

Lewis, D. 1973. "Disegni autografi del Palladio non pubblicati: le piante per Caldogno e Maser, 1548-1549." (《未发表的帕拉第奥亲笔图纸：卡尔多尼奥和马塞尔的底图，1548—1549》) *Bollettino del CISA*, 15, 369-379.

Lewis, D. 1981. *The Drawings of Andrea Palladio* (《安德烈亚·帕拉第奥的图纸》). Washington, D.C.

Lorenzi, G. 1868. *Monumenti per servire alla storia del Palazzo Ducale di Venezia* (《成为历史的威尼斯总督府的纪念物》). Venice.

Lotz, W. 1961. "La Libreria di S. Marco e l'urbanistica del Rinascimento." (《圣马可图书馆与文艺复兴时期的城市规划》) *Bollettino del CISA*, 3, 85-88.

Lotz, W. 1962. "Osservazioni intorno ai disegni palladiani." (《帕拉第奥图纸周围的附注》) *Bollettino del CISA*, 4, 61-68.

Lotz, W. 1966. "La trasformazione sansoviniana di piazza S. Marco e l'urbanistica del Cinquecento." 《圣索维诺对圣马可广场的改造与 16 世纪的城市规划》) *Bollettino del CISA*, 18, 2, 114-122.

Lots, W. 1967. "Palladio e Sansovino"（《帕拉第奥与圣索维诺》）*Bollettino del CISA*, 9, 13-23.

Lots, W. 1977. *Studies in Italian Renaissance Architecture*（《意大利文艺复兴建筑研究》）Cambridge, Mass.

Lupo, G. 1991. "Platea magna communis Brixiae, 1433-1509." In *La piazza, la chiesa, il parco: saggi di storia dell'achitettura (XV-XIX secolo)* (《布雷西亚的大型公共街道，1433—1509》，收入《广场、教堂、公园：建筑史论文集（15-19 世纪）》), ed. M. Tafuri, 56-95. Milan.

Magagnato, L. 1966. *Palazzo Thiene* （《蒂耶内府邸》）. Vicenza.

Magagnato, L. 1968. "I collaboratori veronesi di Andrea Palladio." （《安德烈亚·帕拉第奥的维罗纳合作者们》）, *Bollettino del CISA*, 10, 180.

Magagnato, L., ed. 1974. *Cinquant'anni di pittura veronese, 1580-1630*. Exhib. cat. （《维罗纳绘画五十年，1580-1630》展览目录）Verona.

Magagnato, L. 1979. "Un sito notabilissimo in Verona" In *Progetto per un Museo II*, exhib. cat.（《维罗纳一个极重要的地点》，收入《博物馆① 二期规划》展录）ed. L. Magagnato. Verona.

Magagnò [G. B. Maganza]. 1610. *Rime rustiche* （《乡村诗韵》）. Venice.

Magrini, A. 1845. *Memorie intorno la vita e le opere di Andrea Palladio* （《安德烈亚·帕拉第奥生平和作品回顾》）. Padua.

Magrini, A. 1869. *Reminiscenze vicentine della Casa di Savoja* （《萨沃亚家族的维琴察回忆》）. Vicenza.

Mantese, G. 1964. "Tristi vicende del Can. Paolo Almerico munifico costruttore della villa 'Rotonda'." In *Studi in onore di Antonio Bardella* （《"圆厅"别墅的慷慨建设者保罗·阿尔梅里科教士的悲伤故事》，收入《安东尼奥·巴尔代拉纪念研究》）, 161-186. Vicenza.

Mantese, G. 1967. "La Rotonda." *Vicenza* （《圆厅别墅》，载于《维琴察》）, 9, I, 23-24.

Mantese, G. 1968-1969. "Tre capelle gentilizie nelle chiese di S. Lorenzo e di S. Corona." （《圣洛伦索教堂和圣荆冠教堂中的三个贵族礼拜堂》）*Odeo Olimpico*, 7, 225-258.

Mantese, G. 1969-1970. "La famiglia Thiene e la Riforma protestante a Vicenza nella seconda metà del secolo XVI." （《蒂耶内家族与 16 世纪下半叶维琴察的宗教改革》）*Odeo Olimpico*, 8, 81-186.

Mantese, G. 1970-1973. "Lo storico vicentino p. Francesco da Barbarano O.F.M. Cap. 1596-1656 e la sua nobile famiglia." （《维琴察历史学家小兄弟会嘉布遣派神甫弗朗切斯科·达巴尔巴诺（1596—1656）和他的贵族家庭》）*Odeo Olimpico*, 9-10, 27-137.

Martini, A. 1883. *Manuale di metrologia* （《计量学手册》）. Turin. Reprint, Turin 1976.

Marzari, G. 1604. *La historia di Vicenza* （《维琴察史》）. Vicenza.

Milanesi, G. 1854. *Documenti per la storia dell'arte senese* （《锡耶纳艺术史文献集》）. 3 vols. Florence.

Moresi, M. 1994. "Giangiorgio Trissino, Sebastiano Serlio, e la villa di Cricoli: ipotesi per una revisione attributiva."（《詹乔治·特里西诺、塞巴斯蒂亚诺·塞利奥与克里科利的别墅：关于归属修改的假设》）*Annuali di Architettura*, 6, 116-134.

---

① 可能是指古罗马剧场考古博物馆（Museo archeologico al teatro romano），紧邻阿迪杰河，就在古罗马剧场及 15 世纪耶稣会修道院的基址上。

Morsolin, B. 1878. *Giangiorgio Trissino, o monografia di un letterato nel secolo XVI*（《詹乔治·特里西诺，或一位 16 世纪文学家的专著》）. Vicenza.

Morsolin, B. 1894. *Giangiorgio Trissino, Monografia d'un gentiluomo letterato nel secolo XVI*（《詹乔治·特里西诺，一位 16 世纪绅士文学家的专著》）. Florence.

Müntz, E. 1878-1882. *Les Arts à la cour des Papes* （《教宗宫廷艺术》）. 3 vols. Paris.

Oberhuber, K. 1968. "Gli affreschi di Paolo Veronese nella villa Barbaro." 《巴尔巴罗别墅中保罗·韦罗内塞的壁画》*Bollettino del CISA*, 10, 188-202.

Onians, J. 1988. *Bearers of Meaning: The Classical Orders in Antiquity, the Middle Ages, and the Renaissance* （《意义的载体：古代、中世纪和文艺复兴时期的古典柱式》）. Princeton.

Palladio, A. 1980. *Andrea Palladio. I quattro libri dell'architettura* （《安德烈亚·帕拉第奥建筑四书》）. Ed. L. Magagnato and P. Marini. Milan.

Pallucchini, R. 1960. "Gli affreschi di Paolo Veronese." In *Palladio, Veronese e Vittoria a Maser* （《保罗·韦罗内塞的壁画》，收入《马塞尔的帕拉第奥、韦罗内塞和维多利亚》）. Milan.

Pallucchini, R. 1968. "Giambattista Zelotti e Giovanni Antonio Fasolo." （《詹巴蒂斯塔·泽洛蒂和乔瓦尼·安东尼奥·法索洛》）*Bollettino del CISA*, 10, 203-228.

Pane, R. 1961. *Andrea Palladio* （《安德烈亚·帕拉第奥》）. 2d ed. Turin.

Paoletti, P. 1893. *L'architettura e scultura del Rinascimento a Venezia* （《威尼斯文艺复兴建筑和雕塑》）. Venice.

Pavan, G. 1971. "Il rilievo del tempio d'Augusto di Pola." In *Atti e Memorie della Società Istriana di Archeologia e Storia Patria* （《波拉的奥古斯都神庙的浮雕》，收入《伊斯特拉考古和国家历史学会的活动和记录》），vol. 19. Trieste.

Pée, H. 1941. *Die Palastbauten des Andrea Palladio* （《安德烈亚·帕拉第奥的府邸建筑》）. 2d ed. Würzburg and Aumühle.

Pellegrino, 1990. *Pellegrino Pellegrini. L'architettura* （《佩莱格里诺·佩莱格里尼论建筑》）. Ed. G. Panizza and A. Buratti Mazzotta. Milan.

Poldo d'Albenas, J. 1560. *Discours historial de l'antique et illustre cité de Nismes* （《著名古城尼姆的历史传说》）. Lyons.

I portici di Bologna e l'edilizia civile medievale （《博洛尼亚的柱廊和中世纪民用建筑》）. 1990. With glossary by Amedeo Benati. Bologna.

Prinz, W. 1969. "La 'sala di quattro colonne' nell'opera di Palladio." （《帕拉第奥作品中的"四柱式厅"》），*Bollettino del CISA*, 11, 370-386.

Puppi, L. 1966. *Palladio* （《帕拉第奥》）. Florence.

Puppi, L. 1971. "Un letterato in villa: Giangiorgio Trissino a Cricoli." （《一位别墅文学家：克里科利的詹乔治·特里西诺》）*Arte Veneta*, 25, 72-91.

Puppi, L. 1972. *La Villa Badoer di Fratta Polesine* （《弗拉塔波莱西内的巴多埃尔别墅》）. Vicenza.

Puppi, L. 1973a. *Andrea Palladio* （《安德烈亚·帕拉第奥》）. 2 vols. Milan.

Puppi, L. 1973b. "Bibliografia e letteratura palladiana." （《帕拉第奥书目和著述》）In *Palladio*, exhib. cat., 173-190. Venice.

Puppi, L. 1973c. "La storiografia palladiana dal Vasari allo Zanella." （《帕拉第奥纪传编写小史，从瓦萨里到扎内拉》）*Bollettino del CISA*, 15, 327-339.

Puppi, L. 1973d. *Scrittori vicentini d'architettura del secolo XVI* （《16世纪维琴察的建筑作家》）. Vicenza.

Puppi, L. 1978. "Verso Gerusalemme." （《走向耶路撒冷》）*Arte Veneta*, 73-78.

Puppi, L. 1986. *Andrea Palladio. Opera complete* （《安德烈亚·帕拉第奥作品全集》）. Milan. （Reprint in one volume of Puppi 1973a.）

Puppi, L. ed. 1988. *Andrea Palladio, scritti sull'architettura (1554-1579)* （《安德烈亚·帕拉第奥，关于建筑的写作（1554—1579）》）. Vicenza.

Puppi, L. 1989. *Andrea Palladio: The Complete Works* （《安德烈亚·帕拉第奥作品全集》）. London.

Rearick, W. R. 1958-1959. "Battista Franco and the Grimani chapel." *Saggi e Memorie di Studi dell'Arte* （《巴蒂斯塔·佛朗哥与格里马尼礼拜堂》，载于《艺术研究杂文与随笔集刊》）2, 105-139.

Ridolfi, C. 1648. *Le maraviglie dell'arte* （《艺术的奇迹》）. Venice.

Rupprecht, B. 1971. "L'iconologia nella villa veneta." （《威尼托别墅中的图像学》）*Bollettino del CISA*, 10, 229-240.

Rusconi, G. A. 1590. *Della architettura...libri dieci* （《论建筑……十书》）. Venice.

Rykwert, J., and R. Tavernor. 1986. "Sant'Andrea, Mantua." *Architects' Journal* （《曼图亚的圣安得烈教堂》，载于《建筑师学报》）, 183, 21, 36-57.

Saccomani, E. 1972. "Le grottesche di Bernardino India e di Eliodoro Forbicini." （《贝尔纳迪诺·因迪亚和埃利奥多罗·福尔比奇尼的洞穴式壁画》）*Arte Veneta*, 26, 59-72.

Sartori, A. 1976. *Documenti per la storia dell'arte a Padova* （《关于帕多瓦艺术史的文献集》）. Vicenza.

Scaglia, G. 1991. "The 'Sepolcro Dorico' and Bartolomeo de Rocchi da Brianza's Drawing of It in the Aurelian Wall between Porta Flaminia and the River Tiber." （《弗拉米尼亚门与台伯河之间的奥勒留城墙上的"多立克式墓葬"和巴尔托洛梅奥·德罗基·达布里安扎对它的绘图》）*Arte Lombarda*, 96-97, 107-116.

Scaglia, G. 1992. "Il Frontespizio di Nerone, la casa Colonna e la scala di età romana antica in un disegno nel Metropolitan Museum of Art di New York." *Bollettino d'Arte* （《尼禄的门面，纽约大都会艺术博物馆一幅图中古罗马的科隆纳府邸和楼梯》，收入《艺术通报》）, 72, 35-63.

Scamozzi, V. 1615. *L'idea dell'architettura universale* （《全面建筑观》）. Venice.

Schofield, R. V., J. Shell, and G. Sironi, eds. 1989. *Giovanni Antonio Amadeo: i documenti* （《乔瓦尼·安东尼奥·阿马代奥：文献集》）. Como.

Scritti rinascimentali di architettura （《文艺复兴时期的建筑文集》）.[①] 1978. Milan.

Semenzato, C. 1968. *La Rotonda di Andrea Palladio* （《安德烈亚·帕拉第奥的圆厅别墅》）. Vicenza.

Serlio, S. 1566. *Tutte l'opere d'architettura e prospettiva* （《建筑和透视著作全集》）. Venice.

Serlio, S. 1994. *Sebastiano Serlio. Architettura civile. Libri sesto settimo e ottavo nei manoscritti di Monaco e Vienna* （《塞巴斯蒂亚诺·塞利奥的民用建筑，存于摩纳哥和维也纳的第六、第七和第八卷手稿》）. Ed. T. Carunchio and P. Fiore. Milan.

Serlio, S. 1996. *Sebastiano Serlio on Architecture: Books I-V of "Tutte l'opere d'architettura et prospetiva" by Sebastiano Serlio* （《塞巴斯蒂亚诺·塞利奥论建筑：塞巴斯蒂亚诺·塞利奥的"建筑和透视著作全集"，第一至第五书》）. Trans. V. Hart and P. Hicks. New Haven and London.

Spielmann, H. 1966. *Andrea Palladio und die Antike* （《安德烈亚·帕拉第奥与古代》）. Munich and Berlin.

---

① 编者为 Corrado Maltese, Arnaldo Bruschi, Manfredo Tafuri, R. Bonelli。

Strandberg, R. 1961. "Il tempio dei Dioscuri a Napoli. Un disegno inedito di Andrea Palladio nel Museo Nazionale di Stoccolmo." 《那不勒斯的狄俄斯库里兄弟神庙：斯德哥尔摩国立博物馆藏安德烈亚·帕拉第奥的一项未发表的设计》 *Palladio*, n.s., 11, 1-2, 31-40.

Tafuri, M. 1966. *L'architettura del Manierismo nel Cinquecento europeo* 《欧洲16世纪手法主义建筑》. Rome.

Tafuri, M. 1969a. "Committenza e tipologia nelle ville palladiane." 《帕拉第奥别墅的委托人和类型》, *Bollettino del CISA*, 11, 120-136.

Tafuri, M. 1969b. *Jacopo Sansovino e l'architettura del '500 a Venezia* 《雅各布·圣索维诺与威尼斯建筑500年》. Padua.

Tafuri, M. 1973. "Sansovino 'versus' Palladio." 《圣索维诺"走向"帕拉第奥》*Bollettino del CISA*, 15, 149-165.

Tafuri, M. 1992. *Ricerca del Rinascimento, Principi, città, architetti* 《文艺复兴研究：君主、城市、建筑师》. Turin.

Tavernor, R. 1991. *Palladio and Palladianism* 《帕拉第奥和帕拉第奥主义》. London.

Temanza, T. 1778. *Vite dei più celebri architetti, e scultori veneziani che fiorirono nel secolo decimosesto* 《活跃于16世纪的威尼斯著名建筑师和雕塑家传》. Venice.

Thornton, P. 1991. *The Italian Renaissance Interior 1400-1600* 《1400—1600意大利文艺复兴时期的室内》. London.

Trattati《论文集》. 1985. *Pietro Cataneo. Giacomo Barozzi da Vignola. Trattati* 《彼得罗·卡塔内奥、贾科莫·巴罗齐·达维尼奥拉：论文集》. Milan.

Vasari, G. 1878. *Le vite de' più eccellenti pittori, scultori ed architetti* 《杰出画家、雕塑家和建筑师传》. Ed. G. Milanesi. Florence.

Venturi, L. 1928. "Emanuele Filiberto e l'arte figurativa." In *Studi pubblicati dalla Regia Università di Torino* 《埃马努埃莱·菲利贝托与造型艺术》，收入《都灵皇家大学发表论文集萃》). Turin.

Viola Zanini, G. 1629. *Della architettura libri due* 《建筑二书》. Padua.

Voelker, C. E. 1977. *Charles Borromeo's "Instructiones fabricae et supellectilis ecclesiasticae", 1577: A Translation with Commentary and Analysis* 《1577年卡洛·博罗梅奥的"教会织物和陈设指迷"翻译和评析》. Ann Arbor.

Waddy, P. 1990. *Seventeenth-Century Roman Palaces: Use and the Art of the Plan* 《17世纪罗马的府邸：使用与平面的艺术》. Cambridge, Mass.

Wittkower, R. 1977. *Architectural Principles in the Age of Humanism* 《人文主义时代的建筑原理》. Reprint of 3d ed. London.

Zamboni, B. 1778. *Memorie intorno alle pubbliche fabbriche più insigni della città di Brescia* 《布雷西亚城优秀公共建筑回顾》. Brescia.

Zocconi, M. 1972. "Tecniche costruttive nell'architettura palladiana."《帕拉第奥建筑中的施工技术》*Bollettino del CISA*, 14, 271-289.

Zorzi, G. G. 1937. "Contributo alla storia dell"arte vicentina nei secoli XV e XVI. Il preclassicismo e i prepalladiani." In *Miscellanea di Studi e Memorie della Regia Deputazione di Storia Patria delle Venezie* 《15和16世纪维琴察艺术史论文：前古典主义和前帕拉第奥主义》，收入《威尼斯地方史志委员会研究和备忘杂俎》) 3:1-186. Venice.

Zorzi, G. G. 1951. "Alessandro Vittoria a Vicenza e lo scultore Lorenzo Rubini." 《维琴察的亚历山德罗·维多

利亚和雕塑家洛伦佐·鲁比尼》）*Arte Veneta*, 5. 141-157.

Zorzi, G. G. 1955. "Contributo alla datazione di alcune opera palladiane."（《帕拉第奥某些作品确切年代的研究》）*Arte Veneta*, 9, 95-122.

Zorzi, G. G. 1958. *I disegni dell'antichità di Andrea Palladio* （《安德烈亚·帕拉第奥的古法设计》）. Vicenza.

Zorzi, G. G. 1965. *Le opere pubbliche e i palazzi privati di Andrea Palladio* （《安德烈亚·帕拉第奥的公共建筑和私人府邸》）. Vicenza.

Zorzi, G. G. 1966. *Le chiese e i ponti di Andrea Palladio* （《安德烈亚·帕拉第奥的教堂和桥梁》）. Vicenza.

Zorzi, G. G. 1968. *Le ville e i teatri di Andrea Palladio* （《安德烈亚·帕拉第奥的别墅和剧院》）. Vicenza.

Zupko, R. E. 1981. *Italian Weights and Measures from the Middle Ages to the Nineteenth Century* （《意大利从中世纪到19世纪的度量衡》）. Philadelphia.

索 引

（索引中的页码为英译本页码，即本书翻口处的边码；斜体为英译者误作；带下划线为中译者所加）

Adige, river, 阿迪杰，河流，126
Agrippa, Marcus, 阿格里帕，马尔库斯，*225*, 282, 285
Alberti, Leon Battista, 阿尔伯蒂，莱昂·巴蒂斯塔，xiv, xv, xvii, 5, 7, 12, 167, 193
Alexander the Great, 亚历山大大帝，225
Almerico, Paolo, 阿尔梅里科，保罗，94
Aniene (Teverone), river, 阿涅内（泰韦罗内），河流，302
Ancona 安科纳
    Arch of Trajan, 图拉真凯旋门，55
Ancus Marcius, 安库斯，马尔基乌斯，171
Angarano, Giacomo, 安加拉诺，贾科莫，3, 141, 153, 175
    Villa Angarano, at Angarano, 安加拉诺别墅，位于安加拉诺，141
Anguillara, Roman villa at, 安圭拉拉，古罗马别墅所在，xii
Antonini, Floriano, 安东尼尼，弗洛里亚诺，79
Antoninus Pius, 安东尼努斯·皮乌斯，171, 241, 267, *285*, 323
Antony, Mark (Marcus Antonius), 安东尼，马克（马尔库斯·安东尼乌斯），10, 285
Apelles, 阿佩莱斯，225
Appius. 阿皮乌斯。见 Claudius, Appius
Aquileia, 阿奎莱亚，167
Arezzo, 阿雷佐，5
Assisi 阿西西
    temple of Minerva, 弥涅尔瓦神庙，315-318
Atria 中庭，vii, 100-111
    Corinthian, 科林斯式，105-107
    roofed, 覆顶式，109-111
    tetrastyle, 四柱式，103-104
    Tuscan, 托斯卡纳式，100-102
Augustus (Gaius Julius Caesar Octavianus), 奥古斯都（盖尤斯·尤利乌斯·恺撒·屋大维），10, 55, 183, 190, 221, 225, 233, 251, 282, 307
Aurelius, Marcus, 奥勒留，马尔库斯，285

Babylon, 巴比伦，10
Bacchiglione, river, 巴基廖内，河流，94, 171, 186, 192
Badoer, Francesco, 巴多埃尔，弗朗切斯科，126
Bagnolo 巴尼奥洛
    Villa Pisani, 皮萨尼别墅，xii, xiii, 124-125
Baiae, 巴亚，8, 64, 183
Barbarano, Montano, 巴尔巴拉诺，蒙塔诺，98
Barbarano, Valerio, 巴尔巴拉诺，瓦莱里奥，6
Barbaro, Daniele (Patriarch-elect of Aquileia), 巴尔巴罗，达尼埃莱（阿奎莱亚当选宗主教），xi, xii, xiv, xv, xvi, 61, 129, 200, 217
Barbaro, Marc'Antonio, 巴尔巴罗，马尔坎托尼奥，xi, xii, 67, 129
Bartoli, Cosimo, 巴尔托利，科西莫，xiv
Basilica, ancient, 巴西利卡，古代，200-202. 另见 Palladio: Basilica, Vicenza；及见 Rome 下
Bassano del Grappa 巴萨诺-德尔格拉帕
    covered timber bridge, 木构廊桥，180-181
    project for a wooden bridge, 木桥方案，175-176
Belli, Elio de', 德贝利，埃利奥，5
Belli, Valerio, 贝利，瓦莱里奥，5
Bevilacqua, Mario, 贝维拉夸，马里奥，xviii
Biraghi, Marco, 比拉吉，马尔科，xviii
Bologna, 博洛尼亚，xii, 167
Boniface, 博尼法斯，285
Boschi di Nanto, 博斯基-迪南托，6
Boucher, Bruce, 鲍彻，布鲁斯，xviii
Boyde, Patrick, 博伊德，帕特里克，xviii
Bracciolini, Poggio, 布拉乔利尼，波焦，vii
Bramante, Donato, 布拉曼特，多纳托，xii, xiii, xv, 70, 276
    Belvedere, 观景楼，70
    Tempietto, Montorio, Rome, 坦比哀多小教堂，蒙托里奥，罗马，276-278
Brenta, river, 布伦塔，河流，128, 141, 156, 175, 180
Brescia, 布雷西亚，203
Brindisi, 布林迪西，167
Bridges, 桥梁，170-192。另见 Palladio: bridges
    Caesar's bridge across the Rhine, 莱茵河上恺撒建的桥，171-174
    stone bridge at Rimini, 里米尼的石桥，183-185

stone bridges at Vicenza, 维琴察的石桥, 186-187, 192
Brutus, Marcus Junius, 布鲁图斯, 马尔库斯·尤尼乌斯, 225
Building materials, 建筑材料, 6-10
Burlington, Richard Boyle, 3rd Earl of, 柏林顿三世伯爵, 理查德·博伊尔, xvii

Caesar, Gaius Julius, 恺撒, 盖尤斯·尤利乌斯, xvi, 171, 172, 206, 221, 225
Calgi, 卡尔吉, 183
Caligula (Gaius Caesar), 卡利古拉（盖尤斯·恺撒）, 183, 279, 282
Camillus, Marcus Furius, 卡米卢斯, 马尔库斯·弗里乌斯, 336
Campbell, Colen, 坎贝尔, 科伦, xvii
Campiglia dei Berici 坎皮利亚-代贝里奇
    Villa Repeta, 雷佩塔别墅, 139
Canera, Anselmo, 卡内拉, 安塞尔莫, 88, 136
Capra, Giulio, 卡普拉, 朱利奥, 96
Capua 卡普阿
    amphitheater, 竞技场, 19
Cassius Longinus, Gaius, 卡西乌斯·隆吉努斯, 盖尤斯, 225
Cataneo, Pietro, 卡塔内奥, 彼得罗, xiv, xvi, 18
Chambord, 尚博尔, 70
Chiericati, Valerio, 基耶里卡蒂, 瓦莱里奥, 81
Chiswick House, 奇斯威克府邸, xvii
Cicogna di Villafranca Padovana 奇科尼亚-迪帕多瓦纳自由镇
    Villa Thiene, 蒂耶内别墅, 140
Cismone, river, 奇斯莫内, 河流, 175, 176
Civitavecchia, 奇维塔韦基亚, 64
Clarke, George, 克拉克, 乔治, xvii
Claudius, Appius (Caecus), 克劳狄乌斯, 阿皮乌斯（凯库斯）, 167, 300
Clement VII (pope), 克莱门特七世（教宗）, viii
Cleonimos (the Spartan), 克利奥尼摩斯（斯巴达的）, 180
Cleopatra, 克利奥帕特拉, 285
Columns and column types 立柱与立柱类型, 17-54
    Composite (or Latin) order, 组合（或拉丁）柱式, 17, 19, 48-54
    Corinthian order, 科林斯柱式, 17, 19, 41-47
    Doric order, 多立克柱式, 17, 19, 26-31
    Intercolumniation, 柱间距, 18-19
    Ionic order, 爱奥尼亚柱式, 32-40
    swelling and diminution of shaft, 柱身的鼓腹和收分, 18-19
    Tuscan order, 托斯卡纳柱式, 17, 18, 19, 20-25
Commodus, Lucius Aelius Aurelius, 康茂德, 卢基乌斯艾利乌斯·奥勒利乌斯, 221
Corinth, 科林斯, 11, 41
Cornaro, Alvise/Luigi, 科尔纳罗, 阿尔维塞/路易吉, ix, xi, xv, 167
Cornaro, Giorgio, 科尔纳罗, 乔治, 131
Cornaro, Girolamo, 科尔纳罗, 吉罗拉莫, xi
Cornaro, Zorzon, 科尔纳罗, 佐尔宗, xi
Costozza, 科斯托扎, 64
Cricoli, 克里科利, viii

Dalmatia, 达尔马提亚, 55
Danube, river, 多瑙, 河流, 183
Della Torre, Stefano, 德拉托雷, 斯特凡诺, xviii
Donegal di Cessalto 多内加尔-迪切萨尔多
    Villa Zeno, 泽诺别墅, 127
Dubois, Nicolas, 迪布瓦, 尼古拉, xvii

Emanuele Filiberto (duke of Savoy), 埃马努埃莱·菲利贝托（萨沃伊公爵）, 161
Emo, Leonardo, 埃莫, 莱奥纳尔多, 133
Eolia ("prison of the winds"), 扼风（"风之牢穴"）, 64
Ephesus 以弗所
    temple of Diana, 狄安娜神庙, 32
Este, Cardinal Ippolito d', 枢机主教德斯特, 伊波利托, xii
Este, Salinguerra d', 德斯特, 萨林圭拉, 126
Euphrates, river, 幼发拉底, 河流, 170

Fabricius, 法布里基乌斯, 183
Falconetto, Giovanni Maria, 法尔科内托, 乔瓦尼·马里亚, ix
Fanzolo 凡佐洛
    Villa Emo, 埃莫别墅, 133
Finale di Agugliaro 菲纳莱-迪阿古利亚罗
    Villa Saraceno, 萨拉切诺别墅, 134
Fiorentino, Giallo, 菲奥伦蒂诺, 贾洛, 126
Foligno, 福利尼奥, 310
Foscari, Niccolò and Luigi de', 德福斯卡里, 尼科洛和路易吉, 128
Foundations, 基础, 11-12
Francis I (king of France), 法兰西斯一世（法兰西国王）, 70
Franco, Battista, 佛朗哥, 巴蒂斯塔, 128

索　引

Fratta Polesine 弗拉塔波莱西内
　　Villa Badoer, 巴多埃尔别墅，126
Fréart de Chambray, Roland,·弗雷亚尔德尚布雷，罗兰，xvi
Friuli, 弗留利，79, 168

Gabrielli, Ludovico de', 德加布里埃利，洛多维科，19
Gambarare di Mira 甘巴拉雷-迪米拉
　　Villa Foscari, 福斯卡里别墅，128
Garzadori, Giovanni Battista, 加尔扎多里，乔瓦尼·巴蒂斯塔，155
Germany, 日耳曼，73, 168, 171, 175
Ghizzole 吉佐莱
　　Villa Ragona, 拉戈纳别墅，135
Gibbs, James, 吉布斯，詹姆斯，xvii
Giulio Romano, 朱利奥·罗马诺，xiii
Godi, Girolamo de', 德戈迪，吉罗拉莫，143
Gods and cults 神祇与仙灵
　　Aesclepius, 阿斯克勒皮乌斯，215, 336
　　Aeneas, 埃涅阿斯, ix
　　Apollo, 阿波罗，215
　　Bacchus, 巴库斯，215, 216, 279
　　Castor and Pollux, 卡斯托尔与波卢克斯，225, *253*, 307
　　Ceres, 克瑞斯，336
　　Concordia, 孔科耳狄娅，336
　　Diana, 狄安娜，216, 336
　　Fortuna, 福尔图娜，260
　　Geryon, 革律昂, 171
　　Griffins, 格里芬, 241
　　Hercules, 海格力斯，10, 171, 215, 216
　　Hormisda (Ormisda), 奥尔米思达，233
　　Hygeia, 许癸厄亚，336
　　Janus, 雅努斯，183
　　Juno, 尤诺，215, 219
　　Jupiter (Jove), 尤皮特（尤威），215-216, 218, 285
　　Latona, 拉托娜，336
　　Mars, 马尔斯，215-216, 267, 336
　　Mercury, 墨丘利，215, 336
　　Moon, 月亮女神，216
　　Minerva, 弥涅尔瓦，215-216, 285, 336
　　Muses, 缪斯，216
　　Nymphs, 宁芙，216
　　Pallas Athena, 帕拉斯·雅典娜，ix, 215
　　Romulus, 罗穆卢斯，279
　　Salus (Health), 康宁女神萨露斯，215
　　Sun, 太阳神，216
　　Termine, 特尔米努斯，183
　　Venus, 维纳斯，215-216, 285
　　Vesta, 维斯塔，216, 264
　　Victory, 维克托里亚，336
　　Vulcan, 伏尔甘，215
Gondola, Pietro della (Palladio's father), 德拉贡多拉，彼得罗（帕拉第奥的父亲），viii
Gracchus, Gnaeus, 格拉古，盖尤斯，168
Gualdo, Paolo, 瓜尔多，保罗，viii, xv
Gubbio 古比奥
　　theater, 剧场，19

Hadrian (Publius Aelius Hadrianus), 哈德良（普布利乌斯·艾利乌斯·哈德里安努斯），183
Hall types, ancient, 厅的类型，古代，109, 112-118
　　Corinthian, 科林斯式，109, 114-116
　　Cyzicene, 西济库姆式，109
　　Egyptian, 埃及式，109, 117-118
　　tetrastyle, 四柱式，109, 112-113
Hart, Vaughan, 哈特，沃恩，xix
Hermogenes, 赫莫杰尼斯，218
Hoppus, Edward, and Benjamin Cole, 霍普乌斯，爱德华，和本杰明·科尔，*xvii*
Horatius Cocles, 独眼英雄贺拉斯，171
House types, ancient, 宅邸类型，古代，100
　　country house, 庄园宅邸，147-148
　　private house, Greek, 私人宅邸，希腊，119-120
　　private house, Roman, 私人宅邸，罗马，109-111

Indemio, Giovanni, 因代米奥，乔瓦尼，142
India, Bernardino, 因迪亚，贝尔纳迪诺，88, 136

Jefferson, Thomas, 杰斐逊，托马斯，xvii
Jerusalem, 耶路撒冷，221
Jones, Inigo, 琼斯，伊尼戈，xvii
Julius II (pope), 尤利乌斯二世（教宗），276

Labicana, 拉比卡纳, 167
L'Argere, 拉尔杰雷, 168
Lasso, Juan, 拉索，胡安，xvi
Lauro, Pietro, 劳罗，彼得罗，xiv
Le Muet, Pierre, 勒米埃，皮埃尔，xvi, xvii
Leoni, Giacomo (James), 莱奥尼，贾科莫（詹姆斯），xvi, xvii
Leoni, Leone, 莱奥尼，莱奥内，276
Lepidus, Marcus Aemilius (consul), 雷比得，马尔

473

库斯·艾米利乌斯（执政官），166, 167, 171, 183
Ligorio, Pirro, 利戈里奥，皮罗，xii
Lisiera di Bolzano Vicentino 利西埃拉-迪博尔扎诺维琴蒂诺
　　Villa Valmarana, 瓦尔马拉纳别墅，137
Livy (Titus Livius), 李维（提图斯·李维乌斯），180
Lonedo di Lugo Vicentino 洛内多-迪卢戈维琴蒂诺
　　Villa Godi, 戈迪别墅，143
Lonigo 洛尼戈
　　Villa Pisani, 皮萨尼别墅，124

Magagnato, Licisco, 马加尼亚托，利齐斯科，xviii
Maganza, Battista, 马甘扎，巴蒂斯塔，139
Maison Carrée. 方殿。见 Nîmes
Mantua (Mantova), 曼图亚（曼托瓦）
　　Palazzo Te, 泰宫，xiii
Marcellus, Marcus (consul), 马塞卢斯，马尔库斯（执政官），336
Marini, Paola, 马里尼，保拉，xviii
Marocco 马罗科
　　Villa Mocenigo, 莫切尼戈别墅，132
Marta, "lame", 马尔塔，"跛脚的"（帕拉第奥的母亲），viii
Maser 马塞尔
　　Villa Barbaro, 巴尔巴罗别墅，129
Medici, Cardinal Giulio de', 枢机主教德梅迪奇，朱里奥，viii
Meduaco, river, 梅杜阿，河流，180
Meledo di Sarego 梅莱多-迪萨雷戈
　　Villa Trissino, 特里西诺别墅，xiii, 138
Metauro, river, 梅陶罗，河流，183
Michelangelo Buonarroti, 米开朗琪罗·博纳罗蒂，276
Miega di Cologna Veneta, 米耶加-迪科洛尼亚威尼塔
　　Villa Serego, 萨雷戈别墅，146
Mocenigo, Leonardo, 莫切尼戈，莱奥纳尔多，132, 156
Montagnana 蒙塔尼亚纳
　　Villa Pisani, 皮萨尼别墅，130
Monza, Fabio, 蒙扎，法比奥，5
Moro, Battista del, 德尔莫罗，巴蒂斯塔，143
Morris, Robert, 莫里斯，罗伯特，xvii
Mytilene, 米蒂利尼，166

Narni, 纳尔尼，183
Naples, 那不勒斯，15

temple of Castor and Pollux, 卡斯托尔与波卢克斯神庙，307-308
Nera, river, 内拉，河流，183
Nero, 尼禄，166, 253
Nîmes 尼姆
　　Temple of Diana (Vesta), 狄安娜（维斯塔）神庙，218, 330-335
　　Maison Carrée, 方殿，323-328
Nitocre (queen of Babylon), 尼托克里司（巴比伦女王），170
Nomento, 诺门托，167
Numa Pompilius, 努马·蓬皮利乌斯，264

Olivera, Antonio Francesco, 奥利韦拉，安东尼奥·弗朗切斯科，5
Ostia, 奥斯提亚，167
Oxford, 牛津
　　Worcester College, 伍斯特学院，xvii

Padavano, Gualtiero, 帕多瓦诺，瓜尔蒂耶罗，143
Padua, 帕多瓦，viii, ix, 67
　　bridges, 桥梁，192
　　Ponte Altinà, 阿尔蒂纳桥，192
　　Ponte Corvo, 科尔沃桥，192
　　Ponte di San Lorenzo, 圣洛伦索桥，192
　　Ponte Molino, 莫利诺桥，192
　　streets, 街道，166
Pagello, Antenore, 帕杰洛，安泰诺雷，5
Palaestrae and xysti, 角力练习馆和操练柱廊，6, 163, 206-208
Palestrina (Praeneste), 帕莱斯特里纳（普赖内斯特），xii
Palladio, Andrea, buildings and projects 帕拉第奥，安德烈亚，建筑和方案
　　Basilica (Palazzo della Ragione), Vicenza, 巴西利卡（法院大楼），维琴察，xiv, 203-205
　　Bridges 桥梁
　　　　covered timber bridge at Bassano del Grappa, 巴萨诺-德尔格拉帕的木构廊桥，180-181
　　　　project for a stone bridge with loggias, 带敞廊的石桥方案，187-189
　　　　project for a stone bridge, 石桥方案，190-191
　　　　project for a wooden bridge at Bassano del Grappa, 巴萨诺-德尔格拉帕的木桥方案，175-176
　　　　three alternative designs for a wooden bridge, 另三种木桥方案，176-179
　　Convent of the Carità, Venice, 卡里塔仁爱修道

院，威尼斯，67, 105-108

Palazzi 府邸类
    Angarano, Vicenza (project), 安加拉诺府邸，维琴察（方案），153
    Antonini, Udine, 安东尼尼府邸，乌迪内，79-80
    Barbarano, Vicenza, 巴尔巴拉诺府邸，维琴察，xv, 98-99
    Capra, Vicenza, 卡普拉府邸，维琴察，96-97
    Chiericati, Vicenza, 基耶里卡蒂府邸，维琴察，81-83
    Della Torre, Verona, 德拉托雷府邸，维琴察，87
    Della Torre, Verona (project), 德拉托雷府邸，维罗纳（方案），154
    Garzadori (project), 加尔扎多里府邸（方案），155
    Porto, Vicenza, 波尔托府邸，维琴察，x, 84-87
    for a site in Venice (project), 威尼斯某基地上的府邸（方案），150
    Thiene, Vicenza, 蒂耶内府邸，维琴察，xiii, 88-91
    for a triangular site (project), 某三角形基地上的府邸（方案），149
    Trissino, Vicenza (project), 特里西诺府邸，维琴察（方案），151-152
    Valmarana, Vicenza, 瓦尔马拉纳府邸，维琴察，92-93

<u>Redentore, Venice</u>, 救世主教堂，威尼斯，xiv
S. Giorgio Maggiore, Venice, 大圣乔治教堂，威尼斯，<u>xiv</u>, 216, 273
<u>Teatro Olimpico, Vicenza</u>, 奥林匹克剧院，维琴察，x

Villas 庄园类
    Almerico, near Vicenza, 阿尔梅里科别墅，维琴察附近，94-95
    Angarano at Angarano, 安加拉诺的安加拉诺别墅，141
    Badoer at Fratta Polesine, 弗拉塔-波莱西内的巴多埃尔别墅，126
    Barbaro at Maser, 马塞尔的巴尔巴罗别墅，129
    Cornaro at Piombino Dese, 皮翁比诺德塞的科尔纳罗别墅，131
    Emo at Fanzolo, 凡佐洛的埃莫别墅，133
    Foscari at Gambarare di Mira, 甘巴拉雷-迪米拉的福斯卡里别墅，128
    Godi at Lonedo di Lugo Vicentino, 洛内多-迪卢戈维琴蒂诺的戈迪别墅，143
    Mocenigo, on the Brenta (project), 布伦塔河畔的莫切尼戈别墅（方案），156-157
    Mocenigo at Marocco, 马罗科的莫切尼戈别墅，132
    Pisani at Bagnolo, near Lonigo, 诺尼戈附近巴尼奥洛的皮萨尼别墅，xii, xiii, 124-125
    Pisani at Montagnana, 蒙塔尼亚纳的皮萨尼别墅，130
    Poiana at Poiana Maggiore, 大波亚纳的波亚纳别墅，136
    Ragona at Ghizzole, 吉佐莱的拉戈纳别墅，135
    Repeta at Campiglia dei Berici, 坎皮利亚代贝里奇的雷佩塔别墅，139
    Saraceno at Finale di Agugliaro, 菲纳莱-迪阿古里亚罗的萨拉切诺别墅，134
    Serego at Miega di Cologna Veneta, 科隆纳威尼塔的萨雷戈别墅，146
    Serego at Santa Sofia, near Verona, 圣索菲亚的萨雷戈别墅，维罗纳附近，144-145
    Thiene at Cicogna di Villafranca Padovana, 奇科尼亚-迪帕多瓦纳自由镇的蒂耶内别墅，140
    Thiene at Quinto Vicentino, 昆托维琴蒂诺的蒂耶内别墅，142
    Trissino at Meledo di Sarego, 梅莱多-迪萨雷戈的特里西诺别墅，xiii, 138
    Valmarana at Lisiera di Bolzano Vicentino, 利西埃拉-迪博尔扎诺维琴蒂诺的瓦尔马拉纳别墅，137
    Valmarana at Vigardolo, 维加尔多罗的瓦尔马拉纳别墅，xii
    Zeno at Donegal di Cessalto, 多内加尔-迪切萨尔多的泽诺别墅，127

<u>Palldius</u>, 帕拉迪乌斯，ix
Pedemuro (workshop), 磐底莫挪（作坊），viii
Pelagon, 佩拉贡，307
Peruzzi, Baldassare, 佩鲁齐，巴尔达萨雷，x, 276
<u>Pharsalia</u>, 法尔萨利亚，225
Pheidias, 菲狄亚斯，253, 285
<u>Picart, Bernard</u>, 皮卡尔，贝尔纳，xvii
Picheroni, Alessandro, of Mirandola, 皮凯罗尼，亚历山德罗，米兰多拉的，177
<u>Piedlmont</u>, 皮埃蒙特，14, 161
Piombino Dese 皮翁比诺德塞
    Villa Cornaro, 科尔纳罗别墅，131

Pisa, 比萨, 167

Pisani, Daniele, 皮萨尼, 达尼埃莱, 124

Pisani, Francesco, 皮萨尼, 弗朗切斯科, 130

Pisani, Marco, 皮萨尼, 马尔科, 124

Pisani, Vettor (Vittore), 皮萨尼, 韦托尔(维托雷), xi, 124

Pius IV (pope), 庇护四世（教宗）, 94

Pliny the Younger (Gaius Plinius Caecilius Secundus), 小普林尼（盖尤斯·普林尼·塞昆都斯）, 147

Plutarch, 普鲁塔克, 167

Poiana, Cavaliere, 波亚纳, 卡瓦列雷, 135

Poiana Maggiore 大波亚纳
    Villa Poiana, 波亚纳别墅, 136

Pola 波拉（Pula, 普拉）
    amphitheater, 竞技场, 16, 23
    arch, 拱门, 55
    temple of Augustus and Rome, 奥古斯都与罗马女神神庙, 319-322

Porti, Iseppo de', 德波尔蒂, 伊塞波, 84

Pozzolana, 火山灰, 8-9

Pozzuolo, 波佐洛, 183

Praxiteles, 普拉克西特勒斯, 253

Preneste (Palestrina), 普赖内斯特（帕莱斯特里纳）, 14, 167

Puppi, Lionello, 普皮, 廖内洛, xviii

Quinto Vicentino 昆托-维琴蒂诺
    Villa Thiene, 蒂耶内别墅, 142

Ragona, Girolamo, 拉戈纳, 吉罗拉莫, 135

Raphael, 拉斐尔, viii

Repeta, Mario and Francesco, 雷佩塔, 马里奥和弗朗切斯科, 139

Retrone, river, 雷特罗内, 河流, 186, 192

Rhine, river, 莱茵, 河流, 171, 172

Rhodian portico, 罗德岛式柱廊, 119

Ricci, Sebastiano, 里奇, 塞巴斯蒂亚诺, xvii

Richards, Godfrey, 理查兹, 戈德弗雷, xvii

Ridolfi, Bartolomeo, 里多尔菲, 巴尔托洛梅奥, 81, 88, 136

Rimini, 里米尼, 167, 183, 190

Rizzo, Domenico, 里佐, 多梅尼科, 81

Roads, 道路, 165-169
    military roads, 军用道路, 167-169
    Via Appia, 阿皮亚大道, 165, 167
    Via Aurelia, 奥勒利亚大道, 167
    Via Collatina, 科拉提尼亚大道, 167
    Via Flaminia, 弗拉米尼亚大道, 167, 183
    Via Latina, 拉提纳大道, 167
    Via Libicana, 拉比卡纳大道, 167
    Via Numentana, 诺门塔纳大道, (11), 167
    Via Ostiensis, 奥斯提恩西斯大道, 168
    Via Portuensis, 波尔图恩西斯大道, 167
    Via Postumia, 波斯图米亚大道, 168
    Via Praenestina, 普赖内斯提纳大道, 167
    Via Salaria, 萨拉里亚大道, 167

Romano, Ezzelino da, 达罗马诺, 埃泽利诺, 126

Rome 罗马
    Antonine Column (Column of Marcus Aurelius), 安东尼纪功柱（马尔库斯·奥勒留纪功柱）, 16, 267
    Arch of Constantine, 君士坦丁凯旋门, 55
    Arch of Septimius Severus, 塞普提米乌斯·塞维鲁凯旋门, 336
    Arch of Titus, 提图斯凯旋门, 55, 248
    Baptistry of Constantine (Baptistry of St. John Lateran), 君士坦丁洗礼堂（拉特兰圣约翰洗礼堂）, 273
    Basilica of Aemilius Paulus, 艾米利乌斯·保卢斯巴西利卡, 200
    Basilica of Gaius and Lucius, 盖尤斯与卢基乌斯巴西利卡, 251, 260
    Basilica of Porcia, 波尔奇巴西利卡, 200, 221
    Baths of Agrippa (Basilica of Neptune), 阿格里帕浴场（尼普顿巴西利卡）, xii, 286
    Baths of Diocletian, 戴克里先浴场, 13, 253
    Baths of Titus (Bath of Trajan), 提图斯（图拉真）浴场, 60
    Campidoglio, 坎皮多利奥, 241, 279, 282, 336
    Campus Martius, 马尔斯演武场, 206
    Colosseum, 大斗兽场, 55, 167
    Curia of Romulus and Hostilius (Curia Hostilia), 罗穆卢斯与霍斯提利乌斯元老院议事堂（霍斯提利亚元老院议事堂）, 221
    Esquiline, 埃斯奎利内丘, 253
    Forum, Roman, 罗马广场, 15, 200, 279
    House of Julius Caesar (House of Vedius Pollo), 尤利乌斯·恺撒府邸（维狄乌斯·波洛府邸）, 221
    House of the Colonna, 科隆纳府邸, 221, 253
    House of the Cornelii, 科尔涅利宗族府邸, 253
    Janiculan Bridge (Ponte Sisto), 亚尼库兰桥（西斯托桥）, 183
    Janiculan Hill, 亚尼库兰小山, 276
    Marforio and "Pantano", 马尔福里奥和"泥塘", 340

Monte Cavallo, 卡瓦洛岗, 70, <u>218, 253</u>

Palatine Bridge (Ponte S. Maria), 帕拉丁桥（圣马利亚桥）, 183

Palatine Hill, 帕拉丁丘, 279

Pantheon (S. Maria Rotonda), 万神庙（圣马利亚圆形教堂）, xii, <u>xviii</u>, 10, 11, 13, 41, 70, 251, 267, 282, 285-296

Piazza de Preti (Piazza di Pietra), 普雷蒂广场（石头广场）, 267

Piazza Giudea, 圭迪亚广场, 70

Pons Aelius (Ponte S. Angelo), 艾利乌斯桥（圣天使桥）, 183, 187

Pons Cestius (Ponte S. Bartolomeo), 切斯提桥（圣巴多罗买桥）, 183

Pons Fabricius (Ponte Quattro Capi), 法布里奇桥（四头桥）, 183

Pons Milvius (Ponte Molle), 米尔维桥（莫莱桥）, 183

Pons Sacer, 萨克尔桥, 171

Pons Senatorius, 元老院桥, 183

Pons Sublicius (also called Lepidus), 苏布利基乌斯（又称雷比得）桥, 171, 183

<u>Ponte Sisto (Janiculan), 西斯托（亚尼库兰）桥, 183</u>

Ponte Trionfale, 特里翁法莱桥, 183

Porta Aurelia (S. Pancrazio), 奥勒利亚（圣潘克拉齐奥）门, 167

Porta Capena, 卡佩纳门, 167

Porta Esquilina (S. Lorenzo), 埃斯奎利纳（圣洛伦索）门, 167

Porta Flumentana (del Popolo), 弗卢门塔纳（德尔波波洛）门, 167

Porta Nevia (Maggiore), 内维亚（马焦雷）门, 167

Porta Viminale (S. Agnese), 维米纳莱（圣阿涅塞）门, <u>(11)</u>, 167

Portico of Livia, 利维娅柱廊, 221

Portico of Pompei, 庞培柱廊, 70

Quirinal Hill, 奎里纳尔丘, xii, 218, 253, <u>267</u>

S. Agnese, 圣阿涅塞教堂, 11, 297

SS. Apostoli, 十二使徒教堂, 70

St. John Lateran, 拉特兰圣约翰教堂, 10, 273

S. Maria Nova (S. Francesca Romana), 新圣马利亚（圣弗兰切丝卡·罗马娜）教堂, 55, 221, 248

St. Peter's, 圣彼得教堂, 251

S. Pietro in Montorio, 蒙托里奥的圣彼得教堂, 276-278

S. Sebastiano (close by Sepulchre of Romulus), 圣塞巴斯蒂安教堂（罗穆卢斯墓窟附近的）, 300-301

<u>S. Spirito in Sassia, 西撒克逊派的圣灵教堂, 183</u>

Tempietto 坦比哀多小教堂（见 Rome: S. Pietro in Montorio）

Tempio della Pietà, 皮埃塔神庙, 26

temple called the Gallucce (Minerva Medica), 称为高卢契的神庙（医神弥涅尔瓦神庙）, 251-252

temple of Antoninus and Faustina, 安东尼努斯与法乌斯提娜神庙, 200, 241-247

temple of Augustus, 奥古斯都神庙, 15

temple of Bacchus, outside the walls (S. Agnese/S. Costanza), 巴库斯神庙, 城墙外的（圣阿涅塞/圣康斯坦萨教堂）, 297-300

temple of Concord (Saturn), 孔科尔狄娅（萨图恩）神庙, 336-339

temple of Fortuna Virilis (S. Maria Egiziaca), 丁男的福尔图娜神庙（圣埃及的马利亚教堂）, 218, 260-263

temple of Isis, 伊西斯神庙, 194, 215

temple of Jupiter, 尤皮特神庙, 253-259

temple of Jupiter Stator (Castor and Pollux), 定军者尤皮特（卡斯托尔与波卢克斯）神庙, 279-280

temple of Jupiter the Thunderer (by Vespasian), 雷神尤皮特神庙（由韦斯帕芗兴建）, 282-284

temple of Mars (by Hadrian), 马尔斯神庙（由哈德良兴建）, 267-272

temple of Mars the Avenger (Mars Ultor, by Augustus), 复仇者马尔斯神庙（<u>对应拉丁语</u>, 由奥古斯都兴建）, 225-232

temple of Mercury, 墨丘利神庙, 194

temple of Neptune (Venus Genetrix), 尼普顿（女始祖维纳斯）神庙, 340-345

temple of Nerva (Minerva in the Forum of Nerva), 涅尔瓦（涅尔瓦广场上的弥涅尔瓦）神庙, 233-240

temple of Peace (Basilica of Maxentius), 和平神庙（马克森提乌斯巴西利卡）, 221-225, <u>241</u>, 267

temple of Quirinal Jove/Nero's Tympanum or facade (Serapis), 奎里纳尔的尤威神庙/尼禄的山花或门面（塞拉皮斯神庙）, 253-258

temple of Romulus and Remus/Castor and

Pollux (SS. Cosma e Damiano), 罗穆卢斯与瑞穆斯/卡斯托尔与波卢克斯神庙（圣科斯马斯与圣达米亚诺斯教堂），10, 200

temple of Saturn/S. Adriano (Curia), 萨图恩神庙/圣阿德里安教堂（元老院议事堂），10

temple of Saturn (Concord), 萨图恩（孔科尔狄娅）神庙，200, 336-339

temple of Sun and Moon (Venus and Rome), 太阳神和月亮女神（维纳斯和罗马女神）神庙，*216*, 248-250

temple of Vesta/*Sibyl*, on the Tiber (Hercules Victor), 维斯塔神庙/*西彼拉居所*，台伯河畔的（海格立斯神庙），264-266

temple of Vulcan, 伏尔甘神庙，279

Theater of Marcellus, 马塞卢斯剧场，19, 26

Torre de'Conti, 孔蒂之塔，225

Tower of Maecenas, 迈塞纳斯塔楼，253

Trajan's Column, 图拉真纪功柱，16, 67

Trophies of Marius, 马略战利品纪念碑，251

Villa Madama, 马达马别墅，viii

Roofs, 屋顶，73

Room heights and shapes, 房间的高度和形状，58-60

Rykwert, Joseph, 里克沃特，约瑟夫，xix

Sabines, 萨宾人，279

Salian priests, 萨礼意祭司团，241

Sangallo, Antonio da, 达圣加洛，安东尼奥，276

Sanmichele, Michele, 圣米凯利，米凯莱，xi, xiii, 276

Sansovino, Giacomo (Jacopo), 圣索维诺，贾科莫（雅各布），x, xiii, 5, 276

Saraceno, Biagio, 萨拉切诺，比亚焦，134

Sarayna, Torello, 萨拉伊纳，托雷洛，x

Sarego, Annibale, 萨雷戈，安尼巴莱，146

Sarego, Marc'Antonio, 萨雷戈，马尔坎托尼奥，144

Scala, della (Scaligeri), family, 德拉斯卡拉（斯卡利杰里），家族，144

Scaurus, Marcus Aemilius (censor), 斯考鲁斯，马尔库斯·艾米利乌斯（监察官），183

Serlio, Sebastiano, 塞利奥，塞巴斯蒂亚诺，x, xi, xiii, xiv, xv, 276

Servius Tullius, 塞尔维乌斯·图利乌斯，260

Severus, Lucius Septimius, 塞维鲁，卢基乌斯·塞普提米乌斯，285

Siena, 锡耶纳，276

Sirmione, 锡尔苗内，15

Sixtus IV (pope), 西克斯图四世（教宗），183

Spoleto, 斯波莱托，310

Squares, public, 广场，公共的，193-194
    Greek, 希腊，194-196
    Roman, 罗马，197-199

Staircases, 楼梯，66-72

St. Gallen, 圣加卢斯（圣加伦）修道院，vii

Susa, 苏萨，55

Tacitus, Cornelius, 塔西佗，科尔涅利乌斯，166

Tatius, T., 塔提乌斯，提图斯，248

Temples, 神庙，213-221。另见城市名称下各神庙

Thiene, Adriano, 蒂耶内，阿德里亚诺，5, 142

Thiene, Francesco, 蒂耶内，弗朗切斯科，140

Thiene, Marc'Antonio, 蒂耶内，马尔坎托尼奥，5, 88, 142

Thiene, Odoardo, 蒂耶内，奥多阿尔多，140, 165, 168

Thiene, Ottaviano, 蒂耶内，奥塔维亚诺，142

Thiene, Ottavio, 蒂耶内，奥塔维奥，88, 165

Thiene, Theodoro, 蒂耶内，泰奥多罗，140, 168

Tiberius (Tiberius Claudius Nero Caesar Augustus), 提比略（提比里乌斯·克劳狄乌斯·尼禄·恺撒·奥古斯都），171

Tiber (Tevere), river, 台伯（特韦雷），河流，171, 183, 264

Tiberius, Julius Tarsus, 提比里乌斯，尤利乌斯·塔尔苏斯，307

Ticino (应为 Tesina), river, 泰西纳，河流，142

Titian (Tiziano Vecellio), 提香（蒂齐亚诺·韦切利奥），xii

Tivoli 蒂沃利
    temple of Vesta/Siby, 维斯塔神庙/西彼拉居所，60, 302-306

Torre, Giovanni Battista della, 德拉托雷，乔瓦尼·巴蒂斯塔，87, 154

Trajan (Marcus Ulpius Trajanus), 图拉真（马尔库斯·乌尔皮乌斯·图拉真），165, 167, 183, 233

Trento, Francesco, 特伦托，弗朗切斯科，64

Trevi 特雷维
    temple of Clitumnus near, 附近的克利图姆努斯神庙，xii, 310-314

Treviso, 特雷维索，64, 132

Trissino, Francesco, 特里西诺，弗朗切斯科，138, 151

Trissino, Gian Giorgio 特里西诺，詹乔治，viii, ix, xi, xiv, xvi, 5

Villa Trissino at Cricoli, 克里科利的特里西诺别墅，viii
Trissino, Lodovico, 特里西诺，洛多维科，138, 151
Turin, 都灵，14
Tuscany, 托斯卡纳，8, 20, 167, 215

Udine 乌迪内
    Palazzo Antonini, 安东尼尼府邸，79-80

Valerius, Marcus (consul), 瓦勒里乌斯，马尔库斯（执政官），336
Valmarana, Counts, 瓦尔马拉纳，伯爵夫妇，92
Valmarana, Giovanni Francesco, 瓦尔马拉纳，乔瓦尼·弗朗切斯科，137
Vasri, Giorgio, 瓦萨里，乔治，xii, 5, 276
Vault types, 拱顶类型，59-60
Veneziano, Battista, 韦内齐亚诺，巴蒂斯塔，81, 128, 133, 143
Veneto, 威尼托，ix
Venice, 威尼斯，x, 5, 276
    building practices, 建筑施工做法，57
    Convent of the Carità, 卡里塔仁爱修道院，67, 105-108
    palazzi, projects for, 几个府邸，方案，149, 150
    Piazzetta San Marco, 圣马可小广场，xi
    Zecca, 造币所，xi
    Library of St. Mark's, 圣马可图书馆，xi
    Loggetta, 小敞廊，xi
    project for a stone bridge with loggias, 带敞廊的石桥方案，187-189
    S. Giorgio Maggiore, 大圣乔治教堂，xiv, 216, 273
Verona 维罗纳
    amphitheater (arena), 竞技场（露天剧场），xii, 14, 16, 19, 23
    Arco de' Leoni, 双狮拱门，26, 55
    Arco di Castelvecchio, 维奇奥城堡凯旋门，16, 55
    Palazzo Della Torre, 德拉托雷府邸，87
    Palazzo Della Torre (project), 德拉托雷府邸（方案），154
    Porta della Brà, 布拉门，154
    Villa Serego, 萨雷戈别墅，144-145
Veronese, Paolo, 韦罗内塞，保罗，84
Vesalius, Andreas, 维萨里，安德烈亚斯，xii
Vespasian (Titus Flavius Vespasianus), 韦斯帕芗（提图斯·弗拉维乌斯·维斯帕西安努斯），221
Vicentino, Lorenzo, 维琴蒂诺，洛伦佐，94

Vicenza 维琴察
    Basilica (Palazzo della Ragione), 巴西利卡（法院大楼），203-205
    Palazzo Angarano (project), 安加拉诺府邸（方案），153
    Palazzo Barbarano, 巴尔巴拉诺府邸，xv, 98-99
    Palazzo Capra, 卡普拉府邸，96-97
    Palazzo Chiericati, 基耶里卡蒂府邸，81-83
    Palazzo Porto, 波尔托府邸，x, 84-87
    Palazzo Thiene, 蒂耶内府邸，xiii, 88-91
    Palazzo Trissino (project), 特里西诺府邸（方案），151-152
    Palazzo Valmarana, 瓦尔马拉纳府邸，92-93
    Ponte dalle Beccarie, 达莱贝卡桥，192
    S. Maria degli Angeli, 天使的圣马利亚教堂，186
    theater, 剧场，19, 26
    Vicentine foot, 维琴察尺，79, 164
    Villa Almerico, 阿尔梅里科别墅，94-95
Vigardolo 维加尔多罗
    Villa Valmarana, 瓦尔马拉纳别墅，xii
Vignola, Giacomo Barozzi da, 达维尼奥拉，贾科莫·巴罗奇，xiv, 276
Vitruvius Pollio, Marcus, 维特鲁威·波利奥，马尔库斯，vii, viii, xi, xiv, xv, 5-8, 13, 18, 19, 20, 26, 30, 32, 35, 41, 48, 55, 60, 61, 64, 73, 77, 100, 109, 119, 121, 147, 163, 166, 194, 197, 200, 206, 213, 216, 218, 220, 225, 253, 260, 267, 302, 315, 319, 323
    Basilica at Fano, 法诺的巴西利卡，200
Vittoria, Alessandro, 维多利亚，亚历山德罗，88, 130

Wall types, 墙体类型，13-16
Ware, Isaac, 韦尔，艾萨克，xvii, xviii

Xysti. 操练柱廊。见 Palaestrae and xysti

York 约克
    Assembly Rooms, 会所，xvii

Zeno, Marco, 泽诺，马尔科，127
Zorzi, G. G., 佐尔齐，xviii

译后记

《建筑四书》是文艺复兴时期最重要的建筑理论著作之一,自1570年出版以来被建筑学界和文化界广泛接受,再版、翻译了几十个版本,成为建筑学人尊奉的经典教科书和文化人喜爱的博雅读物。

1997年出版的最新英译本的两位译者是学养深厚专精的建筑学和文艺复兴研究者。罗伯特·塔弗诺是英国巴斯大学教授和建筑史学科的带头人,也是一名执业建筑师,他之前还参加了阿尔伯蒂《论建筑的十书》(*On the Art of Building in Ten Books*)的英译工作(1988),有专著《帕拉第奥和帕拉第奥主义》(*Palladio and Palladianism*)(1991)出版,他也是论文集《人体与建筑》(*Body and Building*)的主编之一(2001)。理查德·斯科菲尔德是意大利威尼斯建筑大学研究院的建筑史教授,曾与人合著过有关文艺复兴雕塑家乔瓦尼·安东尼奥·阿马代奥(Giovanni Antonio Amadeo)和文艺复兴建筑师佩莱格里诺·佩莱格里尼(Pellegrino Pellegrini)的著作,还为企鹅古典丛书翻译了维特鲁威《建筑十书》的一个袖珍本 *On Architecture*(2009)。他们合作的这个《建筑四书》最新英译本,语言平实通顺,注释丰富,文献来源广泛,对意大利语专词的解释详尽,导言更是对帕拉第奥的生平、成就和影响做了全面、完整的综述。该译本保留了初版中帕拉第奥的原初木刻图,版式编排也竭力仿效了初版,是最能综合体现有关帕拉第奥研究成果和最大程度反映帕拉第奥原著面貌的英语译本。不过,这个译本似乎更偏重文字,在对图形的理解方面略有偏失,这对于以图文并茂著称的《建筑四书》来说未免小有遗憾,而且,或许是为了回避前人已经用过的词语,个别译文意义延宕得稍远了点。

在此新译本出现之前,英语国家一直最通行的是艾萨克·韦尔1738年的译本(1965年再版)。韦尔译本纸型较大,图幅完全按照初版大小,而且由于采用铜版,线条细腻,文字、尺寸标注清晰可辨。他对图版的重新制作可能产生了一些小问题,但也使得他对图形的解读必然更深入、透彻,能理解一些单单依靠文字所无法表达的内容。韦尔本人就是一位帕拉第奥风格的建筑师,加上他所生活的时代离原作者的时代也更近,在对历史环境的感知上自然有其优越性,这使他对大师的认识具有现代人不可比拟的优势。然而,韦尔译本缺少原著的两篇献词,措辞文风也稍显古奥,又没有注释等附加资料,这对于缺乏背景知识的现代读者来说未免会造成理解上的些许困难。

本中译本主要以此两个英译本为底本,不仅因为英语是学术界的通行语言,而且因为帕拉第奥对英国及北美建筑的发展产生了决定性的影响,比之意大利本土研究者在作品实物调查方面的相对优势,英美对他的文本的研究也是广泛深入、不遑多让的。

此外,本中译本还借助意大利文版的影印本和原典的电子图像版,对英译作了校正,尤其是将英译中作为外来语引用的意大利语专词术语直接译为了中文。

这部书从选题开始就得到美术学院史论系陈平教授的关心,有幸也被选入他主编的"美术史里程碑"丛书。自初接触本书八年来,陈老师不仅从提供资料信息、指导行文风格到引介广博的学术圈子,多方面给与关心和帮助,对译文进行了逐字逐句的校改,还组织力量处理了图版扫描、文本编排等工作,对将成书的版式品貌也作出了点拨。由于我个人能力有限又态度拘谨,加之一些未能预计的状况,以及编辑人事变动,本书的出版事宜一直拖延,令我深感惭愧。今幸由北京大学出版社的谭燕女士接手,她以扎实的业务功底在编辑过程中反馈了大量意见和建议,以饱满的工作热情推动了本书出版进程,若没有她辛勤细致的工作,这一译本的出版恐将会难乎其难。本书的翻译工作历时甚久,期间我还得到一些朋友的无私帮助。土木系的杜小庆老师对有关桥梁的问题给与了专精的解答;上海交通大学建筑系的陆邵明老师在旅英期间帮我搜寻购买了此书的韦尔译本;美院的同窗陈旭霞博士就文献译名和我进行了商榷;《建筑时报》的李武英总编通读了全文,并一直对我的翻译工作给与精神上的鼓励。他们的提点成就了本书的出彩之处,而未能领悟到的部分则是我固执偏狭之失。在此我谨对以上各位师友表达衷心的感谢。

毛坚韧

2017 年秋于上海大学